Emilio Segrè

Die großen Physiker und ihre Entdeckungen

1

Von den fallenden Körpern zu den elektromagnetischen Wellen

Serie Piper
Band 1174

Zu diesem Buch

Der italienische Physiker und Nobelpreisträger des Jahres 1959 hat in zwei Bänden *seine* Geschichte der Physik geschrieben. Sie reicht von den Entdeckungen Galileis bis zur modernen Elementarteilchenphysik. Im Mittelpunkt der Darstellung stehen jeweils die großen Persönlichkeiten und ihre individuelle Geschichte.

Band 1 behandelt die historischen Voraussetzungen der modernen Physik – die klassische Physik von Galileo Galilei bis Ludwig Boltzmann. In einem »Vorspiel« – der Autor schildert dort fiktive Begegnungen mit sieben Physikern –, in sechs Kapiteln und 14 Anhängen werden die Wissenschaftler, ihre Schwierigkeiten und Erfolge, ihre Lebensumstände und ihre Zeit lebendig. Neben Galilei und Boltzmann hat sich der Autor besonders intensiv mit den folgenen Physikern beschäftigt: Huygens, Newton, Lagrange, Hamilton, Fourier, Young, Fresnel, Fraunhofer, Bunsen, Kirchhoff, Galvani, Volta, Ørstedt, Ampère, Faraday, Lorentz, Carnot, Thomson, Joule, Helmholtz, Clausius, Maxwell, van der Waals und Gibbs.

Band 2 (Serie Piper 1175) setzt um 1895 mit der Darstellung ein, behandelt das Ende der klassischen Physik und dann die moderne Physik bis in jüngste Entwicklungen der Astrophysik und Hochenergiephysik hinein.

Emilio Segrè, geboren 1905 in Tivoli (Rom), gestorben 1989 in Lafayette/Kalifornien. Ingenieur- und Physikstudium in Rom, 1928 Promotion bei Enrico Fermi, 1936 Direktor des Physiklabors an der Universität Palermo, 1938 Emigration nach Berkeley/Kalifornien, seit 1948 Professor an der University of California, zahlreiche Gastprofessuren. 1959 erhielt er – mit Owen Chamberlain – den Nobelpreis für Physik.

Inhalt

Vorwort

Als ich *Die großen Physiker und ihre Entdeckungen. Von den Röntgenstrahlen zu den Quarks* schrieb, wollte ich Freunden und einer jüngeren Generation etwas von den Eindrücken vermitteln, die ich in lebenslanger Beschäftigung mit der Physik gesammelt habe. Die Epoche, um die es dabei ging, war wissenschaftlich und kulturell außerordentlich ereignisreich und interessant. Ich stellte fest, daß das Thema auf größeres Interesse stieß, als ich ursprünglich angenommen hatte. So erfreuten sich etwa die Vorlesungen über die Geschichte der zeitgenössischen Physik, die ich vor einem Auditorium von Laien und meinen Studenten an der University of California in Berkeley hielt, eines ungewöhnlichen Zuspruchs.

Bei der Niederschrift dieses ersten Buches wurde der Wunsch in mir wach, auch etwas über die Physiker früherer Zeiten in Erfahrung zu bringen. Zwar bin ich keinem der Männer begegnet, von denen im vorliegenden Buch berichtet wird, doch habe ich versucht, sie aus ihren wissenschaftlichen und persönlichen Schriften kennenzulernen.

Galilei nimmt nicht nur in der Geschichte der Physik eine Sonderstellung ein, sondern auch in meinem Leben. Mit etwa fünfzehn Jahren verfügte ich über einige physikalische Grundkenntnisse, weil ich viele Stunden meiner Kindheit über einem Lehrbuch von Adolphe Ganot verbracht hatte. Ich weiß nicht, wie ich auf den Gedanken verfiel, ich könnte meine Kenntnisse durch die Lektüre Galileis erweitern. Jedenfalls empfand ich den *Dialogo dei massimi sistemi* als recht schwierig und profitierte physikalisch kaum davon, aber das Buch machte einen tiefen Eindruck auf mich. Hier zeigte ein wahrhaft intelligenter Mann, wie man sich seines Verstandes zu bedienen hatte. Der physikalische Nutzen war, wie gesagt, bescheiden und kostete mich größte Mühe, doch das geistige Beispiel hinterließ einen tiefen Eindruck. Deshalb kaufte ich mir ein Bild von Galilei und hängte es in meinem Zimmer auf, wo es heute noch seinen Platz hat. Auch vertiefte ich mich in seine Werke und Briefe, jene, die er an seine Tochter schrieb, nicht ausgenommen. Ich lebte eine Zeitlang in Florenz und hatte schließlich das Gefühl, ich hätte den alten Mann gekannt. Wenn das natürlich auch eine Täuschung ist, so habe ich doch festgefügte Vorstellungen von ihm gewonnen – mögen sie nun zutreffen oder nicht.

Nach der Filmversion seines Lebens glaubte der verstorbene General George Patton an die Seelenwanderung und meinte beim Anblick der Überreste von Karthago, in einem früheren Leben Hannibal gewesen zu sein. An solche Dinge glaube ich zwar nicht, bin aber der Ansicht, daß man auf symbolische Weise durchaus Verbindung zu den Geistern der Vergangenheit aufnehmen kann.

Während ich viele der für die Physik grundlegenden Originaltexte las, erkannte ich, welche Schwierigkeiten ihre Autoren zu überwinden hatten. Ihre Werke offenbaren *uns*, wie sie ihre Probleme angingen, was wichtig schien und ist, was vernachlässigt werden kann und wie schließlich die Antworten lauten, während *sie* nichts von alledem wußten, sondern alles erst herausfinden mußten. Darin liegt der große Unterschied zwischen der Lektüre eines Textes und der Lektüre im »Buche der Natur«. Dieses Buch soll Zeugnis ablegen für die Verehrung, die ich für meine wissenschaftlichen Ahnen empfinde. Es verdankt seine Entstehung dem Wunsch zu wissen »Chi fur li maggior tui?«, wie es bei Dante heißt, es entspringt dem Wunsch, die eigenen Wurzeln *(Roots)* kennenzulernen (um den Titel eines zeitgenössischen Buches zu zitieren). Das Buch erhebt keinen Anspruch, eine Physikgeschichte zu sein.

Da ich viele Jahre in der physikalischen Forschung zugebracht und einige der großen Physiker dieses Jahrhunderts aus nächster Nähe erlebt habe, sind mir die Höhenflüge und Tiefpunkte physikalischer Arbeit aus erster Hand bekannt, was mir das Verständnis unserer Ahnen in der Physik erleichtert. Die Bewunderung für ihre Leistungen stellt sich ganz von selbst ein, und man staunt über die Folgerichtigkeit, ja die fast zwingende Notwendigkeit ihrer Entdeckungen. Technisch gesehen, fügt sich die Entwicklung der Physik zu einem harmonischen Ganzen, in dem jedes Teil zum anderen paßt.

Lassen wir jedoch die einzelnen Entdeckungen und ihre Anwendung beiseite, so erscheinen die Fortschritte weniger eindrucksvoll. Die philosophischen Probleme, mit denen sich die Griechen, Descartes, Galilei, Newton und Leibniz herumgeschlagen haben, sind noch immer nicht gelöst. Man kann natürlich versuchen, sie beiseite zu schieben, indem man ihre Bedeutung für den »wissenschaftlichen« Fortschritt leugnet. Doch unsere Zweifel an den Grundlagen der Wissenschaft sind auch durch die Gewißheit nicht zu zerstreuen, daß wir so komplizierte technische Geräte wie zum Beispiel Farbfernseher herzustellen vermögen, mit denen wir die Ereignisse in anderen Erdteilen verfolgen können, während sie stattfinden.

Allerdings legen sich die meisten Wissenschaftler in der Öffentlichkeit Zurückhaltung auf. Sicherlich machen sie sich ihre Gedanken, aber sie behalten sie lieber für sich, wohl aus verschiedenen Gründen – von der Furcht vor dem Scheiterhaufen bis hin zu Gauß' Angst vor dem »Lärm der Böoten« (einem griechischen Stamm, dessen Dummheit sprichwörtlich war). Es ist weder modisch noch klug, erkenntnistheoretische Bedenken verlauten zu lassen, wenngleich einige der berühmtesten Physiker auch in jüngerer Zeit keine Scheu hatten, es zu tun.

In dieser Hinsicht waren die Gründerväter der Physik sehr viel unbefangener. Galilei, Huygens, Descartes und Newton machten keinen Hehl aus ihren Überzeugungen, auch nicht aus ihren religiösen, während bei Faraday und Maxwell der Eindruck entsteht, als hätten sie eine undurchdringliche Wand zwischen ihren aufrichtig und tief empfundenen religiösen Auffassungen und ihren physikalischen Erkenntnissen errichtet.

Die meisten modernen Physiker sind zufrieden, wenn ihr Handwerk ihnen experimentell untermauerte Antworten liefert, die sich durch Vorhersagekraft, technische Anwendbarkeit und ästhetischen Reiz auszeichnen. Die Suche nach tiefer reichenden Begründungen überlassen sie den Philosophen.

Die Erfolge der Philosophen indes sind zweifelhaft. Ich wage die Vermutung, daß Mathematiker wie etwa die Begründer der nichteuklidischen Geometrie und Physiker wie Einstein bei der Analyse von Zeit und Raum und der Lösung anderer philosophischer Probleme sogar mehr geleistet haben als gelernte Philosophen. Einige Theorien – wie zum Beispiel die Standardformulierung der nichtrelativistischen Quantenmechanik – haben bei großen Praktikern der Physik schwerwiegende Zweifel nicht zerstreuen können, Zweifel philosophischer Art, die nicht in die Zuständigkeit der Physik, sondern der Metaphysik fallen. Der schlichte Praktiker gewinnt den Eindruck, daß sich die großen Physiker von der Philosophie nicht sonderlich beeinflussen ließen, obwohl sie sie oft in den höchsten Tönen lobten. Sie taten sie in ein gesondertes Schubfach außerhalb ihrer Laboratorien und Arbeitszimmer und beriefen sich erst im nachhinein auf sie. Die Grenzen unserer Erkenntnis, die Bedeutung von »Wahrheit«, die Beziehung zwischen Denken und objektiver Welt, die Definition der Wörter, die in diesem Satz verwendet werden – über all das läßt sich endlos diskutieren.

Halten wir es lieber mit Goethes gefälligem Motto: »Das schönste Glück des denkenden Menschen ist, das Erforschliche erforscht zu haben und das Unerforschliche ruhig zu verehren (Sprüche in Prosa, *Über die Naturwissenschaften V*).

Die Lektüre während der Vorbereitung dieses Buches bereitete mir teilweise ein ausgesprochenes Vergnügen. Ich habe versucht, von den Originalschriften wenigstens so viele Auszüge zu übernehmen, daß der Leser einen Eindruck von den Autoren, ihrer Arbeitsweise und ihren Zeitumständen gewinnen kann. Es hat sich auch so etwas wie eine gefühlsmäßige Beziehung zu den großen Männern, die ich hier vorstelle, entwickelt. Viele sind mir zu »Freunden« geworden, wenn auch dem einen oder anderen gegenüber eine gewisse Scheu erhalten blieb.

Schließlich will ich dem Leser nicht verschweigen, daß ich, während ich mich so weit von meinem Spezialgebiet entfernte, oft genug die Warnung des griechischen Malers Apelles im Ohr hatte: »Ne sutor supra crepidam judicaret« (Schuster bleib' bei deinen Leisten). Ich bin mir bewußt, welche Gefahr ich einging, als ich diese Warnung in den Wind schlug, und ich hoffe, der Leser wird mir meine Kühnheit nicht zum Vorwurf machen.

Für viele aufschlußreiche Gespräche bin ich den Professoren C. W. F. Everitt, R. Hahn und J. Heilbron zu großem Dank verpflichtet. Ihr fachlicher Rat hat mir viele Male weitergeholfen.

Zahlreiche Institutionen und Einzelpersonen haben mir Bildmaterial zur Verfügung gestellt. Obwohl sie natürlich in jedem Einzelfall erwähnt werden, möchte ich ihnen allen hier noch einmal danken.

September 1983

Emilio Segrè
Berkeley, Kalifornien

Ein wunderlicher Auftakt

Bei meiner Arbeit als Physiker habe ich oft überlegt, wie es wohl gewesen sein würde, wäre ich den großen Männern, von denen dieses Buch handelt, begegnet, hätte mit ihnen gesprochen, ihre Laboratorien gesehen und mich in den Epochen, in denen sie lebten, bewegt. Einige meiner Vorstellungen habe ich zu einem phantastischen, traumartigen Vorspiel zu formen versucht, ja, die folgenden Seiten beschreiben tatsächlich nur Träume, davon einige reale, einige erfundene.

Das erste Mal suchte ich Galilei im Frühling des Jahres 1610 in Padua auf. Sein Freund Sagredo hatte mir freundlicherweise ein Empfehlungsschreiben gegeben. An der Tür wurde ich von einer Magd begrüßt, die mich hereinbat; sie sagte, Galilei sei nicht da, werde aber jeden Moment von einem Abstecher ins vierzig Kilometer entfernte Venedig zurückerwartet. Ich wartete zunächst im Haus, das einen gewissen Luxus und einen vollendeten Geschmack verriet. Die Möbel waren von eleganter toskanischer Machart, die Wände geschmückt mit Gemälden von Cigoli und anderen hervorragenden Malern. Während ich mich im Umhergehen umsah, entdeckte ich nahe dem Haus einen kleinen Schuppen, es schien eine Werkstatt oder eine Art Laboratorium zu sein. Ich nickte dem Mann zu, der darin arbeitete, und ging hinüber. Er stellte sich als Marcantonio Mazzoleni vor, war ein kundiger Handwerker und erklärte, er lege gerade letzte Hand an einige Proportionalzirkel, die zum Verkauf an Galileis Studenten bestimmt waren. Auch Galilei verbringe oft Stunden in der Werkstatt mit dem Schleifen und Erproben von Linsen. Mazzoleni äußerte sich sehr vorsichtig. Offensichtlich fürchtete er, die Geheimnisse seiner Kunst auszuplaudern.

Ich verließ den Schuppen und schlenderte auf dem Weg zurück ins Haus durch einen schönen Garten mit blühenden Bäumen und gepflegten Gemüsebeeten. Mir fiel auf, daß jedes Lebenszeichen von Galileis Kindern und seiner Lebensgefährtin Marina Gamba fehlte, mit der er, wie ich gehört hatte, in einem nahegelegenen Haus *more uxorio* zusammenlebte. Ich sah mich noch immer um, als Galilei eintraf. Er war im Arsenal von Venedig gewesen, wo er sich mit den besten Handwerkern beraten und einige ihn besonders interessierende Verfahren beobachtet hatte. Nach einem Besuch bei den Glasmachern von Murano hatte er noch mit ein paar wichtigen Freunden zu Mittag gegessen. Galilei las Sagredos Brief, den ich ihm überreicht hatte, und redete mich sogleich mit dem vertraulichen »Du« an. »Du sprichst wie ein Florentiner«, sagte er. Ich erklärte ihm, ich sei zwar in Tivoli bei Rom geboren, aber meine Mutter stamme aus Florenz, wo ich viele Monate verbracht hätte. Daraufhin begegnete mir Galilei mit noch größerer Herzlichkeit.

Er sprach ein bißchen über Florenz und berichtete dann von den interessanten Dingen, die er im Arsenal gesehen hatte, kam auf die Festigkeit verschiedener Werkstoffe zu sprechen und legte einige seiner Gedanken über Seile, Taue und ihre Verwendung dar. Ich hörte zu und wagte nicht, ihn zu unterbrechen. Plötzlich

Galileo Galilei (1564–1642); Gemälde von Sustermans. (Galleria degli Uffizi, Florenz)

fragte er mich: »Weißt du, wie lang ein Eisendraht herabhängen muß, bevor er unter dem eigenen Gewicht zerreißt?«

»Das hängt davon ab, wie dick er ist«, antwortete ich voreilig und begriff sofort, daß ich etwas Dummes gesagt hatte, aber Galilei ließ mir keine Zeit, mich zu verbessern.

»Holzkopf!« rief er, »begreifst du denn nicht, daß die Dicke des Drahtes nichts mit diesem Problem zu schaffen hat? Wie auch immer, die Frage der Spannung in einem schweren Draht, der von zwei Nägeln in einer horizontalen Linie gehalten wird, ist weit interessanter.« Er verlor sich dann in einer Erörterung, die zu schwierig war, als daß ich ihr zu folgen vermochte. Das Ergebnis jedenfalls lautete, daß der Draht vermutlich die Form einer Parabel annehmen würde. Die Schlußfolgerungen waren recht kompliziert, und ich verlor den Faden, bevor sie an ihr Ziel gelangten. Galilei sprach rasch, sehr lebhaft und sprang ständig von einem Gedanken zum anderen. Es war schwer, mit ihm Schritt zu halten.

Inzwischen war es dunkel geworden, und er lud mich sehr freundlich zum Abendessen ein. Wir saßen mit einigen anderen Studenten bei Tisch, und jeder ließ sich das hervorragende toskanische Mahl schmecken, das auch eine Flasche Wein abrundete, ein Geschenk von Freunden, die Weinberge in den Colli Euganei unweit Paduas besaßen. Doch die Mahlzeit war bald beendet. Ich konnte sehen, daß Galileis Gedanken mit etwas anderem beschäftigt waren und er seine Zeit nicht bei Tisch vergeuden wollte. »Komm, wir wollen den Himmel durch die neuen Augengläser betrachten«, sagte er. »Ich habe die Linsen letzte Woche fertig geschliffen, sie sind wirklich ausgezeichnet. Sie dürften eine ungefähr zweihundertfache Vergrößerung haben.« Ich hätte nicht gewagt, ihn um die Gunst zu bitten, durch sein Fernrohr blicken zu dürfen, und so nahm ich nur zu gerne sein Angebot an. Nie zuvor hatte ich durch ein »Perspicillum« – wie man das Fernrohr damals nannte – geblickt, und ich war sehr neugierig, wurde aber dann, vor allem zu Beginn der Beobachtung, enttäuscht. Galilei war voller Begeisterung. Der Himmel, seit Tagen wolkenverhangen, strahlte jetzt sternenklar. Zuerst betrachtete Galilei die »Mediceischen Gestirne«, wie er die Jupitermonde nannte. »Sieh, wie sie sich verändert haben«, rief er aus, als er sie mit der Zeichnung der letzten Beobachtung verglich. »Sie befinden sich jetzt auf der entgegengesetzten Seite des Jupiter.« Er überließ mir seinen Platz am Fernrohr, aber wie angestrengt ich auch hindurchsah, ich konnte beim besten Willen nicht alle die Wunder entdecken, auf die Galilei mich hinwies. Das Fernrohr wackelte, die Bilder waren schwach und verschwommen. Galilei wurde ungeduldig mit mir, meinte aber dann wohlwollend: »Zumindest versuchst du dein Bestes. Mit ein bißchen Übung wirst du schon sehen lernen. Anders als diese Esel, die gar nicht sehen wollen!«

Dreißig Jahre verstrichen, bevor ich Galilei wieder aufsuchte. Es war im Jahr 1640; ich stieg zu seiner Villa in Arcetri empor und war betroffen über die Veränderung, die mit ihm vorgegangen war. Vor mir sah ich einen alten Mann, der fast nur von der Vergangenheit sprach, nicht ohne Bitterkeit, doch mit großer Vorsicht. Noch immer glomm das alte intellektuelle Feuer in ihm, aber es war gedämpft nach all den Verunglimpfungen, die er von seinen Feinden und der Kirche hatte erfahren müssen. Er erinnerte sich an meinen Besuch in Padua. »Ach ja, das waren schöne Zeiten«, sagte er. Doch als er auf wissenschaftliche Gegenstände zu sprechen kam, schien ihn die alte Kraft zu durchströmen. Zwei jüngere Kollegen, Vincenzo Viviani und Evangelista Torricelli, kümmerten sich mit sichtlicher Verehrung und Zuneigung um ihn. Sie versuchten, ihm sein schwächer werdendes Augenlicht zu ersetzen, und hingen an jedem seiner Worte. Galilei sprach von seinem Buch *Nuove Scienze* und von dem, was er in einem erst teilweise fertiggestellten Kapitel hinzuzufügen gedachte. »Diese jungen Männer«, erklärte er, »bringen so ausgezeichnete kritische Einwände vor, daß ich dazu Stellung nehmen muß. Sie werden einmal würdige Nachfolger.«

Spät am Abend verabschiedete ich mich. Als ich im Lichte des klaren Vollmonds zwischen Gärten hindurch, die die Luft mit dem betörenden Duft ihrer Frühlingsblumen erfüllten, die steile Straße der Costa San Giorgio hinabstieg, weilten meine Gedanken noch bei dem gerade beendeten und dem anderen, viele Jahre zurückliegenden Besuch in Padua. Ich versuchte, mir auszumalen, was sich dereinst noch alles aus Galileis Gedanken entwickeln würde. Natürlich dachte ich nicht im Traum daran, daß wir eines Tages den Mond besuchen würden und daß sich aus seiner *Nuove Scienze* die moderne Physik entwickeln würde.

Als nächstes führten mich meine Träume nach Holland, fast fünfzig Jahre nach meinem Besuch bei Galilei.

1684 begab ich mich nach Den Haag, um Christiaan Huygens aufzusuchen. Obwohl des Holländischen nicht mächtig, hatte ich keine Schwierigkeiten, sein Haus ausfindig zu machen. Selbst auf den verstümmelten Klang seines Namens hin wies man mir sofort die Richtung. Die Huygens' bewohnten ein großes Palais inmitten eines weitläufigen Parks an einem der größten Plätze der Stadt. Huygens lebte bei seinem neunzigjährigen Vater, einem namhaften Schriftsteller, Diplomaten und Träger öffentlicher Ämter. Die prächtige Residenz verriet auf den ersten Blick die herausragende gesellschaftliche Stellung ihrer Bewohner. Ich stieg die Vortreppe hinauf und betrat eine verschwenderisch ausgestattete Diele mit getäfelten Wänden und glänzenden Messingbeschlägen an den Türen. Alle Dinge im Raum verrieten die Gegenwart fleißiger Dienstbotenhände. Nach ein paar Minuten erschien Huygens und sprach mich in perfektem Französisch an, das sehr viel besser als meines war. Er sagte auch ein paar Sätze auf italienisch und fragte mich nach Florenz und dem Großherzog von Toskana. Aber es war offenkundig, daß wir uns am besten in Französisch würden verständigen können. Als Huygens bemerkte, daß ich die Gemälde an den Wänden betrachtete, fragte er: »Gefallen sie Ihnen? Sie sind wirklich schön, auch wenn sie sich von Ihrer italienischen Malerei unterscheiden. Sehen Sie dieses hier! Es ist von Rembrandt, einem Freund meines Vaters. Er hat es seinerzeit von dem blutjungen Maler erstanden. Ich erinnere mich noch an die Zeit, als Rembrandt uns häufig besuchen kam. Ich war damals ein Kind und lauschte den Gesprächen zwischen ihm und meinem Vater. Er war ein bedeutender Maler, doch in hohem Alter kam er aus der Mode. Was läßt sich dazu sagen? Selbst die Holländer, die für sich in Anspruch nehmen, etwas von Malerei zu verstehen, sind nicht gegen die Mode gefeit und wissen nicht, wann sie ein Meisterwerk vor sich haben.«

Bald wandten wir uns der Physik zu. Ich berichtete ihm, daß ich Galilei in Padua und Arcetri besucht hatte. »Ein großer Mann!« rief er aus, »unser aller Lehrmeister. Auch mit ihm war mein Vater befreundet und hat ihn in Arcetri besucht. Galilei hat die Kunst der Zeitmessung geändert.« Im Weitergehen zeigte er mir eine seiner Uhren und erläuterte mir die Geheimnisse der Pendeluhr mit Zykloidenaufhängung. »Mathematisch sehr elegant, nur nicht sehr praktisch. Ich erhoffe mir mehr von einer Uhr, die ganz ohne Pendel auskommt und bei der die isochronen Schwingungen durch eine Feder erzeugt werden. Auch die Fernrohre haben wir stark verbessert. Haben Sie gesehen, was sich hinter dem ›Saturno tricorporeo‹ (er benutzte den italienischen Ausdruck) verbirgt? Er besitzt einen Ring, den Galilei zwar aus verschiedenen Blickwinkeln gesehen hat, doch ohne seine wahre Beschaffenheit ergründen zu können. Ich verstehe die ganze Geschichte auch noch nicht so ganz, bin mir aber sicher, daß es sich im wesentlichen um einen Ring handelt. Gegenwärtig beschäftige ich mich jedoch vor allem mit der Optik.«

Er machte eine kleine Pause, als zögere er, das Thema anzuschneiden. »Ich habe einige außerordentlich interessante Dinge herausgefunden, die ganz sicher richtig sind. Leider macht der

Zeichnung von Huygens, 1658. (Doe Library, University of California, Berkeley)

große Newton Schwierigkeiten. Er ist ein großer Mann, aber eine sehr eigenwillige Persönlichkeit. Vor einigen Jahren, als er mir seine *Principia* schickte, war ich wie vom Donner gerührt. Es kostete mich viele Wochen harter Arbeit, mir den Inhalt des Buches anzueignen. Die Gravitation allerdings bleibt nach wie vor ein Geheimnis. Er beschreibt sie, aber erklärt sie nicht. Kennen Sie Newton? Versuchen Sie, ihn zu besuchen.« Hier sah er mich scharf an und lächelte schwach. Ich bemerkte seinen Gesichtsausdruck, wußte sein Lächeln aber nicht zu deuten. »Newton bedient sich auch einer vollkommen neuartigen Mathematik. Ich halte mich zwar immer noch an den alten Archimedes, obwohl ich erkannt habe, daß Newton und Leibniz gemeinsam neue Methoden entdeckt haben, die die jüngere Generation erlernen muß, wenn sie Fortschritte erzielen will.«

Später kam er wieder auf die Kunst und auf Italien zu sprechen. »Meine begabteren Landsleute wollen von Ihrer Malerei nichts mehr wissen. Können Sie sich vorstellen, daß Rembrandt sich weigerte, nach Italien zu reisen, wie alle Welt es tat? Unser Licht hier ist anders als das in Ihrer Heimat. Sie mögen unseren Himmel nicht mit seinen Wolken, seinem Nebel und seinen gedämpften Farben. Ich möchte Ihnen ein paar kleine Zeichnungen von mir zeigen. Sie sind zwar nichts Besonderes, aber Zeichnen ist eines meiner Steckenpferde, genauso wie Linsenschleifen, nur daß ich es darin zur Meisterschaft gebracht habe, was sich vom Zeichnen nicht behaupten läßt.«

Ich mochte etwa eine Stunde mit Huygens verbracht haben, als ich den Eindruck gewann, daß er ermüdete und möglicherweise sogar Schmerzen hatte. Ich erinnerte mich, daß sein Gesundheitszustand angegriffen war, was ihn auch bewogen hatte, sein geliebtes Frankreich zu verlassen und nach Holland zurückzukehren. Ich wollte seine Konzilianz nicht über Gebühr in Anspruch nehmen. Sicherlich hatte er anderes zu tun. So verabschiedete ich mich und dankte ihm, insbesondere für eine seiner kleinen Zeichnungen, die er mir zur Erinnerung geschenkt hatte.

In meinen fiktiven Besuchen bei den klassischen Physikern durfte natürlich nicht der große Newton fehlen. Doch dieser Traum wuchs sich zum Alptraum aus.

Im Jahre 1690 begab ich mich in der Hoffnung nach Cambridge, mit Newton zusammentreffen zu können. Freunde hatten mich gewarnt, es würde nicht so leicht sein, wie ich es mir vorstellte. Auch wollte mir Huygens merkwürdiges Lächeln nicht aus dem Sinn gehen. Da meine Freunde mit Newtons Eigenheiten vertraut waren, hatten sie mir eingehende Instruktionen gegeben, wie ich mich zu verhalten, welche Themen ich zu vermeiden hätte und welche Personen ich nicht erwähnen dürfe. Etwas beunruhigt von so vielen Verhaltensmaßregeln, beschloß ich, mir Newton erst einmal aus der Ferne anzusehen, bevor ich den Versuch unternahm, ihn zu besuchen.

Isaac Newton (1642-1727); Porträt von Sir Godfrey Kneller, 1702. (National Portrait Gallery, London)

Ich begab mich zum Trinity College und wartete, halb verborgen von einigem Buschwerk, in der Nähe des Tores zu seinem Quartier. Es dauerte nicht lange, da trat er heraus. Vielleicht lag es an all den Dingen, die ich über ihn gehört hatte – jedenfalls schüchterte mich sein Anblick ein.

Plötzlich drehte sich Sir Isaac um und sah in meine Richtung, als habe er gespürt, daß ich ihn beobachtete. Unwirsch fuhr er mich an: »Was fällt Ihnen ein, in mein Privatleben einzudringen, mein Herr? Verschwinden Sie und lassen Sie sich nicht mehr blicken!« Was ich mir nicht zweimal sagen ließ.

Da es unmöglich war, mit ihm ins Gespräch zu kommen, mußte ich einen irdischeren Weg suchen, mit ihm bekannt zu werden. In der realen Welt des Jahres 1982 fuhr ich nach Cambridge und erneuerte meine Bekanntschaft mit dem Trinity College und der Stadt, die ich von einem Besuch im Jahre 1934 kannte. Von den vielen Autos und dem Verkehr abgesehen, hatte sich nicht viel verändert. In der Universitätsbibliothek fand ich, fein säuberlich in Kartons geordnet, einige von Newtons Schriften, die zumeist aus der Portsmouth-Sammlung stammten. Offensichtlich hatte Newton viele Aufzeichnungen und Zettel aufbewahrt, die andere sicherlich fortgeworfen hätten. Als ich diese Papiere anfaßte, ergriff mich eine heilige Scheu. Ein Manuskriptblatt der *Principia,* von Newton berührt und geschrieben, in Händen zu halten, war ein bewegendes Erlebnis. Das Papier, das er benutzte, reichte von edelster Bütte mit schönen Wasserzeichen, die sogar den Fabriano-Mühlen in Italien zur Ehre gereicht hätte, bis hin zu ganz gewöhnlichem Papier, das nur deshalb erhalten geblieben war, weil man zu Newtons Zeiten Papier ausschließlich aus Textilabfällen herstellte.

Einige Blätter sind mit einer gut leserlichen, eleganten Handschrift bedeckt, je nach dem Gegenstand in Latein oder Englisch. Ich erkannte Auszüge aus den *Principia* oder Entwürfe dazu. Einige Blätter waren so mit Streichungen und Korrekturen besät, daß sie fast unleserlich waren. Offensichtlich hatten dem Autor die Anfänge der Mechanik die vermutete Mühe bereitet. Die vielen Streichungen bei der Formulierung der Bewegungsgesetze erschwerten ihre Lektüre beträchtlich.

Auf einem anderen Blatt fanden sich Bemerkungen zum englischen Münzwesen, unmittelbar gefolgt von Aufzeichnungen in kleinerer Handschrift: mathematische Notizen und ein scharfer Angriff gegen Leibniz in lateinischer Sprache. Daran schlossen sich langwierige numerische Berechnungen an, die viele Blätter beidseitig dicht mit Zahlen bedeckten. Soweit ich es beurteilen konnte, ging es um astronomische Probleme, allerdings waren einige Blätter halbverbrannt, vermutlich infolge des Feuers, das Newtons Arbeitszimmer um 1675 verwüstet hatte.

Newtons schwankende Stimmungen spiegelten sich in diesen Blättern wider: seine unermüdliche Ausdauer auf den Seiten, die endlos mit sauberen Zahlen bedeckt waren, die Zweifel und Mühen, die ihm die Grundsätze der Mechanik abverlangten, die Dämonen der Eifersucht, die ihn heimsuchten bei dem Gedanken an diesen oder jenen vermeintlichen Übeltäter, seine geheimnisvolle Neigung zu Mystizismus und alchimistischen Experimenten – all das war darin abzulesen.

Meine nächste Reise trug mich in eine gänzlich andere Welt, was schon der erste Blick auf die veränderte Mode zeigte, der Wandel von den überladenen Gewändern des 18. Jahrhunderts zur bürgerlichen, der unseren schon sehr verwandten Kleidung. Dies war freilich die unwesentlichste Veränderung, die die Französische Revolution bewirkt hatte.

Ich begab mich 1810 nach Paris, und nachdem ich mich in meiner Unterkunft eingerichtet hatte, besuchte ich ein Treffen der ersten Sektion des Institut de France, des wissenschaftlichen Zweigs der Académie des Sciences, ein offizieller Ort der Begegnung für die französische Wissenschaft. Dort herrschte ein fürchterliches Durcheinander; die Mitglieder führten laute Gespräche miteinander, während der Redner hinter dem Pult verzweifelt versuchte, den unaufmerksamen Zuhörern seine Arbeit zu erklären. Inmitten dieses Durcheinanders war es schwierig, an die Koryphäen heranzukommen. Da sah ich, daß ein vornehm aussehender Herr mir zulächelte. Und als ich sein Lächeln erwiderte, trat er auf mich zu und sprach mich an. Obwohl er einen leichten Akzent hatte, war sein Französisch viel besser als meines. Ich erklärte ihm, warum ich gekommen sei und daß ich gerne mit einigen Mitgliedern der erlauchten Gesellschaft zusammentreffen würde. Freundlich erwiderte er: »Kommen Sie am nächsten Donnerstag in die Villa des Marquis Laplace in Auteuil.«

Ich war ein wenig betroffen, da ich mir nicht recht vorstellen konnte, daß ich als völlig Unbekannter so einfach bei dem großen Laplace Zutritt finden könnte, dem Autor von *Le système du monde*, dem Kanzler des kaiserlichen Senats, Träger des großen Bandes der Ehrenlegion. Ich fragte meinen neuen Bekannten nach seinem Namen, den ich zunächst nicht verstanden hatte. Zu meiner Überraschung sah ich mich niemandem Geringeren als Alexander von Humboldt gegenüber, der zwar in Preußen geboren, aber in Frankreich heimisch war. Wenn er mich einlud, konnte ich davon ausgehen, daß man mich freundlich aufnehmen würde. Folglich verließ ich am nächsten Donnerstag, dem Anlaß entsprechend gekleidet, meine Unterkunft in der Nähe der Place de la Concorde im Herzen der Stadt. Nach zwei Stunden hübschen Weges durch das malerische Bièvretal gelangte ich zum Dorf Auteuil. Als ich mich nach Laplaces Haus erkundigte, zeigte man mir sogleich ein großes Gebäude in einem Garten. Ich betrat das Haus und wurde von Humboldt begrüßt, der mich dem Hausherrn und den anderen Gästen vorstellte, die hier regelmäßig zu verkehren schienen.

Der älteste Gast war Berthollet, der berühmte Chemiker, der ungefähr zwanzig Jahre zuvor mit Lavoisier zusammengearbeitet hatte. Er und Laplace, der die Sechzig auch schon überschritten zu haben schien, waren die ältesten und angesehensten Mitglieder der Gesellschaft. Etwas abseits von ihnen stand eine Gruppe jüngerer Männer, zwischen dreißig und vierzig, unter ihnen der Mathematiker Monge, der Physiker und Chemiker Gay-Lussac und Arago, der jüngste von allen, der noch keine dreißig war. Alle Gäste schienen eng befreundet zu sein und unterhielten sich angeregt über ihnen wohlbekannte Dinge, wobei es in ihren Gesprächen von Wortspielen, Doppelsinnigkeiten und Anspielungen wimmelte, die ich nicht verstand. Es gab eine Menge akademischen Klatsch, und vor allem die jüngeren Mitglieder der Gruppe machten bei aller Verehrung ihre Scherze über den Kaiser, »der nicht die Zeit gefunden hatte«, den ersten Band *Mécanique céleste* zu lesen, den der Hausherr ihm untertänigst gewidmet hatte. Aber Napoleon hatte Laplace zu einem wohlhabenden Mann gemacht und ihn mit Ehren überhäuft, genauso wie Berthollet, dem der Kaiser dem Vernehmen nach erst kürzlich wieder eine größere Summe Geldes hatte zukommen lassen.

Doch bald kamen die Gäste zur Ruhe. Gay-Lussac hielt einen interessanten Vortrag über Gasverbindungen – die Volumina der Bestandteile und der Endprodukte. Es folgte eine lebhafte Diskussion, in deren Verlauf die Zuhörer die Ergebnisse kritisierten, Abänderungen der Meßverfahren vorschlugen und die Versuchsanordnungen in allen Einzelheiten erörterten. Gay-Lussac nahm Stellung zu

Joseph Louis Gay-Lussac (1778–1850), der französische Chemiker und Physiker, dessen Untersuchungen über Ausdehnung und thermisches Verhalten von Gasen, über Chlor und Jod sowie die industrielle Herstellung von Schwefelsäure von bleibender Bedeutung sind. Er genoß hohes Ansehen in der französischen Gesellschaft. (Doe Library, University of California, Berkeley)

der Kritik, und dann begaben sich alle in Berthollets Laboratorium, um dort einige der Apparate und Experimente in Augenschein zu nehmen. Berthollet wohnte ganz in der Nähe in einer ebenso luxuriösen Villa wie Laplace, in der er mehrere Zimmer in Laboratorien umgewandelt hatte. Dort befanden sich Waagen, Barometer, Hygrometer und viele andere von seinem Pariser Freund Fortin gebaute Instrumente. Fortin hatte auch die Präzisionswaagen gefertigt, mit deren Hilfe Lavoisier die Chemie revolutioniert hatte. Berthollet empfing in seinem Privatlaboratorium Gäste aus aller Welt und ließ sie dort arbeiten, wobei er ihnen mit Rat und Tat behilflich war.

Die Untersuchung der Apparate und Experimente und die häufig sehr hitzige wissenschaftliche Auseinandersetzung dauerten an, bis es Zeit zum Abendessen war. Infolge von Druck, Temperatur, möglichen Verunreinigungen und vielen anderen Faktoren waren zahlreiche Korrekturen an den Messungen von Gasvolumina vorzunehmen. Unermüdlich stritten Gay-Lussacs Fürsprecher und Gegner miteinander. Um acht Uhr begaben wir uns ins Speisezimmer, wo sich uns die Damen anschlossen, unter ihnen Mesdames Laplace, Berthollet und Arago. Das Gespräch wandte sich von den wissenschaftlichen Themen den neuesten gesellschaftlichen Ereignissen zu, der Wahl neuer Akademiemitglieder, der Berufung neuer Professoren an die großen Pariser Schulen und den Hofdamen der Kaiserin. Die Gäste bekleideten hohe Ämter, und natürlich fiel ihrer Stimme einiges Gewicht bei der Auswahl solcher Personen zu.

Ich hörte schweigend zu, wie es mir als ausländischem Besucher geziemte. Madame Berthollet hatte bei den wenigen Worten, die ich bei meiner Vorstellung gesagt hatte, meinen italienischen Akzent erkannt und erzählte mir während des Essens in liebenswürdiger Weise, daß im Herbst des Jahres 1801 Volta am selben Tisch gesessen habe. Dann schilderte sie seinen denkwürdigen Besuch, bei dem ihr Mann, Laplace und andere Wissenschaftler ihm keine ruhige Minute gegönnt hatten, so fasziniert seien sie von seiner elektrischen Säule gewesen. Sogar der Kaiser hatte sich, damals noch erster Konsul, alle Vorlesungen Voltas im Institut angehört. »Als Volta zu uns zum Essen kam«, fügte sie hinzu, »mußte er über Nacht bleiben, weil das Gespräch über Elektrizität einfach kein Ende nehmen wollte. Als ihn dagegen Seine Majestät zum Essen einlud, traf die Einladung nicht mehr rechtzeitig ein, und Voltas Platz blieb leer.«

Während wir plauderten, hatte sich das Gespräch der Wissenschaftler der physikalischen Chemie zugewandt. Was hielt die Moleküle zusammen? Hatten diese Bindungen etwas mit der Kapillarität zu tun? Besaßen sie eine Reichweite? Der Marquis de Laplace schien eine Autorität auf diesem Gebiet zu sein, was die anderen allerdings nicht daran hinderte, ihm zu widersprechen, wenn sie es auch mit großem Respekt taten.

Meine nächste Reise in der Zeit führte mich 1846 nach London. Ich wollte auf keinen Fall versäumen, Faraday einen Besuch abzustatten.

Eintrittskarten für die Freitagabendvorträge in der Londoner Royal Institution in der Albemarle Street kosteten eine Guinee. Das war eine Ausgabe, die mich einige Tage lang auf schmale Kost setzte. Ich hatte gehofft, Faraday würde der Redner sein, doch zu meiner Enttäuschung war ein Vortrag von Wheatstone vorgesehen. Für die Eintrittskarte hatte ich eine beträchtliche Summe ausgegeben, und so schnell würde ich mir keine weitere leisten können. Durch eine merkwürdige Verkettung der Ereignisse wendete sich jedoch alles zum Besten.

Der Vortrag sollte um acht Uhr beginnen, und wie ich wußte, wurde der Zeitplan im allgemeinen mit peinlicher Genauigkeit eingehalten. Doch dieses Mal blieb das Rednerpult einige Minuten über den festgesetzten Zeitpunkt hinaus leer. Dann trat zu meiner großen Überraschung und Freude Faraday ein und begab sich ans Pult. Obwohl ich ihm noch nie begegnet war, erkannte ich ihn sofort. Nach einigen Worten der Entschuldigung für den angekündigten Redner befaßte er sich, als sei es die selbstverständlichste Sache der Welt, mit dem angekündigten Thema, Wheatstones elektrischem Chronoskop. Seine Fähigkeit, einen solchen Vortrag aus dem Ärmel zu schütteln, beeindruckte mich. Gemäß seinen »Ratschlägen für Vortragende« sprach er »langsam und überlegt, so daß sich die Gedanken des Vortragenden dem Verständnis der Zuhörer klar und mühelos erschließen«. Ich nahm in seiner Aussprache eine Spur von Cockneymundart wahr. Außerdem führte er einige erfolgreiche Experimente durch, die dem Publikum offensichtlich ebensoviel Vergnügen bereiteten wie ihm selbst.

Er beendete seine Ausführungen jedoch zwanzig Minuten zu früh. Daraufhin erklärte er zögernd und in verändertem Tonfall, er

Michael Faraday (1791–1867) nach einem Gemälde von Thomas Phillips.

wolle jetzt einige hypothetische Gedanken über die Natur des Lichtes vortragen, die er bislang für sich behalten habe. Faradays Darlegungen verloren an Klarheit. Ich bezweifle, daß er uns in alle seine Ideen einweihte. Zunächst sprach er ganz allgemein von der Einheit der Naturkräfte, befaßte sich aber schon bald mit speziellen Aspekten und erklärte, daß nach seiner Auffassung die Lichtgeschwindigkeit in einem Medium etwas mit dessen Dielektrizitätskonstante zu tun habe.

Am nächsten Tag nahm ich all meinen Mut zusammen und suchte Faraday in der Royal Institution auf. Obwohl es Samstag war, arbeitete er an einem Experiment, und ich fühlte mich nicht wohl bei dem Gedanken, daß ich ihm seine Zeit stahl. Doch mit der Liebenswürdigkeit des echten Gentleman nahm er mir alle Befangenheit. Mehr noch als auf dem Rednerpult beeindruckte er mich aus der Nähe durch seinen Charme, sein Aussehen, die Anmut seiner Bewegungen und vor allem die durchdringende Schärfe seines Blickes.

Faraday zeigte mir die Royal Institution, unter anderem auch die Kellerräume, in denen man Frösche hielt, vielleicht im Gedenken an Galvani und seine Experimente. Faradays besonderes Interesse schien einigen Pappdeckeln zu gelten, auf denen Eisenfeilspäne die Feldlinien eines Magneten markierten. Er demonstrierte mir eingehend, wie man solche Bilder erhält und wie man sie so fixiert, daß sie auch nach Entfernung des Magneten erhalten bleiben. »Wenn wir den Magnetismus verstehen wollen, müssen wir diese natürlichen Figuren verstehen«, sagte er. »Sie sagen viel mehr aus als alle Formeln. Alles ist in ihnen enthalten, aber ich kann sie noch nicht vollständig deuten. Sie gehen mir nie aus dem Sinn, und manchmal träume ich sogar von ihnen.«

Ich versuchte, das Gespräch auf den Vortrag vom Vorabend zu bringen, bedauerte es aber sogleich. Ohne seine ausgesuchte Höflichkeit zu verlieren, machte Faraday unmißverständlich klar, daß er kein Gespräch über dieses Thema wünschte. Außerdem spürte ich, daß ich seine Zeit lange genug in Anspruch genommen hatte. Das Experiment, an dem er arbeitete, interessierte ihn erheblich mehr als mein Besuch, und ich wollte seine Freundlichkeit nicht über Gebühr in Anspruch nehmen. Als ich aus der Royal Institution in den dichten Londoner Nebel hinaustrat, geriet ich fast un-

James Clerk Maxwell (1831–1879). (Mit freundlicher Genehmigung von C. W. F. Everitt)

ter die Räder einer Droschke, so sehr war ich mit meinen Gedanken noch bei meinem Besuch bei Faraday, dieser Ausnahmeerscheinung, die besuchen zu dürfen, ich mir als großes Glück anrechnete.

Eingedenk des Mißerfolges, den ich während meines ersten Besuchs in Cambridge einstecken mußte, als ich versuchte, Newton zu sehen, widerstrebte es mir ein wenig, dorthin zurückzukehren. Doch ich hatte soviel über das neue Cavendish-Laboratorium, seine Lehrmethoden und den dort tätigen Professor Maxwell gehört, daß ich 1876 beschloß, mich abermals nach Cambridge zu begeben.

Ich holte Professor Maxwell zu Hause ab und ging mit ihm zum Laboratorium; sein Hund Toby, der mit seinem Herrn auf geradezu unheimliche Weise Verbindung zu unterhalten schien, folgte uns. Nach ein paar Höflichkeitsfloskeln versank Maxwell wieder in tiefe Gedanken und vergaß meine Anwesenheit vollkommen. Auf dem Weg zum Labor wurde er von mehreren Leuten gegrüßt, aber ich hatte den Eindruck, daß er sie in seiner Gedankenverlorenheit gar nicht bemerkte. Ebenso abwesend begegnete er dem Pförtner des Laboratoriums.

Trinity College hatte sich kaum verändert. Sogar der kleine Busch, hinter dem ich mich verborgen hatte, um Newton zu beobachten, stand noch an seinem Platz. Doch das Cavendish-Laboratorium in der Free School Lane war, obwohl in gotischem Stil erbaut, funkelnagelneu. Ich folgte Maxwell in sein Arbeitszimmer, wo er nach ein paar Minuten in die Wirklichkeit zurückfand und mich freundlich fragte, was ich zu sehen wünschte. Ich bemerkte, daß er nicht das übliche Cambridge-Englisch sprach. Wie im Schottischen üblich, rollte er das »r« fast so stark wie ich, was mich erfreute, aber er sprach auch sehr schnell, so daß ich den Eindruck gewann, ihm sei es gleichgültig, ob ich ihm folgen könne oder nicht. Gelegentlich wechselte er das Thema ohne erkennbaren Zusammenhang. Er benutzte auch sehr ungewöhnliche Wörter und erging sich in Wortspielen, die er mit boshaftem Lachen begleitete, in das ich töricht einstimmte, ohne zu wissen warum.

Maxwell zeigte mir zunächst das Studentenlabor, das kärglich eingerichtet war mit Instrumenten aus »Faden und Siegelwachs«. Die Arbeit der Studenten konzentrierte sich auf die Entwicklung absoluter elektrischer Maßeinheiten, die des Professors übrigens auch, allerdings mit sehr viel ausgefeilteren Geräten. Maxwell hielt mir einen kurzen Vortrag über die Methoden, derer er sich dabei bediente. Fast alle zeichneten sich durch einfallsreiche Kompensationsverfahren aus, und bei einigen handelte es sich um Nullmethoden. Er hatte besonderes Geschick darin, Fehler erster Ordnung zu vermeiden. Obwohl die dazu notwendigen Berechnungen nicht gerade einfach waren, schien der Professor großes Vergnügen an ihnen zu finden.

Plötzlich wechselte er das Thema und begann, sich über die kinetische Theorie auszulassen. Hier lagen die Dinge erheblich komplizierter. Er ging zur Tafel, die rasch mit Gleichungen bedeckt war, und versuchte, mir verschiedene Fragen zu erklären, die mit der spezifischen Wärme mehratomiger Moleküle zu tun hatten, bis er schließlich bei der Gasdiffusion anlangte. Plötzlich hielt er inne und lächelte skeptisch. »Hier zeigt sich eine echte Schwierigkeit«, sagte er, »und sie scheint äußerst vertrackt zu sein. Schon lange zerbreche ich mir den Kopf darüber, ohne irgendwelche Fortschritte zu erzielen. Die kinetische Theorie ist wunderschön und *wahr,* aber sie gibt uns einige Rätsel auf. Warum liefert sie nicht die richtigen spezifischen Wärmen? Sie folgen so eindeutig aus Hypothesen, die unstrittig erscheinen und sich vor allem in anderen Fällen so hervorragend bewähren. Ich habe das Gefühl, daß die wahre Natur der Molekulardynamik nicht verstanden werden kann, bevor dieses Geheimnis gelüftet ist.«

Ich verstand Maxwell nur teilweise und vermutete sogar, daß er sich ein bißchen über mich lustig machte. Seine Äußerungen, etwas ungewöhnlich infolge seines schottischen Akzents, wegen der Vielfalt der Themen, die er anschnitt, und des Scharfsinns seiner Bemerkungen, zeigten mir, daß ich es mit einem bedeutenden Denker zu tun hatte, aber der Besuch hatte mich verwirrt. Ich war sicher, daß Maxwell die meisten seiner Gedanken für sich behalten hatte. Als ich das Laboratorium verließ, stand ich wieder vor dem Trinity College, und ich dachte, wie merkwürdig doch diese Cambridger Exzentriker seien, denen die Wissenschaft so viele ihrer Erkenntnisse verdankt.

Meine letzte Reise in die Zeit zu einem der großen Physiker sollte mich nach Berlin führen. Es war eine Reise, die mir nicht sonderlich zusagte, vor allem da ich gehört hatte, daß die Stadt seit 1890 einer Kaserne glich, in der der neue Kaiser mit wenig Takt und noch weniger Geschmack das Regiment führte. Aber all das hatte wenig zu tun mit Seiner Exzellenz, dem Geheimrat Professor Dr. Hermann von Helmholtz.

Der deutsche Wissenschaftsbetrieb hatte sich als außerordentlich gastfreundlich für junge Wissenschaftler aus aller Welt erwiesen, die von den Vorteilen dieses gut organisierten Lehrbetriebs und den großzügig ausgestatteten Laboratorien profitierten. Da ich mich im Preußen des Jahres 1890 befand, warf ich mich in einen schwarzen Anzug mit gestreiften Hosen, legte einen steifen Kragen an und goldene Manschettenknöpfe mit einem Saphir in der Mitte, die ich mir von meinem Vater geliehen hatte. Der Aufzug war mir etwas lästig, wie eine Uniform für jemanden, der nicht an sie gewöhnt ist, doch sobald ich die Reichsanstalt betreten hatte, war mir klar, daß ich die richtige Wahl getroffen hatte.

Meine Verabredung mit Seiner Exzellenz war für neun Uhr morgens anberaumt, und pünktlich auf die Minute wurde ich von einem livrierten Diener in das Arbeitszimmer geführt. Helmholtz beendete gerade ein Fachgespräch mit einem Assistenten. Ein rascher Blick in die Runde belehrte mich, daß ich als jüngerer Mann gut daran tat, so lange stehen zu bleiben – fast in Habachtstellung –, bis Seine Exzellenz mich aufforderte, Platz zu nehmen. Rasch beendete Helmholtz seine Anweisungen, der Assistent schlug die Hacken zusammen und verschwand.

Höchst leutselig wandte sich darauf Seine Exzellenz meiner Person zu und fragte mich, ob ich lieber Deutsch oder Englisch sprechen würde. Zum Zeichen meiner Hochachtung für ihn entschied ich mich für Deutsch, und er fragte mich sogleich mit offensichtlich ernstgemeintem Interesse nach meiner Arbeit. Ich merkte, daß die preußische Hülle von ihm abfiel und darunter aufrichtiges Wohlwollen und Hilfsbereitschaft zum Vorschein kamen. Gelegentlich unterbrach mich Helmholtz mit präzisen, eindringlichen Fragen und warnte mich vor einigen tückischen Fehlerquellen, vor denen ich mich in acht nehmen sollte. Er gab mir auch nützliche Hinweise, wie ich das anstellen könnte. Ich hatte den Eindruck, daß er sich schon länger mit dem Gegenstand befaßt hatte (wir sprachen von einigen Experimenten über elektromagnetische Wellen) und daß er bereits viel darüber wußte.

Hermann von Helmholtz (1821–1894), aufgenommen um 1890, als er Präsident der Reichsanstalt in Berlin und der bedeutendste deutsche Physiker seiner Zeit war. (Mit freundlicher Genehmigung L. Loeb Sammlung, Fachbereich Physik, University of California, Berkeley)

Helmholtz erkundigte sich noch nach ein paar italienischen Freunden, vor allem nach Pietro Blaserna, dessen Harmoniumspiel er hervorhob. Das brachte ihn auf einen musikalischen und akustischen Exkurs, der ihn so gefangennahm, daß er zu dem Harmonium in seinem Arbeitszimmer ging und mir Tartinis Klänge vorführte. Mittlerweile war es Viertel vor zehn geworden. Der livrierte Diener öffnete unauffällig die Tür und blickte herein. Ich verstand, daß meine Zeit um war und daß ich mich besser verabschiedete. Seine Exzellenz lud mich ein (oder befahl er es mir?), am folgenden Tag zum physikalischen Kolloquium zu kommen. Er versprach mir, mich mit anderen jungen Physikern bekannt zu machen und für einen Laborplatz zu sorgen. Er versprach auch, mir ein Thema von allgemeinem Interesse für meine Arbeit vorzuschlagen.

Als ich die Reichsanstalt verließ, begegnete ich einem Bataillon Soldaten, die im Stechschritt auf einer der großen Berliner Alleen paradierten. Ich hatte Schwierigkeiten, diesen Anblick und das wissenschaftliche Gespräch mit Helmholtz in Einklang zu bringen. Es war eine Welt mit zwei Gesichtern, die in entgegengesetzte Richtungen blickten. Mich schauderte bei dem Gedanken an das, was sie uns bringen mochte.

Kapitel 1

Die Gründerväter: Galilei und Huygens

Wann hat die Physik begonnen? Die Frage ist nicht leicht zu beantworten. Die Geschichte der technischen Meisterleistungen reicht weit zurück, und die Menschen, die die Aquädukte oder Pyramiden erbauten, brauchten dazu Kenntnisse, die wir heute der Physik zurechnen würden, ohne daß es ihnen bewußt gewesen wäre. Sie konnten Prosa schreiben, ohne es zu wissen, wie Monsieur Jourdain aus dem *Bürger als Edelmann* von Molière. Angewandte Technik ist jedoch keine Physik im engeren Sinne des Wortes. Die Griechen haben eine komplizierte Mathematik entwickelt, und die Statik des Archimedes ist auch an modernen Maßstäben gemessen als Physik zu bezeichnen, doch es fehlte eine zusammenfassende Theorie. Ich verfüge nicht über die Voraussetzungen, um die ersten Ursprünge der Physik zu beschreiben. Deshalb benutze ich den offenkundigen Mangel an Kontinuität in der physikalischen Entwicklung, um meine Geschichte mit Galilei zu beginnen.

Galilei selbst hat eine große Zahl unmittelbarer Vorläufer. Astronomen, Navigatoren, Künstler und Techniker warfen eine Fülle von Fragen auf, die für die physikalische Zukunft fruchtbar waren. Viele der großen Künstler, die die italienische Renaissance hervorbrachte – Leonardo da Vinci zum Beispiel –, zeigten eine unersättliche Neugier für Dinge, die wir heute als wissenschaftliche Probleme bezeichnen würden. Dennoch scheint mir ein großer Unterschied zu bestehen zwischen ihren – gelegentlich sehr hellsichtigen – Mutmaßungen und den Ergebnissen der Arbeit, die etwa ein Jahrhundert später zu Galileis Zeit geleistet wurde. Die geistigen Einstellungen und Methoden haben sich rasch verändert. Bei Durchsicht der »wissenschaftlichen« Literatur des ausgehenden 15. oder des 16. Jahrhunderts würden wir das schnell feststellen, wobei wir allerdings nicht viel entdeckten, was wir als wissenschaftlich im modernen Sinne bezeichnen könnten. Die entscheidenden methodologischen Entdeckungen wurden von Galilei gemacht, als er die Bedeutung der Verbindung von Experiment und Mathematik erkannte. Ein Kenner der Materie würde der Behauptung widersprechen, daß diese Entdeckung Galilei alleine zuzuschreiben sei, doch enthält sie genügend Wahrheit, um unsere Untersuchung mit ihm beginnen zu lassen.

Pisa: Vorbereitende Studien

Galileo Galilei wurde am 15. Februar 1564 als Sproß einer Florentiner Familie geboren. Es war eine alteingesessene und angesehene Familie, doch als Galilei geboren wurde, war von dem einstigen Familienvermögen wenig übrig. Der Vater war ein Musiker von einigem Ansehen, dessen Werke sogar heute noch gelegentlich gespielt werden.

Galilei verbrachte seine ersten zehn Lebensjahre in Pisa, ging um das Jahr 1574 nach Florenz und war 1581 wieder in Pisa, wo er sich als Student der Medizin an der Universität einschrieb. Lektüre und das Zusammentreffen mit dem Mathematiker Ostilio Ricci (1540–1603) weckten bald das Interesse des Neunzehnjährigen für Fragen der Geometrie. Ich kann mir sehr gut vorstellen, welche Offenbarung die Entdeckung der Geometrie für den jungen Mann gewesen sein muß. Während er ein Fach studierte, das ihm vermutlich zuwider war, stieß er da plötzlich auf die intellektuelle Beschäftigung, für die er geboren und mit der er nur noch nicht in Berührung gekommen war. Was diese Entdeckung in ihm ausgelöst haben mag, läßt sich wahrscheinlich nur mit einer leidenschaftlichen Liebe gleichsetzen. Um seinen neuen Studieninteressen nachgehen zu können, mußte er heftige Kämpfe mit seinem Vater ausfechten, der wie viele Väter in ähnlicher Lage der Meinung war, der Sohn verschreibe sich einer brotlosen Kunst. Es war kein ungewöhnlicher Anfang für die Karriere eines Wissenschaftlers.

Bald darauf gelang ihm die Entdeckung oder Wiederentdeckung

des Isochronismus der Pendelschwingungen. Er schrieb auch ein paar unbedeutende Berichte physikalischer und astronomischer Natur. Wenn hier von Physik die Rede ist, so ist damit keine Wissenschaft gemeint, die mit der heutigen Physik zu vergleichen wäre. Was Galilei damals als Physik bezeichnete, hat nur den Namen mit der Physik im modernen Sinne gemein, mit einer Physik, die erst Jahrzehnte später – im wesentlichen von Galilei selbst – aus der Taufe gehoben werden sollte.

Galilei schloß sein Medizinstudium nicht ab, sondern ging 1585 nach Florenz zurück, wo er vier Jahre blieb und sich mit verschiedenen Studien, vor allem literarischer Art beschäftigte. Beispielsweise hielt er Vorlesungen über Beschaffenheit und Topographie von Dantes *Inferno*. Er schrieb auch einige Aufsätze über Hydrostatik und veröffentlichte ein paar Überlegungen zum Schwerpunktsatz der Festkörper. Diese Artikel verschafften ihm einen gewissen Ruf bei den Fachgelehrten, darunter dem Marchese Guidobaldo del Monte von Urbino (1545–1607), damals und später ein wichtiger Gönner Galileis. Aufgrund von Empfehlungen wurde er für drei Jahre zum Mathematikprofessor an die Universität Pisa berufen. So kehrte er an jene Universität zurück, an der er vor Jahren seine Studien abgebrochen hatte.

Er hatte die Stelle von 1589 bis 1592 inne. In diesen Jahren hat er sich offensichtlich mit dem kopernikanischen System beschäftigt, das der berühmte Domherr in Frauenburg, Nikolaus Kopernikus (1473–1543), ungefähr fünfzig Jahre früher vorgeschlagen hatte. Allerdings ließ er über die Ergebnisse dieser Studien zunächst nichts verlauten. Gleichzeitig schrieb er weitere Berichte zur Mechanik. Sie enthielten keine besonders wichtigen Ergebnisse, aber sie deuteten bereits die Richtung an, in die sich die Interessen Galileis entwickeln sollten. Vor allem zeigten sie, daß er sich der Mathematik zur Untersuchung der Naturerscheinung bedienen würde. Er hatte anderes mit der Mathematik im Sinn als einige seiner Zeitgenossen, wie zum Beispiel Johannes Kepler (1571–1630); sie war für ihn kein Instrument, um die Harmonie in der Schöpfung zu entdecken, sondern um konkrete Probleme quantitativ und schlüssig zu diskutieren.

Als seine Pisaner Berufung 1592 nicht verlängert wurde, war er stellungslos und erheblichen finanziellen Belastungen ausgesetzt, da ihm der Tod seines Vaters die Verantwortung für Mutter, Schwestern und Brüder aufgebürdet hatte.

Wiederum durch Vermittlung Guidobaldo del Montes erhielt er 1592 eine Anstellung in Padua, wo er 18 Jahre verbringen sollte. Es waren die besten Jahre seines Lebens, wie er in hohem Alter brieflich einem Freund bekannte. Padua war die Universität der unabhängigen und reichen Republik Venedig, eine alte und berühmte Bildungsstätte, und Galilei fand dort trotz seines mageren Gehalts (zu Anfang 180 Dukaten) ein ideales Klima für seine Arbeit. Schon bald mietete er ein großes Haus, in dem er möblierte Zimmer an Studenten untervermietete und wo er einen Raum als Werkstatt einrichtete, für die er einen Arbeiter einstellte. Dies war wahrscheinlich die erste Keimzelle eines wissenschaftlichen Labors mit einem Techniker. In Padua lehrte er Geometrie und Astronomie (wobei das mathematische Niveau unsere heutige Oberstufenmathematik kaum überstieg, während er in der Astronomie Ptolemäus folgte). In der förderlichen Stille Paduas nahm Galilei einige wichtige Forschungsarbeiten vor, unter anderem beschäftigte er sich mit der Bewegung gleichmäßig beschleunigter Körper. Außerdem setzte er sich mit astronomischen Fragen auseinander. Seine Privatkorrespondenz zeigt, daß er um 1597 von der Richtigkeit des kopernikanischen Systems überzeugt war. Er erfand ein Instrument, den Proportionalzirkel, der sich für zahlreiche graphische Konstruktionen als äußerst nützlich erwies. In seiner Werkstatt stellte er eine stattliche Zahl dieser Instrumente her und verkaufte sie mit gutem Gewinn.

Obwohl viele Anhaltspunkte dafür sprechen, daß die meisten seiner Entdeckungen auf dem Gebiet der Mechanik in Padua heranreiften, hat Galilei in dieser Phase großer Schaffenskraft in der Blüte seiner Jahre erstaunlich wenig veröffentlicht. Er schloß auch enge Freundschaft mit etlichen Edelleuten, vor allem mit Giovanfrancesco Sagredo (1571–1620), einem Manne von beträchtlichem Reichtum und Einfluß in Venedig.

1599 ging Marina Gamba, eine Venetianerin, eine Lebensgemeinschaft mit Galilei ein. Obwohl sie nie heirateten, hatten sie drei Kinder miteinander, den Sohn Vincenzo und zwei Töchter. Die Erstgeborene, die spätere Suor Maria Celeste, ist eine der lieblichsten Frauengestalten aller Zeiten. Die Briefe an ihren Vater sind in ihrer Schlichtheit Dokumente großer Schönheit. Obwohl Galileis Gehalt 1599 auf 320 Dukaten erhöht wurde, drückten ihn noch immer finanzielle Sorgen aufgrund der Verpflichtungen, die er für Brüder und Schwestern übernommen hatte. Seine Schwester Virginia hatte 1591 den Florentiner Benedetto Landucci geheiratet. Im gleichen Jahr war Galileis Vater gestorben, so daß Galilei und sein Bruder Michelangelo mit der Verpflichtung zurückgeblieben waren, für Virginias Mitgift aufzukommen. Michelangelo war Musiker, ziemlich träge, wenn auch nicht ohne Talent, doch seinen Anteil zahlte er nicht, so daß die ganze Last auf Galileis Schultern ruhte, der viele Jahre lang mit erheblichen finanziellen Schwierigkeiten zu kämpfen hatte. Ein zweites Familienproblem war die Mutter, Giulia Ammannati, die ein schwieriger Charakter gewesen sein muß.

Ich will hier nicht auf die internen akademischen Auseinandersetzungen Paduas eingehen, nur soviel sei gesagt, daß Galilei eine scharfe Zunge hatte, die ihm viele erbitterte Feinde eintrug. Wir müssen im Auge behalten, daß sich der wissenschaftliche Stil und der polemische Ton des 17. Jahrhunderts mit den Formen heutiger Auseinandersetzungen nicht vergleichen lassen. Eine Textprobe aus *Il saggiatore* (»Die Goldwaage«) mag als Beispiel für seine Angriffslust genügen. Galilei setzt sich mit einem Pamphlet auseinander, das (nach dem Sternbild der Libra) den Titel »Pilosophische und astronomische Libra« trägt und aus der Feder eines seiner Gegner stammt:

»Betrachten wir seine Schrift, so hätte er sie sehr viel passender und wahrheitsgemäßer den ›Astronomischen und philosophischen Skorpion‹ nennen sollen, ein Sternbild, das von unserem erhabenen Dichter Dante *figura del freddo animale – Che colla coda percuote la gente* – genannt wird, ›das Sinnbild des kalten Tieres, das mit seinem Schwanz die Menschen sticht‹. Und in der Tat herrscht kein Mangel an Stichen gegen mich, sogar schlimmeren als denen der Skorpione, denn als Freunde des Menschen beißen diese nur, wenn sie angegriffen und gereizt werden, während er mich beißt, obwohl ich mir nie hätte einfallen lassen, ihn zu belästigen. Doch welch ein Glück für mich, daß ich das Gegengift und Heilmittel gegen solche Stiche kenne! Ich werde den Skorpion auf der Wunde zerquetschen und verreiben, so daß mich das Gift, in den Leichnam des Tieres zurückgekehrt, frei und unbehelligt läßt.«

Trotz seines beißenden Witzes war Galilei von einer Schar treuer und bewundernder Schüler und Freunde umgeben. Das wissen wir aus seinen noch erhaltenen Briefen, aus denen uns ein sehr menschlicher Galilei entgegentritt.

Galileo Galilei auf einem Stich, der um 1613, als er neunundvierzig Jahre alt war, entstand. Zu beachten sind die beiden Engel auf dem Rahmen, der eine mit einem Fernrohr, der andere mit einem Proportionalzirkel. Der Stich befindet sich in einem schmalen Band, den Galilei über Sonnenflecken verfaßte. (Bancroft Library, University of California, Berkeley)

Das Jahr 1609 war schicksalhaft für Galileis Leben. Nachdem ihm die Erfindung des Fernrohrs zu Ohren gekommen war, baute er sich ein solches Instrument. Auf lateinisch nannte er es *Perspicillum*, auf italienisch *occhiale* – »Teleskop« oder »Fernrohr« wurde es erst später von Federico Cesi (1585–1630) getauft –, und er richtete es zunächst auf irdische Objekte. Die praktische Bedeutung der neuen Erfindung war ihm sofort klar, und er führte sie zahlreichen seiner einflußreichen Freunde vor. Am 24. August 1609 wies er in einem Brief an den Dogen und Senat der Republik Venedig auf die militärische Bedeutung der Entdeckung hin: »Blickt man hindurch, scheinen Dinge, die neun Meilen entfernt sind, auf eine Meile herangerückt zu sein: Dies kann für alle Verrichtungen und Unternehmungen zu Wasser und zu Lande von unschätzbarem Wert sein. Auf den Meeren werden wir die Fahrzeuge und Segel des Feindes zwei Stunden früher entdecken, bevor er unser ansichtig wird; indem wir auf diese Weise die Zahl und Art seiner Schiffe unterscheiden, können wir seine Stärke beurteilen, um uns zur Verfolgung, zum Kampf oder zur Flucht zu entschließen.« Doge und Senat berieten und entschieden dann, es gebe keinen Anlaß, die Erfindung geheimzuhalten. Zum Zeichen ihrer Zufriedenheit stellten sie Galilei auf Lebenszeit in Padua ein und erhöhten sein Jahreseinkommen auf 1000 Dukaten, für damalige Zeit ein außerordentlich hohes Gehalt.

Als er das Fernrohr in den Himmel richtete, sah er denkwürdige Dinge. In rascher Folge entdeckte er die Jupitermonde, die stellare Beschaffenheit der Milchstraße, die Phasen der Venus, die merkwürdige Konfiguration des Saturns und seiner »Satelliten«, die Sonnenflecken, die Mondgebirge und andere Wunder des Himmels.

Diese astronomischen Entdeckungen machten einen überwältigenden Eindruck auf Galilei und seine Zeitgenossen. Er sagt: *Alcune osservazioni le quali col mezzo di un mio occhiale ho fatte nei corpi celesti; e siccome sono di infinito stupore cosi infinitamente rendo grazie a Dio che si sia compiaciuto di far me solo primo osservatore di cosa ammiranda e tenuta a tutti i secoli occulta.* – »Einige Beobachtungen der Himmelskörper, die ich mittels mei-

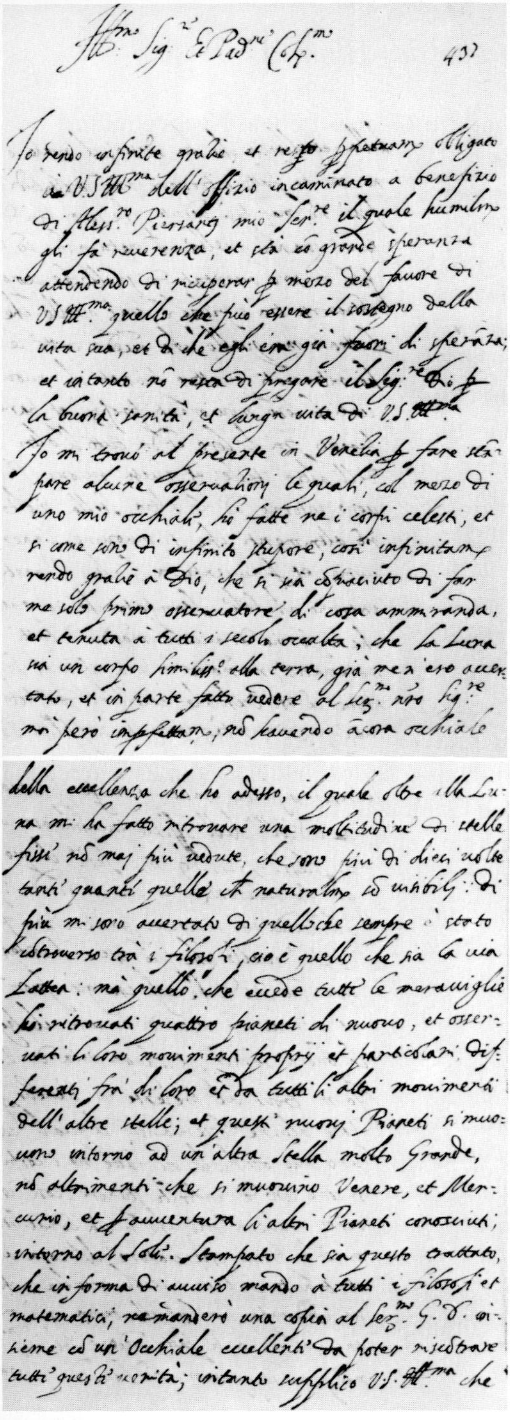

Ill.mo Sig.re et Pad.ron Col.mo 431

Io rendo infinite gratie et resto perpetuam.te obligato
à V.S. Ill.ma dell'offizio incaminato a benefizio
di Mess.ro Pierantonj mio ser.re il quale humilm.te
gli fa reuerenza, et stà in grande speranza
attendendo di ricuperar per mezo del fauore di
V.S. Ill.ma quello che può essere il sostegno della
uita sua, et di che egli era già fuori di speranza;
et in tanto nõ resta di pregare il S.re Dio per
la buona sanità, et lunga uita di V.S. Ill.ma
Io mi trouo al presente in Venezia per fare stam-
pare alcune osseruationj le quali, col mezo di
uno mio occhiale, ho fatte ne i corpi celesti, et
si come sono di infinito stupore, cosi infinitam.te
rendo gratie à Dio, che si sia compiaciuto di far
me solo primo osseruatore di cosa ammiranda,
et tenuta à tutti i secoli occulta; che la Luna
sia un corpo similiss.o alla terra, già me n'ero accer-
tato, et in parte fatto uedere al Ser.mo nro Sig.re
ma però imperfettam.te, nõ hauendo ãcora occhiale
della eccellenza che ho adesso, il quale oltre alla Lu-
na mi ha fatto ritrouare una moltitudine di stelle
fisse nõ mai più uedute, che sono più di dieci uolte
tanti quanti quelle che naturalm.te si ueggono: Di
più mi sono accertato di quello che sempre è stato
controuerso trà i filosofi, cioè quello che sia la uia
Lattea: mà quello che eccede tutte le marauiglie
hò ritrouati quattro pianeti di nuouo, et osser-
uati li loro mouimenti proprij et particolari dif-
ferenti frà di loro et da tutti li altri mouimenti
dell'altre stelle; et questi nuouj Pianeti si muo-
uono intorno ad un'altra stella molto Grande,
nõ altrimenti che si muouino Venere, et Mer-
curio, et per auentura li altri Pianeti conosciuti,
intorno al Sole. Stampato che sia questo trattato,
che in forma di auuiso mando à tutti i filosofi et
matematici, ne manderò una copia al Ser.mo G. D. in-
sieme con un'Occhiale eccellente da poter riscontrare
tutte queste uerità; in tanto supplico V.S. Ill.ma che

Ein Brief Galileis an Belisario Vinta, den Sekretär des Großherzogs von Toskana, worin er diesem in überschwänglichen Worten von seinen astronomischen Entdeckungen berichtet. (Biblioteca Nazionale, Florenz)

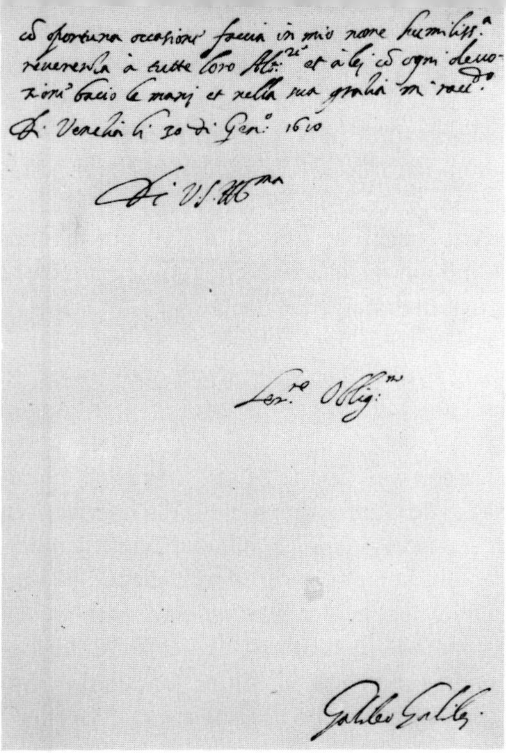
co' oportuna occasione faccia in mio nome humiliss.a
reverenza à tutte loro Alt.ze et à lei co' ogni devo-
zione bacio le mani et nella sua grazia mi racc.do
Di Venezia li 30 di Gen.o 1610

Di V.S. Ill.ma

Ser.re Oblig.mo

Galileo Galilei

nes ›Augenglases‹ vorgenommen habe; und da sie unendliche Überraschung brachten, weiß ich Gott unendlichen Dank dafür, daß er mir gnädig gewährte, als erster Dinge zu beobachten, die solche Bewunderung verdienen und die den Jahrhunderten verborgen blieben.«

Galilei faßte seine astronomischen Entdeckungen in dem kleinen Buch *Sidereus Nuncius* zusammen. Der lateinische Titel wurde von ihm mit *Avviso astronomico* (»Astronomische Nachricht«) ins Italienische übersetzt. In ihm drücken sich die heftigen Empfindungen des Entdeckers aus. Hören wir ein paar Sätze vom Anfang:

> »Große Dinge lege ich in dieser kleinen Abhandlung den einzelnen Naturforschern zur Untersuchung und Betrachtung vor. Große, sage ich, einmal wegen der Bedeutung der Sache selbst, sodann wegen der für alle Zeiten unerhörten Neuigkeiten und

schließlich auch wegen des Gerätes, durch dessen Hilfe sich diese Dinge meiner Sinneswahrnehmung dargeboten haben. Es ist wirklich etwas Großes, zu der zahlreichen Menge von Fixsternen, die mit unserem natürlichen Vermögen bis zum heutigen Tag wahrgenommen werden konnten, unzählige andere hinzuzufügen und offen vor Augen zu stellen, die vorher niemals gesehen worden sind und die die alten und bekannten um mehr als die zehnfache Menge übersteigen.

Ein sehr schöner und erfreulicher Anblick ist es, den Mondkörper, der etwa sechzig Erdhalbmesser von uns entfernt ist, so aus der Nähe zu betrachten, als wäre er nur zwei solcher Längen entfernt . . .

Was aber alles Erstaunen weit übertrifft und was mich hauptsächlich veranlaßt hat, alle Astronomen und Philosophen zu unterrichten, ist die Tatsache, daß ich nämlich vier Wandelsterne gefunden habe, die keinem unserer Vorfahren bekannt gewesen und von keinem beobachtet worden sind. Sie kreisen um einen bestimmten auffallenden Stern aus der Zahl der bekannten, wie Venus und Merkur um die Sonne, und laufen ihm bald vor, bald nach, wobei sie sich nie über bestimmte Grenzen hinaus von ihm entfernen. Dies alles ist vor wenigen Tagen mit Hilfe eines von mir nach einer Erleuchtung durch göttliche Gnade erdachten Augenglases entdeckt und beobachtet worden.« (Galileo Galilei, *Sidereus Nuncius*, Nachricht von neuen Sternen, hg. von Hans Blumenberg, Frankfurt 1980, S. 83/84.)*

Die Zeichnungen im *Sidereus Nuncius*, die die Stellung der Jupitermonde wiedergeben, sind kürzlich anhand moderner Tabellen überprüft worden und haben sich – wie nicht anders zu erwarten – als richtig erwiesen. Interessanter ist, daß sie uns Hinweise zum Auflösungsvermögen von Galileis Fernrohr geben. Es konnte ungefähr das Doppelte des Jupiterdurchmessers auflösen (etwa 4×10^{-4} rad oder 1′).

Obwohl Galilei sich in Padua wohlfühlte, zog es ihn aus ver-

* Lange Zitate, zu denen eine Originalversion oder eine anerkannte dt. Übersetzung vorliegt, sind im Text eingerückt. Alle übrigen, soweit nicht eine Quelle angegeben ist, wurden von Hainer Kober übersetzt.

schiedenen Gründen nach Florenz zurück. Er wollte seiner Lehrverpflichtungen ledig werden, litt vermutlich unter Heimweh und hatte familiäre Gründe, dorthin zurückzukehren. Der neue Großherzog von Toskana, Cosimo II. von Medici, bot ihm ausgezeichnete Bedingungen, so daß Galilei sein Angebot annahm. In einem schönen und prophetischen Brief warnte ihn sein enger Freund Sagredo vor dem, was er durch diesen Entschluß möglicherweise aufgab. Der Brief ist ein schönes Beispiel für das fundiertere Urteil des Tatmenschen. Sagredo pries die akademische Freiheit Paduas und schloß mit den Worten: »Wo wollt Ihr die Freiheit und Unabhängigkeit finden, die Ihr in Venedig genossen habt? . . . Ich bin sehr in Sorge, daß Ihr an einem Ort seid, wo die Autorität der Jesuiten am meisten zählt.«

Nicht nur seinen Lehrstuhl ließ Galilei in Padua zurück, sondern auch Marina Gamba, deren Töchter er bei seiner Rückkehr nach Florenz in ein Kloster steckte. Selbst wenn man die Sitten seiner Zeit in Rechnung stellt, bleibt dies eine dunkle Seite seines Lebens.

Florenz: Ruhm und Fall

Die astronomischen Beobachtungen brachten Galilei zu der Überzeugung, er habe unwiderlegliche Beweise für die kopernikanische Hypothese, und es sei an der Zeit, sie der Öffentlichkeit vorzulegen. Die Geschichte seiner eigenen Haltung in dieser Frage ist sehr kompliziert. Mir scheint am wahrscheinlichsten zu sein, daß Galilei ein überzeugter Katholik war, der es ernst mit seiner Religion meinte. Er zweifelte nicht daran, daß die Kirche die Achtung der Menschen verlieren müsse, wenn sie weiterhin als Glaubensartikel an einem astronomischen System festhalten würde, das sich in eindeutigem Widerspruch zu den beobachteten Tatsachen befand. Deshalb unternahm er einen aufrichtigen Versuch, die Kirche auf die Seite der Wissenschaft zu ziehen, die Seite der neuen Wissenschaft, der nach seiner Überzeugung die Zukunft gehörte, nicht den mittelalterlichen Lehren und Methoden, deren Zeit vorüber war. Deshalb versuchte er eifrig und guten Glaubens, Rom von der

Richtigkeit seiner Beobachtungen und der kopernikanischen Lehre zu überzeugen. Die Schwierigkeiten, auf die er stieß, mögen uns Heutige merkwürdig berühren, doch ist durchaus begreiflich, daß sie damals sehr konkret waren. So mußten beispielsweise die römischen Astronomen davon überzeugt werden, daß die Dinge, die sie durch das Fernrohr erblickten, keine durch das Instrument hervorgerufenen optischen Täuschungen waren. Wie legitim ihre Zweifel waren, zeigt am besten der Umstand, daß Galilei selbst sie ernst genug nahm, um sie experimentell zu widerlegen. Überdies ist das gesamte Problem der Beziehung zwischen experimentell erweiterter Sinneserfahrung und »Wirklichkeit« alles andere als einfach. Galilei hat sich eingehend mit dieser Frage beschäftigt und ist zu Schlußfolgerungen gelangt, die noch heute gültig sind.

1611 begab er sich nach Rom, um seine Entdeckungen den höchsten Kirchenbehörden vorzulegen. Er hatte Freunde unter den Kardinälen, und sogar der Papst bereitete ihm einen freundlichen Empfang. Er wurde Mitglied der neugegründeten Accademia dei Lincei und beteiligte sich an ihrer Arbeit. Alles in allem gelang es ihm, bei seinem Rombesuch die kirchlichen Astronomen von der Richtigkeit seiner Himmelsbeobachtungen zu überzeugen. Diese Entdeckungen bedeuteten eine unermeßliche Stärkung der kopernikanischen Theorie, die zu diesem Zeitpunkt noch nicht verurteilt worden war. Es gab Symptome für ein gewisses Unbehagen; Galilei beurteilte die Situation jedoch recht optimistisch und verließ Rom zufrieden mit dem Ergebnis seines Besuchs. In einem Brief an den Großherzog teilte der toskanische Botschafter Galileis günstige Lagebeurteilung.

Zurück in Florenz, bekannte sich Galilei öffentlich zur kopernikanischen Lehre und wurde allmählich zum Ziel heftiger Angriffe, die auf das Konto der Dominikanerpatres und anderer Mitglieder des Florentiner Klerus gingen. Galilei erläuterte seine Auffassung in mehreren öffentlichen Briefen an prominente Geistliche und an die Großherzogin Christine von Lothringen, ein Mitglied der Familie Medici. Er versuchte, die Stellung von Religion und Wissenschaft wie folgt gegeneinander abzugrenzen: Zunächst, die Heilige Schrift hat immer recht, doch sie bedarf der Auslegung, weil ihr Wortlaut Dinge enthält, die offenkundig falsch, ja ketzerisch sind. Die Fehler im wörtlich verstandenen Text der Bibel sind auf die historischen Umstände zurückzuführen, unter denen er entstanden ist, und auf die Bewußtseinslage der Leserschaft, für die er bestimmt war. Die Bibel darf nicht zu Auseinandersetzungen herangezogen werden, in denen es um experimentelle Fakten und ihre mathematischen Konsequenzen geht. Wenn letztere eindeutig bewiesen sind, muß die Bibel in Übereinstimmung mit unserer Sinneserfahrung und den aus ihr gefolgerten Erkenntnissen ausgelegt werden. »Die Naturerscheinungen entspringen unmittelbar dem Willen Gottes . . . Daher sollten Beobachtungen oder direkt daraus gezogene Schlußfolgerungen unter keinen Umständen aufgrund von Stellen aus der Schrift in Zweifel gezogen werden, die wörtlich verstanden anders erscheinen, denn nicht alles in der Schrift unterliegt so strikten Notwendigkeiten wie jede physikalische Wirkung.« Die Wahrheit des kopernikanischen Systems beeinträchtigt nicht die Wahrheit der Schrift, sondern nur ihre Auslegungen – die Auslegungen aber sind Menschenwerk und kommen nicht vom Heiligen Geist.

Dieser Standpunkt fand nicht die Billigung der Kirche, und 1616 wurde Galilei schließlich nach Rom zitiert. Widerstrebend folgte er der Aufforderung und wurde von einigen Stellen kalt, von anderen ein wenig freundlicher empfangen. Der toskanische Gesandte, dessen Gastfreundschaft er genoß, sah Schwierigkeiten voraus und warnte ihn. Und wirklich wurde er vor das Heilige Offizium gebracht und darüber belehrt, daß die kopernikanische Auffassung verurteilt worden sei und daß er mit schweren Strafen zu rechnen habe, wenn er sie weiterhin unterstütze. Ein strittiger Punkt ist, ob das Heilige Offizium ihm verbot, Kopernikus *quovis modo* (auf jede Weise) zu verteidigen – eine Frage, die im Prozeß von 1633 eine wichtige Rolle spielen sollte. Offenbar war Galilei verzweifelt darüber, daß sich alle seine Hoffnungen zerschlagen hatten. Trotzdem unterwarf er sich dem Urteilsspruch. Einige Tage später, am 26. Mai 1616, erhielt er einen Brief von Kardinal Roberto Bellarmino, in dem dieser erklärte, er sei nicht gezwungen worden, irgend etwas zurückzunehmen und sei von jeder Anklage der Häresie freigesprochen. Bald darauf kehrte Galilei nach Florenz zurück.

Eine Zeitlang gab Galilei seine Versuche auf, Rom zu beeinflussen, und widmete seine ganze Tatkraft wissenschaftlichen Fragen, in der Hoffnung auf bessere Zeiten, in denen seine Auffassungen günstigere Aufnahme finden würden. In jenen Jahren schrieb er über Kometen, schrieb auch das polemische Buch *Il saggiatore*, (siehe S. 37), bekanntgeworden als schönes Beispiel für seine polemischen und literarischen Fähigkeiten, da es sich mit leichter verständlichen Themen befaßte als seine großen wissenschaftlichen Veröffentlichungen.

Frontispiz der ersten Ausgabe des *Dialog über die beiden hauptsächlichsten Weltsysteme*. Salviati, rechts, vertritt die kopernikanische Auffassung, Simplicius, Mitte, das ptolemäische Weltbild, während Sagredo, links, interessierter Zuhörer ist. (Bancroft Library, University of California, Berkeley)

Im Jahr 1623 wurde ein neuer Papst gewählt, der ehemalige Kardinal Maffeo Barberini, der als Urban VIII. den Heiligen Stuhl bestieg. Er war ein enger Freund Galileis, dem er sogar eine bewundernde Ode gewidmet hatte. Mit neuer Hoffnung machte sich Galilei an ein neues Werk – den gefeierten *Dialogo dei massimi sistemi* (*Dialog über die beiden hauptsächlichsten Weltsysteme*, übers. u. erl. von E. Strauss, mit einem Beitrag von A. Einstein u. einem Vorwort sowie weiteren Erl. von S. Drake. Nach der Ausgabe von 1891 hg. von R. Sexl u. K. v. Meyenn, Stuttgart 1982). Er brauchte sechs Jahre, um das Buch zu beenden, das 1630 abgeschlossen war. Im Dialog werden drei Personen vorgestellt: Salviati, der weitgehend das Sprachrohr Galileis ist; Sagredo, der aufgeschlossene, intelligente Laie, und Simplicio, ein ziemlich engstirniger und gelegentlich sogar etwas lächerlicher aristotelischer Philosoph. (Filippo Salviati und Sagredo waren zwei teure Freunde, die in der Blüte ihrer Jahre gestorben waren, der erste ein Florentiner, der zweite jener Paduaner, von dem im Zusammenhang mit Galileis Fortgang aus Padua bereits die Rede war.) Vom Hauptthema abgesehen, einer Erörterung und einem Vergleich der kosmologischen Systeme, enthält der Dialog eine Vielzahl sehr scharfsinniger Beobachtungen und Gedanken zu den verschiedensten wissenschaftlichen Problemen. Heute sind wir von frühester Schulzeit an die wissenschaftlichen Methoden gewöhnt, doch es ist höchst interessant zu beobachten, wie fast jeder alltägliche Vorfall Galilei mit unerwarteten Problemen konfrontierte, sobald er sie vom neuen Standpunkt des Wissenschaftlers betrachtete. Hier zeigt sich für mich die außerordentliche Bedeutung und Größe Galileis am eindrucksvollsten. Natürlich war er unwissend – jedes Schulkind weiß heute mehr als er –, aber sein Ansatz war ebenso modern wie der Einsteins oder Rutherfords.

Ein Vergleich mit seinem großen Zeitgenossen Kepler kann uns das deutlich vor Augen führen. Kepler war in vielerlei Hinsicht ein besserer Astronom als Galilei: Er entdeckte die elliptischen Umlaufbahnen der Planeten, während Galilei sie für kreisförmig hielt; er entdeckte die Gesetze, die zu Recht seinen Namen tragen. Doch seine Beweggründe und sein Vorgehen erscheinen mir unverständlich. Obwohl Galilei Keplers Bücher besaß, hat er sie nie gelesen. Das ist sicherlich überraschend, aber ich kann mir vorstellen, daß er sich von Keplers Mystizismus abgestoßen fühlte. Noch heute ist Galilei lesbar, Kepler dagegen nicht. Ihre unterschiedlichen Ansätze zeigen sich deutlich in der Art, wie sie die Mathematik verwenden. Galilei benutzt sie in einem vollständig modernen Sinne, um etwa die Bewegung eines gleichförmig beschleunigten Punktes zu berechnen, während Kepler versucht, eine mystische Verbindung zwischen den Radien der planetarischen Umlaufbahnen und den regelmäßigen Körpern der Stereometrie herzustellen. (Was auch hochmodern sein kann, hätte doch Kepler zweifellos großen Gefallen gefunden am Achtfachen Weg und der SU[3]-Gruppe der modernen Teilchenphysik).

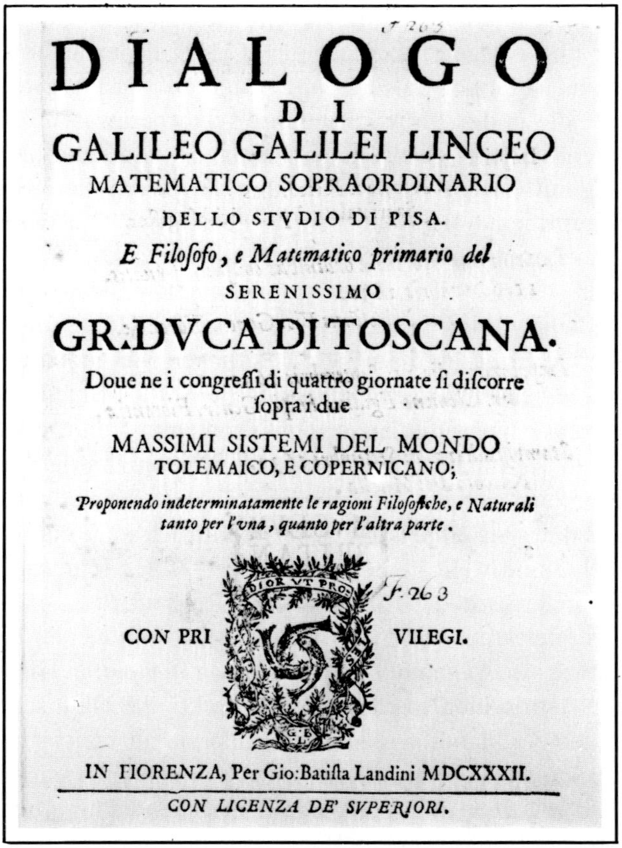
DIALOGO
DI
GALILEO GALILEI LINCEO
MATEMATICO SOPRAORDINARIO
DELLO STVDIO DI PISA.
E Filosofo, e Matematico primario del
SERENISSIMO
GR. DVCA DI TOSCANA.
Doue ne i congressi di quattro giornate si discorre sopra i due
MASSIMI SISTEMI DEL MONDO
TOLEMAICO, E COPERNICANO;
Proponendo indeterminatamente le ragioni Filosofiche, e Naturali tanto per l'vna, quanto per l'altra parte.
CON PRI VILEGI.
IN FIORENZA, Per Gio: Batista Landini MDCXXXII.
CON LICENZA DE' SVPERIORI.

Titel des *Dialog*. (Bancroft Library, University of California, Berkeley)

Sobald das Dialog-Buch abgeschlossen war, benötigte es unbedingt die Druckerlaubnis der Kirche, die nicht leicht zu erhalten war. Abermals begab sich Galilei nach Rom. Es wurden einige Änderungen verlangt, die Galilei zugestand, und man einigte sich auf ein Vor- und Schlußwort. Beide sind – zumindest für den modernen Leser – einigermaßen verblüffend. Im Vorwort erklärt Galilei, der Zweck des Buches sei der Nachweis, daß die Kirche, die sich sogar von ihm habe beraten lassen, eingehend über alle kopernikanischen Argumente informiert sei und das kopernikanische System nicht aus Unwissenheit verwerfe. Weiter führt er aus, daß er das kopernikanische System lediglich als Hypothese darstelle, sehr wohl wissend, daß sie falsch sei. Auch das vereinbarte Schlußwort sollte die Kirche beruhigen. Dort sagt Simplicio im Hinblick auf eine Erklärung der Gezeiten, die nach Galileis Auffassung das kopernikanische System bestätigte:

».. . muß ich zugeben, daß Eure Erklärung mir wohl geistvoller erscheint als alle anderen, die ich je gehört habe: gleichwohl halte ich sie nicht für richtig und beweisend. Meinem geistigen Auge schwebt vielmehr stets eine unerschütterlich feststehende Lehre vor, die mir einst eine ebenso gelehrte wie hochgestellte Persönlichkeit gegeben hat. Ich weiß, daß Ihr beide auf die Frage: Kann Gott vermöge seiner unendlichen Macht und Weisheit dem Elemente des Wassers die abwechselnde Bewegung, die wir an ihm beobachten, nicht auch auf andere Weise mitteilen, als indem er das Meeresbecken bewegt? – ich weiß, sage ich, daß Ihr auf diese Frage antworten werdet, er vermöge und wisse das auf vielfache, unserem Verstand unerfindliche Weise zu tun. Dies zugegeben, ziehe ich aber sofort den Schluß, daß es eine unerlaubte Kühnheit wäre, die göttliche Macht und Weisheit begrenzen und einengen zu wollen in die Schranken einer einzelnen menschlichen Laune.« (Galilei Galileo, *Sidereus Nuncius*, Nachricht von neuen Sternen, hg. von Hans Blumenberg, Frankfurt 1980, S. 226)

Angesichts dieses Argumentes, das von Urban VIII. höchstpersönlich stammt, geben sich Salviati und Sagredo sogleich geschlagen und erklären sich für überzeugt, womit das Buch schließt.

Interessanterweise wird das Argument dem Simplicio in den Mund gelegt, jenem aristotelischen Philosophen, dem im Verlaufe des Dialogs so häufig Irrtümer nachgewiesen werden. Mit diesen Änderungen wurde die Druckerlaubnis 1631 erteilt.

Es ist merkwürdig, daß Galilei glaubte, durch solche Lippenbekenntnisse könnte er sich vor den schweren Gefahren schützen, die ihm drohten. Es war eine Illusion: 1633 brach der Sturm los. Die Theologen sicherten sich die Unterstützung des Papstes, mit dem Ergebnis, daß der siebzigjährige Galilei von Florenz nach

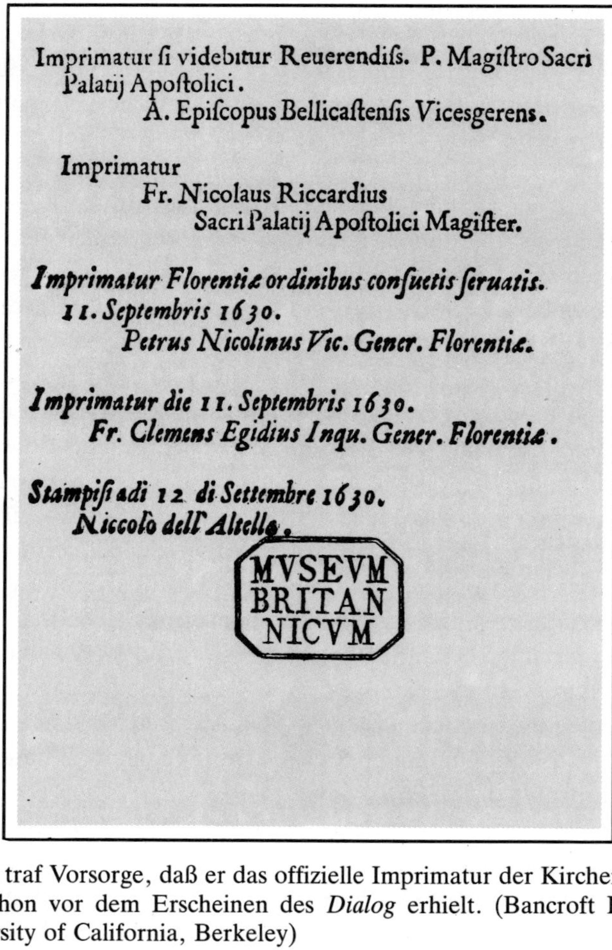

Imprimatur ſi videbitur Reuerendiſs. P. Magiſtro Sacri Palatij Apoſtolici.
A. Epiſcopus Bellicaſtenſis Vicesgerens.

Imprimatur
Fr. Nicolaus Riccardius
Sacri Palatij Apoſtolici Magiſter.

Imprimatur Florentiæ ordinibus conſuetis ſeruatis.
11. Septembris 1630.
Petrus Nicolinus Vic. Gener. Florentiæ.

Imprimatur die 11. Septembris 1630.
Fr. Clemens Egidius Inqu. Gener. Florentiæ.

Stampiſi adì 12 di Settembre 1630.
Niccolò dell'Altello.

Galilei traf Vorsorge, daß er das offizielle Imprimatur der Kirchenbehörden schon vor dem Erscheinen des *Dialog* erhielt. (Bancroft Library, University of California, Berkeley)

Rom gerufen wurde. Er versuchte, die Reise nach Rom zu verhindern, aber der Vatikan erwies sich als völlig unzugänglich und drohte ihm mit einer Verhaftung. Der Großherzog von Toskana konnte oder wollte seinen Mathematiker nicht vor dem Papst schützen, so daß Galilei nichts anderes übrigblieb, als seine Reise anzutreten. Eigentlich sollte er gleich in den Kerker geworfen werden, doch dann erklärte sich das Heilige Offizium zunächst damit einverstanden, daß er in der Villa des toskanischen Botschafters Niccolini, eines treu ergebenen Freundes, wohnte. Später bestand das Heilige Offizium indessen darauf, ihn in Gewahrsam zu nehmen. Der Prozeß dauerte vom April bis zum Juni 1633 und endete für Galilei mit einem vernichtenden Urteil: Er wurde gezwungen, seiner Lehre abzuschwören und auf Knien zu erklären: »Da ich wünsche, Euren Eminenzen und jedem katholischen Christen diesen gegen mich zu Recht gefaßten Verdacht zu nehmen, schwöre ich ab, verfluche und verwünsche ich mit aufrichtigem Herzen und ungeheucheltem Glauben besagte Irrtümer und Ketzereien sowie überhaupt jeden anderen Irrtum und jeden der besagten Heiligen Kirche widersprechenden Irrtum und Sektiererglauben.«

Eine Legende ist, daß Galilei, als er den Urteilsspruch hörte, aufgestampft und ausgerufen habe: *Eppur si muove!* (»Und sie bewegt sich doch!«), aber es stimmt, daß er auf das Deckblatt seines Exemplars des verurteilten Dialogs geschrieben hat: »Hütet Euch, Ihr Theologen, daß Ihr nicht in Eurem Wunsche, aus Behauptungen, die die Bewegung und die Ruhe der Erde und der Sonne betreffen, Glaubensfragen zu machen, eines Tages diejenigen als Ketzer verurteilen müßt, die versichern, die Erde stehe still und die Sonne bewege sich von der Stelle – eines Tages, sage ich, wenn die Sinneserfahrung oder überzeugende Beweise gezeigt haben, daß die Erde sich bewegt und die Sonne stillsteht.«

Wenn die Verurteilung einerseits eine Tragödie für Galilei war, so bedeutete sie andererseits auch einen schweren Schlag für die Kirche. Dadurch, daß die Kirche unter Berufung auf die Autorität der Schriften und religiöse Argumente Auffassungen verurteilte, die sich unzweifelhaft als richtig beweisen ließen, untergrub sie die eigene Position und verlor in der Folgezeit an Ansehen. Nach den Protokollen des Vatikanischen Konzils zu urteilen, hat die Kirche diese Lektion noch nicht vergessen. Papst Johannes Paul II. selbst hat wiederholt eine Revision des Galileischen Prozesses gefordert, denn fraglos ist es lächerlich, die Verurteilung seiner Auffassungen aufrechtzuerhalten. Man hat allerdings geltend gemacht, daß die Einstellung der Kirche zur Wissenschaft nicht an der Galileischen Frage gemessen werden dürfe, sondern daß man dazu modernere Probleme heranziehen müsse. In der Tat vertritt die Kirche in der Frage der Beziehung zwischen Wissenschaft und Religion eine Auffassung, die der Galileis außerordentlich ähnlich ist. In einer Gedenkfeier zu Ehren Einsteins sagte Papst Johannes Paul II. 1979:

»Galilei hat wichtige Regeln von erkenntnistheoretischem Charakter formuliert, die sich als unentbehrlich erweisen, wenn man die Heilige Schrift und die Wissenschaft in Einklang bringen will. In seinem Brief an die Großherzoginmutter von Toskana, Christine von Lothringen, bekräftigt er noch einmal die Wahrheit der Schriften: ›Nie kann die Heilige Schrift lügen, vorausgesetzt allerdings, wir erfassen ihre wahre Bedeutung. Letztere ist – wiewohl nicht zu leugnen – sehr verborgen und sehr verschieden von jener Bedeutung, die der reine Wortlaut verkündet.‹ (*Edizione Nazionale* der Werke Galileo Galilei, Bd. V, S. 315.) Galilei führt das Prinzip einer Interpretation der heiligen Bücher ein, die zwar über den buchstäblichen Sinn hinausgeht, aber mit der Absicht und der literarischen Art des jeweiligen Buches in Übereinstimmung steht. Es sei notwendig, so versichert er, daß ›die klugen Männer, die sie erläutern‹, ihre wirkliche Bedeutung darlegten.

Die kirchliche Lehre erkennt die Pluralität der Auslegungsregeln für die Heilige Schrift an. Seit Pius' XII. Enzyklika *Divino afflante Spiritu* lehrt sie sogar ausdrücklich das Nebeneinander verschiedener literarischer Stile in den heiligen Büchern und deshalb die Notwendigkeit, sie entsprechend des besonderen Charakters eines jeden auszulegen.

Die erwähnten Vereinbarungen genügen noch nicht, um alle Probleme der Galileischen Frage zu lösen, aber sie tragen dazu bei, einen günstigen Ausgangspunkt für eine ehrenhafte Lösung zu schaffen, eine für eine ehrliche und gerechte Versöhnung alter Gegensätze vorteilhafte Geisteshaltung.«

Galilei war entsetzt über seine Verurteilung, aber er konnte nichts unternehmen, es sei denn, er versuchte, in ein protestantisches Land zu entkommen oder in einer starken Republik wie Venedig, die vom Papst nicht einzuschüchtern war, Zuflucht zu suchen. Er beschloß, sich dem Urteilsspruch zu unterwerfen und nach Florenz zurückzukehren. Als sich seine Rückkehr durch den Ausbruch der Pest verzögerte, verbrachte er einige Monate in Siena, halb Gast, halb Gefangener des Erzbischofs Ascanio Piccolomini. Hier begegnete man ihm mit größter Achtung, der Erzbischof wurde sogar in Rom denunziert, weil er allem Anschein nach »behauptet hatte, daß Galilei zu Unrecht vom Heiligen Offizium verurteilt worden sei, welches nicht Meinungen unterdrücken könne oder dürfe, die

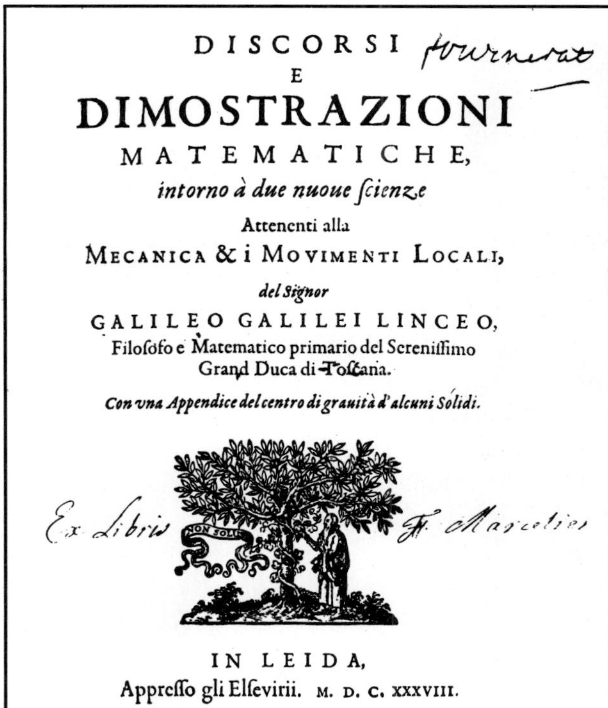
DISCORSI
E
DIMOSTRAZIONI
MATEMATICHE,
intorno à due nuoue ſcienze
Attenenti alla
MECANICA & i MOVIMENTI LOCALI,
del Signor
GALILEO GALILEI LINCEO,
Filoſofo e Matematico primario del Sereniſſimo
Grand Duca di Toſcana.
Con una Appendice del centro di grauità d'alcuni Solidi.

IN LEIDA,
Appreſſo gli Elſevirii. M. D. C. XXXVIII.

Titelseite der *Unterredungen und mathematische Demonstrationen über zwei neue Wissenszweige*. 1638 in Leiden erschienen, um das Verbot der Inquisition zu umgehen. Dies war Galileis letzte Veröffentlichung.

durch sinnfällige und mathematische Argumente unwiderleglich bewiesen worden seien«. Die Anzeige befindet sich noch heute in den vatikanischen Archiven.

Die Zeit in Siena half Galilei ein wenig über seine Verurteilung hinweg. Mit einer für seine 71 Jahre unglaublichen Spannkraft nahm er seine wissenschaftlichen Untersuchungen wieder auf und begann mit der Niederschrift jener Abhandlung, die sein wissenschaftliches Meisterwerk werden sollte: *Discorsi e dimostrazioni matematiche intorno a due Nuove Scienze attenenti alla Mecanica e i Movimenti locali* (*Unterredungen und mathematische Demonstrationen über zwei neue Wissenszweige, die Mechanik und die Fallgesetze betreffend*, übers. und hg. von A. v. Oettingen, Leipzig 1890–91, 3 Tle., Nachdr. Darmstadt 1973). Seine Korrespondenz

Die Villa »Il Gioiello« (Das Juwel) in Arcetri bei Florenz in ihrer heutigen Gestalt. Ab 1633 lebte Galilei in dieser Villa praktisch als Gefangener. (Museo di Storia della Scienza, Florenz)

zeigt jedoch, daß er den Inhalt des Buches schon in seiner Paduaer Zeit fertig im Kopf hatte.

Im Dezember 1633 kehrte er nach Arcetri bei Florenz zurück. Dort ereilte ihn im April 1634 ein weiterer schwerer Schicksalsschlag: Suor Maria Celeste starb. Galilei beschrieb sie als eine Frau, »die über ungewöhnliche geistige Gaben und eine seltene Herzensgüte verfügte; und auch sie hing sehr an mir«. Jeder, der auch nur ein paar der 124 an ihren Vater gerichteten Briefe gelesen hat, kann unschwer ermessen, was dieses Ereignis für ihn bedeutet haben muß. Die jüngeren Kinder waren anders als die älteste Tochter. Die zweite Tochter war eine ziemlich beschränkte und streitsüchtige Nonne, während der Sohn dem Vater viele Sorgen bereitete. Trotz allem waren die »Zwei neuen Wissenszweige« 1636 abgeschlossen. Die Veröffentlichung machte große Schwierigkeiten, weil das Buch in katholischen Ländern verboten war. Galilei übergab das Manuskript einem französischen Edelmann, der es von Elzevier in Amsterdam veröffentlichen ließ, angeblich ohne die Erlaubnis Galileis (der es ihm persönlich ausgehändigt hatte!).

Die »Zwei neuen Wissenszweige« sind teils in Italienisch, teils in Latein verfaßt. Die Personen des Dialogs sind schon aus dem *Dialogo dei massimi sistemi* bekannt: Salviati, Sagredo und Simplicio. Das Buch umfaßt vier Kapitel – oder »Tage« –, denen später noch zwei angefügt wurden. An den ersten beiden Tagen geht es um Probleme der Materialfestigkeit sowie Ähnlichkeitsgesetze und um die Interpretation von Modellen. Das ist im wesentlichen der erste neue Wissenszweig. Das Kapitel bietet jedoch eine Fülle von Exkursen über die verschiedensten Themen. Die Kohäsion von festen Körpern und Wasser, die Natur des Vakuums, Pumpen und Pendelschwingungen sind nur einige der behandelten Gegenstände. Hinzu kommen ausführliche Erörterungen der mathematischen Probleme dessen, was wir heute Infinitesimalrechnung und Mengenlehre nennen würden. Hin und wieder findet sich ein Fehler, etwa bei der Erklärung der Grenzhöhe, bis zu der eine Pumpe Wasser heben kann. Diese Grenze wird nicht auf den atmosphärischen Druck zurückgeführt, sondern auf die Kohäsion des Wassers. Dennoch, jeder moderne Leser muß von der Scharfsinnigkeit der Argumente, von der Erläuterung durch höchst einfallsreiche

Experimente und der vielseitigen Intelligenz Salviatis und Sagredos beeindruckt sein.

Der dritte und vierte Tag ist teilweise nach dem Vorbild Euklids in strenger Form abgefaßt, eine Darlegung von Axiomen und Lehrsätzen. Diese Teile sind lateinisch verfaßt. Es geht um die geradlinige Bewegung bei konstanter Beschleunigung und die Wurfbewegung (einschließlich der Wirkung des Widerstandes des Mediums). Der dritte und vierte Tag behandelt das Trägheitsgesetz, die Zusammensetzung von Bewegungen nach der Vektoraddition und die Untersuchung der gleichförmig beschleunigten Bewegung. Obwohl das Trägheitsgesetz vollkommen klar dargelegt wird, ist es nicht in die strenge Form eines Prinzips gekleidet. Deshalb streitet man darüber, ob es Galilei zuzuschreiben ist. Doch die Beispiele und Anwendungen scheinen mir wichtiger zu sein als eine strenge Formulierung, und es kann kein Zweifel daran bestehen, daß Galilei es gründlich verstanden hat. Bis zu den Tagen Einsteins hat niemand Galileis Raum-Zeit-Transformationen in Zweifel gezogen. Der dritte Tag der »Zwei neuen Wissenszweige« ist der Gipfelpunkt in Galileis Werk, eine Leistung von höchster Bedeutung für die Zukunft der Wissenschaft. Er liefert eine erschöpfende Erklärung der Beschleunigung und der Gesetze der Dynamik für eine konstante Kraft. Der vierte Tag erläutert in Anwendungsbeispielen die Wurfparabel. Die restlichen Tage sind eher mathematischer Natur. Um zu den genannten Ergebnissen gelangen zu können, muß Galilei ohne Zweifel ein paar Vorstellungen gehabt haben, die in die Richtung der Infinitesimalrechnung gingen. Vor allem für das Verständnis der Geschwindigkeit und der Beschleunigung bei der ungleichförmigen Bewegung hatte er es mit unendlich kleinen Größen zu tun, mit »Unteilbarkeiten«, wie er und sein Schüler Bonaventura Cavalieri (1598–1647) sie nannten. Ihm selbst gelangen die richtigen Antworten mittels geometrischer Verfahren.

Kurz nach Vollendung des Buches suchte ihn das Schicksal abermals heim. Galilei erblindete infolge grünen Stars. 1638 schrieb er an seinen Freund Diodati: »Ihr treuer Freund und Diener Galilei ist seit einem Monat vollständig und unwiderruflich erblindet. Euer Wohlgeboren kann ermessen, in welchem Zustand der Verzweiflung ich mich befinde, wenn Ihr bedenkt, daß ich, der ich diesen Himmel, diese Welt, dieses Universum durch meine herrlichen Beobachtungen und unstrittigen Beweise hundert- oder tausendfach größer gemacht habe, als alle gelehrten Männer vergangener Jahrhunderte geglaubt haben, nun eingeschränkt bin auf einen Raum nicht größer als mein eigener Körper.«

Doch selbst solche Schicksalsschläge konnten die Kirche nicht dazu bewegen, ihre unnachgiebige Haltung gegenüber Galilei zu überdenken. Als er 1639, sechs Jahre nach seiner Verurteilung, den Papst um seine Freiheit bat, wurde sie ihm verweigert. Doch wurde dem jungen Vincenzo Viviani (1622–1663), einem überaus begabten Jüngling von 17 Jahren, gestattet, als Galileis Schüler, Sekretär und Gefährte in Arcetri zu leben. Viviani wurde später Galileis Biograph, einer der ersten Vertreter der neuen Wissenschaft Physik und Galileis Nachfolger als erster Mathematiker am Hofe des Großherzogs von Toskana. In seinen letzten Lebensjahren führte Galilei ausführliche Verhandlungen mit den Niederlanden, in denen es um eine Längenbestimmung auf See anhand der Jupitertrabanten ging. Das Verfahren erwies sich jedoch als undurchführbar. Im Zuge dieser Untersuchungen erfand er eine Art Pendeluhr. 1639 pries er die Vorzüge des Pendels für die Zeitmessung und die Verbesserung astronomischer Beobachtungen. Doch sein Leben neigte sich dem Ende zu. Immer noch liebte er wissenschaftliche Gespräche und hatte das Glück, daß zu Viviani noch ein weiterer junger Mann hinzukam, Evangelista Torricelli (1608–1647). Torricelli war eine außergewöhnliche Begabung, denken wir nur an seine Erfindung des Barometers. Galilei starb am 8. Januar 1642 in Arcetri.

In diesem kurzen Überblick über Galileis Leben habe ich mich auf die Erwähnung einiger weniger seiner wissenschaftlichen Leistungen beschränkt. Nach meinem Dafürhalten sind seine physikalischen Arbeiten noch höher zu bewerten als seine astronomischen Entdeckungen. Leicht könnte man einzelne Entdeckungen und Erfindungen hervorheben, doch das würde dem Leser nur eine sehr lückenhafte Vorstellung von seiner Bedeutung vermitteln. Die Methode und der Geist seiner Auseinandersetzung mit der Natur – sie sind es, die ihn zu einer Ausnahmeerscheinung machen. Auf völlig unerwarteten Gebieten entdeckt man herrliche Dinge: zum Beispiel sein Versuch, die Lichtgeschwindigkeit zu messen (er mußte feststellen, daß sie zu groß war, um mit Hilfe seines Verfahrens erfaßt werden zu können), oder seine Beobachtungen zur Ausbreitung des Schalls und zu den Tönen, die von schwingenden Saiten ausgesandt werden. Vieles andere ließe sich anführen, doch die entscheidenden Merkmale seiner Beschäftigung mit der Natur sind die Unvoreingenommenheit seiner Beobachtungen, die Scharfsinnigkeit seines schlußfolgernden Denkens und seine unersättliche Neugier hinsichtlich aller Erscheinungsformen der Natur. Viviani berichtet uns, Galilei habe nur wenige Bücher besessen, weil er lieber die Natur anschaute, als in Büchern zu lesen. Die durchdringende Schärfe seines Denkens zeigt sich darin, wie gründlich er das Trägheitsgesetz, die Invarianz von Erscheinungen in Systemen mit gleichförmiger Translation gegeneinander und die Zusammensetzung sowie Überlagerung von Bewegungen verstanden hat. Sie gehören zu den tiefsinnigsten wissenschaftlichen Erkenntnissen, die je gemacht worden sind. In seiner Argumentation beruft er sich häufig auf Zeitumkehr oder andere Symmetrieeigenschaften, die seltsam an einige höchst moderne Gedankengänge der theoretischen Physik erinnern.

Galilei ist in erster Linie Wissenchaftler und kein Philosoph. Das unterscheidet ihn grundsätzlich von seinem großen Zeitgenossen René Descartes (1596–1650), denn diesen beschäftigten die metaphysischen Fragen, auf die die Physik gegründet werden könnte. Galilei ist von sehr verschiedenen philosophischen Richtungen vereinnahmt worden – Platonismus, Positivismus und vielen anderen –, weil man in seinen Schriften Argumente für ganz unterschiedliche, ja gegensätzliche Lehren finden kann. Dabei ist sein Hauptanliegen wahrscheinlich die saubere Trennung von Naturwissenschaft und Philosophie. Daher auch seine Feindschaft gegen Aristoteles – als Autorität, nicht als Wissenschaftler. In einer berühmten Passage von *Il saggiatore* erläutert er einige wesentliche Punkte seiner Methode:

»Die Philosophie steht in diesem großen Buch geschrieben, dem Universum, das unserem Blick ständig offenliegt. Aber das Buch ist nicht zu verstehen, wenn man nicht zuvor die Sprache erlernt und sich mit den Buchstaben vertraut gemacht hat, in denen es geschrieben ist. Es ist in der Sprache der Mathematik geschrieben, und deren Buchstaben sind Dreiecke, Kreise und andere geometrische Figuren, ohne die es dem Menschen unmöglich ist, ein einziges Wort davon zu verstehen; ohne sie irrt man in einem dunklen Labyrinth umher.«

Damit entwirft er die Gegenposition zur Berufung auf Autoritäten in Fragen der »Naturphilosophie«. Die Wurzel des Ganzen ist die Erfahrung, und die Mathematik ist das geeignete Instrument, um Erfahrung quantitativ zu beschreiben. Überdies ist mathematisches Denken bis zu einem gewissen Grade gegen logische Fehler gefeit, da sich die Methoden der Geometrie über einen langen Zeitraum bewährt haben.

Eine Würdigung Galileis ist äußerst schwierig. Ganz zweifellos war er einer der intelligentesten Menschen, die je gelebt haben, wenn wir unter Intelligenz analytisches Vermögen und wissenschaftliche Vorstellungskraft verstehen. Einstein, der sich ein Urteil erlauben konnte, erklärte Galileis wissenschaftliche Leistung wie folgt:

> »Das Leitmotiv von Galileos Schaffen sehe ich in dem leidenschaftlichen Kampf gegen jeglichen auf Autorität sich stützenden Glauben. Erfahrung und sorgfältige Überlegung allein läßt er als Kriterien der Wahrheit gelten. Wir können uns heute schwer vorstellen, wie unheimlich und revolutionär eine solche Einstellung zu Galileos Zeit erschien, in welcher der bloße Zweifel an der Wahrheit von auf bloße Autorität sich stützenden Meinungen als todeswürdiges Verbrechen betrachtet und bestraft wurde. Wir sind zwar auch heute keineswegs so weit von einer solchen Situation entfernt, als sich viele von uns schmeicheln mögen; aber der Grundsatz, daß das Denken vorurteilsfrei sein soll, hat sich inzwischen wenigstens in der Theorie durchgesetzt, und die meisten sind bereit, diesem Grundsatz Lippendienste zu leisten.
>
> Es ist oft behauptet worden, daß Galileo insofern der Vater der modernen Naturwissenschaft sei, als er die empiristische, experimentelle Methode gegenüber der spekulativen deduktiven Methode durchgesetzt habe. Ich denke jedoch, daß diese Auffassung genauerer Überlegung nicht standhält. Es gibt keine empirische Methode ohne spekulative Begriffs- und System-Konstruktion; und es gibt kein spekulatives Denken, dessen Be-

griffe bei genauerem Hinsehen nicht das empirische Material verraten, dem sie ihren Ursprung verdanken. Solche scharfe Gegenüberstellung des empirischen und deduktiven Standpunktes ist irreleitend, und sie lag Galileo ganz ferne.« (Galileo Galilei, *Dialog über die beiden hauptsächlichsten Weltsysteme*, zit. aus dem Beitrag von A. Einstein, Stuttgart 1982, S. XI, XII)

Er war äußerst vielseitig – nicht nur einer der größten Physiker aller Zeiten, sondern auch ein Schriftsteller ersten Ranges. Er ist der größte italienische Prosaist zwischen Machiavelli und Manzoni, das heißt in einem Zeitraum von vierhundert Jahren. Seine musikalischen Fähigkeiten entsprachen denen eines guten Berufsmusikers. Obwohl er nach meiner Auffassung vor allem Physiker war – der erste Physiker in der modernen Bedeutung des Wortes –, verschlugen ihn die astronomischen Entdeckungen von 1610 auf das Gebiet der Astronomie, von wo aus er zwangsläufig auf das sehr viel weitere Feld der Wissenschaftsphilosophie geraten mußte, um für die Befreiung und Trennung der Wissenschaft von der Religion einzutreten. Sein literarisches Talent befähigte ihn in besonderem Maße, die neuen wissenschaftlichen Erkenntnisse dem breiten Volk zugänglich zu machen. Seine polemische Begabung machte ihn zu einer Gefahr für die Kirche und schuf ihm erbitterte Feinde. Doch seiner Freundlichkeit und eher heiteren Gemütsart verdankte er viele ergebene und ihn bewundernde Freunde, die ihm die Treue hielten, auch als er in Ungnade fiel. Er arbeitete sehr hart, und obwohl er nicht gewillt war, sich zum Märtyrer oder Helden machen zu lassen, war sein Mut nicht zu brechen.

In Italien hatte Galilei zahlreiche persönliche Schüler: Benedetto Castelli (1578–1643), Cavalieri, Viviani und Torricelli – jeder für sich ein bemerkenswerter Wissenschaftler. Es hätte der Anfang einer großen Schule sein können. Doch Galileis Verurteilung durch die Kirche wirkte sich in Italien fatal aus. Seine Bücher wurden allesamt verboten, und jede wissenschaftliche Tätigkeit in Galileis Tradition war zumindest verdächtig. Zwar gründete 1657 eine neunköpfige Gruppe die Accademia del Cimento in Florenz (die den meisten Physikern bekannte heutige Zeitschrift *Nuovo Cimento* ist danach benannt) und veröffentlichte ein interessantes

Buch, in dem die Experimente der Akademiemitglieder beschrieben wurden, doch war der neuen Einrichtung keine lange Lebensdauer beschieden. Zehn Jahre nach ihrer Gründung wurde sie aus verschiedenen Gründen wieder aufgelöst, unter anderem weil ihr Schirmherr, Prinz Leopold von Toskana, Kardinal wurde. Die Schließung der Accademia del Cimento scheint eine Vorbedingung

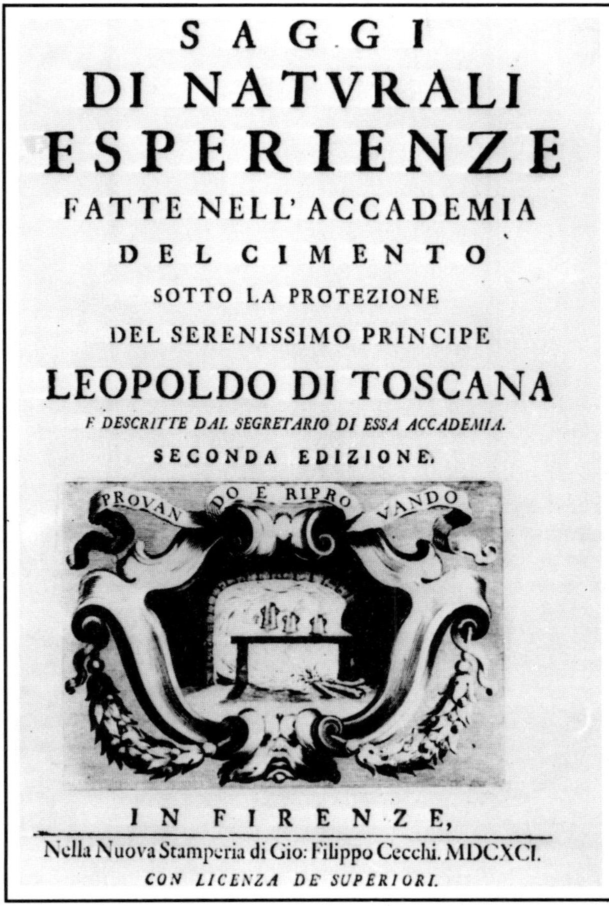

SAGGI
DI NATVRALI
ESPERIENZE
FATTE NELL' ACCADEMIA
DEL CIMENTO
SOTTO LA PROTEZIONE
DEL SERENISSIMO PRINCIPE
LEOPOLDO DI TOSCANA
E DESCRITTE DAL SEGRETARIO DI ESSA ACCADEMIA.
SECONDA EDIZIONE.

PROVANDO E RIPROVANDO

IN FIRENZE,
Nella Nuova Stamperia di Gio: Filippo Cecchi. MDCXCI.
CON LICENZA DE' SUPERIORI.

Frontispiz der *Saggi di naturali esperienze* (Aufsätze über Naturexperimente). Die verschiedenen Experimente in diesem heute berühmten Bericht wurden von der Accademia del Cimento unter der Schirmherrschaft des Großherzogs von Toskana durchgeführt.

seiner Berufung gewesen zu sein. Wichtig war die Arbeit der Accademia, weil sie die Wirksamkeit der neuen wissenschaftlichen Methoden deutlich unter Beweis gestellt hatte. Zu den von ihr verwendeten Instrumenten gehörte der Prototyp eines Thermometers und eines der ersten Barometer der Welt. Die Mitglieder, durch-

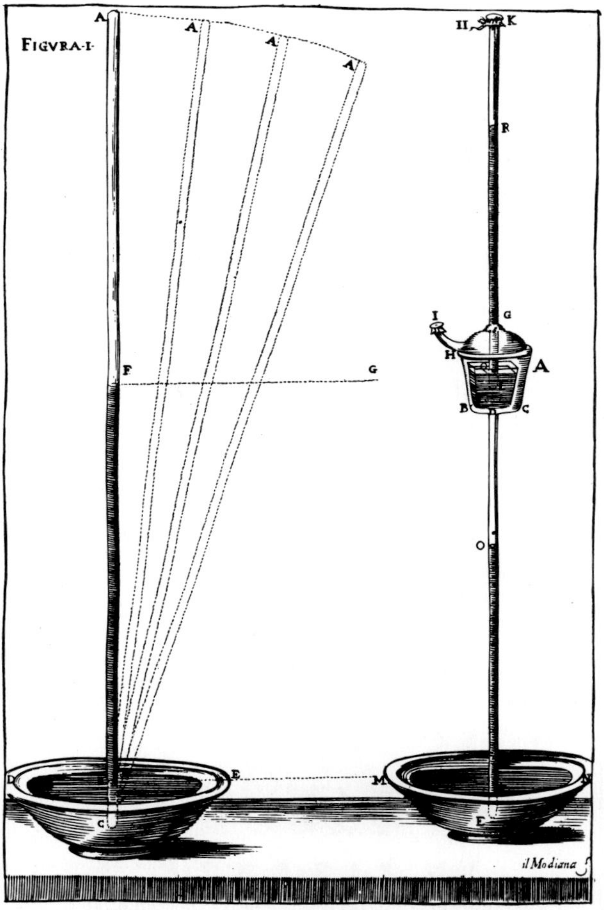

Eines der ersten in *Saggi di naturali esperienze* dargestellten Experimente ist das Barometer von Evangelista Torricelli. Die Zeichnung zeigt einen Apparat, der aus zwei Barometern besteht. Mit ihnen bewies man Torricellis Erklärung, die Höhe der Quecksilbersäule hänge vom atmosphärischen Druck ab. Der Raum über der Quecksilbersäule ist definitionsgemäß ein Vakuum.

weg Männer von Stand, die keiner Arbeit nachgingen, hatten ihre Geräte vielfach eigenhändig angefertigt, was höchst ungewöhnlich für die Gepflogenheiten der Zeit war. Auch dieser Umstand ging wahrscheinlich auf Galilei zurück, der wiederholt auf das Interesse und die Bedeutung technischer Errungenschaften hingewiesen hatte. So beginnt er die »Zwei neuen Wissenszweige« mit einem Hinweis auf das große Arsenal von Venedig (das auch bei Dante erwähnt wird) und mit einem Lob auf die Fähigkeiten der Vorarbeiter dieser Einrichtung.

Doch in Italien war das Klima für die Wissenschaft rauh geworden. Die Führungsrolle übernahmen die nordeuropäischen Länder, in denen der Staat einflußreicher war als die Kirche. Es ist von fast symbolischer Bedeutung, daß Newton in dem Jahr geboren wurde, da Galilei starb, und daß die Accademia del Cimento fünf Jahre nach der Gründung der Royal Society aufgelöst wurde.

Huygens: Repräsentant einer Übergangszeit

In hohem Alter hatte Galilei noch mit dem Problem der Längenbestimmung auf See gerungen. Letztlich ging es um die Entwicklung einer Uhr, die die Zeit auch an Bord eines Schiffes mit hinlänglicher Genauigkeit messen konnte. Zunächst wollte Galilei die Jupitertrabanten dazu benutzen, doch erwies sich das als undurchführbar. Im Zusammenhang mit diesen Arbeiten korrespondierte er mit einem holländischen Patrizier, Constantijn Huygens (1596–1684), der große Sympathie für den alten, halb in Gefangenschaft lebenden Gelehrten empfand. Constantijn war reich, ein berühmter Dichter und eine bedeutende politische Persönlichkeit – Botschafter und Staatsrat. Damit folgte er der Familientradition, denn schon sein Vater hatte hohe Ämter in dem wohlhabenden und blühenden Gemeinwesen der Niederlande bekleidet, die im nördlichen Europa in vielerlei Hinsicht Erbe und Vermittler der italienischen Renaissance waren.

Constantijn konnte indessen nicht ahnen, daß eines seiner fünf Kinder, Christiaan (1629–1695), das Problem der Uhr als erster einer praktischen Lösung zuführen und als einer der größten Phy-

René Descartes (1596–1650), der »Begründer der modernen Philosophie«, auf einem Porträt von Frans Hals. Der gebürtige Franzose Descartes verbrachte den größten Teil seines Lebens in Holland. Sein scharfer Verstand hinterließ nachhaltige Wirkungen in Philosophie und Mathematik, und seine logische Methode, wenn vielleicht auch nicht seine Ergebnisse, übte einen tiefgreifenden Einfluß auf die Physik aus. (Louvre, Paris)

siker aller Zeiten eine Brücke zwischen Galilei und Newton schlagen sollte. Nur der Umstand, daß er zwischen zwei so überlebensgroßen Gestalten steht und daß sein Werk relativ unzugänglich ist, macht ihn zu einer Übergangsfigur.

Christiaan Huygens wurde 1629 in Den Haag geboren. In einem Umkreis von wenigen Kilometern lebten Rembrandt (1606–1669), Frans Hals (1580–1666) und Baruch Spinoza (1632–1677). Sie alle sind ihm oder seinem Vater begegnet. Er genoß alle Vorteile seiner vornehmen Geburt, zunächst die sorgfältige Erziehung seines gebildeten Vaters, dann das Studium an der Universität Leiden, wo Frans van Schooten (1615–1660) sein Mathematikprofessor war, selbst Sohn eines Leidener Mathematikprofessors und ein bedeutender Mathematiker, dessen Werke später von Newton eifrig studiert wurden.

In Leiden wurde Huygens stark von Descartes' Philosophie beeinflußt, der ein Freund und häufiger Gast seines Vaters war. Doch nach einiger Zeit erkannte er, daß sich Descartes' Physik von seiner Philosophie unterschied. Seine allgemeinen rationalistischen Ideen waren wertvoll, aber seine speziellen mechanistischen Anschauungen waren unzutreffend. In dieser Zeit lernte Huygens wie viele seiner Zeitgenossen das Linsenschleifen, eine Kunstfertigkeit, die er gelegentlich gemeinsam mit seinem Bruder ausübte, wobei er manuelle Geschicklichkeit und handwerkliche Kenntnisse erwarb. Seine Fernrohre gehören zu den besten überhaupt. Mit einem von ihnen entdeckte er einen Saturnmond und erkannte, daß die »Saturnarme«, wie man sie bis dahin bezeichnete, in Wirklichkeit einen Ring bildeten. Er berichtete darüber 1655, verbarg seine Entdeckung aber zunächst, wie damals nicht unüblich, in einem Anagramm des Satzes »Er ist umgeben von einem dünnen, flachen Ring, der ihn nirgends berührt und der zur Ekliptik geneigt ist.«

Porträt von Christiaan Huygens (1629–1695) aus seinen gesammelten Werken. (Bücherei der University of California, Berkeley)

a)

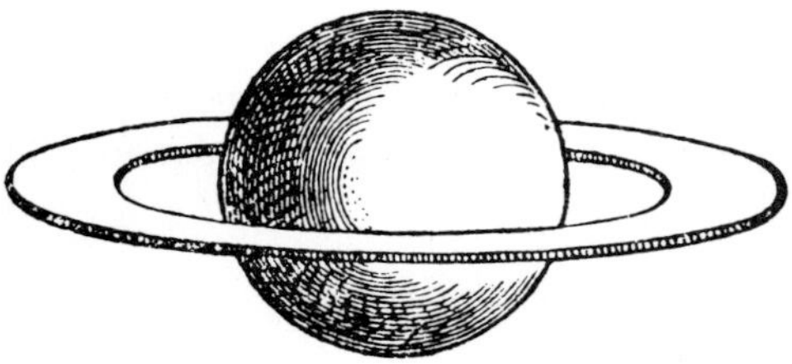

b)

Das Geheimnis der Saturnringe und seine Lösung. Als erster hat Galilei eine Merkwürdigkeit am Saturn wahrgenommen. Der Planet schien aus einem zentralen Tropfen und zwei kleinen Sternen zu bestehen, die ihn an jeder Seite berührten. 1610 schickte er Kepler – wie damals in Mode – ein Anagramm, das entschlüsselt lautete: »Altissimum planetam tergeminum observavi« (»Ich habe beobachtet, daß der höchste Planet dreifach ist«). Doch 1613 stellte er fest, daß der Saturn vollkommen rund ist: »Was soll man angesichts solcher Metamorphosen sagen? Vielleicht verschwinden die kleineren Sterne wie die Sonnenflecken? Vielleicht hat Saturn seine Kinder gefressen? Vielleicht haben mich die durch die Linsen wahrgenommenen Bilder getrogen, wie sie viele getäuscht haben, die mit mir seit langem solche Beobachtungen anstellen, und sind nur Lug und Trug?« 1616 schickte Galilei die zuoberst abgebildete Zeichnung (a) an einen anderen Astronomen; in dem dazugehörigen Brief äußerte er seine Verwunderung über die Unterschiede zwischen diesen und früheren Beobachtungen.
Huygens konnte dank verbesserter Fernrohre 1655 das Geheimnis lüften. Auch er verfaßte ein Anagramm, um seine Entdeckung verborgen zu halten, solange er seine Untersuchungen fortsetzte. Die Lösung des Anagramms lautete: »Annulo cingitur tenui, plano, nunquam cohaerente ad eclipticam inclinato.« (»Er ist umgürtet von einem dünnen, flachen Ring, der ihn nirgends berührt und sich zur Ekliptik neigt.«) Die Abbildung (b) zeigt eine von Huygens Illustrationen des Rings, erschienen in *Systema Saturnium,* einer Schrift, die er Leopold von Toskana widmete.
Mit der Verbesserung der optischen Instrumente fand man mehr Einzel-

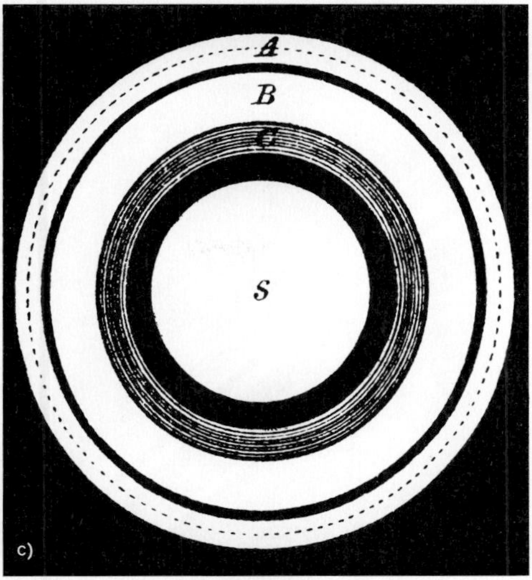

heiten über die Ringe heraus, und die Frage ihrer Beschaffenheit ließ den Astronomen keine Ruhe. Maxwell bewies, daß die Ringe nicht massiv sein können, sondern sich aus winzigen Fragmenten zusammensetzen. Die Abbildung (c) ist der Abhandlung von 1856 entnommen, in der er dieses Problem untersucht hat.

Als er 1655 mit 26 Jahren seine Studien in Leiden, die auch die Rechtswissenschaft umfaßten, beendet hatte, schickte ihn sein Vater nach Paris. Die väterlichen Beziehungen in der Welt der Kultur halfen Huygens weiter, und er erwarb sich einen gewissen Ruf durch einige mathematische Abhandlungen und seine Saturnbeobachtungen. So fiel es ihm nicht schwer, mit den bedeutendsten französischen Wissenschaftlern bekannt zu werden, und er lernte die Werke Blaise Pascals (1623–1662), Gérard Desargues (1591–1661) und anderer Mathematiker kennen. Aus Frankreich nach Den Haag zurückgekehrt, verbesserte er seine Fernrohre und nahm noch eingehendere Saturnbeobachtungen vor. Die Zeit von 1650 bis 1666 war die fruchtbarste in Huygens' Leben. Gleichzeitig oder in rascher Folge erforschte er die verschiedensten Gegenstände. Er verbesserte die Pendelkonstruktion, indem er eine Methode erfand, um Schwingungen mit einer streng von der Ampli-

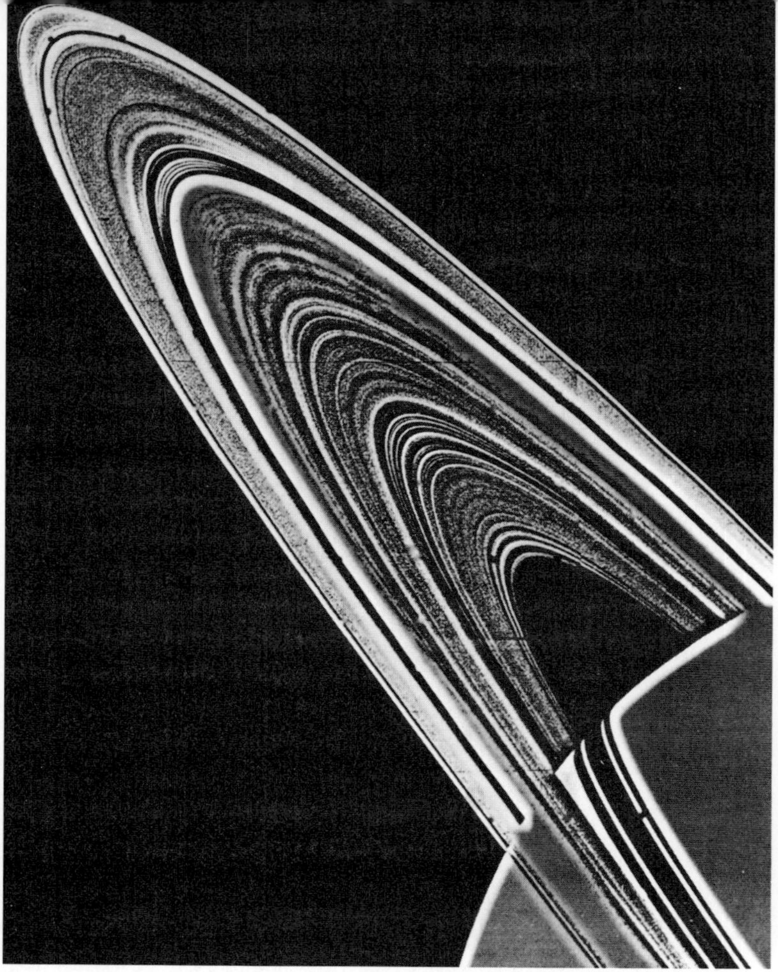

Die Saturnringe, Fotografie der unbemannten Raumsonde Voyager 1 aus dem Jahr 1980. (Foto, NASA und Jet Propulsion Laboratory.) Voyager war ungefähr 8 Millionen Kilometer von Saturn entfernt (die Entfernung zwischen Saturn und Erde beträgt ungefähr 1 500 Millionen Kilometer). Die Fotografien der Saturnringe, die oberhalb und unterhalb der Ringebene aufgenommen wurden, enthüllen einen großen Teil ihrer Komplexität. Die Ringteilchen scheinen einen typischen Durchmesser von 1 cm bis 1 m zu haben, doch einige der kleinen Monde erreichen Durchmesser zwischen 30 und 200 km. Diese Monde spielen eine wichtige Rolle für den Abstand zwischen den Ringen. Von anderen Eigenschaften des Saturns – etwa den elektromagnetischen Feldern, der Gas- und Staubverteilung, Plasmawellen und Röntgenstrahlung – hat sich noch nicht einmal Maxwell etwas träumen lassen.

tude unabhängigen Periode zu erhalten, während bei normalen Pendeln die Unabhängigkeit nur approximativ und auf kleine Schwingungsamplituden beschränkt ist. Diese Arbeit ist eher von theoretischer als praktischer Bedeutung, führte aber zu einigen eleganten und tiefsinnigen mathematischen Überlegungen, die sich auf viele spätere Arbeiten auswirken sollten. Huygens' wichtigste Arbeit in der Zeit zwischen 1652 und 1656 war die Untersuchung der Stoßgesetze, in deren Verlauf er relativistische Argumente verwendete und die Impulserhaltung bewies. Außerdem beschäftigte er sich mit der Fliehkraft (1659) und berechnete ihren Wert für die Kreisbewegung. Uhren, Pendel und Zeitmessung bildeten für Huygens einen lebenslangen Interessenschwerpunkt, vor allem ihre praktische Anwendung in der Seefahrt. In diesem Zusammenhang erklärte er auch den Einfluß der geographischen Breite auf die Schwingdauer des Pendels.

Huygens stattete Paris 1660 einen zweiten Besuch ab. Dieses Mal kam er mit Pascal zusammen und wurde am Hofe König Ludwigs XIV. eingeführt. Er war jetzt berühmt, und 1661 wurde er von seinen englischen Kollegen nach London eingeladen. Wieder in Den Haag, ging er einigen der Hinweise nach, die er bei seinen Reisen im Ausland zu verschiedenen Forschungsgebieten erhalten hatte – zum Beispiel bezüglich der Zeitmessung, der Akustik und über die Natur des Vakuums.

Im Jahr 1664 begab er sich abermals nach Paris. Der Finanzminister, Jean Baptiste Colbert (1619–1683), zeigte sich überaus interessiert an Huygens Arbeit und bot ihm großzügige Unterstützung an. Zwei Jahre später, bei der Gründung der Académie des Sciences, wurden ihm eine hohe Pension, eine Privatwohnung und ein Laboratorium angeboten. Einen Großteil seiner früher begonnenen Arbeiten schloß Huygens nun unter der Schirmherrschaft der Akademie ab. Er stellte einige wichtige Lehrsätze der Mechanik auf und wandte sich insbesonders von der Mechanik des Punktes der des starren Körpers zu. Sehr eingehend beschäftigte er sich mit einem Pendel, das von einem Körper beliebiger Form mit fester Achse gebildet wurde, und gelangte so zu jenem physikalischen Begriff, den wir heute Trägheitsmoment nennen. Huygens wirkte auch wesentlich an der Organisation der Académie des Sciences mit.

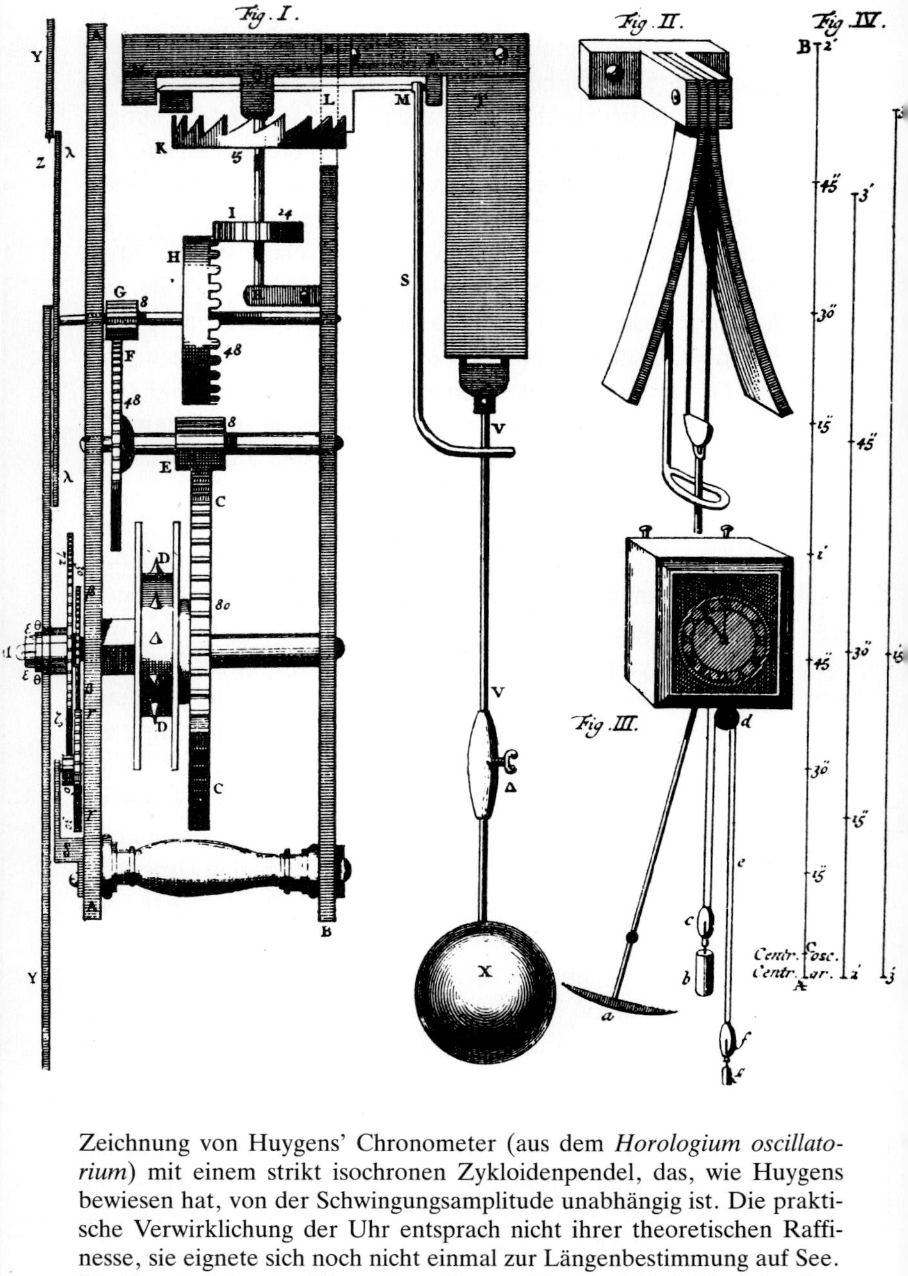

Zeichnung von Huygens' Chronometer (aus dem *Horologium oscillatorium*) mit einem strikt isochronen Zykloidenpendel, das, wie Huygens bewiesen hat, von der Schwingungsamplitude unabhängig ist. Die praktische Verwirklichung der Uhr entsprach nicht ihrer theoretischen Raffinesse, sie eignete sich noch nicht einmal zur Längenbestimmung auf See. Die Konstruktion der Elementarwellen aus Huygens' *Traité de la lumière*.

Mit dem Prinzip, daß sich die Wellenfläche als Enveloppe von Elementarwellen konstruieren läßt, die von allen Punkten einer Quellfläche ausgehen, besaß Huygens ein leistungsfähiges begriffliches Werkzeug zur Entwicklung der Wellenoptik. Damit konnte er die geradlinige Ausbreitung des Lichts, Spiegelung, Brechung und Doppelbrechung erklären. Fresnel konnte Huygens' Prinzip erheblich verbessern (1818), doch eine strenge mathematische Grundlage lieferte erst Kirchhoff im Jahre 1883. (Bancroft Library, University of California, Berkeley)

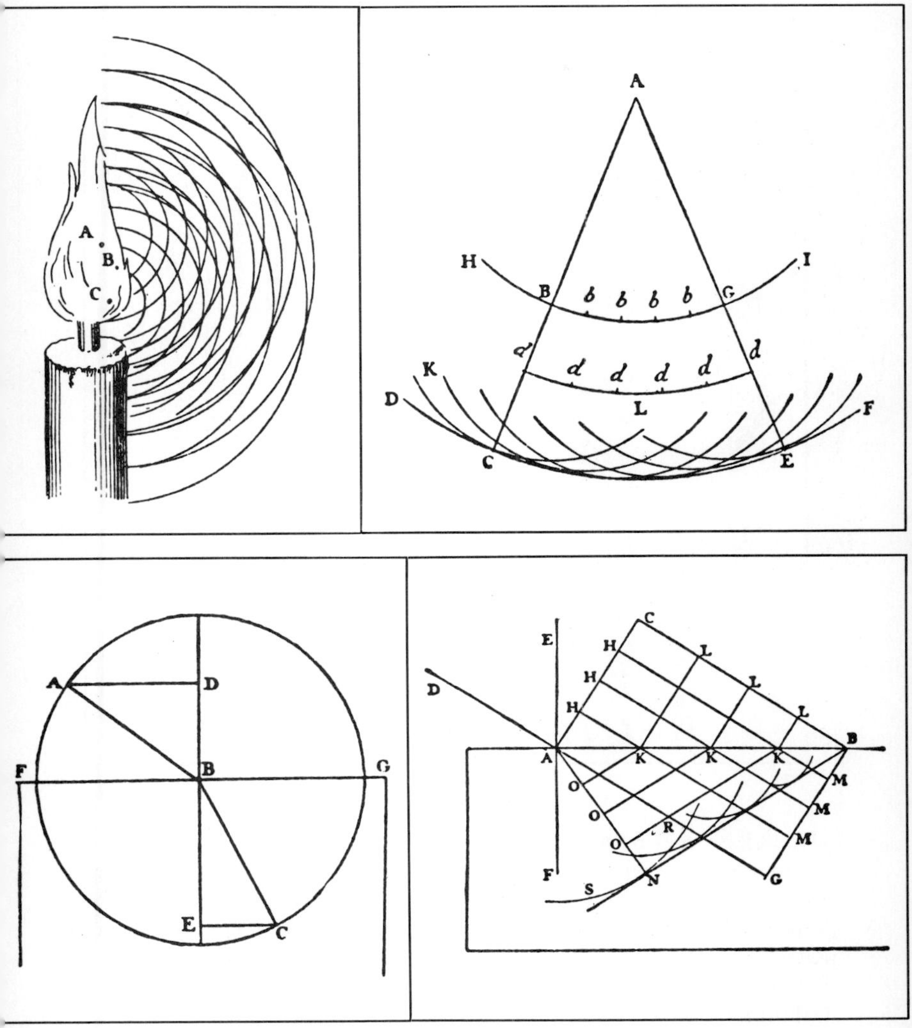

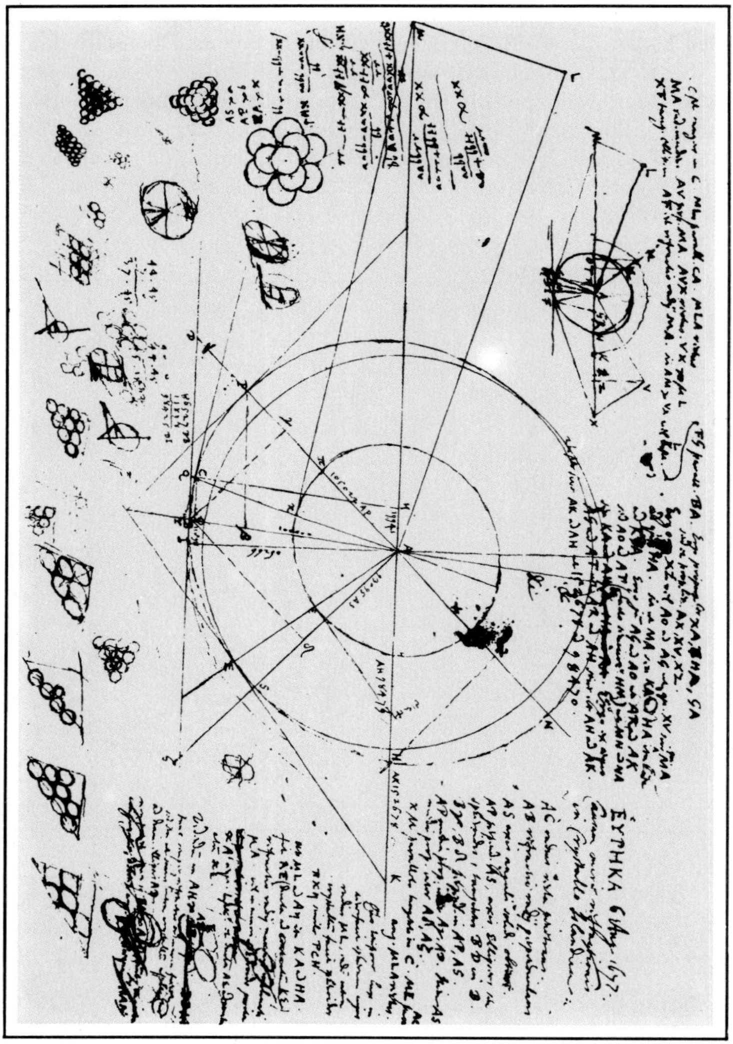

»Heureka!« Am 6. August 1677 fand Huygens eine Erklärung für die Doppelbrechung in der Annahme, daß die Wellenflächen im Kalkspat nicht Kugeln, sondern Ellipsoide sind (das heißt, daß die Ausbreitungsgeschwindigkeit des Lichts von der Richtung abhängt). Die Skizzen von Kugel- oder Ellipsoidenhaufen zeugen von der Suche nach einem Molekularmodell für ein anisotropes Medium. (Bancroft Library, University of California, Berkeley)

Er genoß das glänzende gesellschaftliche Leben in Paris, ließ sich dadurch aber nicht von seinem gewaltigen Arbeitspensum abhalten. Seine gesammelten Aufsätze einschließlich seiner Korrespondenz füllen 22 Bände. 1672 experimentierte Huygens mit der Doppelbrechung des Kalkspats, die 1669 von dem dänischen Naturforscher Erasmus Bartholin (1625–1698) entdeckt worden war. Huygens hatte eine Wellentheorie des Lichts formuliert – eine seiner größten Leistungen –, die das Reflexions- und Brechungsgesetz erklärte. Der grundlegende Gedanke besagte, daß jeder Punkt einer Wellenfläche zum Mittelpunkt einer neuen Welle würde und daß sich das Licht nur an der äußeren Hülle dieser kleinen Wellen manifestiere. Huygens Theorie war gut begründet, doch fehlte es ihr an einem klaren Begriff für die Interferenz und die Phasenbeziehungen. Er glaubte auch, es ähnlich wie beim Schall mit Längsschwingungen zu tun zu haben. Durch Analogien und Intuition hatte er einen grundlegenden Begriff entwickelt, der zwar schwer zu beweisen war, aber, einmal anerkannt, den Schlüssel zu sehr schwer verständlichen Erscheinungen lieferte. Mit Hilfe dieses Konzepts gelang es Huygens 1677, die Doppelbrechung zu erklären. In seinem auf den 6. August 1677 datierten Manuskript wird das Geheimnis in einem Diagramm erklärt, und daneben steht in griechischen Buchstaben »heureka«, eine Erinnerung an den Ausruf des Archimedes, als er vor Freude über die Entdekkung des hydrostatischen Grundgesetzes aus dem Bade sprang. Newton hatte 1672 wichtige optische Abhandlungen geschrieben, die Huygens einer gemäßigten Kritik unterzogen hatte. Das hatte genügt, um einen der typischen Newtonschen Wutausbrüche hervorzurufen. Die Frage, um die es ging, hatte nichts mit dem fundamentalen Konzept des Lichts zu tun – korpuskular oder wellenförmig – und ist heute nur noch von geringem Interesse.

Huygens hatte sich in seiner Jugend guter Gesundheit erfreut, litt aber seit seinem vierzigsten Lebensjahr unter schweren Krankheitsanfällen – 1670 war er mehrere Monate krank, 1676 erkrankte er für fast zwei Jahre und 1681 suchte ihn die Krankheit ein drittes Mal heim. Jedesmal kehrte er nach Den Haag zurück, um Heilung zu finden, lebte aber ansonsten in Paris, sogar als Frankreich sich im Krieg mit Holland befand. 1683 starb Colbert, wodurch sich in Frankreich politische Veränderungen ergaben, die ihren Höhepunkt 1685 im Widerruf des Edikts von Nantes fanden, das den Protestanten weitgehende Kultfreiheit zugesichert hatte. Durch seine intolerante und unnachsichtige Politik beraubte der König Frankreich vieler seiner besten Köpfe, die in der Folgezeit als Flüchtlinge in protestantischen Ländern wirkten. Deshalb findet man unter deutschen Mathematikern, Dichtern und Intellektuellen immer wieder französische Namen. Huygens verließ Frankreich und kehrte in sein Geburtsland zurück. Dort schrieb er die Bücher, in denen er über seine früheren Forschungsarbeiten be-

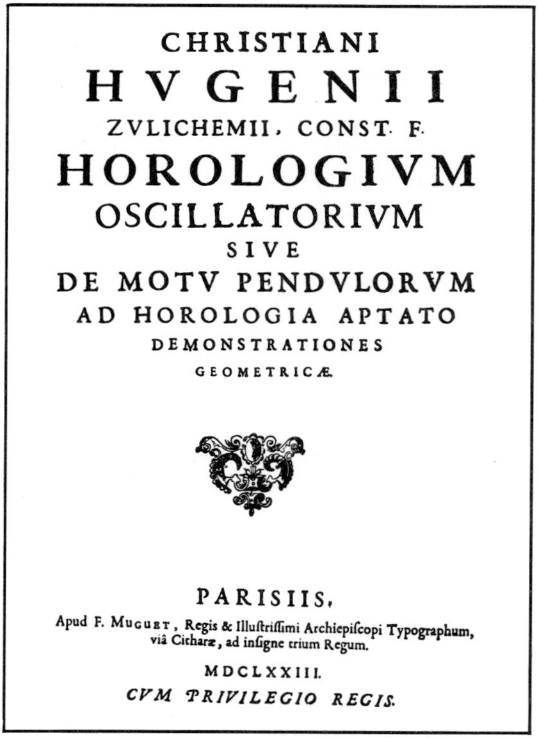
CHRISTIANI
HVGENII
ZVLICHEMII, CONST. F.
HOROLOGIVM
OSCILLATORIVM
SIVE
DE MOTV PENDVLORVM
AD HOROLOGIA APTATO
DEMONSTRATIONES
GEOMETRICÆ.

PARISIIS,
Apud F. Muguet, Regis & Illuſtriſſimi Archiepiſcopi Typographum, viâ Citharæ, ad inſigne trium Regum.
MDCLXXIII.
CVM PRIVILEGIO REGIS.

Für Uhren und verwandte Probleme interessierte sich Huygens zeit seines Lebens. 1658 veröffentlichte er das *Horologium*. Mit dem *Horologium oscillatorium* (1673) widmete er dem Gegenstand eine noch umfangreichere Schrift, deren Titelseite hier abgebildet ist. Das Werk enthält viele bedeutende mathematische und physikalische Erkenntnisse, unter anderem die Periode kleiner Schwingungen, $T = 2\pi\sqrt{l/g}$. (Bancroft Library, University of California, Berkeley) richtete. Am berühmtesten wurden *Horologium oscillatorium* (1673) (*Die Pendeluhr*, Ostwalds Klassiker Nr. 192, Leipzig 1913) und seine Abhandlungen über das Licht, *Traité de la lumière* (*Abhandlung über das Licht*, Ostwalds Klassiker Nr. 20, Leipzig 1913), die 1690 beziehungsweise postum erschienen. In gewisser Weise bilden sie das Gegenstück zu Newtons *Optik*.

Während seiner letzten Krankheit im Jahre 1695 lehnte Huygens den geistlichen Beistand eines protestantischen Pfarrers ab, ein Umstand, der von den Angehörigen verschiedener Konfessionen kritisiert wurde. Huygens war Nonkonformist, stammte aus einer privilegierten Schicht und konnte es sich stets erlauben, auf die menschlichen Schwächen herabzusehen. In einer Zeit erbitterter Religionskriege vermied er jegliche dogmatische Haltung, nur zu vertraut mit der menschlichen Fehlbarkeit.

Huygens gewaltiges Lebenswerk umfaßt auch die Mathematik. Er ist einer der Wegbereiter der Infinitesimalrechnung und insofern auch ein Vorläufer Newtons. (Dabei unterschlage ich eine Reihe wichtiger Beiträge, die heute zum Standardstoff von Mathematik- und Physikkursen gehören.) Er machte sich auch Gedanken über die Theorie vom Ursprung der Schwerkraft, die sich der kartesianischen Wirbelkonzeption bediente. Obgleich unzutreffend, waren sie ein erster Ansatz für den Standpunkt, der im Gegensatz zur Fernwirkungstheorie von einer Ausbreitung der Wirkung ausgeht.

Huygens Mathematik macht sich die archimedischen Verfahren auf sehr komplizierte Art zunutze. Zwischen ihm und Galilei gibt es einen großen Unterschied; er hat Probleme gelöst, etwa das der Tautochrone oder das der Eigenschaften der Evolute der Zykloide, die die Möglichkeiten Galileis weit überschritten. Andererseits zeigte sich Huygens erst in sehr hohem Alter auf der Höhe der Zeit. Er machte keinen Gebrauch von den Schreibweisen und Vorstellungen, die in jener für die Mathematik so revolutionären Epoche entstanden.

In jedem Falle bedeutet Huygens einen Gipfelpunkt in der wissenschaftlichen Tradition der Niederlande, eines Landes, das – bedenkt man seine bescheidene Größe – in der Kontinuität, Qualität und Zahl seiner Wissenschaftler einen außergewöhnlichen Rekord vorzuweisen hat.

Kapitel 2

Der Zauberberg: Newton

Carl Friedrich Gauß (1777–1855), einer der größten Mathematiker aller Zeiten, war sorgfältig bemüht, in seinen Beschreibungen jedem Mathematiker das zutreffende Adjektiv beizugeben; er nannte sie *illustris, praeclarus* und so weiter. In Logik und Grammatik gebe es aber nur einen »Summus«, und das sei Newton. Dichter haben ihn in vielen Sprachen gefeiert, von den Versen Popes

> Nature and Nature's laws lay hid in night:
> God said, *Let Newton be!* and all was light.*

über die Wordsworths

> . . . where the statue stood
> Of Newton with his prism and silent face,
> The marble index of a mind for ever
> Voyaging through strange seas of Thought, alone**

* »Natur und der Natur Gesetze waren in Nacht gehüllt; Gott sprach: Es werde Newton! und das All ward lichterfüllt.«
(Zit. nach David Brewster, *Sir Isaak Newtons Leben nebst einer Darstellung seiner Entdeckungen*, Leipzig 1833, S. 288)

** »... in dem die Statue Newtons
Das Prisma hochält mit verschloßnem Antlitz:
Das Marmordenkmal eines Geistes, der
Für ewig einsam auf der Reise war
Durch fremde Meere menschlichen Erforschens.«
(William Wordworth, *Präludium oder das Reifen eines Dichtergeistes*, ins Deutsche übertr., komment. und mit einer Einleitung hg. von Hermann Fischer, Reclam, Stuttgart 1974)

bis hin zu denen von Halley, Voltaire, Foscolo und anderen. In allen drückt sich Ehrfurcht für dieses Genie von fast übermenschlicher Statur aus. Das gleiche Empfinden begegnet uns in seiner Grabschrift:

Sibi gratulentur mortales tale tantumque
*existisse humani generis decus.****

Der folgende Lebensabriß versucht die Gründe für solche Bewunderung ersichtlich zu machen. Ich muß allerdings hinzufügen, daß Newton mir, trotz aller Anstrengungen, ziemlich unbegreiflich geblieben ist.

Sein Leben läßt sich in drei Abschnitte einteilen: von der Geburt bis zur Ankunft in Cambridge 1661 (19 Jahre), die Cambridger Zeit, die 35 Jahre von 1661 bis 1696, die er ausschließlich am Trinity College verbrachte, und seine Londoner Zeit, die 31 Jahre von 1696 bis zu seinem Tode im Jahre 1727.

Eine vielschichtige, geheimnisvolle Persönlichkeit

Isaac Newton wurde am 24. Dezember 1642 (nach dem Julianischen Kalender), in Galileis Todesjahr, geboren. Er war der Sohn eines Landwirtes, der drei Monate vor Isaacs Geburt gestorben war. Isaac war eine Frühgeburt und kam so klein zur Welt, daß seine Mutter große Ängste um ihn ausstand. Er war drei Jahre alt, als seine Mutter sich einen neuen Mann nahm; das Kind wurde bei der Großmutter in Pflege gegeben. Beide Familien lebten nur drei Kilometer voneinander getrennt im englischen Lincolnshire. Als der Knabe elf war, starb auch der zweite Ehemann der Mutter, und er kehrte zu ihr zurück, um fortan bei ihr, den beiden Halbschwestern und dem Halbbruder zu leben.

Möglicherweise haben diese verwirrenden Wechsel in der frü-

*** »Mögen die Sterblichen sich freuen, daß unter ihnen lebte
Diese Zierde des Menschengeschlechts.«
(Zit. nach David Brewster, a. a. O., S. 272)

Eine moderne Aufnahme vom Trinity College, Cambridge. Die Fenster zu Newtons Räumen befinden sich links vom Tor oberhalb des Busches. Maxwell wohnte um 1852 in nahegelegenen Räumen. (Fotografie Sue Whytock)

Der große Hof des Trinity College mit Blick auf die Wren-Bibliothek. Maxwells Räume sind auf der linken Seite der Fotografie zu sehen. (Fotografie Sue Whytock)

hen Kindheit Newton ein Leben lang gezeichnet. Aus psychologischer Sicht ist seine Persönlichkeit außerordentlich kompliziert. Für die Psychoanalytiker war er ein erfolgreiches Betätigungsfeld, und wir sollten stets im Auge behalten, daß er in sich die höchsten Verstandesgaben der menschlichen Rasse mit Schwächen vereinigte, die nur schwer zu erklären sind. Sein Verhalten wird nur begreiflich, wenn man berücksichtigt, daß er sich von gewöhnlichen Sterblichen eben nicht nur intellektuell unterschied, sondern in gleichem Maße emotional. Deshalb ist es sehr schwer, sich eine Meinung über diesen Mann zu bilden. Überdies gab es in seinem Leben und unter seinen Biographen so viele Schönredner, daß man dazu neigt, ihren Äußerungen mit Skepsis zu begegnen, zumal wenn man sie einer Reihe von Dokumenten und belegten Tatsachen gegenüberstellt, die dunkle Schatten auf Newtons Charakter werfen.

Newton war ein guter Schüler in der Grundschule, ließ aber keine Anzeichen für seine außergewöhnlichen Fähigkeiten erkennen, abgesehen von einer besonderen Fertigkeit im Umgang mit mechanischem Spielzeug, was immerhin bemerkenswert war. Seine Mutter wollte einen Landwirt aus ihm machen, da sich jemand um den ziemlich großen Besitz kümmern mußte. Doch Newton zeigte keine besondere Neigung zur Landwirtschaft, und irgendein Geistlicher – aus der Verwandtschaft oder aus dem Bereich der Schule – überredete seine Mutter, ihn nach Cambridge zu schicken. 1661 schrieb er sich am Trinity College ein. Da er nicht vermögend war, mußte er Hausdienste übernehmen. Er folgte dem normalen Lehrplan, aber wir wissen auch von ausgedehnter Lektüre auf dem Gebiet der Optik, Astronomie, Mathematik, Dynamik, Chemie und Alchimie. Ferner hatte er sich eingehend mit der Bibel beschäftigt, die er besser kannte als mancher Theologe.

Newton bildete sich seine religiösen Vorstellungen in früher Jugend. Auf dem Papier war er Anglikaner, doch moralisch stand er in seiner Strenge, Disziplin und Neigung zu Schuldgefühlen den Puritanern nahe. Viele schriftliche Selbstprüfungen zeugen von seiner Auseinandersetzung mit seinen Sünden und Gedanken. Hartnäckig weigerte er sich, die Priesterweihe zu empfangen, und hing insgeheim unorthodoxen Meinungen über die Trinität an; in

Wirklichkeit war er Unitarier. Er hütete dieses Geheimnis eifersüchtig, offenbart es uns aber in seinen Privatpapieren. Religiöses Gedankengut nahm in Newtons Leben stets breiten Raum ein, und in seinen hinterlassenen Papieren finden sich umfangreiche Schriften zu diesem Thema.

Er las die lateinischen Klassiker und Euklids *Geometrie*, die ihm anfangs gar nicht gefiel. Er beschäftigte sich auch mit der kartesianischen Geometrie, dem ersten Buch über das Gebiet, das wir heute analytische Geometrie nennen, und mit Wallis' *Arithmetica infinitorum*, einem der Bücher, die die Infinitesimalrechnung vorbereiteten.

Es muß darauf hingewiesen werden, daß Newton viele Gedanken aufgriff, die in der Luft lagen. Spezielle Probleme dessen, was wir heute Differential- und Integralrechnung nennen, waren schon früher viele Male gelöst worden. Auch unendliche Reihen hatte man verwendet. Unter Newtons unmittelbaren mathematischen Vorgängern hatten Bonaventura Cavalieri, René Descartes, Pierre Fermat (1601–1665), Christiaan Huygens, John Wallis (1616–1703), James Gregory (1638–1675) und andere mehr versucht, entweder spezielle Probleme zu lösen oder eine allgemeine Theorie zu entwickeln, aber keinem war es gelungen, auf die grundlegenden und zusammenfassenden Gedanken zu kommen, die Newton dann in aller Klarheit entwickelte. Zwar würden viele seiner Definitionen und Beweise heute nicht mehr akzeptiert werden, doch der Unterschied zwischen der vor- und nachnewtonschen Ära ist gewaltig. Tatsächlich stieß erst er das Tor zu einem neuen Gebiet auf, und der beste Beweis für seine Leistung ist der Eifer, mit dem sich seine unmittelbaren Nachfolger auf dieses Gebiet stürzten und eine Fülle von Früchten ernteten, die dort mindestens seit der Zeit der Griechen verborgen lagen. Die Zeit war reif, das zeigt die unabhängige Entdeckung der Infinitesimalrechnung durch Gottfried Wilhelm Leibniz (1646–1716) ungefähr zwei Jahre nach Newtons Arbeit. Wie wir noch sehen werden, kam es darüber zu einem bedauerlichen, unerquicklichen Prioritätsstreit, aber Leibniz hat dem Vernehmen nach auch gesagt: »Wenn wir die Mathematik vom Anfang der Welt bis zu Newtons Zeit betrachten, so ist das, was er getan hat, die weitaus bessere Hälfte.« Und Newton hatte in der ersten Ausgabe seiner *Philo-*

sophiae naturalis principia mathematica bekannt, daß Leibniz, »dieser vorzügliche Mann«, als er – Newton – ihm seine Verfahren offenbart habe, »zurückschrieb, daß er eine Methode gleicher Art entdeckt habe, und im Fortgang sein Verfahren darlegte, das sich kaum von dem meinen unterschied, von der Form seiner Wörter und Symbole abgesehen«. Dieser Abschnitt wurde in späteren Ausgaben abgeändert und in der englischen Übersetzung nicht abgedruckt.

Newton war auf die Wahrung seines Privatlebens in einer Weise bedacht, die manchmal krankhaft anmutet. Seine Geheimniskrämerei fand in allen seinen Veröffentlichungen und Äußerungen ihren Niederschlag. Häufig gab Newton seine wissenschaftlichen Erkenntnisse auf merkwürdige Art bekannt, merkwürdig sogar für seine Zeit, in der sich die Veröffentlichungs- und Kommunikationsmethoden von den unseren erheblich unterschieden. Nicht selten offenbarte er seine Entdeckungen mündlich einigen Freunden, doch darüber ist verhältnismäßig wenig bekannt. Auch schrieb er Privatbriefe an Freunde oder Leute wie Henry Oldenburg (1618–1677), den Sekretär der Royal Society, der die Kunde, die er von anderen erhielt, an eine bestimmte Zahl ausgewählter Korrespondenten weitergab.

Newtons Forschungsergebnisse erschienen oft erst Jahre oder Jahrzehnte später im Druck, entweder als Mitteilung an eine wissenschaftliche Gesellschaft wie die Royal Society oder in Büchern, gelegentlich als Anhang zu einem Werk, dessen Inhalt überhaupt keinen Zusammenhang aufwies. So wurde beispielsweise die höchst wichtige mathematische Abhandlung *De analysi per aequationes numero terminorum infinitas*, in der sich fundamentale Erkenntnisse finden, im Jahre 1666 Isaac Barrow (1630–1670) ausgehändigt; Barrow teilte sie drei Jahre später John Collins (1625–1683) und Lord William Brouncker (1620–1684) mit, während sie erst 1712 im Druck erschien. Die *Optik*-Vorlesungen, um 1670 in Cambridge gehalten, wurden 1675 dem Sekretär der Royal Society übersandt und erschienen erst 1704 mit vielen Veränderungen als Buch. Ohne Zweifel haben diese Publikationsmethoden erheblich zu den heftigen Prioritätsstreitereien beigetragen, die Newton verschiedentlich anzettelte.

Newton war ein produktiver Schriftsteller, der Kisten voller Privataufzeichnungen hinterließ. Diese Kisten haben eine komplizierte Geschichte. Als erste bekam sie Catherine Barton, Newtons Nichte und Haushälterin, die sie ihrer Tochter, der Gräfin von Portsmouth, vermachte. Die mathematischen Abhandlungen der sogenannten Portsmouth-Sammlung gingen 1888 an die Bibliothek der Universität Cambridge. Der Rest – eine sehr umfangreiche Sammlung – kam 1936 unter den Hammer. Der namhafte Wirtschaftswissenschaftler Lord Keynes erwarb einen beträchtlichen Teil der Portsmouth-Sammlung und übertrug ihn der Universität Cambridge. Einige Historiker konnten die Papiere einsehen und haben sie gelesen. Unter ungeheurem herausgeberischen Aufwand wird jetzt ein Teil veröffentlicht, aber sogar unter diesen Bedingungen sind sie nur unter größten Mühen verständlich. Dazu bedarf es der Personalunion des Historikers und Mathematikers, und wenn man sich mit anderen Aspekten seines Denkens beschäftigten will, muß man außerdem mit dem damaligen Stand der Alchimie, der religiösen Vorstellungen, der Astronomie und vieler anderer Wissensgebiete vertraut sein. Kein Wunder, daß dieser für die Geschichte des menschlichen Denkens so wichtige Mann noch heute in mancherlei Hinsicht ein Rätsel geblieben ist. Lord Keynes gehört zu denen, die die Portsmouth-Sammlung zumindest teilweise gelesen haben. Dem Urteil eines Mannes von solchem Scharfsinn, solch umfassendem Wissen und so gründlicher Menschenkenntnis gebührt Gewicht. Von einigen seiner Erkenntnisse berichtete er in einer Rede zu Newtons dreihundertstem Geburtstag. Hören wir einige Auszüge:

»Seit dem 18. Jahrhundert hat es sich eingebürgert, in Newton den ersten und größten Vertreter des Zeitalters der modernen Wissenschaft zu sehen, einen Rationalisten, der uns lehrte, nach Maßgabe der leidenschaftslosen, reinen Vernunft zu denken.

Ich sehe ihn in einem anderen Licht. Ich glaube kaum, daß jemand, der sich näher mit dem Inhalt jener Kiste beschäftigt hat, die Newton zusammenpackte, als er 1696 endgültig aus Cambridge fortging, und die uns, wenn auch teilweise verstreut, erhalten blieb, ihn so sehen kann. Newton war nicht der erste Repräsentant der Aufklärung, sondern der letzte Magier, der letzte der Babylonier und Sumerer, der letzte große Geist, der die sichtbare und geistige Welt mit den gleichen Augen betrachtete wie jene

Menschen, die vor kaum weniger als 10000 Jahren den Grundstein zu unserem geistigen Erbe legten. Isaac Newton, ein vaterloses, postumes Kind, geboren am Weihnachtstag des Jahres 1642, war das letzte Wunderkind, dem die Weisen aus dem Morgenland ihre Ehrerbietung aufrichtig und rechtmäßig zu Füßen legen konnten ...

Gemessen an den heute geltenden Maßstäben war Newton ein hochgradiger Neurotiker von gar nicht so seltenem Typus, aber – wie ich aufgrund seiner Aufzeichnungen gestehen muß – von höchst extremer Ausprägung. Dem innersten Antrieb nach okkult, esoterisch und semantisch, war er erfüllt von einer tiefen Scheu vor der Welt, von einer lähmenden Angst, seine Gedanken, Überzeugungen und Entdeckungen in all ihrer Unverhülltheit der Prüfung und Kritik der Welt auszuliefern. ›Von der ängstlichsten, vorsichtigsten und argwöhnischsten Gemütsart, die mir je begegnet ist‹, meinte Whiston, sein Nachfolger auf dem Lucasischen Lehrstuhl* ...

Seine besondere Gabe war das Vermögen, ein rein begriffliches Problem so lange vor seinem geistigen Auge festzuhalten, bis er es gänzlich durchdrungen hatte. Ich nehme an, er verdankt seine Überlegenheit der Kraft seines Anschauungsvermögens, des stärksten und ausdauerndsten, das je einem Menschen gegeben war. Jeder, der sich irgendwann einmal an reinem wissenschaftlichen oder philosophischen Denken versucht hat, weiß, daß man seine Gedanken zwar einen Augenblick auf ein Problem konzentrieren kann, um es zu durchdringen, daß es dann aber entschlüpft und sich verflüchtigt, so daß die Gedanken nur noch einen weißen Fleck umkreisen. Ich glaube, daß Newton ein Problem Stunden, Tage und Wochen in seinem Denken festhalten konnte, bis es ihm sein Geheimnis preisgab. Als überragender Mathematiker vermochte er es dann zum Zwecke der Darlegung nach Belieben aufzubereiten, doch außergewöhnlich war vor allem seine Intuition – ›so glücklich in seinen Vermutungen‹, sagte der Mathematiker Augustus de Morgan, ›daß er mehr zu wissen schien, als er beim besten Willen beweisen konnte‹. Wie gesagt, wurden die Be-

* von Henry Lucas gestifteter Lehrstuhl für Mathematik in Cambridge (A. d. Ü.).

weise, so wertvoll sie auch sind, im nachhinein geschaffen – das Instrument der Entdeckung waren sie nicht.« (Zit. nach J. R. Newman, *The World of Mathematics*, New York, Simon & Schuster, 1956.)

Offenbarungen während der Cambridger Studienzeit

In Cambridge machte der Student Newton entschieden Eindruck auf seinen Mathematikprofessor Isaac Barrow. Dieser war ein schöpferischer, erfahrener Mathematiker, der ein ereignisreiches Leben geführt und ferne Länder, wie etwa die Türkei, bereist hatte. Barrow beherrschte Griechisch, Latein, Hebräisch und ein wenig Arabisch. Er war ein extrovertierter, ein wortgewaltiger Prediger, der zum Hofgeistlichen ernannt wurde. Als Newton nach Cambridge kam, hatte Barrow den Lucasischen Lehrstuhl für Mathematik inne, doch er war auch schon Regiusscher Professor für Griechisch gewesen und hatte als Lucasischer Professor Optik gelehrt. Barrow besaß eine ungewöhnlich umfangreiche Bibliothek

Isaac Barrow (1630–1677), Gönner und Lehrer des jungen Newton und vielleicht einer seiner ganz wenigen Freunde. Newton war Barrows Nachfolger auf dem Lucasischen Lehrstuhl in Cambridge. (National Portrait Gallery, London)

mit wissenschaftlichen und theologischen Werken, darunter auch einige ketzerischer Philosophen wie Spinoza und Hobbes, die er seinem Schüler nicht vorenthielt.

Newton erwarb 1665 den Grad eines Bakkalaureus der philosophischen Fakultät und schickte sich an, eine neue Mathematik aus der Taufe zu heben. Im selben Jahr wurde England von der Pest heimgesucht und die Universität geschlossen, um die Anstekkungsgefahr zu verringern. Daraufhin verließ Newton Cambridge und kehrte nach Hause und zu seiner Mutter zurück, die stets einen starken Einfluß auf sein Leben hatte. In Woolsthorpe erlebte er etwas, was man als göttliche Eingebung bezeichnen könnte. In kurzer Zeit machte er die wichtigste der Entdeckungen, die ihn unsterblich machen sollten.

Er entwickelte die binomische Formel, das Verfahren zur Berechnung der Größe $(1 + x)^p$, wobei p jede beliebige Zahl sein kann. Die Formel für $p = n$, eine positive ganze Zahl, ist einfach. Sie war schon vor Newtons Zeit (seit Blaise Pascal) bekannt und läßt sich durch sorgfältiges Rechnen und wiederholte Multiplikation entwickeln. Das Ergebnis ist ein Polynom:

Isaac Newton mit sechsundvierzig Jahren; Gemälde von Godfrey Kneller. Es ist das früheste Porträt von Newton. (Mit freundlicher Genehmigung von Lord Portsmouth und den Verwaltern des Portsmouth-Nachlasses)

$$(1 + x)^n = 1 + \frac{n}{1} x + \frac{n(n-1)}{1 \cdot 2} x^2 + \frac{n(n-1)(n-2)}{1 \cdot 2 \cdot 3} x^3 + \frac{n(n-1)(n-2) \cdots 1}{1 \cdot 2 \cdot 3 \cdots n} x^n.$$

Wenn p keine positive ganze Zahl ist, ist die Situation erheblich komplizierter. Wir könnten versuchen, das Ergebnis formal zu erweitern, und wiederum schreiben

$$(1 + x)^p = 1 + \frac{p}{1} x + \frac{p(p-1)}{1 \cdot 2} x^2 + \ldots \frac{p(p-1)(p-2) \cdots (p-n+1)}{1 \cdot 2 \cdot 3 \cdots n} x^n + \cdots.$$

Doch dieses Polynom hat kein Ende. Es ist eine Reihe mit einer unendlichen Zahl von Termen, die für $|x| < 1$ immer kleiner werden und deren Summe einem Grenzwert zustreben, der gleich $(1 + x)^p$ ist. Dieses Beispiel öffnet das Tor zur Verwendung unendlicher Reihen in der Analysis; mit ihm hatte Newton einen Gegenstand, an dem er das Konzept des Grenzwerts, der unendlichen kleinen Größe und, letztlich, der Infinitesimalrechnung entwickeln konnte. Newtons Argumente würden heute nicht mehr akzeptiert werden, aber sie lieferten ihm den Schlüssel. Wie schwierig damals Dinge waren, die uns heute ganz einfach erscheinen, zeigt sich – bis hinein in die Schreibweise – in der Art, wie Newton den Binomialsatz formuliert.

Den folgenden Brief schickte er am 13. Juni 1676 an Oldenburg mit der Bitte, ihn Leibniz zu übermitteln. Viele Jahre später, 1712, als er mit Leibniz in Streit lag, ließ er ihn abdrucken:

»Obwohl Dr. Leibniz in den Exzerpten, die Sie mir unlängst aus seinem Briefe übersandt, in gütiger Bescheidenheit vieles auf meine Arbeit betreffs gewisser Spekulationen über *unendliche Reihen* zurückführt, deren Kunde sich bereits gerüchtweise zu verbreiten beginnt, habe ich keinen Zweifel daran, daß er nicht nur, *wie er versichert*, ein Verfahren gefunden hat, um beliebige Größen auf Reihen dieser Art zurückzuführen, sondern daß er auch verschiedene *Compendia*, den unseren ähnlich, wenn nicht sogar besser, entdeckt hat.

Da er jedoch vielleicht wissen möchte, was für Entdeckungen in dieser Richtung den Engländern gelungen sind (ich selbst verfiel auf solcherlei Spekulationen einige Jahre zuvor) und um seinen Wünschen zumindest in bescheidenem Umfange zu genügen, schicke ich Ihnen hiermit einige der Punkte, auf die ich gestoßen bin.

Brüche lassen sich durch Teilung auf unendliche Reihen zurückführen, Wurzelausdrücke durch Wurzelziehen. Diese Operationen können in eben der Weise auf Klassen ausgedehnt werden, wie sie für Dezimalzahlen gelten. Dies sind die Grundlagen der Reduktionen.

Das Wurzelziehen wird beträchtlich abgekürzt durch die Formel

$$\overline{P + PQ}|^{\frac{m}{n}} = P^{\frac{m}{n}} + \frac{m}{n} AQ + \frac{m-n}{2n} BQ + \frac{m-2n}{3n} CQ + \frac{m-3n}{4n} DQ + etc.$$

Dabei steht $P + PQ$ für die Größe, deren Wurzel oder Potenz oder deren Wurzel einer Potenz zu finden ist, wobei P der erste Term besagter Größe ist, Q für die restlichen Terme geteilt durch den ersten Term steht und $\frac{m}{n}$ den numerischen Index der Potenzen von $P + PQ$ bezeichnet. Dies kann eine ganze Zahl oder (sozusagen) eine Bruchzahl sein; eine positive Zahl oder eine negative. Denn wie der Analytiker a^2, a^3 *etc.* für *aa* und *aaa* schreibt, so schreibe ich für $\sqrt{a}$, $\sqrt{a^3}$, $\sqrt{c.a^5}$, *etc.* $a^{1/2}$, $a^{3/2}$, $a^{5/3}$, *etc.*,

$$\text{für } \frac{1}{a}, \frac{1}{aa}, \frac{1}{aaa}, a^{-1}, a^{-2}, a^{-3}; \text{ für } \frac{aa}{\sqrt{c.a^3 + bbx}}, aa \times \overline{a^3 + bbx}|^{-1/3},$$

$$\text{und für } \frac{aab}{\sqrt{c: a^3 + bbx \times a^3 + bbx:}}$$

schreibe ich $aab \times \overline{a^3 + bbx}|^{-2/3}$. Wenn in diesem letzten Falle $\overline{a^3 + bbx}|^{-2/3}$ für $P + PQ$ in der Formel stehen soll, dann gilt $P = a^3$, $Q = bbx/a^3$, $m = -2$ und $n = 3$. Schließlich verwende ich anstelle der Terme, die im Zuge der Arbeit im Quotienten stehen, die Buchstaben *A, B, C, D etc.* Danach steht also *A* für den ersten Term $P^{m/n}$, *B* für den zweiten Term $\frac{m}{n} AQ$ und so fort. Die Verwendung dieser Formeln wird aus den Beispielen ersichtlich werden.« (Brief Oldenburgs an Leibniz vom 26. Juli 1676, in *Leibnizens Mathematische Schriften*, Theil I, Berlin 1849, S. 100–102 [lateinisch])

Dies war vermutlich die erste der großen Entdeckungen Newtons, möglicherweise zu einem Zeitpunkt, da er sich noch in Cambridge aufhielt. Genaueres läßt sich nicht sagen, weil Newton diesen Teil der Arbeit (und erst recht die folgenden) lange Jahre nicht zur Veröffentlichung freigab.

In Woolsthorpe entdeckte er auch das Gravitationsgesetz und die Dynamik des Sonnensystems. Die Geschichte von dem Apfel, der ihm, als er von einem Baum fiel, unter dem er ruhte, den Gedanken der universellen Gravitation eingab, mag stimmen oder nicht, doch hören wir die Worte des alten Newton, der sich jener Zeit erinnert:

»Im selben Jahr [1666] begann ich darüber nachzudenken, ob die Schwerkraft bis zur Umlaufbahn des Mondes reicht. Nachdem ich herausgefunden hatte, wie die Kraft abzuschätzen ist, mit der eine in einer Kugel umlaufende Kugel auf die Oberfläche der Kugel drückt, leitete ich aus Keplers Regel, nach der sich die periodischen Zeiten der Planeten im Verhältnis drei zu zwei zum Abstand vom Mittelpunkt ihrer Umlaufbahnen verhalten, ab, daß die Kräfte, die die Planeten in ihren Umlaufbahnen halten, dem Quadrat ihrer Abstände von jenen Zentren, um die sie umlaufen, reziprok sein müssen. Nun verglich ich anhand dessen die Kraft, die erforderlich ist, um den Mond in seiner Umlaufbahn zu halten, mit der Schwerkraft an der Erdoberfläche und fand eine ziemlich genaue Entsprechung der beiden. All dies geschah in den beiden Pestjahren 1665 und 1666, denn in jenen Tagen stand ich in der Vollkraft meiner Jahre für die Erfindung und beschäftigte mich mehr als irgendwann seither mit Mathematik und Philosophie.

Das, was Mr. Huygens inzwischen über die Zentrifugalkraft veröffentlicht hat, hat er vermutlich vor mir entdeckt. Spät im Winter 1676/77 entdeckte ich, daß ein Planet mit einer Zentrifugalkraft, die dem Quadrat des Abstandes reziprok ist, in einer Ellipse um das im unteren Brennpunkt der Ellipse gelegene Kraftzentrum umlaufen muß, und der zu diesem Zentrum gezogene Radiusvektor beschreibt Flächen, die der Zeit proportional sind . . .«

Es kann kein Zweifel daran bestehen, daß Newton, um obige Berechnungen vornehmen zu können, schon einen Begriff von der Infinitesimalrechnung und den grundlegenden Gesetzen der Mechanik gehabt haben muß. Der Übergang vom Binomialsatz zum

Konzept der Ableitung und zum Integral ist nicht einfach, aber es bestehen Zusammenhänge, und Newton muß auf irgendeine Weise auf sie gestoßen sein.

Um die Dynamik des Universums zu analysieren, die Bewegung der Planeten und die allgemeine Gravitation zu erklären, muß er seine eigenen Entdeckungen verwendet haben, doch der genaue Ablauf der Ereignisse ist unbekannt. Newton allein hätte ihn uns mitteilen können, doch er zog es vor zu schweigen. Zur Enträtselung der Planetenbewegung reichte das vorhandene mathematische Instrumentarium nicht aus. Überdies mußten ihm die Gesetze der Mechanik bekannt sein. Auf eine Form des Trägheitsgesetzes war bereits Galilei gestoßen. Beispiele für die anderen Gesetze der Mechanik waren entdeckt und in Sonderfällen angewendet worden, etwa von Galilei, Descartes und Huygens, aber es gab keine explizite und allgemeine Formulierung. Es bedurfte großer Kühnheit, Abstraktionsvermögens und technischen Verständnisses, um die anhand begrenzter irdischer Erfahrung gewonnenen mechanischen Gesetze auf das Universum anzuwenden.

Schließlich entwarf Newton in dieser außergewöhnlich schaffensreichen Zeit noch eine Theorie des Lichts, gestützt auf eigene Experimente, die viele optische Erscheinungen aufklärten, vor allem die Beziehung zwischen Spektralfarben und weißem Licht, und er wies einen objektiven Zusammenhang zwischen der Physik des Lichts und der Physiologie unserer visuellen Wahrnehmungen nach. Die Prinzipien der Newtonschen Optik haben nur zum Teil überlebt, doch dank des Ideenreichtums, der methodologischen Vielseitigkeit und experimentellen Kunstfertigkeit, die er bei ihrer Entwicklung bewies, sind sie zu seinen großen Leistungen zu zählen.

Wie erwähnt hat Newton jahrelang mit der Veröffentlichung seiner großen Entdeckungen gewartet, aber er hat sie in Teilen seinem Mentor Barrow offenbart, als er nach dem Ende der Pest nach Cambridge zurückkehrte. Einer Neigung folgend, die zu einem festen Verhaltensmuster werden sollte, hielt er die meisten seiner Ergebnisse geheim und veröffentlichte sie nur, wenn er von anderen dazu gedrängt wurde oder wenn andere die gleichen Entdeckungen machten. Er geriet in Zorn, wenn seine Priorität nicht sofort anerkannt wurde oder wenn jemand seine Ergebnisse in

Zweifel zog. Warum hielt er seine Erkenntnisse zurück? Vielleicht lag es zum Teil an dem Wunsch, eine Art Monopol auf seinen Forschungsgebieten zu behalten. Gewiß waren ihm Konkurrenz und Streit verhaßt, und er wollte wohl genügend Zeit haben, um seine Erkenntnisse in Ruhe auszuwerten. Doch das dürfte bestenfalls ein Teil der Wahrheit sein, und vielleicht noch nicht einmal der wichtigste.

Der junge Newton hat seiner Gleichgültigkeit gegenüber dem Ruhm und seinem Abscheu gegenüber Auseinandersetzungen emphatisch Ausdruck verliehen. So schrieb er 1669 in einem Brief an Collins: »Sie haben meine Erlaubnis, diese Lösung des Annuitätsproblems, wenn es denn von irgendwelchem Nutzen ist, in der *Philosophical Transactions* erscheinen zu lassen, allerdings ohne Nennung meines Namens. *Denn ich sehe keinen Vorteil in der öffentlichen Anerkennung, die ich möglicherweise gewinnen und erhalten könnte. Ich würde vielleicht bekannter werden – etwas, was ich nach Kräften zu vermeiden trachte.* Ich könnte das Problem genauer lösen, habe im Moment jedoch nicht die Muße für diese Berechnungen.«

Und in einem anderen Brief, 1676 an Oldenburg, lesen wir:

> ». . . Ich bitte Sie noch um eine Woche Geduld. Ich sehe, daß ich mich zum Sklaven der Philosophie gemacht habe. Aber wenn ich von dem Handel mit Mr. LUCAS frei geworden bin, werde ich ihr entschieden auf immer und ewig Lebewohl sagen, ausgenommen, was ich für mein eigenes Genügen thue oder, was ich zur Veröffentlichung nach meinem Tode hinterlassen will; denn ich habe erfahren, daß man entweder überhaupt nichts Neues bringen darf oder gezwungen sein wird, seine ganze Arbeit auf die Verteidigung seiner Entdeckung zu verwenden.« (Zit. nach Ferdinand Rosenberger, *Isaac Newton und seine physikalischen Principien.* Ein Hauptstück aus der Entwicklungsgeschichte der modernen Physik, Leipzig 1895, S. 96.)

Der weltoffene Barrow erwirkte von Newton die Erlaubnis, einige der Ergebnisse an Collins weiterzugeben, ein Mitglied der Royal Society in London, der eine lebhafte Korrespondenz mit vielen Kollegen unterhielt. Anfangs hatte Newton Barrow untersagt, ihn als den Autor der mathematischen Abhandlungen namentlich zu erwähnen, doch später willigte er ein, so daß es in einem Brief des stolzen Barrow an Collins heißt: »Es ist mir eine große Freude zu hören, daß Sie so zufrieden mit dem Aufsatz meines Freundes sind. Sein Name ist Newton, Mitglied unseres Colleges und sehr jung an Jahren (der zweitjüngste Magister Artium), doch von außerordentlichem Genie und Kenntnisreichtum in diesen Dingen.«

Barrow gab 1669 den Lucasischen Lehrstuhl für Mathematik auf. Dabei mag der Wunsch mitgespielt haben, den Weg für Newton freizumachen, dessen Begabung er zweifellos erkannt hatte, und gewiß hat er auch bei der Wahl seines Nachfolgers die Hand im Spiel gehabt. Doch 1673 kehrte Barrow als Rektor des Trinity College nach Cambridge zurück, und Newton schrieb mit ungewöhnlicher Herzlichkeit an Collins: »Groß ist unsere Freude auf das Wiedersehen mit Dr. Barrow, vor allem in seiner neuen Eigenschaft als Rektor, doch niemand, Sir, freut sich mehr darüber als Ihr ergebener Diener I. Newton.«

Auf dem Lucasischen Lehrstuhl: Zerlegtes Licht

Die Lucasische Professur trug Newton 100 Pfund pro Jahr ein. Durch andere Einkünfte verdoppelte sich dieser Betrag, so daß er damit aller wirtschaftlichen Sorgen enthoben war. Von nun an war Newton ein wohlhabender Mann, der bei seinem Tode ein Vermögen von 36 000 Pfund Sterling hinterließ, eine stattliche Summe für damalige Verhältnisse. Newton hatte einfache, aber kostspielige Vorlieben; gegenüber jungen Menschen und vor allem gegenüber Familienangehörigen zeigte er sich recht großzügig.

Im Jahr 1672 wurde Newton zum Mitglied der Royal Society gewählt. Die Gesellschaft war 1660 von zwölf Privatleuten gegründet worden, die sich für wissenschaftliche Forschungsarbeiten interessierten. Sie gehörte zu jener Bewegung der wissenschaftlichen Renaissance, die 1603 zur Gründung der Accademia dei Lincei in Rom geführt hatte – mit Galilei als ihrem berühmtesten Mitglied – und die später die Académie des Sciences in Paris (1666) und die 1700 von Leibniz geplante Preußische Akademie der Wissenschaften in Berlin hervorbringen sollte. Diese Gesellschaften wurden ursprünglich von ihren Mitgliedern finanziert, hielten regelmäßig Zusammenkünfte ab und führten bei diesen Veranstaltungen interessante Experimente vor. Außerdem veröffentlichten sie ihre Sitzungsberichte, veranstalteten Diskussionen und bemühten sich ganz allgemein um eine aktive Förderung der Wissenschaften. Die Royal Society hat die vielleicht eindrucksvollste Erfolgsbilanz aller dieser Gesellschaften vorzuweisen. König Karl II. verlieh ihr 1662 die königliche Gründungsurkunde, und seit dieser Zeit hat sie eine unermüdliche Aktivität entfaltet. In den Anfangsjahren hatten die Sekretäre der Gesellschaft häufig

Das Fernrohr, das Newton der Royal Society in London vorführte. Seinen Vortrag über das Fernrohr hielt er im Jahre 1672 vor der Gesellschaft, kurz bevor er deren Mitglied wurde. (Royal Society, London)

entscheidenden Anteil daran, daß die Verbindungen zur wissenschaftlichen Welt im Ausland gepflegt wurden, wobei ein beliebtes Verfahren darin bestand, daß man den Sekretär einer anderen Gesellschaft anschrieb und ihn bat, die Information interessierten Personen zu übermitteln. Oldenburg und Robert Hooke (1635–1702) gehörten zu den ersten Sekretären der Royal Society und sind ihren Pflichten gewissenhaft nachgekommen. Der Präsident der Gesellschaft war oft mehr Schirmherr der Wissenschaften als selber Wissenschaftler. Als Newton 1703 Präsident der Royal Society wurde, zählte der berühmte Tagebuchverfasser Samuel Pepys, der ein hoher Staatsbeamter, aber kein Wissenschaftler war, zu seinen Vorgängern.

Bereits 1662 hatte Newton in Cambridge begonnen, mit Licht zu experimentieren. Damals gab es noch keine richtigen Physiklabors, so daß Newton seine Experimente in seinen Zimmern im Trinity College und mit selbstgefertigten Geräten durchführen mußte. Es gibt eine Fülle von Belegen für Newtons hervorragende handwerliche Fertigkeiten. Eines seiner ersten Projekte war der Bau eines Spiegelteleskops. Eigenhändig bereitete er die Legierung des Spiegels und schliff ihn. Wir wissen auch, daß er Linsen schliff und die dazu erforderliche Schleifmaschine baute. Bevor er sich an das Spiegelteleskop machte, hatte er mit herkömmlicheren Linseninstrumenten experimentiert. Um die Leistung des Instruments zu verbessern, wollte er die Farberscheinungen an den Rändern der Bilder zum Verschwinden bringen, ein Phänomen, das in moderner Terminologie chromatische Aberration heißt. Er ging das Problem an, indem er weißes Sonnenlicht durch ein Prisma schickte und es in vielfarbiges Licht zerlegte. Diese Beobachtung veranlaßte ihn zu einer eingehenden Beschäftigung mit der Optik. Schon die Griechen kannten das Reflexionsgesetz; das Brechungsgesetz wurde von Willebrod Snell (1591–1625) gefunden und später von René Descartes in seine heutige Form gebracht. Newton bemerkte, daß Licht verschiedener Farben verschiedene Brechungsindizes hat, aber er erkannte nicht, daß die Dispersion verschiedener Glasarten verschieden ausfallen kann. So gelangte er zu dem irrigen Schluß, eine achromatische Linse (eine Linse ohne chromatische Aberration) sei unmöglich dadurch herzustellen, daß man zwei Linsen aus verschiedenem Glas, eine sammelnde und

selbst erfunden worden waren. Die verwendete mathematische Technik macht die Lektüre für den heutigen Leser nicht gerade leichter, doch vielleicht waren geometrische Verfahren Newtons Zeitgenossen vertrauter. Einem Freund hat Newton mitgeteilt, daß er, »um sich nicht den Anwürfen mathematisch Halbgebildeter auszusetzen, sein Prinzip vorsätzlich dunkel hielt, doch nicht so dunkel, daß er nicht von fähigen Mathematikern verstanden werden könnte«.

Bevor er mit Buch I beginnt, führt er mannigfaltige »Erklärungen« und »Grundsätze oder Gesetze« ein. Wir sehen ihn hier in der Auseinandersetzung mit einigen der fundamentalsten und schwierigsten Probleme, die sich stellten, als er die Grundlagen der Mechanik schuf. Die Definition der Masse, »Die Größe der Materie wird durch ihre Dichtigkeit und ihr Volumen vereint gemessen«*, würde uns, hätte jemand anders als Newton sie geschrieben, als Tautologie erscheinen, doch so hat er sie nun einmal formuliert. Er erklärt auch: »daß die Masse dem Gewichte proportional sei, habe ich durch sehr genau angestellte Pendelversuche gefunden, wie später gezeigt wird.«* Für diese Bemerkung fand erst Einstein eine tiefere Erklärung. Newton muß eingehend über die Begriffe von Zeit und Raum nachgedacht haben. Er erkannte, daß sie einer näheren Untersuchung bedurften, und fand auch Definitionen, die für seine Zwecke ausreichten. Abermals war es Einstein, der das Problem einem weit tiefer reichenden Verständnis erschloß. Es gibt drei Axiome oder Gesetze der Bewegung: (1) »Jeder Körper beharrt in seinem Zustande der Ruhe oder der gleichförmigen geradlinigen Bewegung, wenn er nicht durch einwirkende Kräfte gezwungen wird, seinen Zustand zu ändern.« (2) »Die Änderung der Bewegung ist der Einwirkung der bewegenden Kraft proportional und geschieht nach der Richtung derjenigen geraden Linie, nach welcher jene Kraft wirkt.« (3) »Die Wirkung ist stets der Gegenwirkung gleich, oder die Wirkungen zweier Körper aufeinander sind stets gleich und von entgegengesetzter Richtung.«**

---

* (Isaac Newton, *Mathematische Prinzipien der Naturlehre*, Wissenschaftliche Buchgesellschaft, Darmstadt 1963, S. 21)

** (Isaac Newton, a. a. O., S. 32)

Es folgt Buch I, beginnend mit einem mathematischen Abschnitt, in dem der Begriff des Grenzwerts skizziert wird, und gefolgt von einer Abhandlung über die Mechanik. Insbesondere wird dort die Bewegung unter Einwirkung von Zentralkräften untersucht, zunächst allgemein, später speziell in Hinblick auf das invers-quadratische Abstandsgesetz. Da für das weitere Verständnis erforderlich, wird eine geometrische Untersuchung der Kegelschnitte eingeschoben. Die Anziehung durch räumlich ausgedehnte Körper ist der Gegenstand anderer Abschnitte, darunter auch der Lehrsatz, von dem auf Seite 102 die Rede ist.

Buch II untersucht die Bewegung in Widerstand leistenden Medien. Newton nimmt einen Widerstand an, der der Geschwindigkeit oder dem Quadrat der Geschwindigkeit proportional ist, und er untersucht beide Fälle. Ferner analysiert er die kombinierte Wirkung einer Zentralkraft und eines Widerstands. Es folgen Sätze über die Dichte und die Kompression von Flüssigkeiten sowie Ausführungen zur elementaren Hydrostatik. Danach geht es um die Wirkung des Mediumwiderstands auf die Pendelbewegung. Die Frage, welchen Einfluß die Form eines Körpers hat, der sich in einem Medium bewegt, wird zum Ausgangspunkt einer neuen mathematischen Theorie, heute als Variationsrechnung bezeichnet. Der letzte Teil von Buch II beschäftigt sich mit Wellen und ist Huygens verpflichtet. Newton betrachtet sowohl Wellen im Wasser wie Wellen in der Luft und berechnet die Schallgeschwindigkeit, die allerdings für isotherme (und nicht für eine adiabatische) Kompression gilt, so daß sie sich nicht mit den experimentellen Daten deckt. Das Buch schließt mit einer Untersuchung rotierender Flüssigkeiten.

Buch III trägt den Titel »Vom Weltsystem«. Mit den Prinzipien, die er in den beiden ersten Büchern bewiesen hat, beabsichtigt Newton nun, »die Einrichtung des Weltsystems« darzulegen. Das Thema verlangt nach einer Einleitung über »Regeln des Urteilens in der Philosophie«, wo Newton einige wichtige erkenntnistheoretische Fragen erörtert und sich mit der Teilbarkeit der Materie auseinandersetzt. Dann wendet er sich einer Beschreibung der astronomischen Erscheinungen zu, wie sie sich unserer Beobachtung zeigen, das heißt der Bewegung der Planeten und Satelliten im Sonnensystem, und er liefert eine quantitative Erklärung auf der ausschließlichen Grundlage der universellen Gravitation. Das ist eine kolossale und mathematisch schwierige Großtat, die ausgeht von den verfügbaren Beobachtungen Flamsteeds, Halleys und anderer.

Ein »Über das Weltsystem« betiteltes Scholion schließt das Werk ab. Newton wendet sich gegen die kartesianische Hypothese der Wirbel, die sich damals großer Beliebtheit bei den Naturphilosophen erfreute. Ich will nicht in die Tiefe der kartesianischen Physik eindringen. Descartes gilt als Begründer der modernen Phi-

[1]

PHILOSOPHIÆ NATURALIS Principia MATHEMATICA.

Definitiones.

Def. I.

Quantitas Materiæ eſt menſura ejuſdem orta ex illius Denſitate & Magnitudine conjunctim.

AEr duplo denſior in duplo ſpatio quadruplus eſt. Idem intellige de Nive et Pulveribus per compreſſionem vel liquefactionem condenſatis. Et par eſt ratio corporum omnium, quæ per cauſas quaſcunq; diverſimode condenſantur. Medii interea, ſi quod fuerit, interſtitia partium libere pervadentis, hic nullam rationem habeo. Hanc autem quantitatem ſub nomine corporis vel Maſſæ in ſequentibus paſſim intelligo. Innoteſcit ea per corporis cujuſq; pondus. Nam ponderi proportionalem eſſe reperi per experimenta pendulorum accuratiſſime inſtituta, uti poſthac docebitur.

B Def.

Anfang von Buch I der *Principia.* (Bancroft Library, University of California, Berkeley)

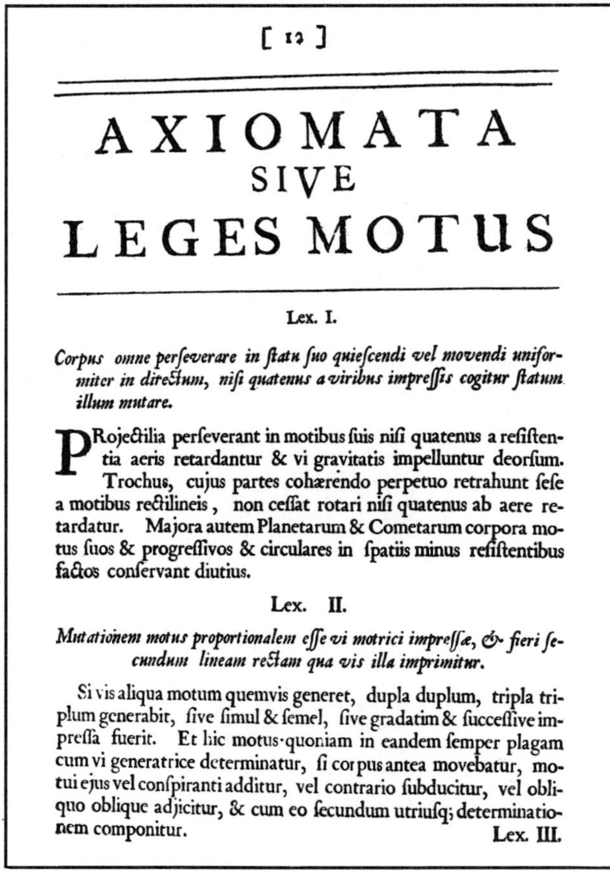
[13]

AXIOMATA
SIVE
LEGES MOTUS

Lex. I.

Corpus omne perſeverare in ſtatu ſuo quieſcendi vel movendi uniformiter in directum, niſi quatenus a viribus impreſſis cogitur ſtatum illum mutare.

PRojectilia perſeverant in motibus ſuis niſi quatenus a reſiſtentia aeris retardantur & vi gravitatis impelluntur deorſum. Trochus, cujus partes cohærendo perpetuo retrahunt ſeſe a motibus rectilineis, non ceſſat rotari niſi quatenus ab aere retardatur. Majora autem Planetarum & Cometarum corpora motus ſuos & progreſſivos & circulares in ſpatiis minus reſiſtentibus factos conſervant diutius.

Lex. II.

Mutationem motus proportionalem eſſe vi motrici impreſſæ, & fieri ſecundum lineam rectam qua vis illa imprimitur.

Si vis aliqua motum quemvis generet, dupla duplum, tripla triplum generabit, ſive ſimul & ſemel, ſive gradatim & ſucceſſive impreſſa fuerit. Et hic motus quoniam in eandem ſemper plagam cum vi generatrice determinatur, ſi corpus antea movebatur, motui ejus vel conſpiranti additur, vel contrario ſubducitur, vel oblique oblique adjicitur, & cum eo ſecundum utriuſq; determinationem componitur.

Lex. III.

Zwei Seiten lateinischer Text aus den »Bewegungsgesetzen« der *Principia.* (Bancroft Library, University of California, Berkeley)

losophie, doch war er auch Mathematiker und Naturwissenschaftler. In der Philosophie und Mathematik war sein Werk von höchster Bedeutung. Seine Physik sei jedem zur näheren Beschäftigung ans Herz gelegt, der ein tieferes Verständnis für die Entwicklung dieser Wissenschaft gewinnen möchte, doch die praktischen Ergebnisse sind relativ bescheiden und haben wenig mit der modernen Physik zu tun.

Im zweiten Teil des Scholions beschäftigt sich Newton mit der Idee Gottes und im dritten legt er einen Teil seiner Wissenschafts-

[13]

Lex. III.

Actioni contrariam ſemper & æqualem eſſe reactionem: ſive corporum duorum actiones in ſe mutuo ſemper eſſe æquales & in partes contrarias dirigi.

Quicquid premit vel trahit alterum, tantundem ab eo premitur vel trahitur. Siquis lapidem digito premit, premitur & hujus digitus a lapide. Si equus lapidem funi allegatum trahit, retrahetur etiam & equus æqualiter in lapidem: nam funis utrinq; diſtentus eodem relaxandi ſe conatu urgebit Equum verſus lapidem, ac lapidem verſus equum, tantumq; impediet progreſſum unius quantum promovet progreſſum alterius. Si corpus aliquod in corpus aliud impingens, motum ejus vi ſua quomodocunq: mutaverit, idem quoque viciſſim in motu proprio eandem mutationem in partem contrariam vi alterius (ob æqualitatem preſſionis mutuæ) ſubibit. His actionibus æquales fiunt mutationes non velocitatum ſed motuum, (ſcilicet in corporibus non aliunde impeditis:) Mutationes enim velocitatum, in contrarias itidem partes factæ, quia motus æqualiter mutantur, ſunt corporibus reciproce proportionales.

Corol. I.

Corpus viribus conjunctis diagonalem parallelogrammi eodem tempore deſcribere, quo latera ſeparatis.

Si corpus dato tempore, vi ſola *M*, ferretur ab *A* ad *B*, & vi ſola *N*, ab *A* ad *C*, compleatur parallelogrammum *ABDC*, & vi utraq; feretur id eodem tempore ab *A* ad *D*. Nam quoniam vis *N* agit ſecundum lineam *AC* ipſi *BD* parallelam, hæc vis nihil mutabit velocitatem accedendi ad lineam illam *BD* a vi altera genitam. Accedet igitur corpus eodem tempore ad lineam *BD* ſive vis *N* imprimatur, ſive non, atq; adeo in fine illius temporis reperietur alicubi in linea illa

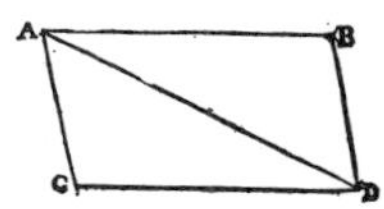

philosophie dar. Wegen der Bedeutung des Textes folgen Auszüge daraus, wobei hauptsächlich der theologische Teil fortgelassen wird. Im vorletzten Absatz steht der berühmte Satz *Hypotheses non fingo* (»Ich stelle keine Hypothesen auf«). Seine wahre Bedeutung wird nur aus dem Zusammenhang klar werden.

»Die Hypothese der Wirbel unterliegt vielen Schwierigkeiten. Damit nämlich jeder Planet um die Sonne Flächen beschreiben könne, welche der Zeit proportional sind, müßten die Umlaufzeiten der Teile ihres Wirbels im doppelten Verhältnisse ihres Abstandes von der Sonne stehen. Damit die Umlaufszeiten der Planeten im 3/2ten Verhältnis ihrer Abstände von der Sonne ständen, müßten die Umlaufzeiten der Teile ihrer Wirbel im 3/2ten Verhältnisse ihrer Abstände stehen. Damit ferner die kleinen Wirbel, welche sich um den Saturn, den Jupiter und andere Planeten drehen, für sich bestehen und sich frei im Wirbel der Sonne bewegen könnten, müßten die Umlaufzeiten der Teile des Sonnenwirbels gleich sein. Die Umdrehungen der Sonne und der Planeten um ihre Axen, welche mit den Bewegungen der Wirbel übereinstimmen müßten, weiche aber weit von diesen Proportionen ab. Die Kometen haben sehr regelmäßige Bewegungen, sie befolgen bei ihren Umläufen dieselben Gesetze wie die Planeten, und ihr Lauf kann nicht durch Wirbel erklärt werden. Sie gehen nämlich mit sehr exzentrischen Bewegungen in alle Teile des Himmels, was nur geschehen kann, wenn man die Wirbel aufhebt.

Die geworfenen Körper erleiden hienieden keinen andern Widerstand, als den der Luft, und im Boyl'schen Vakuum hört aller Widerstand auf, so daß eine dünne Feder und festes Gold dort mit gleicher Geschwindigkeit fallen. Dasselbe findet in den Himmelsräumen oberhalb unserer Atmosphäre statt. In ihnen müssen sich alle Körper ganz frei bewegen, und also die Planeten und Kometen ihre Umläufe in Bahnen, welche der Art und Lage nach gegeben sind, zurücklegen, indem sie die oben geklärten Gesetze befolgen. Sie werden nach den Gesetzen der Schwere in ihren Bahnen verharren, aber die ursprüngliche und regelmäßige Lage der letztern konnten sie nicht durch diese Gesetze erlangen . . .«

Über die Ordnung des Universums führt er dann aus:

»Diese bewundernswürdige Einrichtung der Sonne, der Planeten und Kometen hat nur aus dem Ratschlusse und der Herrschaft eines alles einsehenden und allmächtigen Wesens hervorgehen können. Wenn jeder Fixstern das Centrum eines, dem unsrigen ähnlichen Systems ist, so muß das Ganze, da es das Gepräge eines und desselben Zweckes trägt, bestimmt *Einem* und demselben Herrscher unterworfen sein. Das Licht der Fixsterne ist von derselben Natur, wie das der Sonne, und alle Systeme senden einander ihr Licht zu. Ferner sieht man, daß derjenige, welcher diese Welt eingerichtet hat, die Fixsterne in ungeheure Entfernungen voneinander gestellt hat, damit diese Kugeln nicht, vermöge ihrer Schwerkraft, aufeinander fallen.

Dieses unendliche Wesen beherrscht alles, nicht als Weltseele, sondern als Herr aller Dinge. Wegen dieser Herrschaft pflegt unser Herr Gott παντοκράτωρ, d. h. *Herr über alles,* genannt zu werden. Denn das Wort Gott (Deus) bezieht sich auf Diener, und die Gottheit ist die Herrschaft Gottes nicht über einen eigentlichen Körper, wie diejenigen annehmen, welche Gott einzig zur Weltseele machen, sondern über Diener. Der höchste Gott ist ein unendliches, ewiges und durchaus vollkommenes Wesen . . .

Ich habe bisher die Erscheinungen der Himmelskörper und die Bewegungen des Meeres durch die Kraft der Schwere erklärt, aber ich habe nirgends die Ursache der letzteren angegeben. Diese Kraft rührt von irgendeiner Ursache her, welche bis zum Mittelpunkte der Sonne und der Planeten dringt, ohne irgend etwas von ihrer Wirksamkeit zu verlieren. Sie wirkt nicht nach Verhältnis der *Oberfläche* derjenigen Teilchen, worauf sie einwirkt (wie die mechanischen Ursachen), sondern nach Verhältnis der Menge fester Materie, und ihre Wirkung erstreckt sich nach allen Seiten hin, bis in ungeheure Entfernungen, indem sie stets im doppelten Verhältnis der letzteren abnimmt. Die Schwere gegen die Sonne ist aus der Schwere gegen jedes ihrer Teilchen zusammengesetzt, und sie nimmt mit der Entfernung von der Sonne genau im doppelten Verhältnis der Abstände ab, und dies geschieht bis zur Bahn des Saturns, wie die Ruhe der Aphelien des Planeten beweist; sie erstreckt sich ferner bis zu den äußeren Aphelien der Kometen, wenn die Aphelien in Ruhe sind.

Ich habe noch nicht dahin gelangen können, aus den Erscheinungen den Grund dieser Eigenschaften der Schwere abzuleiten, und Hypothesen erdenke ich nicht. [Das berühmte *»Hypotheses non fingo«* im lateinischen Original.] Alles nämlich, was nicht aus den Erscheinungen folgt, ist eine *Hypothese,* und Hypothesen, seien sie nun metaphysische oder physische, mechanische oder diejenigen der verborgenen Eigenschaften, dürfen nicht in die Experimentalphysik aufgenommen werden. In dieser leitet man die Sätze aus den Erscheinungen ab und verallgemeinert sie durch Induktion. Auf diese Weise haben wir die Undurchdringlichkeit, die Beweglichkeit, den Stoß der Körper, die Gesetze der Bewegung und der Schwere kennengelernt. Es genügt, daß die Schwere existiere, daß sie nach den von uns dargelegten Gesetzen wirke, und daß sie alle Bewegungen der Himmelskörper und des Meeres zu erklären im Stande sei.

Es würde hier der Ort sein, etwas über die geistige Substanz hinzuzufügen, welche alle festen Körper durchdringt und in ihnen enthalten ist. Durch die Kraft und Tätigkeit dieser geistigen Substanz ziehen sich die Teilchen der Körper wechselseitig in den kleinsten Entfernungen an und haften aneinander, wenn sie sich berühren. Durch sie wirken die elektrischen Körper in den größten Entfernungen, sowohl um die nächsten Körperchen anzuziehen als auch sie abzustoßen. Mittels dieses geistigen Wesens strömt das Licht aus, wird zurückgeworfen, gebeugt, gebrochen und erwärmt die Körper. Alle Gefühle werden erregt, und die Glieder der Tiere nach Belieben bewegt, durch die Vibrationen desselben, welche sich von den äußeren Organen der Sinne mittelst der festen Fäden der Nerven bis zum Gehirn und hierauf von diesem zu den Muskeln fortpflanzen. Diese Dinge lassen sich aber nicht mit wenigen Worten erklären, und man hat noch keine hinreichende Anzahl von Versuchen, um genau die Gesetze bestimmen und beweisen zu können, nach welchen diese allgemeine geistige Substanz wirkt.« (Isaac Newton, *Mathematische Prinzipien der Naturlehre*, Darmstadt 1963, S. 507–512.)

Der Text des Scholions wie auch anderer Teile der *Principia* weisen in den verschiedenen Ausgaben, die zu Newtons Lebzeiten erschienen, unterschiedliche Gestalt auf. Teils drücken diese Veränderungen einen Wandel seines Denkens aus, teils sind sie ein Niederschlag der Auseinandersetzungen, die er mit Hooke, mit dem Astronomen John Flamsteed (1646–1719) und mit Leibniz führte.

Die Royal Society hatte Newton zur Niederschrift des Buches gedrängt, doch zum Schluß mußte Halley die Druckkosten aus eigener Tasche bezahlen. Merkwürdig ist, daß Newton, der gewiß kein armer Mann war, sich nicht beteiligt hat. Die erste Ausgabe war rasch vergriffen. Schon bei der Niederschrift hatte Newton eine Auseinandersetzung mit Hooke, der das invers-quadratische Abstandsgesetz wohl in groben Zügen geahnt, aber seine Konsequenzen nicht erkannt hatte. Trotz Halleys Vermittlungsversuchen war Newton nicht bereit, Hooke auch nur das geringste Verdienst einzuräumen. Das Buch wurde in den *Acta Eruditorum,* einer führenden deutschen Zeitschrift, und in dem französischen *Journal des sçavans* besprochen und in den höchsten Tönen gelobt. Wirklich verstanden haben dürften es jedoch nur wenige seiner Leser. Sogar namhafte Mathematiker wie etwa der junge Abraham de Moivre (1667–1754) hatten ihre Schwierigkeiten. Leibniz und Huygens haben es verschlungen, doch waren sie, von Newton abgesehen, die besten Mathematiker und Physiker der Welt. Der Schotte David Gregory (1659–1708) wurde ein begeisterter Anhänger der Newtonschen Lehren und verbreitete sie an den schottischen Universitäten. Dann folgte Oxford und zum Schluß Cambridge, obwohl Newton dort die neue Mechanik lehrte. Später behinderten sich die Engländer dadurch selbst, daß sie allzu ehrfürchtig an den von Newton veröffentlichten geometrischen Verfahren klebten. Wichtiger war da schon, was man mit den *Principia* auf dem europäischen Festland anfing. Voltaire erkannte die Bedeutung des Werks und machte es nach einem Englandbesuch im Jahre 1729 in Frankreich bekannt, von wo sich die modische Vorliebe für die Newtonschen Lehren über das ganze kultivierte Europa ausbreitete. So verfaßte in Italien der bekannte Literat Francesco Algarotti (1712–1764) das Buch *Newtonismus für Damen* und hatte damit großen Erfolg. Diese Zeitströmung erinnert an die modische Begeisterung für Einsteins Relativitätstheorie zweihundert Jahre später.

Die wirklichen Nachfolger Newtons, die seine Gedanken aufgriffen, weiterentwickelten und populär machten, so daß sie sich durchsetzten, lebten auf dem europäischen Kontinent. Die großen Erben der Schöpfer der Infinitesimalrechnung – die Bernoullis und Leonhard Euler (1707–1783) und die Franzosen Alexis

Claude Clairaut (1713–1765) und Jean Le Rond d'Alembert (1717–1783) – bedienten sich der Leibnizschen Schreibweisen und Algorithmen, um Newtons Programm fortzuführen. Die *Principia* wurden in analytische Form gebracht und damit einem weit größeren Kreis erschlossen als in ihrer ursprünglichen geometrischen Gestalt. Immer neue Einzelheiten des Weltsystems und der Form der Erde wurden erforscht und Newtons Mechanik auf komplexere Systeme übertragen: Flüssigkeiten, Saiten, Gase. Sie erwies sich als außerordentlich genau und leistungsfähig in ihrer Vorhersagekraft und ihrem Erklärungsvermögen.

Der Erfolg der Himmelsmechanik sprengte alle Maßstäbe. Nicht nur daß sie die Himmelsbewegungen mit einer bis dahin unbekannten Genauigkeit vorhersagte, ihre Grundideen erwiesen sich auch als weit über die ursprünglichen Grenzen hinaus gültig, so daß ein Jahrhundert lang eine wissenschaftliche Erklärung auszusehen hatte wie das Newtonsche Beispiel, und man meinte, erklären heiße mehr oder weniger, eine bestimmte Klasse von Erscheinungen in den von der Newtonschen Mechanik vorgegebenen Rahmen zu zwängen.

Zwei Jahrhunderte lang erklärte die Newtonsche Mechanik alle Einzelheiten der Planetenbewegung. Einige unerklärlich erscheinende Anomalien wurden dem Vorhandensein eines neuen Planeten zugeschrieben. 1846 kamen unabhängig voneinander sowohl Urbain Jean Joseph Le Verrier (1811–1877) als auch John Couch Adams (1819–1892) zu diesem Schluß und konnten sogar genau angeben, wo sich dieser Planet befinden mußte – und tatsächlich war er da! Nur das Perihel des Merkurs zeigte eine winzige Anomalie, der nicht beizukommen war.

Diese eindrucksvollen Ereignisse bewirkten ein blindes Vertrauen in die Newtonsche Mechanik und haben möglicherweise die Überprüfung ihrer Grundlagen hinausgeschoben. Wahrscheinlich hat Newton bereits den Verdacht gehabt, daß das alles doch nicht so vollkommen war. Aber erst 1905, fast zweihundert Jahre nach der Veröffentlichung der *Principia*, erschütterte Einstein die grundlegenden Begriffe von Zeit und Raum, und erst 1916 wurde Newtons Gravitationstheorie durch eine Theorie ersetzt, die, obwohl sie zu nahezu identischen numerischen Ergebnissen führte, begrifflich etwas radikal anderes war – die Allgemeine Relativitätstheorie. Eine Zeitlang jedoch erwiesen sich unter experimentellem Gesichtspunkt ihre Vorteile gegenüber der Newtonschen Gravitation als minimal. Die Erklärung der Bewegung des Merkurperihels war einer der größten »praktischen« Erfolge der Allgemeinen Relativitätstheorie. In neuester Zeit ist aber die Allgemeine Relativitätstheorie für die Kosmologie unentbehrlich geworden und hat dort große Erfolge zu verzeichnen.

Newtons Leistungen sind mit der Erfindung der Infinitesimalrechnung, der Entwicklung der Mechanik und seinen optischen Entdeckungen noch lange nicht erschöpfend beschrieben. In der reinen Mathematik hat er höchst scharfsinnige Untersuchungen über Kurven dritter Ordnung hinterlassen, numerische Verfahren zur Lösung von Gleichungen und vieles mehr, was heute seinen festen Platz im Lehrplan der Analysis oder der Algebra hat.

In der Physik beschäftigte er sich mit der Thermometrie, indem er beobachtete, daß Wasser bei bestimmten festen Temperaturen kocht oder gefriert, mit der Abkühlung warmer Körper und vielen anderen Themen, deren Bedeutung nur dann verblaßt, wenn man sie mit seinen wissenschaftlichen Großtaten vergleicht.

Nachlassende Schaffenskraft

Als die *Principia* erschienen, gab es Spannungen zwischen der Krone und der Universität Cambridge. Jakob II. versuchte, der Universität gegen ihren Willen einige katholische Professoren aufzuzwingen, und Newton gehörte zu den Delegierten, die nach London gesandt wurden, um dort die Sache der Universität zu verfechten. Die Wahl zum Abgeordneten der Universität im Parlament erfolgte 1688.

Als Parlamentsmitglied mußte Newton öfter als bisher nach London reisen. Er machte die Bekanntschaft von Pepys und dem berühmten Philosophen John Locke (1632–1704), einem sehr gewinnenden Mann, der ein treuer Freund Newtons wurde. In dieser Zeit offenbarte Newton abermals Anzeichen für seinen periodischen Überdruß an der Wissenschaft, für eine Gleichgültigkeit gegenüber dem Gebiet, auf dem er so Überragendes geleistet hatte.

Er deutete seinen Freunden gegenüber an, daß er das Leben in Cambridge gerne aufgeben würde und streckte seine Fühler nach verschiedenen Berufen aus, jedoch ohne Erfolg.

Charles Montagu (1661–1715), der Sproß einer illustren englischen Familie, der 1699 Lord Halifax wurde, hatte 1679 als junger Student in Cambridge Freundschaft mit Newton geschlossen. Durch seinen Einfluß hoffte Newton eine passende Stellung zu bekommen, und Montagu versuchte nach besten Kräften, seinem Freunde zu helfen.

1689 starb Newtons Mutter. Er hatte sehr an ihr gehangen. Es war wahrscheinlich die engste Gefühlsbindung in seinem Leben gewesen, und die Liebe war von seiner Mutter erwidert worden. Von Cambridge aus hatte Newton sie häufig besucht, und als sie krank wurde, verließ er London, um sie zu pflegen. Sie hinterließ ihm ein ansehnliches Erbe, das ihn wirtschaftlich unabhängig machte.

Doch 1692 ließ der fünfzigjährige Newton ernsthafte Symptome seelischer Störungen erkennen. Er verfiel in tiefe Depression, die durch Anfälle von Verfolgungswahn noch verschlimmert wurde. Die Briefe aus dieser Zeit zeigen deutlich seinen verwirrten Gemütszustand. Er schrieb, er sei »überzeugt davon, daß Mr. Montagu ein falsches Spiel mit mir treibt. Ich bin fertig mit ihm.«

Und am 16. September 1693 schrieb er an Locke:

»Mein Herr!

Da ich der Meinung war, daß Sie sich bemühen, mich in Verlegenheit zu bringen mit Frauenzimmern *(to embroil me with women)* und durch andere Mittel, so wurde ich darüber so betroffen, daß, als mir Jemand erzählte, Sie wären krank und würden nicht aufkommen, ich antwortete, es wäre besser, wenn Sie todt wären. Ich wünsche, daß Sie mir diese Lieblosigkeit vergeben möchten, denn ich bin jetzt überzeugt, daß das, was Sie gethan haben, recht ist, und ich bitte Sie um Verzeihung, daß ich von Ihnen deswegen eine üble Meinung gehegt, und daß ich mir vorgestellt habe, Sie griffen die Moralität bei der Wurzel an, in einem Princip, daß Sie in einem andern Buche von den Ideen aufstellen, und welches Sie in einem anderen Buche weiter auszuführen beabsichtigen, und daß ich Sie für einen Hobbisten hielt. Ich bitte Sie auch um Verzeihung, daß ich gesagt oder gedacht habe, man hätte vor, mir ein Amt zu kaufen oder mich in Verlegenheit zu setzen. Ich bin ihr ergebenster und unglücklicher Diener Isaac Newton.« (Zit. nach David Brewster, *Sir Isaak Newton's Leben nebst einer Darstellung seiner Entdeckungen,* Leipzig 1833, S. 198.)

Ähnliche Briefe schrieb er an Pepys und andere. Über die Grenzen Englands hinaus verbreitete sich das Gerücht, Newton habe den Verstand verloren. Die Freunde wurden von seinen Sendschreiben in große Betrübnis und Sorge versetzt und wußten nicht, was sie ihm antworten sollten.

Über die Ursachen von Newtons geistiger Verwirrung hat es viele Vermutungen gegeben – von psychoanalytischen Deutungen bis hin zur Annahme einer Quecksilbervergiftung. Glücklicherweise erholte sich Newton, ohne eine spezielle Behandlung in Anspruch genommen zu haben, und war innerhalb eines Jahres wieder wohlauf.

Inzwischen hatte Montagu, der über die Anwürfe des kranken Newton nobel hinweggegangen war, einen angemessenen Posten ausfindig gemacht. Im März 1696 schrieb er an Newton:

Die britische Ein-Pfund-Note zeigt den berühmtesten Münzaufseher. Zu beachten sind der Beweis der elliptischen Planetenbewegung aus den *Principia,* das Prisma, das Fernrohr und der Apfelbaum. (Abdruck mit Genehmigung der Bank von England)

»Ich freue mich sehr, daß ich Ihnen endlich einen guten Beweis meiner Freundschaft geben kann und der hohen Wertschätzung, die der König von Ihren Verdiensten hat . . . der König hat versprochen, Mr. *Newton* zum Aufseher der Münze zu machen. Das Amt ist höchst geeignet für Sie . . . Es ist fünf- oder sechshundert Pfund pro Jahr wert und hat nicht so viel Aufgaben, um mehr Aufwand zu erfordern, als Sie aufbringen können . . .« (Zit. nach Hans Wussing, *Isaac Newton*, Leipzig 1977, S. 126)

Das Amt war das zweithöchste in der Münze, der höchste Beamte war der Direktor *(Master)*, eine Stellung, in die Newton Jahre später aufrücken sollte. Überdies war das Amt alles andere als ein Ruheposten, zumindest eine Zeitlang, da England im Begriff stand, sein Münzwesen zu ändern, und diese schwierige und komplizierte Aufgabe vom Aufseher der Münze verstärkte Aufmerksamkeit erforderte. Die alten Münzen waren von den Benutzern beschnitten worden, so daß sie weniger Edelmetall enthielten, als gesetzlich vorgeschrieben. Die Regierung hatte damit begonnen, die alten Münzen zum Nennwert einzuziehen und neue auszugeben, die gerändelt waren, um ihre Beschneidung in Zukunft unmöglich zu machen.

In den ersten Jahren seines Londoner Aufenthalts ging Newton ganz in den neuen Aufgaben des Münzwesens auf, und er wurde mit diesen schwierigen Dingen ausgezeichnet fertig. Sein puritanisches Gewissen machte ihn zu einem unerbittlichen Verfolger der Falschmünzer und für alle Kompromisse oder Bestechungsversuche völlig unzugänglich. Vergebens versuchten seine Gegner, sich seiner zu entledigen, indem sie ihm einträglichere Posten mit weniger Arbeit in Aussicht stellten.

Wie es die neue Stellung verlangte, ließ Newton sich in London nieder. In Cambridge hatte er am Trinity College gelebt, in London mußte er einen eigenen Hausstand gründen. Seine Stiefschwester hatte einen Geistlichen namens Barton geheiratet. Aus dieser Ehe stammte Newtons Nichte Catherine, die damals 16 Jahre alt war. Sie führte ihm bis ans Ende seiner Tage den Haushalt. Sie war eine hübsche, geistreiche und quicklebendige Person, so daß sie sich bald einen festen Platz in der Londoner Gesellschaft erobert hatte und die zeitgenössischen Chronisten ausführlich beschäftigte. Nach einem – wahrscheinlich zutreffenden – Gerücht war sie jahrelang die Geliebte von Lord Halifax. Seine Lordschaft hat ihr nämlich ein so beträchtliches Vermögen hinterlassen, daß entsprechende Gerüchte gar nicht ausbleiben konnten. Andererseits ist es nach dem zeitlichen Ablauf der Ereignisse schlecht möglich, daß Catherines Reize irgendwelchen Einfluß auf Newtons Berufung in die Münze gehabt haben. Nach Halifaxens Tod heiratete Catherine 1715 John Conduitt, der Newtons Nachfolger an der Münze wurde und eine seiner ersten Biographien schrieb.

Als 1699 die Umprägung erfolgreich abgeschlossen war, wurde Newton zum Direktor der Münze befördert. Das Amt war weniger aufreibend, Newton hatte jetzt mehr Muße und bessere Einkünfte, dennoch nahm er seine mathematischen und physikalischen Studien nicht wieder auf. Mehr und mehr wandte er sich der Theologie, Alchimie und Chronologie zu. Nur ein Teil seiner chronologischen Arbeiten wurde veröffentlicht. Die theologischen Schriften waren hinsichtlich der Trinitätslehre nicht frei von ketzerischen Auffassungen – Grund genug, sie der Öffentlichkeit vorzuenthalten. Die alchimistischen Arbeiten tendierten natürlicherweise zum Mystizismus und zum Geheimnisvollen. Betrachten wir einen Auszug aus einem Brief an Oldenburg, in dem sich Newton zu diesem Thema äußert.

Cambridge, 26. April 1676

»Mein Herr,

die gestrige Lektüre der beiden letzten *Philosophical Transactions* gab mir Gelegenheit, über Mr. Boyles ungewöhnliches Experiment zur *Weißglut von Gold und Silber* nachzusinnen. Ich glaube, vielen würde es in den Fingern jucken herauszufinden, wie man solches Quecksilber bereitet; und deshalb wäre manch einer rasch zur Hand mit dem Vorschlag, dieses Wissen zu veröffentlichen, auf das Gute verweisend, das es in der Welt zu bewirken vermöchte. Doch nach meinem bescheidenen Urteil hat der vortreffliche Verfasser, nachdem er es für angebracht hielt, sich so weit zu offfenbaren, gut daran getan, das übrige für sich zu behalten ... Andere, die davon wußten, hielten die Imprägnierungsweise des Quecksilbers lieber verborgen. Da es möglicherweise den Zugang zu etwas Edlerem eröffnet, was nicht ohne unermeßlichen Schaden für die

Welt bekanntgegeben werden könnte, wenn denn irgendeine Wahrheit bei den alchimistischen Autoren zu finden ist, ist mir lediglich daran gelegen, daß der vortreffliche Verfasser in seiner großen Weisheit absolutes Stillschweigen bewahren möge, bis ihm klargeworden ist, welche Folgen die Sache haben kann – entweder durch eigene Erfahrung oder durch das Urteil eines anderen, der gründlich versteht, wovon er spricht, das heißt, eines mit der Geheimwissenschaft wahrhaft vertrauten Philosophen, dessen Urteil (wenn es ein solches gibt) in diesem Punkte mehr zu gelten hätte als das der ganzen übrigen Welt, es sei denn das Gegenteil wäre der Fall und es gäbe andere Dinge neben der *Umwandlung der Metalle* (wenn die *großen Prätendenten* nicht prahlen), die niemand außer ihnen verstünde. Da es den Anschein hat, daß der Autor die Meinung anderer zu diesem Punkte zu hören wünscht, war ich so frei, die meine kundzutun, möchte Sie aber bitten, mein Herr, diesen Brief vertraulich zu behandeln.
Ihr ergebener Diener
Isaac Newton.«

Repräsentativer sind da die letzten »Fragen«, die er seiner *Optik* anfügt. Sie zeigen einen anderen Mann als den aufgeklärten, rationalistischen Verfasser der *Principia.*

Es hat den Anschein, als hätte Newton seine naturwissenschaftlichen und mathematischen Studien nicht höher bewertet als seine anderen geistigen Interessen. Nur ersterer wegen lebt er im Gedächtnis der Nachwelt, doch er selbst hat sich häufig sehr abfällig über diese Arbeiten geäußert. Gelegentlich hat er es so dargestellt, als sei sein wissenschaftliches Genie etwas, das sich sozusagen außerhalb seiner selbst befände, das ihn heimsuchte und von dem er gerne befreit wäre. Doch auch seine anderen Beschäftigungen dürften ihn völlig in Anspruch genommen haben. Wir wissen von einem Zeugen, seinem Kopisten Humphrey Newton (keine Verwandtschaft), daß er zu der Zeit, da er die *Principia* verfaßte (eine fast übermenschliche Aufgabe, berücksichtigt man das Tempo der Niederschrift), seine alchimistischen Studien weiterführte.

»Vor zwei oder drei Uhr ging er selten zu Bett, einigemale nicht vor fünf oder sechs. Dann schlief er ungefähr vier oder fünf

Stunden, besonders im Herbst und im Frühling, wo er in seinem chemischen Laboratorium das Feuer Tag und Nacht kaum ausgehen ließ...

Sir Isaac's Laboratorium war wohl ausgerüstet mit chemischen Geräthschaften; doch gebrauchte er selten andere als die Schmelztiegel, in denen er seine Metalle schmolz. Einigemale holte er sich Rath aus einem alten modrigen Buche, welches in seinem Laboratorium lag und das den Titel führte *Agricola de Metallis*. Die Verwandlung der Metalle war der Hauptzweck und Antimon ein sehr wichtiges Ingredienz.« (Zit. nach Ferdinand Rosenberger, *Isaac Newton und seine physikalischen Prinzipien*, Leipzig 1895, S. 133)

Seine alchimistischen Studien behielt Newton in der Schublade, fast nichts davon wurde veröffentlicht. Seine geniale Begabung erstreckte sich nicht auf die Chemie; der Begründer der mathematischen Physik ist ohne Bedeutung für die Geschichte der Chemie. Möglicherweise waren andere geistige Voraussetzungen erforderlich, um diese Wissenschaft voranzubringen.

In der Mathematik war er ein Innovator höchsten Ranges, doch ich bezweifle, daß die meisten seiner Beweise heute als akzeptabel gelten würden. Newton hat ein weitläufiges neues Gebiet erschlossen, ohne sich sonderlich um die Einzelheiten zu kümmern. Mit unendlichen Reihen konnte er Wunder vollbringen, doch kleinliche Sorgen um Konvergenz waren nicht seine Sache. Worauf es ankam, war das Ergebnis, die Kraft, neue Probleme zu lösen, die sich bisher allen Versuchen entzogen hatten. Da Newton so außerordentlich introvertiert war, betrieb er seine mathematischen Studien für sich selbst, ohne sich große Mühe zu geben, sie auch normalen Sterblichen zugänglich zu machen – daher seine hochmütige Geringschätzung für Aufzeichnung und leichte Handhabung seiner mathematischen Verfahren. So war die Leibnizsche Differentialrechnung gegenüber Newtons – mathematisch gleichwertigen – Fluxionen erheblich im Vorteil. Der mathematische Inhalt beider Theorien ist ungefähr der gleiche, doch während Leibnizens Saat rasch zu einem gewaltigen Baum aufwuchs, blieb Newtons Feld unbestellt.

Newton hat auch eine Unzahl religiöser Manuskripte hinterlassen, von chronologischen und biblischen Studien bis hin zu theologisch spitzfindigen Erörterungen. In der Religion neigen Menschen mit so außergewöhnlichen Geistesgaben wie Newton eher zu philosophischen und theologischen Studien, während schlichtere Gemüter wohl mehr der Moral- und Verhaltenslehre zuneigen. Um seine Arbeiten auf dem Gebiet der Religion verstehen und würdigen zu können, müßte man Theologe und ein in den zeitgenössischen Problemen, die Newton bewegten, bewanderter Historiker sein. Alle diese Dinge gehören heute der Vergangenheit an und interessieren nur noch den Fachgelehrten. Zu jenem Teil des Newtonschen Erbes, der bedeutsam und lebendig in der modernen Wissenschaft weiterwirkt, gehören sie nicht.

Ich möchte die Gelegenheit benutzen, um kurz auf die Frage der religiösen Einstellung von Physikern einzugehen. Zunächst ist sie bedingt durch die Zeit, in der sie leben. Probleme und Gefühle, die für Newton höchste Bedeutung hatten, sind heute fast unverständlich. Davon abgesehen sind Erziehung und Familieneinfluß möglicherweise maßgebende Faktoren. Ich habe jedoch den Eindruck, daß Wissenschaft und Religion meist in getrennten Abteilungen des Gehirns untergebracht sind, so daß wir bei hervorragenden Physikern alle Abstufungen religiöser Einstellungen antreffen können, von tiefer, kirchlicher Frömmigkeit bis hin zu dezidiertem und erklärtem Atheismus. Vertreter des einen Extrems sind für mich Newton und der Mathematiker Augustin-Louis Cauchy (1789–1857) – der eine Protestant, der andere Katholik. Im mittleren Bereich befinden sich Viktorianer wie Michael Faraday (1791–1867), der eine tiefreligiöse Einstellung besaß, ohne, wie ich glaube, konfessionell gebunden zu sein, oder James Clerk Maxwell (1831–1879) mit seiner schlichten, aber aufrichtigen Religiosität. Unter den modernen Wissenschaftlern fanden die Amerikaner Robert Millikan (1868–1953) und Arthur Compton (1892–1962) Erbauung im Gottesdienst und waren nach meinem Eindruck von einem sehr einfachen, aber tiefempfundenen Glauben erfüllt. Im Mittelbereich stehen auch Galilei und Einstein. Ersterer hat zwar viele Bekenntnisse zur Religion abgelegt, aber je mehr man ihn liest, desto deutlicher gewinnt man das Gefühl, daß er es nicht ganz ehrlich meint, daß sich seine religiöse Überzeugung von der katholischen Lehre gelöst und zu einer Art Naturverehrung gewandelt hat, die von keiner kirchlichen Konfession akzeptiert würde. In veränderten Zeiten und der Gefahr enthoben, als Ketzer auf dem Scheiterhaufen verbrannt zu werden, scheint Einstein eine ganz ähnliche Einstellung gehegt zu haben wie Galilei, wenn man überhaupt Vermutungen anstellen kann über so verborgene und vage Auffassungen und Empfindungen, wie es die religiösen Einstellungen anderer Menschen sind. Enrico Fermi (1901–1954) war ein entschiedener Agnostiker, und das Extrem des erklärten Atheismus vertritt Laplace, der erklärte, daß Gott – zumindest für die Astronomie – »eine überflüssige Hypothese« sei. Dennoch scheint die Religion keinen erkennbaren Einfluß auf die wissenschaftliche Arbeit auch nur eines dieser Wissenschaftler genommen zu haben. Wenn sie die Beziehungen ihrer Entdeckungen zur Religion erörterten, so geschah es nach meinem Eindruck stets ex post facto – und meist nur wenn es zwingende äußere Gründe dafür gab.

Absage an die Wissenschaft: Aufseher der Münze und dunklere Seiten

Auch als Beamter der Münzanstalt scheint Newton seine alten Geistesgaben nicht eingebüßt zu haben, denn 1696 löste er ein völlig neuartiges mathematisches Problem: die Berechnung der Kurve des schnellsten Abfalls eines schweren Massenpunktes. (Die Reibung ist vernachlässigt.)

Das Problem war von Johann Bernoulli (1667–1748) gestellt worden, wobei er der mathematischen Welt des Schwierigkeitsgrades wegen sechs Monate Zeit für die Lösung gegeben hatte. Eines Tages, nach der Rückkehr von der Münzanstalt, hörte Newton davon und hatte die Lösung am nächsten Morgen. Als Bernoulli sie sah, soll er ohne Kenntnis des Autors erklärt haben *Tanquam ex ungue leonem* (»An der Klaue erkennt man den Löwen«).

Aber Newton verzettelte sich immer mehr in persönliche Streitereien mit berühmten Zeitgenossen. Beim Lesen der Briefe und Dokumente könnte man den Eindruck gewinnen, die Gefühle seien damals viel heftiger gewesen als heute. Doch die Rhetorik des 17. Jahrhunderts unterscheidet sich erheblich von heutigen Ausdrucksformen, und ebensowenig wie man die Grußformel »Ihr untertäniger und ergebener Diener«, mit der die meisten Briefe des Jahrhunderts endeten, wörtlich nehmen darf, sind alle diese Anschuldigungen ernst gemeint. Ferner hatte Newton etwas merkwürdige Vorstellungen über wissenschaftliche Prioritätsrechte. Heute ist die Frage der Veröffentlichung das entscheidende Kriterium, und die voneinander unabhängigen Zwei- und Dreifachentdeckungen sind völlig legitime und gar nicht so seltene Ereignisse. Für Newton zählte einzig und allein, wer den Gedanken als erster gehabt hatte, auch wenn er ihn geheimgehalten hatte, und er war nicht bereit, einem späteren, unabhängigen Entdecker irgendwelche Verdienste zuzugestehen.

Newton erklärte zwar immer, daß er Auseinandersetzungen verabscheue, der entscheidende Punkt war jedoch, daß er keinerlei Kritik vertrug. Bevor wir versuchen, auch nur einen flüchtigen Eindruck von den Polemiken zu gewinnen, auf die Newton sich eingelassen hat, mag es dienlich sein, einen Brief des Philosophen John Locke zu betrachten, dieses vernünftigen und großzügigen Mannes, der ein Freund und Bewunderer Newtons war und sich mit diesem Schreiben am 30. April 1703 an seinen Vetter Lord King Oates wandte. Der Brief spricht für sich selbst und zeigt, wieviel Vorsicht selbst die Freunde im Umgang mit dem genialen Mann walten lassen mußten.

»Lieber Cousin,
mir macht eine kleine Affäre arg zu schaffen, und ich muß Sie zu ihrer Klärung um Ihren Beistand bitten. Im letzten Herbst stattete uns Newton hier einen Besuch ab: Ich zeigte ihm meinen Aufsatz über den Korintherbrief, von dem er sehr angetan schien, ohne hinreichend Zeit zu finden, ihn eingehender zu studieren, aber er versprach, sich sorgfältig mit ihm zu befassen, wenn ich ihn schikken würde, und mir auch seine Anmerkungen und seine Meinung mitzuteilen. Ich sandte ihm die Blätter vor Weihnachten zu, habe ihm nun aber, da ich seit einem Monat oder sechs Wochen nichts von ihm gehört habe, einen weiteren Brief geschrieben, den Sie nebst dem Rest des Aufsatzes anliegend finden. Wenn Sie die Papiere gelesen und versiegelt haben, so bitte ich Sie, sie ihm zu

einem Ihnen passenden Zeitpunkt auszuhändigen. Er lebt in German St.: Nur dürfen Sie sich nicht an einem Mittwoch dorthin begeben, ist dies doch der Tag, an dem er im Tower weilt.

Mein Wunsch, daß Sie ihm das Schreiben eigenhändig überbringen, erklärt sich daraus, daß ich begierig bin, den Grund für sein langes Schweigen in Erfahrung zu bringen. Ich habe mehr als einen Grund, ihn für einen treuen Freund zu halten, aber er ist etwas heikel im Umgang und neigt dazu, Argwohn auch dort zu nähren, wo keinerlei Anlaß besteht.

Wenn Sie ihm also von meinen Papieren sprechen und seine Meinung über sie in Erfahrung zu bringen suchen, so verfahren Sie bitte mit dem allergrößten Zartgefühl, und finden Sie heraus, sofern es in Ihren Kräften steht, warum er sie so lange behalten und sich in Schweigen gehüllt hat. Doch dies müssen Sie tun, ohne ihn direkt zu fragen oder ihm Ihr Interesse zu entdekken. Sie täten gut daran, ihm mitzuteilen, daß Sie mit mir in Whitsuntide zusammentreffen wollen und mir gerne einen Brief von ihm mitbringen würden oder was immer mir zu schicken ihm beliebt. Das mag ihn dazu veranlassen, diese Papiere schleunigst abzuschicken, wenn er es noch nicht getan hat. Vielleicht können Sie das Gespräch leichter auf dieses Thema bringen, wenn Sie erwähnen, daß Sie bei mir gewesen sind und mich an diesem Aufsatz haben arbeiten sehn (und an dem über den Römerbrief ebenfalls, sollte er darauf zu sprechen kommen, denn ich habe ihm bei seinem Aufenthalt hier berichtet, daß ich daran säße) und daß Sie auch Einblick in meine Arbeiten genommen haben.

Newton ist wirklich ein bemerkenswerter Gelehrter, und zwar nicht nur wegen seiner erstaunlichen Leistungen in der Mathematik, sondern auch in der Theologie und durch seine Kenntnisse in der Heiligen Schrift, worin sich kaum einer mit ihm messen kann.* Deshalb bitte ich Sie, die ganze Angelegenheit so zu behandeln, daß der guten Meinung, die er von mir hegt, nicht nur kein Abbruch getan, sondern sie nach Möglichkeit noch gefördert wird. Drängen Sie ihn auf keinen Fall zu irgend etwas, sondern bestärken Sie ihn nur in dem, was er ohnehin vorhatte . . .«

---

* (Dieser Satz ist zit. nach Hans Wussing, *Isaac Newton,* Leipzig 1977, S. 109)

Kein Zweifel, der Umgang mit Newton war nicht gerade einfach. Die drei bedeutendsten Männer, die das Pech hatten, zu Zielscheiben der Newtonschen Streitsucht zu werden, waren Hooke, Flamsteed und Leibniz.

Robert Hooke war sieben Jahre älter als Newton. Klein und von zarter Gesundheit, litt er sein ganzes Leben lang an verschiedenen Gebrechen, was ihn indessen nicht hinderte, sich auf mehreren Gebieten einen wissenschaftlichen Namen zu machen. Seine umfangreichste veröffentlichte Arbeit ist *Micrographia,* eine Abhandlung über Mikroskopie. Er war in der Optik, Mechanik, Astronomie und noch auf anderen Gebieten sehr beschlagen. Er war zunächst Kurator, dann Sekretär der Royal Society, und eine seiner Pflichten bestand darin, den Mitgliedern wöchentlich neue Experimente vorzuführen. Auch Hooke war ein schwieriger Charakter mit der Neigung, Ideen als sein geistiges Eigentum zu reklamieren, selbst wenn sein Anspruch auf ziemlich tönernen Füßen stand. Wie erwähnt, kritisierte Hooke Newtons Optikaufsatz aus dem Jahr 1672, was genügte, um Newton zu einem seiner ersten Wutausbrüche zu veranlassen; er war damals erst dreißig Jahre alt.

Später behauptete Hooke zu Recht, das invers-quadratische Abstandsgesetz der Anziehung vorgeschlagen zu haben. Das hatten auch andere getan. Er konnte jedoch nicht beweisen, daß das Gesetz die elliptischen Umlaufbahnen erklären kann, und das war das entscheidende Problem. Newton war nicht bereit, Hooke irgendein Verdienst einzuräumen. Der diplomatische Halley versuchte zur Zeit des Erscheinens der *Principia,* zwischen den beiden Primadonnen zu vermitteln. Newton erwähnte Hooke daraufhin in der ersten Ausgabe der *Principia,* war dann aber, als er zunehmend egozentrischer und selbstgerechter wurde, sogar entschlossen, das dritte Buch der *Principia* fortzulassen – aus Gründen, die er in dem folgenden Brief an Halley erläuterte:

»Mein Herr,
um Sie über den Streitfall zwischen Mr. Hooke und mir in Kenntnis zu setzen, berichte ich Ihnen, was in unseren Briefen verhandelt wurde, soweit ich es erinnern konnte, da sie vor langer Zeit geschrieben wurden und ich sie meines Wissens in der Zwischenzeit nicht zu Gesicht bekommen habe. Aufgrund der Begleitum-

stände bin ich fast sicher, daß Sir Chr. Wren die doppelte Proportionalität kannte, als ich ihn besuchte. Nun will Mr. Hooke (durch das später geschriebene Buch *Cometa*) beweisen, daß er als dritter davon wußte. Ursprünglich wollte ich Ihnen in diesem Brief den Fall in ganzer Länge schildern, doch da es ein müßiges Geschäft ist, will ich mich kurz mit den wichtigsten Punkten begnügen. Ich habe die doppelte Proportionalität nämlich nie weiter als bis zur Oberfläche der Erde ausgedehnt und bis zu einem bestimmten Beweis, den ich letztes Jahr fand, befürchtet, sie würde noch nicht einmal bis dort hinab hinreichend genau sein. Deshalb habe ich sie in der Lehre von den Wurfgeschossen nie verwendet und auch die Himmelsbewegungen nie in Betracht gezogen. Folglich konnte Mr. Hooke aus meinen Briefen, in denen es um Wurfgeschosse und die Regionen von hier bis zum Mittelpunkt ging, nicht schließen, daß ich über die Himmelstheorie nichts wisse. Was er mir über die doppelte Proportionalität gesagt hat, war falsch, nämlich daß sie von hier bis zum Erdmittelpunkt reiche. Es ist nicht rechtens, nun von mir, im Druck, das Eingeständnis zu verlangen, ich hätte damals nichts über die doppelte Proportionalität am Himmel gewußt. Und dies einzig und allein darum, weil er sie mir für die Wurfgeschosse mitgeteilt hatte, und mich folglich auf fälschlicher Basis der Unwissenheit zieh. Deshalb lehnte ich in der Antwort auf seinen ersten Brief einen Briefwechsel mit ihm ab, teilte ihm mit, ich hätte die Philosophie aufgegeben, schickte ihm nur das Experiment über Wurfgeschosse (kurz umrissen, statt sorgfältig beschrieben), um meine harsche Antwort zu mildern, erwartete, nicht mehr von ihm zu hören, konnte mich kaum dazu verstehen, seinen zweiten Brief zu beantworten, ließ seinen dritten unbeantwortet, war mit anderen Dingen beschäftigt, dachte an philosophische Dinge nur noch, insoweit diese Briefe mich dazu brachten, und hatte folglich wohl das Recht, diese Gedanken damals nicht so präsent zu haben.«

Newton weist dann darauf hin, daß er das invers-quadratische Abstandsgesetz schon viele Jahre zuvor in Briefen an Oldenburg und Huygens beschrieben habe. Hooke sei von der falschen Annahme ausgegangen, das Gesetz gelte für die Mittelpunkte der Sonne und der Planeten. Sein eigener Lehrsatz rücke diesen Aspekt zurecht und mache Dinge geltend, die – so Newton – Hooke unmöglich geahnt haben könne. »Es gibt so starke Einwände gegen die Genauigkeit dieser Proportion, daß kein vernünftiger Philosoph sie ohne meine Beweise, die Mr. Hooke immer noch fremd geblieben sind, in irgendeinem Punkte als zutreffend bezeichnen kann.« Dann teilt er Halley mit, er habe ursprünglich vorgehabt, das ganze Werk in drei Bücher zu unterteilen, von denen das zweite jetzt fertig sei, aber

> »Das Dritte bin ich jetzt Willens wegzulassen. Die Philosophie ist eine solche unbescheidene streitsüchtige Dame, daß mit ihr zu thun zu haben eben so viel ist, als sich in Processe verwickeln. So fand ich sie früher, und auch jetzt giebt sie mir dieselbe Warnung sogleich, da ich mich ihr nähere. Zu den zwei ersten Büchern, ohne das Dritte, wird der Titel *Philosophiae naturalis Principia mathematica* nicht so gut passen, und deshalb hatte ich ihn abgeändert in *De motu corporum libri duo.* Aber nach einem nochmaligen Nachdenken behalte ich den vorigen Titel bei. Er wird zu dem Verkauf des Buches beitragen, und diesen darf ich jetzt, da es Ihnen gehört, nicht vermindern.« (Zit. nach David Brewster, *Sir Isaak Newton's Leben nebst einer Darstellung seiner Entdeckungen,* Leipzig 1833, S. 127)

Das Verhältnis von Hooke und Newton blieb so gespannt, daß Newton gelobte, der Royal Society keine Aufsätze mehr zu unterbreiten, solange Hooke ihr Sekretär sei. Als Hooke 1703 starb, wurde Newton der Präsident der Gesellschaft.

Ein weiteres trauriges Kapitel in Newtons Leben sind die Auseinandersetzungen mit Flamsteed, der Sohn eines Kaufmanns, aber alles andere als reich war. Auch war er körperlich anfällig und sah sich häufig gezwungen, seine Arbeit aus gesundheitlichen Gründen zu unterbrechen. Er studierte in Cambridge, wo er die Bekanntschaft von Newton und Barrow machte. 1675 empfing er die Priesterweihe und widmete sich ganz der astronomischen Beobachtung. Oldenburg wurde auf ihn aufmerksam, und als die Stelle eines königlichen Astronomen geschaffen wurde, bekam Flamsteed sie auf Betreiben der Royal Society. Sein Jahresgehalt betrug 100 Pfund, aber es wurde nicht regelmäßig gezahlt. Flamsteed wurde mit dem Bau eines Observatoriums in Greenwich beauftragt, was er auch durchführte, wobei er teilweise eigene Mittel angreifen mußte. Fast ohne fremde Hilfe baute er Instrumente und schliff Linsen. Erst 1688 konnte er sich dank einer kleinen Erbschaft, die ihm sein Vater hinterlassen hatte, einen ständigen Gehilfen leisten.

Flamsteed war ein schwieriger Charakter, und eine der Personen, gegen die sich sein Argwohn richtete, war Halley. In fast jeder Handlung Halleys vermutete er einen versteckten Angriff gegen sich. Flamsteeds Beobachtungen waren die besten seiner Zeit, denn er nahm sie mit unendlicher Sorgfalt vor. Deshalb sparte er auch nicht mit herber Kritik an der Arbeit zeitgenössischer Astronomen, die weniger genau arbeiteten. Er war alles andere als ein Diplomat, weder Newton noch den eigenen Kollegen gegenüber.

Bei der Entwicklung seiner Mondtheorie bediente sich Newton Flamsteeds Beobachtungen. Es gibt zahllose Briefe von Newton, in denen er Flamsteed um Beobachtungsdaten bittet. Flamsteed war wahrscheinlich ein Perfektionist; häufig krank, hat er sich aber offensichtlich nach Kräften bemüht, Newton gefällig zu sein. Dieser behandelte ihn nicht als Kollegen, sondern als untergeordnete Hilfskraft, bot ihm Geld an, um damit einen Assistenten zu bezahlen, und hat ihn viele Male beleidigt. Schließlich bekam Newton die Beobachtungsdaten, die er brauchte, benutzte sie und erwähnte Flamsteed in der ersten Ausgabe der *Principia.* Dann verschärften sich seine Querelen mit dem Astronomen, und er machte sich sein übermächtiges Ansehen und seine offizielle Stellung zunutze, um den verdienstvollen Astronomen zu demütigen. Ferner setzte er die Veröffentlichung von Flamsteeds Beobachtungen zu einem Zeitpunkt durch, da sie der Autor eigentlich noch nicht aus der Hand geben wollte. In der zweiten Ausgabe der *Principia* (1713) erwähnt Newton Flamsteed mit keinem Wort mehr, obwohl sich der Astronom um das Werk wirklich verdient gemacht hatte. Diese Kleinlichkeit und Rachsucht waren ein trauriger Makel im Charakter des großen Mannes.

Die heftigste Kontroverse aber führte er mit Leibniz über die Entdeckung der Infinitesimalrechnung. Dem Streit ging eine lange Zeit des Wohlwollens und der objektiven Anerkennung der beiderseitigen Verdienste voraus. Die Geschichte dieser Auseinandersetzung ist sehr kompliziert und wurde schon oft dargestellt. Hier alle Einzelheiten der Kontroverse auszubreiten, wäre nutzlos und verwirrend. Das Kriegsbeil wurde um das Jahr 1699 ausgegraben; es ging jedoch um Ereignisse, die sich größtenteils schon dreißig Jahre früher zugetragen hatten. Leider kam dann der Nationalstolz ins Spiel, und auf beiden Seiten schürten unbedeutende Akteure das Feuer. Newton verfaßte bösartige Traktate und ließ sie unter dem Namen Dritter – mit deren Einverständnis – erschei-

Isaac Newton; Studie des Malers John Vanderbank, der 1727 ein Porträt des fünfundachtzigjährigen Newton anfertigte. (Royal Society, London)

nen. Außerdem setzte Newton, inzwischen Präsident der Royal Society, einen Ausschuß ein, der nach einem Vorschlag von Leibniz den Streitfall schlichten sollte. Der Ausschuß bestand freilich aus Parteigängern Newtons und kam zu einem höchst einseitigen Urteil. Der Schiedsspruch der Geschichte dagegen lautet, daß die

Gottfried Wilhelm Leibniz (1646 bis 1716), Philosoph, Mathematiker und einer der herausragenden Repräsentanten seines Jahrhunderts. Er war Mitbegründer der Infinitesimalrechnung und einer der Wegbereiter für die moderne mathematische Logik und die Rechenmaschine. (Porträt von S. Scheits, Herzog-Anton-Ulrich-Museum, Braunschweig)

Infinitesimalrechnung von beiden Denkern unabhängig entwickelt wurde.

Während der späteren Jahre in London legte sich Newton einen aufwendigen Lebensstil zu. 1705 war er von Königin Anna geadelt worden. Sir Isaac, wie er sich jetzt nennen durfte, war wohlhabend und galt allgemein als der größte lebende Wissenschaftler. Er war Präsident der Royal Society und regierte sie in den 24 Jahren seiner Amtszeit mit eiserner Faust. Ohne sein Einverständnis konnte niemand gewählt werden. Unter diesen Umständen konnte sich auch ein so kluger Mann nicht immer dem Einfluß der Speichellecker entziehen, die ihm schlechte Dienste in seinen fortgesetzten polemischen Auseinandersetzungen leisteten. Er starb am 20. März 1727 und wurde wie andere große Landsleute in der Westminster Abbey beigesetzt.

Kapitel 3

Was ist Licht?

Newtons Erben: Mathematik und Natur

Newtons Hinterlassenschaft war von zweierlei Art, wofür symbolisch seine wichtigsten Bücher stehen – die *Principia* und *Optik*. Die *Principia* sind ein abgeschlossenes Werk, ein Paradigma für die Art und Weise, wie die mathematische Physik fortgeführt werden sollte. Im wesentlichen handelt es sich um ein deduktives Werk, in dem aus ein paar Gesetzen, nämlich den Gesetzen der Bewegung und dem Gesetz der Anziehung, zahlreiche und grandiose Schlußfolgerungen abgeleitet werden. Der Aufbau des Universums und die Planetenbewegung sind die spektakulärsten; aber das zweite Buch enthält auch viele Anwendungen auf die Dynamik von Flüssigkeiten, Schwingungen und andere Gegenstände. Sie sind die Vorboten für das, was folgen sollte.

Optik ist ein Werk ganz anderer Art. Das Experiment spielt hier eine weit größere Rolle als in den *Principia*. Die Schlußfolgerungen sind durchaus nicht sattelfest, und Folgerichtigkeit gehört nicht zu den Stärken des Werkes. Auch wenn es sich formal an einen deduktiven Rahmen hält und Euklid nachahmt, erreicht es damit nur eine rein äußerliche Fassade. Die Schlußseiten des Buches mit ihren berühmten »Fragen« sind der Ort, wo uns der große Mann ins Vertrauen zieht und seine übermenschliche Zurückhaltung aufgibt.

Auch die Nachfolger Newtons lassen sich unterteilen in jene, die die Systematik der *Principia* weiterentwickelten, und jene anderen, die neue Gebiete erforschten, vor allem die der Wärme und der Elektrizität. Die ersten waren theoretischer und mathematischer ausgerichtet, die zweiten experimenteller.

Um mit der ersten Gruppe zu beginnen: Zu Newtons Zeit lieferte die Entdeckung der Infinitesimalrechnung ein neues und überragendes Instrument zur Inangriffnahme physikalischer Probleme. Dabei verschafften die Vorteile der Leibnizschen Formulierung und Schreibweise im Verein mit der hartnäckigen Verehrung des Newtonschen Werks in England den kontinentalen Wissenschaftlern einen Vorsprung, von dem sie etwa ein Jahrhundert zehren sollten. Viele Jahrzehnte hindurch wurde nicht zwischen Mathematikern und Vertretern einer Richtung, die wir heute theoretische Physik nennen würden, unterschieden. Die Bernoullis, eine Familie, die in vier Generationen elf bedeutende Mathematiker hervorgebracht hat: vier Nikolaus', drei Johanns, zwei Jakobs, zwei Daniels (die sich häufig untereinander befehdeten), der unvergleichliche Leonhard Euler und die großen Franzosen: Alexis Claude Clairaut und Jean le Rond d'Alembert – sie alle haben ihre Bedeutung mehr in der Mathematik als in der Physik, aber jedem von ihnen verdanken wir auch irgendeine wichtige physikalische Entdeckung.

Hydrodynamik, die Theorie der Elastizität, die Anfänge der kinetischen Gastheorie, die Untersuchung von Wellen und schwingenden Saiten, eine verbesserte Geodäsie, die Weiterentwicklung der Newtonschen Mechanik – das ist nur eine unvollständige Liste der Leistungen, die die neue Mathematik hervorbrachte. Diese großartige Nutzbarmachung mathematischer Techniken lieferte auch ein Beispiel für künftige Generationen, und noch immer beschäftigen uns der Bernoullische Satz in der Hydrodynamik, die Eulerschen Kreiselgleichungen, und die d'Alembertsche Wellengleichung.

Die Physik versorgte die Mathematiker mit Problemen, an denen sie ihre mathematischen Entdeckungen überprüfen konnten oder die ihre Erfindungsgabe herausforderten, während die Mathematiker Methoden entwickelten, die zu einem ebenso selbstverständlichen Bestandteil des physikalischen Rüstzeugs wurden wie Linsen und Waagen. Sie waren also von nicht zu unterschätzender Bedeutung; wir dürfen ihren Beitrag nicht vergessen, wenn wir die Entwicklung der Physik verstehen wollen. Allerdings verdanken wir den Mathematikern keine bahnbrechenden Entdekkungen neuer physikalischer Phänomene und schon gar keinen Beitrag zur Datensammlung auf dem Gebiet der Elektrizität, des Magnetismus oder der Wärme.

Die Protagonisten dieser Entwicklung agierten vor dem Hintergrund des aufklärerischen 18. Jahrhunderts. Einige von ihnen waren ausgesprochen noble Menschen, die man gerne gekannt hätte, andere waren gehässig und gemein, so daß der Reichtum ihrer Verstandesgaben in einem auffälligen Gegensatz zur Armut ihres Charakters stand. Häufig reisten sie zwischen den glänzenden Höfen der Zeit umher – Friedrichs des Großen, Katharinas der Großen und anderer Monarchen. Ihr Einkommen verdankten sie fürstlicher Großzügigkeit in Form von Pensionen oder Einkünften als Akademiemitglieder. Ihre Arbeiten veröffentlichten sie meist in den Sitzungsberichten von Akademien, die damals ihre glanzvollste Zeit erlebten – wahre Hochburgen der Wissenschaften und Brutstätten neuer Erkenntnisse. Die Universitäten besaßen im allgemeinen weniger Bedeutung, ihre Aufgabe beschränkte sich in erster Linie auf die Lehre. Im Laufe der Zeit wandelte sich diese Situation. Die Mitgliedschaft in Akademien nahm ehrenamtlichen Charakter an, und die Aktivitäten der Gesellschaften konzentrierten sich auf die Veröffentlichung von Schriften, während sich die Forschungstätigkeit an die Universitäten verlagerte. Die berühmten Akademiemitglieder des 18. Jahrhunderts mußten notgedrungen auch Männer von Welt sein. Viele verfügten über außerordentliche literarische oder musikalische Talente, und in Berlin und Petersburg mußten sie zumindest am Hofe Persona grata sein oder ihren Mäzen wechseln. Die Fürsten wiederum waren geneigt, Geld in ihre Akademiemitglieder zu investieren, weil sie sich davon Prestige und öffentlichen Nutzen versprachen. In dieser Zeit mußte jeder Fürst sein eigenes kleines Versailles haben, seine Porzellanmanufaktur, sein Theater und seine Akademie, ganz ähnlich, wie sich heute jedes neue Mitglied der Vereinten Nationen seine eigene Luftfahrtgesellschaft und seine Atomreaktoren zulegt. Einige Minister, wie der französische Finanzminister Jean Baptiste Colbert, hatten von einer verbesserten Technologie auf der Grundlage einer voranschreitenden Wissenschaft wirtschaftliche Vorteile erhofft und erwartet. Manche Fürsten, wie zum Beispiel

Friedrich der Große von Preußen, konnten die Arbeiten ihrer Akademiemitglieder sogar zum Teil verstehen.

Viele Akademiemitglieder beschäftigten sich hauptsächlich mit der Mathematik. Auf dem Gebiet der reinen Mathematik erzielten sie gewaltige Fortschritte, von denen wir heute noch zehren. Eulers Formeln für die trigonometrischen Funktionen, seine topologische Formel, Jakob Bernoullis (1654–1705) Zahlen und seine Wahrscheinlichkeitsverteilung, der d'Alembertsche Lehrsatz in der Algebra und die Clairautsche Differentialgleichung sind nur ein kleiner Ausschnitt aus diesem großen Erbe. Jeder Mathematikhistoriker muß ihnen lange Kapitel widmen.

Doch die Wirkung der Mathematik auf die Physik kam unerwartet. Theorien, die aus rein mathematischen Gründen entwickelt worden waren, erwiesen sich unverhofft in der Physik anwendbar. Dieser überraschende Effekt ist noch immer ein Rätsel, obwohl sich Teilantworten finden lassen. Zum einen liefert der reine Mathematiker, der seine Theorien erfindet, ohne einen Gedanken an ihre mögliche Anwendbarkeit zu verschwenden, logische Schemata und Schlußfolgerungsmodelle, die dem menschlichen Verstand entsprechen, so daß der Naturwissenschaftler nur noch die Phänomene zu entdecken braucht, die zum Paradigma passen. Damit ist jedoch noch nicht das Rätsel gelöst, warum die mathematischen Theorien so hervorragend passen. Eugene Wigner (geb. 1902), der bedeutende mathematische Physiker, der viel dafür getan hat, daß die gruppentheoretischen Methoden Eingang in die moderne Physik gefunden haben, hat einen Essay geschrieben mit dem Titel »The Unreasonable Effectiveness of Mathematics in the Natural Sciences«* (Die vernunftwidrige Effektivität der Mathematik in den Naturwissenschaften), in dem der Leser interessante Gedanken dazu finden kann. Es ist auch möglich, daß die Übereinstimmung auf bestimmte Bereiche der Wissenschaft beschränkt ist, die aus genau diesem Grunde eine besondere Entwicklung genommen haben. Das sehr umfangreiche Gebiet wissenschaftlicher Doktrinen und Probleme, die keiner mathematischen Behandlung zugänglich sind, bleibt im Schatten. Ganz

---

* in: Eugene Wigner, *Symmetries and Reflections,* MIT Press, Cambridge, Mass., 1967

gleich, welche Erklärung man dafür anführt, die Anwendbarkeit von Theorien, die aus rein mathematischen Gründen, ohne einen Gedanken an ihre physikalische Verwendbarkeit geschaffen wurden, ist ein verblüffendes Phänomen, das seit mehr als einem Jahrhundert anhält.

In neuerer Zeit sind Gruppentheorie, Tensoranalysis, Liesche Gruppen, nichtkommutative Algebren, Matrixtheorie und Faserbündel nur einige Kapitel aus der Entwicklung der reinen Mathematik, die sich im nachhinein auf die Physik anwenden ließen. Der Physiker ist nicht nur auf immer empfindlichere Beobachtungsinstrumente angewiesen, sondern auch auf zunehmend abstrakter und komplizierter werdende mathematische Verfahren.

Zu den bedeutenden Mathematikern des 18. Jahrhunderts, die die Physik durch die Entwicklung formaler mathematischer Methoden vorangebracht haben, gehören Joseph Louis Lagrange (1736–1813), Jean Baptiste Joseph Fourier (1768–1830) und William Rowan Hamilton (1805–1865). Der erste wurde neun Jahre nach Newtons Tod geboren, der letzte starb, als die Elektrizität bereits praktisch genutzt wurde. Ihre Methoden gehören noch immer zum Instrumentarium der mathematischen Physik.

Lagrange, einer der größten Mathematiker, die je gelebt haben, gab Newtons Mechanik in seiner Schrift *Mécanique analytique* (1788) (*Analytische Mechanik,* hg. von H. Servus, Berlin 1887) eine neue Gestalt. Er entwickelte allgemeine Verfahren zur Lösung aller Probleme der Newtonschen Mechanik. Selbst für die kompliziertesten Systeme lieferte er stets einheitliche Methoden zur Übersetzung der mechanischen Probleme in Differentialgleichungen. Seine Verfahren gelten ebenso für Systeme mit einer endlichen Zahl von Freiheitsgraden wie für kontinuierliche Systeme, wobei es Regeln für den Übergang vom einen zum anderen Problemtypus gibt. Lagrange war stolz auf die Abstraktheit und Allgemeingültigkeit seiner Methoden. Er rühmte sich, daß sein Buch keine Diagramme enthalte, weil alles von der Algebra geleistet werde. Jahrelang wurden die Lagrangeschen Verfahren nur von ein paar besonders befähigten Mathematikern verstanden und blieben ohne großen Einfluß auf die Physik, doch um die Mitte des 19. Jahrhunderts fanden die Methoden durch die Arbeiten von Lord Kelvin, James Clerk Maxwell und andere Eingang in das

Der Mathematiker Joseph Louis Lagrange (1736–1813). In seiner *Mécanique analytique* bringt er Newtons Mechanik in eine so allgemeine und abstrakte Form, daß sie sich als geeignet für alle späteren Entwicklungen der Mechanik erwies – auch die relativistische und die Quantenmechanik. (Comando Scuola di Applicazione, Turin)

Gebiet der Elektrizität. In neuerer Zeit hat ihre Bedeutung stetig zugenommen, und die moderne Feldtheorie beginnt stets mit dem Postulat einer »Lagrange-Funktion«. Überdies erwies sich die analytische Mechanik als die Formulierung der Mechanik, die sich am leichtesten in die Quantenmechanik überführen ließ.

Fortgesetzt und vertieft wurde Lagranges Arbeit von dem Iren Hamilton, der eine weitgehende Analogie zwischen dem Weg der Lichtstrahlen und den Bahnkurven in der Mechanik entdeckte. Beide Erscheinungen wurden durch die gleichen mathematischen Strukturen und Gleichungen beschrieben. Diese Arbeit, die um 1832 veröffentlicht wurde, lieferte ein allgemeines mathematisches Verfahren zur Behandlung vieler Phänomene. Sein entscheidender Gesichtspunkt ist die Minimalisierung gewisser Funktionen der Koordinaten und Impulse. Die Leistungsfähigkeit dieser Verfahren zeigte sich noch deutlicher, als sich herausstellte, daß sie sich mühelos auf die Relativitäts- und Quantenmechanik anwenden ließen. Sie gehören heute zum unentbehrlichen Bestand der Physik, und die Begriffe *konjugierte Koordinaten und Impulse* oder *Hamilton-Funktion* sind ebenso wichtig wie *Lagrange-Funktion*.

1822 veröffentlichte Fourier die *Analytische Theorie der Wärme* (übers. von Weinstein, Berlin 1884), ein Buch, in dem er seine zuvor erschienenen Abhandlungen zu diesem Thema zusammenfaßte. Die Arbeit beschäftigt sich vor allem mit der Wärmeausbreitung und betrachtet die Wärme als ein unzerstörbares Fluidum. Insofern ist sie ohne Bedeutung für die Thermodynamik. Andererseits liefert die Wärmeausbreitung das erste Beispiel für eine Kontaktwirkung im Gegensatz zur Newtonschen Fernwirkung. Fourier entwickelte die mathematischen Werkzeuge zur Behandlung solcher kontinuierlich vermittelten Wirkungen: partielle Differentialgleichungen. Es erwies sich, daß diese Gleichungen zum Teil mit denen der Potentialtheorie, der Hauptstütze der Fernwirkung, identisch waren. Das ließ auf weitgehende Wechselbeziehungen zwischen beiden Ansätzen schließen. Kelvin und Maxwell wurden von dieser mathematischen Äquivalenz beeinflußt. Ferner enthielt Fouriers Werk auch die ersten Beispiele eines mathematischen Instrumentes, der orthogonalen Funktionen, das zur Grundlage der Quantenmechanik werden sollte.

Die Physiker

Wir kommen jetzt zu denen, die Newton im Geiste seiner *Optik* nachfolgten. Obwohl sie sehr wichtige Ergebnisse erzielten, sind sie nicht so berühmt geworden wie die Mathematiker. Ein Großteil ihrer Theorien erwiesen sich als zeitgebunden. Zwar haben sie wichtige experimentelle Daten entdeckt, doch wurden diese in spätere Arbeiten eingegliedert, so daß die ursprünglichen Entdekker etwas in Vergessenheit gerieten. Aus Gründen der Übersichtlichkeit werde ich nacheinander die Optik, die Elektrizität und die Wärme behandeln. Als Newton starb, war die Optik im Vergleich zur Elektrizität oder Wärmelehre weiter entwickelt.

Newton hatte eine vorläufige Theorie des Lichts geliefert, und gestützt auf experimentelle Daten und seine ungeheure Autorität, beherrschte sie das Denken der Physiker fast hundert Jahre lang. Als Newton seine Optik formuliert hatte, war er indessen nicht von Einwänden verschont geblieben. Robert Hooke hatte Vorbehalte geltend gemacht, und Christiaan Huygens war sogar von einer völlig anderen Vorstellung der Lichtphänomene ausgegangen. Der holländische Physiker war davon überzeugt, daß sie etwas mit Wellen zu tun hätten, und mit der Aufstellung des Huygenschen Prinzips hatte er intuitiv einen Punkt von zentraler Bedeutung getroffen. Er hatte die komplizierten und schwierigen Mechanismen erfaßt, dank derer sich die Wellenausbreitung mit geradlinigen Strahlen verträgt, war aber nicht auf den viel einfacheren Begriff der Periodizität und Interferenz gekommen, der die Grundlage seiner eigenen großen Entdeckung bildet. Er hatte die Doppelbrechung mit Hilfe seines Prinzips erklärt und damit seinen Standpunkt gestärkt. Trotzdem trugen Newtons Autorität und der Umstand, daß er für die Farben und andere Erscheinungen Erklärungen hatte, bei denen Huygens passen mußte, den Sieg davon, so daß mit wenigen Ausnahmen – unter ihnen vor allem Euler – die Korpuskulartheorie akzeptiert wurde.

Joseph Fourier (1768–1830) war einer der hervorragende[n] französischen Mathematiker au[s] der Revolutionszeit. Er war ei[n] Günstling Napoleons, dem e[r] nach Ägypten folgte, und wurd[e] im Kaiserreich zum Präfekte[n] ernannt. Seine analytischen Verfahren, unter anderem das Fourier-Integral und die Fourier-Reihe, haben in weiten Bereichen der mathematischen Physik zentrale Bedeutung gewonnen.

Die Elektrizität, das Hauptstück der klassischen Physik, steckte noch in den Kinderschuhen. Die Eigenschaften von Magneten, die Anziehungskraft, die sie auf Eisen ausüben, die Verwendung des Kompasses als Navigationshilfe und die Anziehungskraft, die mit Seide oder Fell geriebener Bernstein auf leichte Körper ausübt – alle diese Dinge waren den Menschen seit Jahrhunderten bekannt. Newton wußte durchaus von elektrischen Erscheinungen und ging in den *Principia* und in den »Fragen« der *Optik* auf sie ein.

Jeder, der in der Elektrostatik experimentiert hat, weiß jedoch, wie vertrackt sie ist. Feuchtigkeit beeinflußt die Erscheinungen, und zunächst sind sie kaum reproduzierbar. Es bedarf einer gewissen Übung, bis man sie ohne allzu großes Mißerfolgsrisiko vorführen kann – selbst wenn man weiß, wonach man sucht. Wie mühsam und verwirrend müssen die elektrostatischen Experimente im 18. Jahrhundert gewesen sein! Und doch waren Experimente absolut unentbehrlich, auch wenn sie nur vernünftige Fragen oder Forschungsprobleme aufwarfen.

Die Wärmelehre nahm eine Zwischenstellung ein. Die Thermometrie stand zur Verfügung, und einige der Grundeigenschaften von Gasen waren bekannt. Die Begriffe der spezifischen und der latenten Wärme zeichneten sich am Horizont ab.

Licht ist wellenförmig: Thomas Young, eine Universalbegabung

Erst in Napoleonischer Zeit können wir einen entscheidenden Fortschritt in den Experimenten und Vorstellungen auf dem Gebiet der Optik entdecken. Als erster verstand und bewies der Engländer Thomas Young (1773–1829) das Interferenzprinzip und zwang damit die physikalische Welt, die Lichterscheinungen mit Hilfe der Wellentheorie zu erklären. In einem Aufsatz, der 1802 in den *Philosophical Transactions of the Royal Society* erschien und den Titel „An Account of Some Cases of the Production of Colours, not hitherto described« (Eine Erklärung einiger bislang nicht beschriebener Fälle von Farberzeugung) trug, schreibt er:

»Das Gesetz besagt, daß, wann immer zwei Anteile des gleichen

Lichts das Auge auf verschiedenen Wegen erreichen, entweder genau oder sehr weitgehend aus gleicher Richtung, das Licht am stärksten wird, wenn die Differenz der Wellenlängen dem Vielfachen einer gewissen Länge entspricht, und am schwächsten im Zwischenzustand der interferierenden Anteile, und daß diese Länge für das Licht verschiedener Farben verschieden ist.«

Das Modell, an das Young dachte, waren Schallwellen und die Oberflächenwellen von Flüssigkeiten, wie er an der Royal Institution demonstriert hatte. In einem entscheidenden Experiment erhielt er die Interferenz von Lichtwellen, die aus zwei kleinen, in

Thomas Young (1773–1829) war ein Universalgenie, das auf so verschiedenen Gebieten wie der physiologischen und physikalischen Optik und der Ägyptologie Ergebnisse von dauerhaftem Nutzen hinterließ. (University of California, Berkeley)

kurzer Entfernung voneinander angebrachten Löchern kamen. So konnte er die Wellenlänge des Lichts messen und ermittelte für Rot 0,7 Mikrometer, für Violett 0,4 Mikrometer.

Diese physikalische Großtat begründete Youngs Ruhm. Außerdem untersuchte er Beugungserscheinungen und die Farbe dünner Plättchen vom wellentheoretischen Gesichtspunkt.

Qualitativ gelang es ihm, alle Aspekte zu klären, doch bemühte er sich nicht um eine verfeinerte quantitative Verifizierung.

Seine Arbeit erfreute sich hoher Wertschätzung bei seinen Zeitgenossen, und 1803 hielt er die Bakerian-Vorlesung der Royal Society über das Thema »The Theory of Light and Colour« (Theorie des Lichts und der Farbe). Diese Vorlesungsreihe ist eine der großen Ehren, die die englische Wissenschaft zu vergeben hat; unter den so ausgezeichneten Wissenschaftlern finden wir in jüngerer Zeit Humphrey Davy, Michael Faraday, Lord Kelvin, James Clerk Maxwell und Ernest Rutherford.

Young wurde in Milverton im englischen Somerset als Sproß einer Quakerfamilie geboren, die ihr Vermögen im Bank- und Textilgeschäft gemacht hatte. Er war das erste von zehn Kindern, ein Wunderkind, das mit zwei Jahren lesen lernte. Als Vierzehnjähriger schrieb er eine Autobiographie auf Latein, einer der vielen Sprachen, die er zu diesem Zeitpunkt bereits beherrschte. In der Schule las er die lateinischen und griechischen Klassiker ebenso wie die italienischen und französischen Autoren im Original, wobei er seine ausführlichen Anmerkungen jeweils in der Originalsprache des Autors festhielt. Er dehnte seine Studien auch auf orientalische Sprachen aus – das Hebräische, Persische, Arabische und andere. Außerdem beschäftigte er sich mit Newtons *Principia* (schon für sich allein ein geistiges Abenteuer ersten Ranges), Lavoisiers *Traité élémentaire de chimie* und mit vielen anderen naturwissenschaftlichen Werken.

Seine Berufswahl wurde von einem Onkel beeinflußt, der ein bekannter Arzt war, und von dem Wunsch der Familie, die seine Entscheidung für eine medizinische Laufbahn begrüßte. So zog er mit 19 Jahren nach London, um Medizin zu studieren. Dort kam er mit hochgestellten Personen zusammen. Regelmäßig verkehrte er mit dem Staatsmann Edmund Burke (1729–1797), dem Maler Sir Joshua Reynolds (1723–1792) und etlichen Mitgliedern des

Adels; allmählich entwickelte er sich zu einem Mann von Welt und brach seine ursprüngliche Verbindung zum Quäkertum ab. Er untersuchte die Mechanismen, die für die Akkomodation des Auges verantwortlich sind, und wurde 1794, im Alter von 21 Jahren, zum Mitglied der Royal Society gewählt! Von London ging er nach Edinburgh und Göttingen, wo er seine medizinischen Studien fortsetzte. 1797 kehrte er nach England zurück und begab sich zum Abschluß seines Medizinstudiums ans Emmanuel College in Cambridge. Damals wurde er von seinen Kommilitonen mit einer Mischung aus Spott und Hochachtung »das Wunder Young« genannt. Kurz nach seiner Immatrikulation am Emmanuel College besuchte Young in London den Onkel, der Arzt war, am Sterbebett. Dieser vermachte ihm ein großes Vermögen, das aus Häusern, Büchern, Kunstobjekten und 10 000 Pfund in bar bestand. Das stattliche Erbe verschaffte ihm finanzielle Unabhängigkeit und war ihm sein Leben lang eine beruhigende Rücklage. Als Young 1799 sein Studium in Cambridge abschloß, hatte er bereits einige der großen Mathematiker gelesen – Euler, die Bernoullis, d'Alembert – und war auf ihre Arbeit über schwingende Saiten gestoßen. Im Laufe dieser Untersuchung entwickelte er ein paar Ideen, mußte aber feststellen, daß ihm die kontinentaleuropäischen Mathematiker um viele Jahre zuvorgekommen waren.

1799 nahm Young seine ärztliche Tätigkeit in London auf. Die Heilmethoden waren damals wenig effizient und die diagnostischen Mittel sehr unzulänglich. Das öffentliche Gesundheitswesen ließ viel zu wünschen übrig, und gerade auf diesem Gebiet hätten sich rasche Fortschritte erzielen lassen, wie die Entdeckung der Pockenschutzimpfung durch Edward Jenner (1796) zeigt. Youngs berufliche Fähigkeiten waren gut, aber nicht überragend. Wahrscheinlich war er zu sehr Wissenschaftler und zu wenig Modearzt, um zu einem führenden Vertreter seines Standes werden zu können. Andererseits schrieb er über die Physiologie und Anatomie des Auges und stieß auf Erkenntnisse von bleibendem Wert über das Farbensehen. 1803 war Young ein bekannter Arzt und war zum Professor der Naturphilosophie an der Royal Institution in London ernannt worden. Die Royal Institution war eine einzigartige Einrichtung, die ihre Entstehung der Initiative und dem Geld des in Amerika geborenen Benjamin Thompson, des späteren

Grafen Rumford (1753–1814), verdankte. (Diese Institution hat Faraday während seiner ganzen Laufbahn beherbergt, darum werde ich in Kapitel 4 ausführlicher auf sie eingehen.) Young blieb nur kurz – drei Jahre – an der Royal Institution. Er verfügte nicht über das Vortragstalent, das dieses Amt verlangte, und sprach häufig über die Köpfe seiner Zuhörer hinweg. Später schrieb er ein wichtiges zweibändiges Werk *A Course of Lectures on Natural Philosophy and the Mechanical Arts* (1807) (Eine Vorlesungsreihe über Naturphilosophie und die mechanischen Künste), das auf diesen Vorlesungen fußte. Nach dem Ausscheiden aus der Royal Institution widmete Young seiner ärztlichen Praxis mehr Zeit als bisher. 1802 war er zum Auslandssekretär der Royal Society gewählt worden, ein Amt, das er bis ans Ende seines Lebens behielt.

Youngs Veröffentlichungen behandeln eine unglaubliche Vielfalt von Gegenständen – physiologische Optik, Theorie des Regenbogens, Strömungsdynamik, Kapillarität, Schiffbau, Schwerkraftmessungen mit dem Pendel, Gezeitentheorie – , das ist nur ein unvollständiger Katalog allein der physikalischen Themen. Young war Mitarbeiter der *Encyclopaedia Britannica* und hat der Redaktion Artikel zu folgenden Stichworten angeboten: Ägypten, Alphabet, Anziehung, Auge, Bewegung, Brennpunkt, Farbe, Festigkeit, Gezeiten, Halo, Hieroglyphen, Hydraulik, Jahresrenten, Kapillarwirkung, Kohäsion, Reibung, Schall, Schiffe, Tau, Wellen, Widerstand und zu jedem erwünschten medizinischen Gegenstand – alles Themen, zu denen er ausführliche Zeitschriftenartikel veröffentlicht hatte.

1814 entdeckte Young ein neues Interessengebiet – die Hieroglyphen. Der berühmte zweisprachige Stein von Rosette war 1799 während Napoleons Ägyptenfeldzug entdeckt worden. Als Napoleon sich aus Ägypten zurückziehen mußte, wurde der Stein nach London gebracht. Young bekam ihn 1814 erstmals zu Gesicht. Obwohl ihn schon andere vor ihm untersucht hatten, gelang Young ein entscheidender Fortschritt, als er herausfand, daß bestimmte Wörter phonetisch geschrieben waren. Das war der Schlüssel zur Entzifferung, die teilweise von Young selbst, vollständig dann von Jean Champollion, einem französischen Ägyptologen, vorgenommen wurde. Wie im Falle der Optik erschloß Young auch hier ein Gebiet, das von anderen bestellt und genutzt wurde.

In seinen späteren Jahren war Young ein vollkommener Weltmann, seine Höflichkeit beschränkte sich jedoch nicht auf die bloße Form. In den Beziehungen zu den großen Nutznießern seiner Ideen – zu Augustin Jean Fresnel (1788–1827) und Jean François Champollion (1790–1832) – verhielt er sich im großen und ganzen fair und sogar großzügig, auch wenn er sie gelegentlich etwas von oben herab behandelte. Seine Beziehung zu Champollion war polemisch gefärbt, doch das lag mehr an Champollion als an ihm. Sein Verhältnis zu Fresnel war herzlich.

Young entwickelte noch eine andere Grundvorstellung über das Licht. Als niemand eine Erklärung dafür wußte, daß zwei Strahlen, die von einem Kalkspatkristall gebrochen werden, keine Interferenz zeigen, äußerte Young die Vermutung, die optischen Wellen seien transversal und die Polarisation hänge mit der Bewegungsrichtung der Schwingungen zusammen, die wiederum senkrecht zur Ausbreitungsrichtung liege. Licht, das in senkrechten Ebenen polarisiert werde, könne sich nicht löschen. Es war ein einfacher Gedanke, auf den unabhängig von Young auch Fresnel stieß, allerdings später.

Ab 1815 wurde Young ganz von öffentlichen Aufgaben in Anspruch genommen. Die englische Regierung sah sich gezwungen, etwas gegen den traurigen Zustand ihrer Längen- und Maßeinheiten zu tun. Dem bewundernswerten Beispiel, das die Franzosen während der Revolution gegeben hatten, mochte man in England nicht folgen, da Nationalstolz und engstirniger Eigennutz dagegenstanden. Deshalb versuchte man, die Länge eines Zolls von der Länge eines Pendels mit der Schwingungszeit von einer Sekunde abhängig zu machen. Obwohl Young daran mitarbeitete, waren die Ergebnisse alles andere als eindrucksvoll. Trotzdem wurden sie 1824 durch einen Parlamentsbeschluß rechtskräftig.

Dann beschäftige er sich mit Problemen der Lebensversicherung. Für ein stattliches Gehalt war er Berechnungsinspektor, das heißt erster Mathematiker einer großen Versicherungsgesellschaft geworden. Im Jahr 1818 wurde er zum Direktor des *Nautical Almanac* ernannt und widmete sich der Verbesserung der praktischen Astronomie und von Navigationshilfen. 1829, kurz vor Vollendung seines 57. Lebensjahres, riß ihn der Tod aus einem außerordentlich tätigen Leben.

Young, der großartige Dilettant, war eine äußerst vielseitige Begabung mit ungewöhnlicher Vorstellungskraft, aber vielleicht zu wenig Ausdauer. Von ganz anderer Wesensart war Fresnel, sein Konkurrent auf dem Gebiet der Lichttheorie – ein großer Perfektionist, der, hatte er sich einmal in ein Thema verbissen, erst wieder von ihm abließ, wenn er es erschöpfend abgehandelt hatte. Fresnel wurde der überragende Optiker des 19. Jahrhunderts.

Die wissenschaftlichen Kinderstuben Frankreichs

Frankreich und England hatten unterschiedliche wissenschaftliche Ausbildungssysteme. In England fand die wissenschaftliche Ausbildung an den Universitäten – vor allem in Cambridge und Oxford – statt. Man absolvierte gewissermaßen eine Lehre in Technik, Medizin oder anderen akademischen Fächern. Die Bindungen der Universität an die Kirche war eng. Protestantische Geistliche durften heiraten, so daß nicht wenige Wissenschaftler dem Klerus angehörten oder aus geistlichen Familien stammten. Auch frönten vermögende Amateure aristokratischer Kreise traditionell den Naturwissenschaften. Von der Geographie und den Entdeckungsreisen abgesehen, nahm die Regierung kein Interesse am Wissenschaftsbetrieb, der deshalb vor allem auf private Mittel angewiesen war. Die industrielle Revolution, damals in vollem Gange, stand nicht sonderlich unter dem Einfluß der Wissenschaft. Ihre technischen Pioniere waren Praktiker wie James Watt und andere große Ingenieure, und im Vordergrund des Interesses standen finanzielle Erwägungen.

Wissenschaftler genossen gesellschaftliches Ansehen. Newton war geadelt worden, ein Beispiel, dem später noch einige andere folgen sollten, so etwa Sir Humphry Davy.

Die Royal Society war ein wichtiger Faktor im wissenschaftlichen Leben Englands. Sir Joseph Banks (1743–1820), von 1778 bis zu seinem Tode ihr Präsident, führte, wie einst Newton, ein eisernes Regiment. Banks war Botaniker und Agrarwissenschaftler, der an vielen Entdeckungsreisen teilgenommen hatte, unter anderem auch an einer Weltumseglung mit Kapitän James Cook, doch seine eigentliche Begabung lag auf dem Gebiet der Organisation und Förderung.

Im vorrevolutionären Frankreich war die Beschäftigung mit der Wissenschaft einer kleinen Zahl von Angehörigen der oberen Stände vorbehalten. Der gesellschaftliche und wirtschaftliche Aufstieg aufgrund wissenschaftlicher Verdienste war beschwerlich, Bildung war ein Privileg der oberen Klassen und des Klerus, wenn auch außergewöhnliche Begabungen nach oben kommen konnten, wie die einfache Herkunft einiger Akademiemitglieder zeigt. Die Jesuiten unternahmen große Anstrengungen, ein modernes Erziehungssystem zu schaffen. Sogar das heutige Bildungssystem weist noch einige Besonderheiten ihrer Schulen auf. Darüber hinaus haben sie einige hervorragende wissenschaftliche Texte hinterlassen.

Diese Situation wurde durch die Revolution verändert. Gewiß hat sie in ihren blutigen Auswüchsen die Opfer wahllos aufs Schafott geschickt. Lavoisier und der Marquis de Condorcet sind neben vielen anderen unvergeßliche Zeugen für die grausame und gedankenlose Volksverhetzung dieser Zeit. Andererseits hat das Land der Revolution eine grundlegende Verbesserung seines Erziehungssystems zu verdanken. Natürlich hatte es auch im Ancien régime Polytechnika gegeben, doch dienten sie (von den geistlichen und juristischen Lehranstalten abgesehen) der Ausbildung von militärischen und zivilen Ingenieuren und Ärzten. Zulassung und Beförderung richteten sich nach den Kriterien Adel, Fähigkeiten und Verbindungen, deren Wirkung sich kaum ausrechnen ließ. Nach der Hinrichtung des Königs lag Frankreich mit dem übrigen Europa im Krieg und brauchte dringend technisch geschulte Leute. Deshalb gründete der Konvent neue Schulen, von denen die Ecole Normale und die noch elitärere Ecole Polytechnique die bedeutendsten waren. Letztere wurde die Wiege der wissenschaftlichen und technischen Elite Frankreichs. Die Zulassung beruhte auf einer strengen Auslese durch Prüfungen; nur die Fähigkeiten entschieden; der Schwerpunkt der Ausbildung lag auf der Mathematik, mit der Tendenz zur praktischen Anwendung. Die aufsässigen, intelligenten und hochmotivierten Schüler wurden mit militärischer Disziplin geführt. Wesentlichen Anteil an der Gründung dieser Schule hatte Gaspard Monge (1746–1818), ein Bürgerlicher, der die Militärschulen des Ancien régime absolviert hatte und seine Laufbahn allein seinen Fähigkeiten verdankte, auf die seine Vorgesetzten aufmerksam geworden waren.

Monge, ein namhafter Geometer, erfreute sich der Gunst Napoleons. Die ursprünglich republikanische Ecole Polytechnique mußte ihre politische Haltung mehrfach ändern, es gelang ihr aber, das Kaiserreich relativ unbeschadet zu überstehen. Laut Arago (1786–1853), einem gut unterrichteten Zeitgenossen, sah sich Napoleon, als er die Republik in ein Kaiserreich umwandelte, dem offen zutage tretenden Mißfallen vieler Studenten gegenüber. Erzürnt erwog er Strafmaßnahmen gegen die Studenten und die Schule. Napoleon sagte zu Monge: »Hören Sie, Monge, fast alle Ihre Studenten empören sich gegen mich!« Woraufhin Monge er-

Napoleon besucht 1815 während der »Hundert Tage« die Ecole Polytechnique und versucht, die Begeisterung der Studenten neu zu entfachen. (Aus: Ecole Polytechnique, *Livre du centenaire,* Paris 1895)

widerte: »Sire, es war schwer genug, sie zu guten Republikanern zu machen. Geben Sie ihnen ein bißchen Zeit, sich ans Kaiserreich zu gewöhnen. Schließlich haben Sie selbst, mit Verlaub, eine ziemlich plötzliche Kehrtwendung vollzogen.« Monge konnte sich eine solche Sprache gegenüber Napoleon erlauben und seinen Schülern Schutz gewähren, weil er ein alter Freund war, dem der Kaiser vertraute. Zu Anfang des Kaiserreichs war Napoleon jedoch mit der Ecole Polytechnique in Konflikt geraten und hatte sie reformiert. Napoleon hatte Hochachtung vor der Wissenschaft oder wußte zumindest ihren praktischen Nutzen zu schätzen. Auf seinen Ägyptenfeldzug nahm er eine ganze Schar von Wissenschaftlern mit, unter ihnen auch Monge. Stolz bekannte er sich zu seiner Mitgliedschaft im Nationalen Institut, der Nachfolgeinstitution der Académie française, die während der Schreckensherrschaft geschlossen worden war, indem er seine Proklamationen mit »Bonaparte, Mitglied des Instituts und Oberbefehlshaber« unterschrieb.

Während der Jahrhundertwende waren Wissenschaftler, die der Revolution ferngestanden hatten, wie Lagrange, Pierre-Simon Laplace (1749–1827) und Adrien-Marie Legendre (1752–1833), ebenso wie frühere Revolutionäre, zum Beispiel Lazare Carnot (1753–1823), Monge und Fourier, wichtige Persönlichkeiten in Paris. Sie gaben in den Wissenschaften den Ton an, lehrten an der Ecole Polytechnique oder standen ihr nahe. Die Angehörigen der jüngeren Generation, etwa Fresnel, André-Marie Ampère (1775–1836) und Sadi Carnot (1796–1832) begegneten ihnen mit einer gewissen Ehrfurcht. Es war alles in allem eine außerordentlich tatkräftige Gesellschaft, in der militärische Abenteuer, Reisen in ferne Länder und großartige wissenschaftliche Leistungen sich verquickten und das Leben hochinteressant machten. Den größten Teil der Zeit über befand sich Frankreich mit England im Kriegszustand, was aber die Wissenschaftler beider Länder offenbar nicht daran hinderte, einander zu besuchen. So hören wir von dem bekannten Engländer Davy, daß er während des Kriegs Paris besucht hat und von seinen französischen Kollegen geehrt wurde.

Ein Spiegelbild des Lebens wird in den Biographien sichtbar, die Arago, der Sekretär der Académie des Sciences, über ihre verstorbenen Mitglieder verfaßte. Vielleicht hat Arago die Tatsachen ein wenig geschönt; jedenfalls kamen mir bei der Lektüre seiner Autobiographie immer wieder Alexandre Dumas und *Die drei Musketiere* in den Sinn.

Eine wichtige Errungenschaft der Französischen Revolution, die sich auf alle Industrienationen ausgewirkt hat, war die Einführung des Systems der dezimalen metrischen Einheiten. Sie wurde von einem Ausschuß hochrangiger Wissenschaftler vorbereitet, dem unter anderem Lavoisier, Lagrange, Monge, Condorcet und Laplace angehörten. Napoleons Armeen trugen das System durch ganz Europa, obwohl seine endgültige Durchsetzung erst viele Jahre später erfolgte. Nur England und die englischsprachigen Länder hielten an den veralteten Maßeinheiten fest, ein Akt, der vielleicht von ihrem Patriotismus zeugt, sie aber unzweifelhaft teuer zu stehen kam. Das Dezimalsystem hatte unübersehbare Vorteile, und die zweckmäßige Beziehung zwischen Längen-, Flächen- und Raumeinheiten bedeutete eine große Vereinfachung. Die Wahl der Einheiten hingegen war willkürlich; erwünscht waren reproduzierbare Einheiten, die an unveränderlichen Eichmaßen gewonnen wurden. Zunächst glaubte man, die Länge eines Pendels mit einer Schwingungszeit von einer Sekunde und an einem geeigneten Ort gemessen, könnte ein solches Eichmaß sein. Exaktere Messungen des Meridiankreises der Erde gaben den Ausschlag für eine Verknüpfung des Eichmaßes mit den Abmessungen der Erde. All dies gehört heute der Vergangenheit an. Nach internationaler Übereinkunft ist der Längenstandard die Wellenlänge einer Kryptonspektrallinie, der Zeitstandard die Frequenz eines Atomübergangs im Cäsiumatom, und nur der Massenstandard ist ein konkreter Gegenstand, nämlich ein in Paris aufbewahrtes Platingewicht. Möglicherweise werden bald alle Einheiten anhand universeller Konstanten wie h und c definiert werden, die mit Hilfe von Atomeigenschaften konkret realisiert werden.

Fresnels Perfektionismus

Was Huygens und Young gesät hatten, kam in den optischen Arbeiten Fresnels zur Blüte. Augustin Jean Fresnel wurde am Vorabend der Französischen Revolution im normannischen Broglie

Augustin Jean Fresnel (1788–1827); ein Porträt, das ihn nach Auskunft seiner Freunde sehr gut traf. (University of California, Berkeley)

geboren. Der Vater war Architekt, die Mutter eine geborene Mérimée, Schwester von Léonor, einem namhaften Maler, und Tante von Prosper Mérimée, einem Vetter Fresnels, der ein bekannter Schriftsteller war und im Gedächtnis der Nachwelt vor allem wegen der Novelle *Carmen,* der Vorlage für die berühmte Oper, fortlebt.

Im Gegensatz zu Young war Fresnel ein Spätentwickler und alles andere als eine Sprachbegabung. Doch schon mit neun Jahren stellte er ein ungewöhnliches technisches Talent unter Beweis, als er nach wissenschaftlichen Gesichtspunkten Blasrohre, Pfeile und Bogen herstellte. Seine Gesundheit war nicht die beste, trotzdem kam er mit 16 auf die Ecole Polytechnique und von dort an die Ingenieurschule, die Ecole des Ponts et Chaussées. Er wurde Ingenieur im öffentlichen Dienst und baute Straßen und Brücken in den französischen Provinzen. Völlig abgeschnitten von der wissenschaftlichen Welt begann er sich dort aus Liebhaberei mit der Natur des Lichts zu beschäftigen. 1814 bat er seinen Bruder (ebenfalls Léonor genannt), dem er sehr nahestand, brieflich um

Bücher, aus denen er sich über die Polarisation des Lichts unterrichten könnte. Damals ahnte er noch nicht, daß er zuletzt würde schreiben müssen, was er eigentlich lesen wollte.

Im Jahr 1815 kehrte Napoleon von Elba zurück, wohin ihn die europäischen Mächte nach seinen Niederlagen im Jahre zuvor verbannt hatten. Eine gewaltige Woge der Begeisterung erschütterte Frankreich und begegnete einem ebenso heftigen Sturm der Abneigung bei Napoleons Feinden. Fresnel war einer von ihnen und

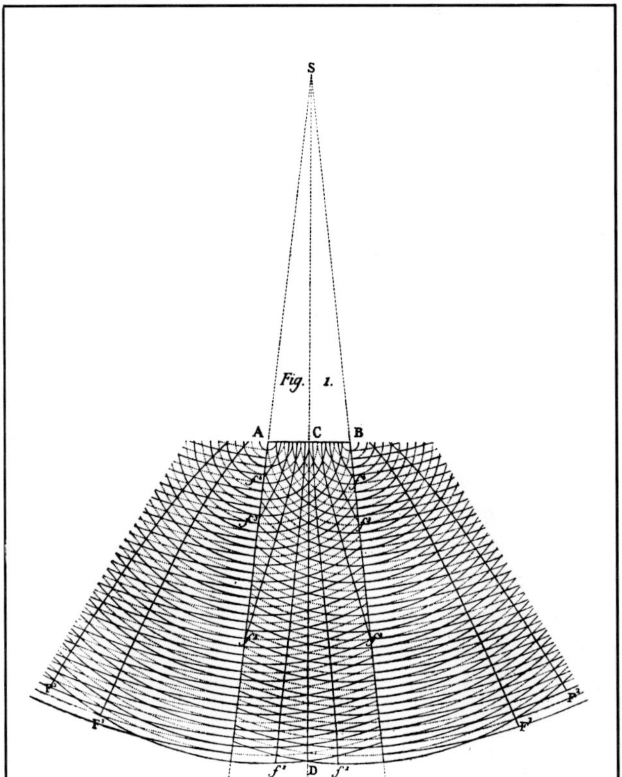

Fresnels Originalzeichnung zur Eklärung der dunklen und hellen Interferenzerscheinungen, die eine Lichtquelle im Punkt *S* und ein Schirm *A* – *B* erzeugen. Linien, die von f', f^2 . . . und F', F^2 . . . ausgehen, sind dunkle Zonen. Die erste Familie von Linien liegt innerhalb des geometrischen Schattengebiets, die zweite außerhalb.

meldete sich bei den Truppen, die gegen Napoleon zogen. Während der Herrschaft der Hundert Tage wurde er entlassen und zuerst nach Nyons, später in das Dorf Mathieu verbannt. Nach der Schlacht von Waterloo und der abermaligen Rückkehr der Bourbonen wurde Fresnel Ende 1815 wieder in den Staatsdienst übernommen.

In den dazwischenliegenden Monaten hatte er mit den Studien begonnen, die die Optik revolutionieren sollten. Er hatte die Beugung an einer Halbebene beobachtet und dafür eine sorgfältige Theorie entwickelt, in der er mit großem mathematischen Geschick die Begriffe der periodischen Schwingung mit einer präzisen Formulierung des Huygensschen Prinzips verband. Nun durfte Fresnel seinen erzwungenen Aufenthaltsort verlassen und nach Paris reisen, wo er Arago aufsuchte, der rasch Gefallen an ihm fand. Arago mußte Fresnel eröffnen, daß seine Ergebnisse größtenteils von Young vorweggenommen worden waren. Fresnels Arbeit war indessen ausführlicher, ging quantitativer vor und besaß genügend neue Gesichtspunkte, um in den *Mémoires* der Académie des Sciences abgedruckt zu werden. Dem Artikel folgte wenig später ein zweiter zum gleichen Thema. Arago und der bekannte Mathematiker Louis Poinsot (1777–1859), berühmt wegen seiner Theorie des Kreisels, waren zu Gutachtern der Fresnelschen Arbeit ernannt worden. Sie erwirkten bei Fresnels Vorgesetzten seine Beurlaubung, so daß er einige Monate lang in Aragos Pariser Labor arbeiten konnte. In Mathieu hatte Fresnel Apparate benutzt, die er mit Hilfe des Dorfschmieds gefertigt hatte, aber Beugungsstudien verlangen feinmechanische Geräte – Mikrometer, Spalte und so weiter –, die er ohne fremde Hilfe kaum bauen konnte.

Nach der Beugung wandte sich Fresnel den Farben dünner Plättchen zu. Auch hier war ihm Young zuvorgekommen. 1816 besuchte Arago in Begleitung Joseph Louis Gay-Lussacs (1778–1850) Young in seinem Haus in Worthing. Hören wir Aragos Bericht über diesen Besuch:

»Im Jahre 1816 machte ich mit meinem gelehrten Freunde, Herrn Gay-Lussac, eine Reise nach England. Fresnel hatte damals eben seine wissenschaftliche Laufbahn in glänzendster Weise mit seiner Abhandlung über die Diffraction begonnen.

Diese Arbeit, die nach unserer Ansicht einen Cardinalversuch enthielt, mit dem die Newton'sche Theorie über das Licht nicht mehr bestehen konnte, ward natürlich der erste Gegenstand unserer Unterhaltungen mit Doctor Young. Wir waren erstaunt über die vielen Beschränkungen, die er unseren Lobeserhebungen beifügte, als er uns endlich erklärte, daß der Versuch, von dem wir so großes Aufhebens machten schon im Jahre 1807 in seinem Werke über die Naturphilosophie aufgezeichnet war. Die Behauptung schien uns nicht gegründet, und es entstand eine lange und umständliche Erörterung darüber. Madame Young war dabei gegenwärtig, ohne, wie es schien, irgend Theil daran zu nehmen; da wir aber wußten, daß die wirklich kindische Furcht, sich den lächerlichen Spitznamen der *Blaustrümpfe* zuzuziehen, die englischen Damen in Gegenwart von Fremden sehr zurückhaltend macht, so wurden wir unseres Verstoßes gegen die gute Lebensart erst gewahr, als Madame Young plötzlich ihren Platz verließ. Wir fingen an, uns in Entschuldigungen bei ihrem Gemahl zu erschöpfen, als wir sie, mit einem gewaltigen Quartband unter dem Arme, wieder eintreten sahen. Es war der erste Band des Werkes über Naturphilosophie. Sie legte es auf den Tisch, schlug, ohne ein Wort zu sagen, S. 787 auf, und zeigte uns mit dem Finger eine Figur, wo der krummlinige Gang der Beugungsstreifen, welchem die Discussion galt, theoretisch festgestellt ist.« (*Franz Arago's sämmtliche Werke*, hg. von Dr. W. G. Hankel, Bd. 1, Leipzig 1854, S. 231 f.)

1818 schrieb die Académie des Sciences einen Wettbewerb aus. Einzureichen war ein Aufsatz über eine theoretische und experimentelle Untersuchung der Lichtbeugung. Die Juroren waren Laplace, Jean-Baptiste Biot (1774–1862) und Siméon-Denis Poisson (1781–1840), alles Anhänger der Emissionstheorie, sowie Arago und Gay-Lussac, die eher zur Wellentheorie neigten. Es gab zwei Teilnehmer, von denen Fresnel der wichtigere war. Poisson fiel eine merkwürdige Konsequenz von Fresnels Theorie auf. In der Mitte des Schattens einer Scheibe hätte ein Lichtpunkt erscheinen müssen. Das Ergebnis schien paradox, doch bei Durchführung des Experiments war der helle Punkt dort. Überflüssig zu sagen, daß Fresnels Artikel den Preis erhielt und Poisson bekehrt war.

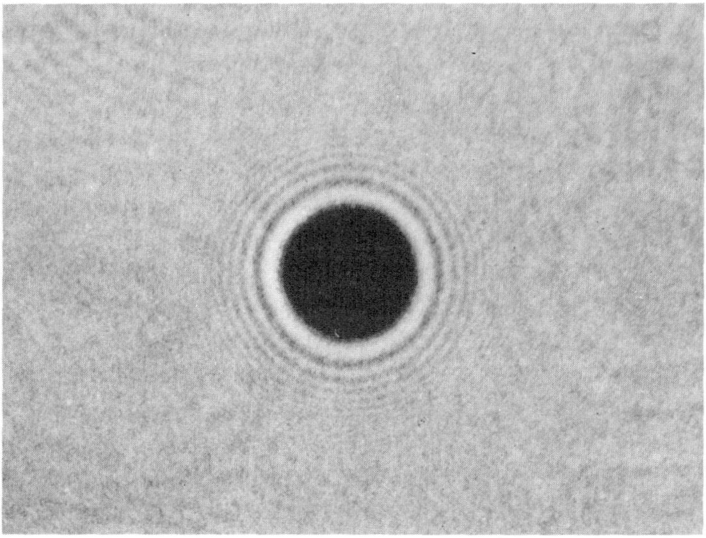

Lichtbeugung mittels einer runden Scheibe nach Fresnels Methode. Interessant der helle Fleck im Mittelpunkt des Schattens, der Poisson so sehr beeindruckte. (Mit freundlicher Genehmigung von Brian J. Thompson, University of Rochester)

Eine weitere Schwierigkeit der Wellentheorie bildete die Interferenz polarisierten Lichts. Newton meint in Frage 26 seiner *Optik:* »Haben nicht die Lichtstrahlen verschiedene Seiten, die mit verschiedenen ursprünglichen Eigenschaften begabt sind?«* Zu dieser Frage hatten ihn die Erscheinungen der Doppelbrechung veranlaßt. Für Young und Fresnel bedeutete die Interferenz polarisierten Lichts so lange ein unlösbares Problem, bis zunächst Young und dann Fresnel, jedoch unabhängig von Young, erkannten, daß sich die Schwingungen des Lichts in einer Hinsicht von den Schwingungen des Schalls in der Luft unterscheiden: In den Schallwellen verläuft die Bewegung der Moleküle parallel zur Ausbreitungsrichtung des Schalls, so daß die Luft abwechselnd verdichtet und verdünnt wird, während die Lichtschwingungen transversal sind wie die Auslenkung der Punkte von schwingenden Saiten. Es ist klar, daß senkrecht zueinander erfolgende Verschie-

* (Edition Vieweg, Wiesbaden 1983, S. 236)

bungen im Gegensatz zu Verschiebungen in parallelen Richtungen nicht interferieren können.

Licht kann durch Doppelbrechung polarisiert werden: Zwei von einem Kalkspatkristall ausgehende Strahlen werden senkrecht zueinander polarisiert. Eine neue Art, Licht zu polarisieren, wurde von Etienne Louis Malus (1775–1812) entdeckt; auch er war ein Absolvent der Ecole Polytechnique, der Napoleon nach Ägypten begleitet hatte. Von seinem Haus aus beobachtete er 1808 durch ein Kalkspatkristall Sonnenlicht, das sich in der Fensterscheibe eines anderen Gebäudes spiegelte. Zu seiner Überraschung sah er nur ein Bild und nicht zwei, wie er erwartet hatte. Nach kurzer Überlegung schrieb er diesen Effekt der Polarisierung reflektierten Lichts zu – ein neues Phänomen. Malus war ein überzeugter Anhänger der Korpuskulartheorie. Deshalb interpretierte er seine Beobachtungen auf ihrer Grundlage, obwohl er dadurch zu merkwürdigen Ad-hoc-Hypothesen gezwungen wurde.

Die transversale Natur der Lichtschwingungen erscheint uns heute fast trivial, doch als der Gedanke erstmals vorgebracht wurde, stieß er auf erbitterte Ablehnung. Sogar Arago, ein leidenschaftlicher Parteigänger der Wellentheorie und Freund Fresnels, weigerte sich, den Artikel, in dem Fresnel diese Vermutung äußerte, der Akademie vorzulegen, denn um transversale Wellen zu ermöglichen, hätte der Lichtäther nach jedem denkbaren mechanischen Modell eine Rigidität besitzen müssen, die nicht mit den vorliegenden Beobachtungen in Einklang zu bringen war.

Fresnel faßte alle diese Beobachtungen in einer vollständigen Theorie polarisierten Lichts zusammen, in der auch die Begriffe der Kohärenz und der elliptischen Polarisation Platz fanden. Er entdeckte die Wellenfläche in einem Kristall und die Gesetze, die die Intensität von reflektiertem und gebrochenem Licht bestimmen. Mit diesen großartigen Leistungen lieferte Fresnel die Phänomenologie dessen, was zu erklären war. Die Krönung des Ganzen wäre die Beobachtung der Eigenschaften desjenigen Mediums gewesen, in dem sich Licht im Vakuum ausbreitet – des Lichtäthers. Doch da stieß Fresnel auf unüberwindliche Schwierigkeiten. Es würde den Rahmen dieses Buches sprengen, wollte ich alle Paradoxa schildern, die durch die Annahme des Lichtäthers geschaffen wurden. Die Geschichte des Begriffs ist kompliziert, doch die Schlußfolgerung ist einfach: Es gibt keinen Lichtäther, oder zumindest unterscheiden sich die Eigenschaften des Vakuums grundsätzlich von denen eines materiellen elastischen Mediums. Faraday und Maxwell unternahmen den ersten Schritt, den Schleier des Rätsels zu lüften, als sie zeigten, daß Licht elektromagnetisch ist. Wieder einige Zeit später sollte Einstein die Überflüssigkeit des klassischen Lichtäthers beweisen. Heute stattet die Quantenmechanik das Vakuum mit merkwürdigen und unerwarteten Eigenschaften aus. Und ein Ende dieser Entwicklung ist noch nicht in Sicht. Die mechanischen Theorien jedenfalls sind tot.

Fresnel starb 1827 im Alter von 39 Jahren in Ville d'Avray bei Paris an Tuberkulose. In seinen letzten Lebensjahren war er bei der französischen Leuchtturmkommission angestellt und machte dort wichtige praktische Erfindungen, wie etwa die Fresnellinsen, die man heute in einer Plastikversion in Bastelgeschäften bekommt. Fresnel war sein Leben lang außerordentlich pflichtbewußt und ein zutiefst gläubiger Jansenist. Außerdem war er ziemlich schüchtern. In einem Brief an seinen Bruder heißt es: »Kaum etwas anderes ist mir so unangenehm, wie Leute antreiben zu müssen, und ich gestehe, daß ich nicht weiß, wie ich es anstellen soll.«

1823 wurde er zum Mitglied der Académie des Sciences gewählt, und die Royal Society in London machte ihn zum auswärtigen Mitglied. Im Gegenzug wählte die Académie Young zu einem ihrer acht auswärtigen Beisitzer.

Die wissenschaftlichen und persönlichen Beziehungen zwischen Young und Fresnel sind interessant und wichtig. Eine schöne Zusammenfassung dieses Verhältnisses findet sich in einem Brief von Fresnel an Young. Letzterer hatte ihn aufgefordert, für die *Encyclopaedia Britannica* einen Artikel über das Licht zu schreiben – an sich schon ein bedeutsamer Umstand. Fresnel nahm zunächst an, mußte dann aber seiner schweren Krankheit wegen verzichten. Er schrieb deshalb einen langen Brief an Young, in dem er unter anderem erklärte:

»Ich habe indessen den Eindruck (weiß allerdings nicht, ob die Eigenliebe mich blind macht), daß die Teile der Optik, die Sie mir überlassen haben, ebenso schwierig waren wie die Ihren. Sie haben die Blüten gepflückt, könnte ich mit englischer Bescheidenheit sagen, während ich mühsam nach den Wurzeln gegraben habe.

Es liegt mir fern, Monsieur, für mich zu beanspruchen, was Ihnen gebührt, wie Sie aus der kleinen Abhandlung über das Licht ersehen konnten, die in den Anhang zur französischen Übersetzung von Thomsons *Chemie* eingefügt wurde, und wie Sie gleichfalls dem Artikel werden entnehmen können, den ich soeben für die *Revue Européenne* geschrieben habe. Mehrfach, bereitwillig und öffentlich habe ich die Priorität Ihrer Entdeckungen, Ihrer Beobachtungen und sogar Ihrer Hypothesen erklärt. Indes, unter uns, ich bin nicht von der Richtigkeit Ihres geistreichen Bildes überzeugt, in dem Sie sich selbst mit einem *Baum* und mich mit dem *Apfel* vergleichen, den dieser Baum hervorgebracht hat: Im Innersten bin ich davon überzeugt, daß der Apfel auch ohne Baum gewachsen wäre, denn die ersten Erklärungen, die ich mir für die Erscheinungen der Beugung und der Farbringe, des Brechungs- und des Beugungsgesetzes zurechtlegte, habe ich aus mir selbst geschöpft, ohne Ihr Werk oder das von Huygens gelesen zu haben. Ich selbst habe auch bemerkt, daß die Differenz der Wege des ordentlichen und des außerordentlichen Strahls beim Austritt aus einem Kristallplättchen gleich ist derjenigen der Strahlen, die an der ersten und der zweiten Oberfläche des Luftfilms reflektiert werden, was in den Farbringen denselben Farbton hervorruft. Erst als ich Monsieur Arago diese Beobachtung mitteilte, berichtete er mir erstmals von dem Artikel, den Sie zwei Jahre zuvor zum gleichen Thema veröffentlicht hatten und von dem er bis zu diesem Zeitpunkt nicht viel begriffen hatte. Im übrigen gibt mir das nicht das Recht, Monsieur, das Verdienst für diese Entdeckungen mit Ihnen zu teilen. Dank Ihrer Priorität gehört es Ihnen ganz allein: Auch hielt ich es für müßig, die Öffentlichkeit über all die Dinge zu informieren, die ich aus eigener Kraft, aber nach Ihnen herausgefunden habe. Ich schildere Sie Ihnen allein zur Rechtfertigung meiner paradoxen Behauptung, daß *der Apfel auch ohne den Baum gewachsen wäre.* Ich wollte Ihnen, Monsieur, schon lange einmal rückhaltlos davon sprechen und das ganze Ausmaß meiner Ansprüche offenbaren.

Nehmen wir ruhig an, daß meine Eigenliebe zu anmaßend wäre und daß mir in Ihrem Lande Gerechtigkeit widerfahren ist (gehöre ich doch zu den Franzosen, die den geringsten Anlaß haben, sich über Ihre Landsleute zu beklagen), ich wäre dennoch nicht weniger betroffen, um nicht zu sagen empört, über die schockierende Parteilichkeit, mit der Ihre wissenschaftlichen Zeitschriften dem Vernehmen nach täglich die unbedeutendsten englischen Erkenntnisse über die bedeutendsten französischen Entdeckungen stellen. Ich wäre gewiß der Letzte, der Ihre Überlegenheit dort in Abrede stellte, wo sie unzweifelhaft vorhanden ist, vor allem auf dem Gebiet der Politik, doch werden Sie zumindest anerkennen, daß wir Ihnen in Sachen Objektivität und Gerechtigkeitsliebe weit voraus sind.

Dieser Brief wird Ihnen, Monsieur, vielleicht als die nicht ganz ernst zu nehmende Äußerung eines Kranken erscheinen, den die Galle plagt und der in seiner Eigenliebe verletzt ist durch die mangelnde Aufmerksamkeit, die seine Arbeiten in Ihrem Lande erfahren. Ich will keinesfalls leugnen, daß ich die Lobreden der englischen Gelehrten sehr zu schätzen gewußt habe und daß ich überaus geschmeichelt war. Doch seit einiger Zeit ist der Stachel jener Empfindlichkeit oder Eitelkeit, die man Ehrsucht nennt, stumpf geworden in mir: Ich arbeite weit weniger für den Beifall der Öffentlichkeit als um der eigenen, inneren Anerkennung willen, die mir stets die süßeste Entschädigung meiner Mühen gewesen ist. Gewiß brauche ich häufig den Ansporn der Eitelkeit, damit er mich antreibt, meine Forschungsarbeiten auch in Momenten des Überdrusses und der Entmutigungen weiterzuführen, doch alle Komplimente, die ich von den Herren Arago, Laplace oder Biot habe hören können, haben mir nicht soviel Vergnügen bereitet wie die Entdeckung einer theoretischen Wahrheit und die Bestätigung meiner Berechnungen im Experiment. Mein geringes Interesse an der Veröffentlichung von Untersuchungsberichten, von denen kaum mehr als Auszüge erschienen sind, zeigt, daß ich nicht von Ehrsucht geplagt bin, und daß ich über genügend philosophische Gelassenheit verfüge, um den Freuden der Eitelkeit nicht zuviel Bedeutung beizumessen. Indes brauche ich mich nicht weiter über diesen Gegenstand auszulassen, schreibe ich doch an einen Menschen von viel zu vornehmer Wesensart, als daß ihm diese Gelassenheit fremd wäre und ich nicht auf sein Verständnis und seinen Glauben rechnen könnte.«

Was Young auf diesen und ähnliche Briefen geantwortet hat, ist nicht bekannt, doch in seinen veröffentlichten Schriften erklärt er:

»Ich hatte zum ersten Mal das Vergnügen, auf einer Sitzung der Akademie der Wissenschaften einen optischen Vortrag von Mr. Fresnel zu hören, der – obwohl er allem Anschein nach die Interferenzgesetze des Lichts aus eigener Kraft wiederentdeckt hat und obwohl er sie mit verfeinerten Rechenverfahren auf Fälle angewandt hat, die mit Hilfe dieser Gesetze zu erklären ich fast aufgegeben hatte – bei jeder Gelegenheit und vor allem in einer sehr klaren Darlegung der Theorie, die nachträglich der Übersetzung von Thomsons *Chemie* angefügt wurde, mit größter Gewissenhaftigkeit und Offenheit die unbestreitbare Priorität meiner Forschungsarbeiten anerkannt hat.«

Ich glaube, daß Fresnel zu bescheiden ist in seinem Brief, aber daß die Situation im großen und ganzen von den Protagonisten zutreffend beschrieben wird. Ein ungewöhnlicher Fall in der Geschichte der Wissenschaft, der beiden zur Ehre gereicht.

Fresnels Arbeit war praktisch auf die Optik beschränkt. Insofern unterschied er sich von vielen seiner Zeitgenossen, die sich mit den mannigfaltigsten Themen auseinandersetzten. In der Optik jedoch war er hervorragend. Wenige Schriften dieser Zeit werden vom heutigen Leser noch so sehr als lebendige Physik empfunden wie die seinen. Er ist vollkommen in jedem Detail und erinnert mich eher an einen Juwelier als an einen Bildhauer. Wenn man Faraday mit Michelangelo vergleichen kann, so wäre Fresnel ein Benvenuto Cellini. Er war ein Perfektionist: Alles, was er anfing, mußte seine endgültige Gestalt erhalten.

Fresnel beeinflußte zahlreiche wichtige französische Physiker, die seine Arbeit in der Optik fortsetzten. Léon Foucault (1819–1868) und Armand-Hippolyte-Louis Fizeau (1819–1896) maßen die Lichtgeschwindigkeit in Luft und Wasser und stellten fest, daß sie in Luft höher war, ein Experiment, das entscheidend zum Sieg der Wellentheorie des Lichts über die Korpuskulartheorie beitrug. Außerdem bestimmten sie den absoluten Wert der Lichtgeschwindigkeit, eine Konstante, die sich als außerordentlich wichtig für die Begründung der elektromagnetischen Lichttheorie und später der Relativitätstheorie erwies. Eine Zeitlang waren die beiden Physiker befreundet, arbeiteten auch gelegentlich zusammen, während sie zu anderen Zeiten unabhängig voneinander forschten. Ihre optische Arbeit wurde von Marie Alfred Cornu

Joseph von Fraunhofer (1787–1826), der es dank seiner praktischen Begabung und seines wissenschaftlichen Scharfsinns auf dem Gebiet der Optik trotz einfachster Herkunft zu Adel und Ansehen brachte. Dieser Zeitgenosse von Fresnel prägte die optische Industrie in Deutschland mindestens ein Jahrhundert lang. (Deutsches Museum, München)

(1841–1902) fortgesetzt und beeinflußte letztlich A. A. Michelson (1852–1931); dadurch wurde eine unmittelbare Verbindung zwischen Fresnel und der Gegenwart geknüpft, die durch die eingehenden Fresnel-Studien von Hendrik Lorentz (1853–1928) noch verstärkt wurde.

Die Botschaften der Spektren: Fraunhofer, Bunsen und Kirchhoff

Ein Zeitgenosse Fresnels darf hier nicht übergangen werden: Joseph Fraunhofer (1787–1826). Geburts- und Todesdatum decken sich fast mit denen Fresnels, und auch er starb an der Tuberkulose, einer europäischen Geißel des 19. Jahrhunderts, doch wie verschieden waren seine Familienverhältnisse von denen Fresnels! Fraunhofer wurde als elfter Sohn eines Glasers in Straubing bei München geboren. Seine Eltern waren arm und ungebildet. Mit elf Jahren wurde Joseph Waise und kam zu einem Spiegelmacher in die Lehre. Als er 14 war, stürzte das Gebäude ein, in dem er

Kurfürst Maximilian von Bayern rettet den jungen Glasarbeiter Fraunhofer aus einem brennenden, einstürzenden Haus. Nach einem zeitgenössischen Stich. (Deutsches Museum, München)

arbeitete, und begrub ihn unter den Trümmern, doch damit wendete sich sein Geschick. Gerührt von dem tragischen Ereignis, gab ihm der Kurfürst von Bayern genügend Geld, daß er die Lehre verlassen und eine Schule besuchen konnte. Der Kurfürst empfahl ihn überdies Joseph von Utzschneider, einem einflußreichen Industriellen und Politiker, der neben vielen anderen Unternehmen auch einen optischen Betrieb besaß. Fraunhofer, der bis dahin so gut wie keine Schulbildung genossen hatte, zeigte eine regelrechte Leidenschaft für die Optik, so daß Utzschneider ihn in seinem optischen Betrieb beschäftigte. Fraunhofer brachte es rasch zu einer Partnerschaft. Als guter Unternehmer hatte Utzschneider bald den außerordentlichen Wert seines technisch so begabten Mitarbeiters erkannt und ihm eine finanziell gesicherte Stellung verschafft.

Fraunhofer war sich bald darüber klargeworden, daß es einen engen Zusammenhang gab zwischen der Qualität des verwendeten Glases und der Leistung der fertigen optischen Apparate. In der firmeneigenen Glasfabrik bei München suchte er nach neuen Wegen, die Glasherstellung zu verbessern. Utzschneider hatte den Schweizer Pierre Louis Guinand, wahrscheinlich den besten Glasmacher Europas, eingestellt, aber das von ihm hergestellte Glas wies nicht die gewünschte Qualität auf. Fraunhofer nahm sich 1811 dieses Produktionszweiges an und erzielte ausgezeichnete Resultate. Überzeugt davon, daß man das empirische Handwerk durch exakte wissenschaftliche Planung ersetzen müsse, beschäftigte sich Fraunhofer mit chromatischen und anderen Linsenaberrationen. Durch genaue Messungen des Brechungsindex von Glas für verschiedene Wellenlängen gelang ihm die Wiederentdeckung der schwarzen Absorptionslinien im Sonnenspektrum (William Hyde Wollaston, 1766–1828, hatte einige von ihnen bereits 1802 gesehen), und er stellte einen Katalog dieser »Fraunhofer-Linien« zusammen, damit man sie als Eichmarken benutzen konnte. Die Linien des Sonnenspektrums, von Fraunhofer eigenhändig in Kupfer gestochen, sind ein bewunderungswürdiges Zeugnis seiner vielfältigen Fähigkeiten.

Das Ergebnis dieser Mühen war, daß seine optischen Geräte Weltruhm erlangten und unübertroffen waren. Die mechanischen Teile seiner Instrumente konnten in der Perfektion mit den optischen Schritt halten. Kein technisches Problem war Fraunhofer zu schwierig. Der Dorpat-Refraktor mit einer Linse von 24 Zentimetern Durchmesser und einem Gewicht von 1000 Kilogramm ist eines seiner Meisterstücke. Fraunhofers Verdienste wurden vom König von Bayern mit der Erhebung in den Adelsstand gewürdigt. Das Optische Institut, so der Name von Utzschneiders und Fraunhofers Firma, beschäftigte mehr als fünfzig Arbeiter und stieg zum führenden optischen Unternehmen in der Welt auf. Fraunhofers Beispiel, die Verbindung von theoretischer optischer Arbeit, Glasfertigung sowie mechanischer Präzision und Geschicklichkeit, wurde wegweisend für die optische Industrie in Deutschland. Viele berühmte Optiker wie Joseph Max Petzval (1807–1891), Karl August Steinheil (1801–1870), Ernst Abbe (1840–1905) oder optische Betriebe wie Zeiss und Leitz standen in der direkten oder indirekten Nachfolge Fraunhofers.

Der Prismenspektrograph, mit dem Fraunhofer den Brechungsindex von Glas und (um 1815) die schwarzen Absorptionslinien des Sonnenspektrums maß. (Deutsches Museum, München)

Er darf auch als einer der Begründer der Spektroskopie gelten, denn er hat, wie gesagt, die Absorptionslinien im Sonnenspektrum entdeckt, er hat erkannt, daß sie den Emissionslinien in Funken und Flammen entsprechen, und er hat verschiedene Formen von Beugungsgittern entwickelt. Zu ihrer Blüte wurde die Kunst der Spektroskopie jedoch erst fünfzig Jahre nach Fraunhofers Tod ge-

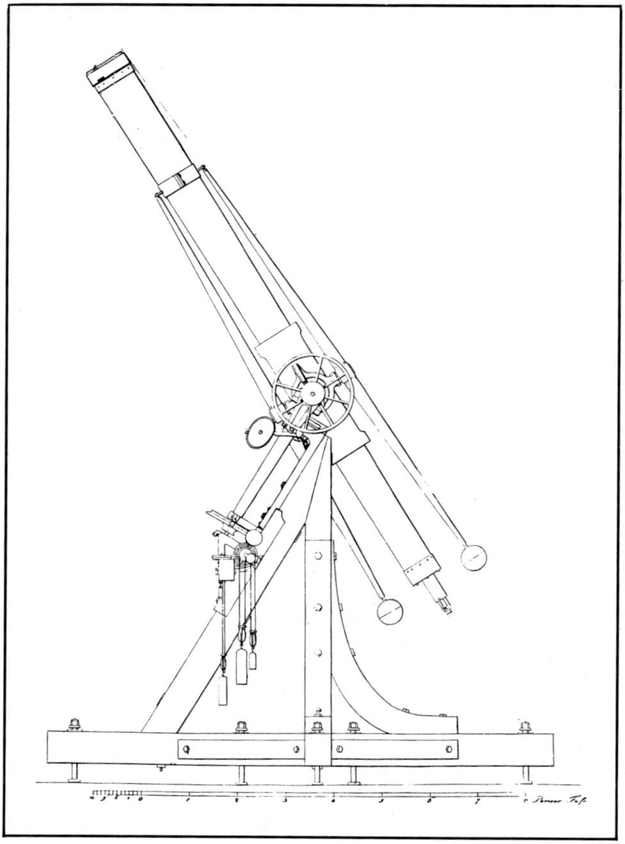

Das Linsenteleskop, das Fraunhofer 1824 für das Observatorium in Dorpat fertigte. Brennweite 4,11 m, Linsenöffnung 24 cm. (Deutsches Museum, München)

führt, vor allem durch Rowland und Michelson in den Vereinigten Staaten.

Wie unermeßlich wichtig Spektrallinien sind, das entging Fraunhofer und den anderen Physikern seiner Zeit noch viele Jahre lang, bis um 1860 vor allem durch die Arbeit Robert Wilhelm Bunsens (1811–1899) und Gustav Robert Kirchhoffs (1824–1887) die Bedeutung der Spektrallinien als Diagnosemerkmal der atomaren oder molekularen Zusammensetzung erkannt wurde. Bunsen und Kirchhoff sind sowohl von ihrer sozialen Herkunft als auch in ihrer beruflichen Laufbahn typische Repräsentanten der deutschen Wissenschaft im besten Sinne des Wortes. Beide entstammten sie Familien, deren Angehörige seit vielen Generationen dem Staatsdienst oder akademischen Berufen angehörten, und beide widmeten sie ihr Leben der Wissenschaft in der kongenialen, gedeihlichen Atmosphäre der besten deutschen Universitäten des 19. Jahrhunderts. Bunsen war dreizehn Jahre älter als Kirchhoff. Eine brillante Karriere als anorganischer Chemiker hatte ihm 1852 den Ruf an die Universität Heidelberg gebracht. Seine Interessen waren zugleich breit gefächert und praktisch. Der Brenner, der seinen Namen trägt, gehört zur Grundausstattung aller Chemielaboratorien, und früher war das Bunsen-Element genauso verbreitet und genauso unentbehrlich. Auch das Eiskalorimeter zeugt von seinem experimentellen Einfallsreichtum. Seine Leistungen gehen indessen weit über die Entwicklung neuer Apparaturen hinaus. Die Photochemie verdankt ihm grundlegende Erkenntnisse, die analytische Chemie wurde, wie wir noch sehen werden, von ihm umgestaltet, und auch die Metallurgie trägt seinen Stempel.

Kirchhoff studierte in Königsberg, wo sich unter Führung von F. E. Neumann (1798–1895) eine einflußreiche Schule der theoretischen Physik gebildet hatte. Mit zwanzig Jahren löste er das rechnerische Problem der Verteilung von Strömen in einem beliebigen System von elektrischen Leitern, womit er die heute noch so bezeichneten Kirchhoffschen Regeln aufstellte. Das einfache, aber sehr wichtige Verfahren und Resultat ist immer noch einer der Hauptpfeiler der praktischen Elektrizitätslehre. Seine mathematischen Fähigkeiten erlaubten ihm auch die Lösung von Problemen, die die Ausbreitung des elektrischen Feldes betrafen, wobei er Neumanns Verallgemeinerungen des Ampèreschen Gesetzes für bewegte Ladungen benutzte. Experimentelle Ergebnisse von Wilhelm Weber (1804–1891) und Rudolf Kohlrausch (1809–1858) legten eine universelle Konstante fest, die in den Formeln auftauchte und die Ausbreitungsgeschwindigkeit elektrischer Wirkung bezeichnete. Kirchhoff bemerkte, daß sie praktisch mit der Lichtgeschwindigkeit zusammenfiel, die fundamentale Bedeutung dieses Umstandes scheint ihm aber entgangen zu sein.

Im Jahr 1850 wurde Kirchhoff als Professor nach Breslau beru-

Das Fraunhofer-Denkmal in Straubing, dem Geburtsort des Optikers (Süddeutscher Verlag, München)

fen, wo er Bunsen begegnete. Sie wurden Freunde, und als Bunsen nach Heidelberg ging, bewerkstelligte er es, daß Kirchhoff an derselben Universität einen Lehrstuhl erhielt. 1859 benutzte Bunsen die Färbungen, die die Flamme seines Brenners durch Zugabe bestimmter Salze annahm, als analytisches Instrument. Um die Unterscheidung zu erleichtern, betrachtete er die Flamme durch farbige Gläser oder Lösungen. Sein Freund Kirchhoff empfahl ihm, das Spektroskop zu benutzen, und eröffnete damit den Weg zu wichtigen Entdeckungen. Es zeigte sich, daß die Fraunhofer-Linien für bestimmte chemische Elemente charakteristisch sind und daß die schwarzen Absorptionslinien im Sonnenspektrum in ihrer Wellenlänge genau den hellen Emissionslinien entsprechen, die man durch Zugabe geeigneter Salze in die Flamme eines Brenners erhält. Damit war der Weg frei für die Spektralanalyse, dank derer wir das Vorkommen bestimmter Elemente in der Sonne, in den Sternen und in anderen unzugänglichen Lichtquellen bestimmen können. Andererseits mußte die Beziehung zwischen Absorption und Emission geklärt werden.

Was die Spektralanalyse zu leisten vermochte, wurde schon bald durch die Entdeckung neuer chemischer Elemente bewiesen. Dank seiner hervorragenden analytischen Fertigkeiten erhielt

Robert Wilhelm von Bunsen (1811–1899), bekannt für seine praktischen Erfindungen (zum Beispiel den Gasbrenner und seine Batterie), aber auch für seine Arbeit auf dem Gebiet der anorganischen Chemie und der Photochemie. Seine größte Leistung, deren Verdienst er sich mit Kirchhoff teilt, war die Entwicklung der Spektralanalyse, die zur Entdeckung des Cäsiums und Rubidiums führte. (Deutsches Museum, München)

Bunsen Salze, die nicht die allgegenwärtigen gelben Linien der Natriumverunreinigungen aufwiesen. In den Rückständen von Mineralwasser entdeckten Kirchhoff und er eine neue blaue Spektrallinie, die nie zuvor beobachtet worden war. Sie schrieben sie einem Alkalimetall zu, das sie Cäsium nannten (lateinisch »blaugrau«, wegen der Farbe der Spektrallinien). Einige Monate später entdeckte Bunsen im mineralischen Lepidolith ein weiteres Alkalimetall, Rubidium (»rot«, nach der Farbe der charakteristischen Spektrallinien). Die Spektralanalyse wurde zu einem äußerst leistungsfähigen analytischen Instrument, mit dessen Hilfe mehrere

Gustav Robert Kirchhoff (1824–1887) verdankt die Physik viele Beiträge. Das Stromverteilungsgesetz in Stromkreisen, das Strahlungsgesetz, das Prinzip der Spektralanalyse und der mathematische Beweis des Huygensschen Prinzips sind Beispiele. Der bedeutende Repräsentant der klassischen theoretischen Physik lehrte vor allem in Heidelberg und Berlin und schrieb zahlreiche einflußreiche Bücher. (Deutsches Museum, München)

chemische Elemente entdeckt wurden – Thallium, Indium und Gallium waren die nächsten.

Die Frage der Beziehung zwischen Emission und Absorption wurde von Kirchhoff untersucht. Er beobachtete, daß das Licht, das von einem sehr heißen Körper emittiert und durch eine natriumhaltige Flamme gefiltert wird, schwarze Absorptionslinien bei den Wellenlängen zeigte, bei denen die Flamme helle Emissionslinien aufwies. Der moderne Physiker denkt bei solchem Verhalten sofort an ein Resonanzphänomen, und der Gedanke wurde auch zu Kirchhoffs Zeit geäußert. Doch Kirchhoff wollte sich auf sicherem Boden bewegen, und Atommodelle oder zu detaillierte Erklärungen waren ihm nicht zuverlässig genug. Sicher hingegen war die Thermodynamik. Deshalb versuchte er diese abstrakte, aber gesicherte Theorie auf die von ihm entdeckte Erscheinung anzuwenden und kam zu einem sehr wichtigen Ergebnis: Der Emissions- oder Strahlungskoeffizient sei e (die Strahlungsleistung pro Flächen- und Frequenzeinheit eines beliebigen Körpers) und der Absorptionskoeffizient a (der absorbierte Bruchteil derjenigen Leistung, die pro Frequenzeinheit auf den Körper auftrifft). Kirchhoff zeigte, daß das Verhältnis von e zu a, unabhängig von der Beschaffenheit des Körpers, eine Funktion der Frequenz ν und der Temperatur T ist. Das hat zur Folge, daß ein Körper, der eine gewisse Frequenz stark emittiert, dieselbe Frequenz auch stark absorbieren muß. Für einen Körper, der alle Strahlung vollkommen absorbiert, ist $a = 1$ und $e(\nu, T)$ eine universelle Funktion unabhängig von der Natur des Körpers (eines sogenannten schwarzen Körpers). Ohne Zweifel war die Ermittlung von $e(\nu, T)$ ein wichtiges Problem.

1858 hatten Bunsen und Kirchhoff erreicht, daß ihr Freund Hermann von Helmholtz (1821–1894) nach Heidelberg berufen wurde. Als Helmholtz 1871 nach Berlin ging, wo er später die Leitung des größten physikalischen Instituts im Deutschen Reich übernehmen sollte, trug er den Spitznamen »der Kanzler der deutschen Physik«. Helmholtz verschaffte Kirchhoff in Berlin den Lehrstuhl für theoretische Physik, während Bunsen, der ebenfalls ein Angebot aus Berlin erhielt, es vorzog, in Heidelberg zu bleiben. In Berlin hielt Kirchhoff eine berühmte Vorlesung über theoretische Physik, die viele Jahre als Vorbild galt. Sie zeichnete sich durch formale Geschliffenheit, die Vermeidung von Modellen und die Neigung zu strenger Beweisführung aus. Damit stand sie in entschiedenem Gegensatz zur englischen Tradition, scheint aber Heinrich Hertz (1857–1894) und Max Planck (1858–1947), die beiden begabtesten Studenten, die sie besuchten, nicht sonderlich beeindruckt zu haben. Allem Anschein nach waren sie eher gelangweilt.

Kirchhoffs Einfluß war sicherlich bestimmend bei der Auswahl eines der zentralen Untersuchungsgegenstände der Physikalisch-Technischen Reichsanstalt, jenes großen deutschen Instituts, das erst 1887, im Todesjahr Kirchhoffs, gegründet und von Helmholtz geleitet wurde. Letztlich führten diese Untersuchungen über den schwarzen Körper zur Entdeckung des Wirkungsquantums durch Planck im Jahre 1900, eine der entscheidenden Entdeckungen, die den Übergang von der klassischen Physik zur Physik des 20. Jahrhunderts markieren.

Obschon Bunsen und Kirchhoff die Spektralanalyse begründeten, gab es keine Erklärung, die die Spektren mit der Atomstruktur verband. Maxwells Theorie der Elektrizität lieferte das Instrument zur Berechnung der Strahlung durch bewegte Ladungen, doch von dort bis zu einer Atom- oder Molekulartheorie im eigentlichen Sinne des Wortes war es noch ein weiter Weg. Am Ende stellte sich heraus, daß die klassische Physik der Aufgabe nicht gewachsen war; sie wies aber die richtige Richtung und leitete die Forschung ein ansehnliches Stück des Weges. Was in den Grenzen der klassischen Theorie möglich war, wurde von verschiedenen Autoren geleistet, unter anderem von Lorentz, einem ihrer typischsten Vertreter.

Elektrizität: Vom Gewitter zu Motor und Wellen

Die schwierige Erforschung von Elektrostatik und Magnetismus

Das erste Gebiet der Physik, das in der heute üblichen Form entwickelt wurde, war die Mechanik. Sie war das Modell aller späteren Theorien, und lange Zeit herrschten der Wunsch und die Illusion vor, man könne die gesamte Physik auf die Mechanik zurückführen. Die andere große Säule der klassischen Physik, die Elektrizität, ließ sich dann letztlich doch nicht auf die Mechanik zurückführen. Als Newton 1727 starb, hatte die Mechanik ihre moderne Gestalt bereits angenommen, während die meisten Prinzipien der Elektrizitätslehre noch auf ihre Entdeckung warteten. Die Phänomenologie der Elektrostatik und Magnetostatik wurde weitgehend im 18. Jahrhundert aufgedeckt. Diesem Prozeß ist das vorliegende Kapitel gewidmet.

Das Vermögen mancher Körper, Strohhalme oder Federn anzuziehen, nachdem man sie auf Tuch gerieben hatte, sowie einige Eigenschaften der natürlichen Magneten sind seit der Antike bekannt. Mit diesen Phänomenen eingehender befaßt hat sich aber erst William Gilbert (1540–1603). Gilbert war Engländer und kam aus begütertem Hause. Er studierte Medizin und Mathematik in Cambridge. Später praktizierte er als Arzt in London, wo er sich einen solchen Ruf erwarb, daß Königin Elisabeth I. ihn zu ihrem Leibarzt ernannte. Ein Vertreter des Elisabethanischen Englands also, der möglicherweise Shakespeare auf der Bühne des Globe Theatre erlebt und sich wegen der Armada Sorgen gemacht hat. Die Königin schätzte ihn und gewährte ihm ein Sonderlegat für seine Studien.

Gilbert hat seine magnetischen Studien in der großen Abhandlung *De magnete* zusammengefaßt, die 1600 erschien. Die neuzeitliche Erforschung der Elektrizität und des Magnetismus beginnt mit seinen Experimenten, die er mehr als 15 Jahre lang betrieb und die ihn einen Gutteil seines Privatvermögens kosteten. Vor Gilbert beherrschten phantastische Ideen das Feld, die häufig an Zauberei grenzten. Er führte viele wichtige Experimente durch; unter anderem baute er eine »Terrella«, eine kleine Erde aus Magnetstein, und zeigte, daß eine an ihrer Oberfläche angebrachte Magnetnadel zu den beiden entgegengesetzten Polen wies, ein Experiment, mit dem er seine großartige Vermutung bestätigte, daß die Erde ein gigantischer Magnet sei. Er zeigte, daß neben den bereits bekannten Körpern noch viele andere durch Reibung elektrisiert werden können, und erfand für diese Erscheinung das Adjektiv »elektrisch«. Dann unterschied er zwischen elektrischen und magnetischen Erscheinungen, indem er nachwies, daß beispielsweise ein natürlicher Magnet keiner besonderen Behandlung bedarf, um magnetische Eigenschaften zu zeigen, während Glas und Bernstein, um elektrisch zu werden, gerieben werden müssen. Außerdem demonstrierte er, daß die magnetische Anziehungskraft durch ein Blatt Papier nicht beeinträchtigt wird, wohl aber die elektrische Anziehungskraft. Bis zu einem gewissen Grad verstand er sogar das Experiment mit dem zerbrochenen Magneten, bei dem ein Magnet in zwei Teile zerbrochen wird, die jeweils einen neuen vollständigen Magneten mit zwei eigenen Polen bilden, so daß es *unmöglich* ist, zwei Bruchstücke zu erhalten, das eine nur mit einem Nordpol und das andere nur mit einem Südpol. Galilei kannte einige der Bücher Gilberts und sprach mit Bewunderung von der Vorstellung, daß die Erde ein riesiger Magnet sei. Weniger glücklich war Gilbert mit dem Versuch, diese Gegenstände theoretisch zu erfassen, indem er den elektrisierten Körpern Effluvien oder Emanationen zuschrieb. Noch gut zweihundert Jahre lang nahm man in der Elektrizitätslehre Zuflucht zu Fluida, Emanationen, Effluvien und so fort, ohne das theoretische Verständnis für die Elektrizität merklich zu erweitern. Doch insgesamt gesehen ist Gilberts Pionierarbeit auf dem Gebiet der Elektrizität und des Magnetismus von höchstem wissenschaftlichen Rang. Er entdeckte neue Phänomene und schlug neue Gedanken zu ihrer Erklärung vor. Mehr als fünfzig Jahre nach Gilberts Tod war sich Newton durchaus über die Bedeutung elektrischer und magnetischer Erscheinungen im klaren, wußte aber auch, daß das Verständnis für sie nicht sehr weit gediehen war, wie er am Ende der *Principia* und in der interessanten Frage 22 seiner *Optik* deutlich macht.

Das 18. Jahrhundert ist voller Elektrizitätsforscher, die wichtige Einzelentdeckungen machten. Gewiß, die Feststellung, daß es Leiter und Nichtleiter von Elektrizität gibt, ist eine größere Entdekkung als manche, deretwegen unsere Zeitgenossen bekannt wurden. Doch an wie viele der heute berühmten Physiker wird man sich in zweihundert Jahren noch erinnern? Die Zeit ist ein gestrenger Richter, und nur sehr wenige vermögen sich ihrem nivellierenden Einfluß zu entziehen. Fast zwei Jahrhunderte lang wurde die Lehre von Elektrizität und Magnetismus durch die gemeinsame Anstrengung vieler ausgezeichneter Physiker vorangebracht, die heute nur noch Wissenschaftshistorikern vertraut sind. Zwar gibt es keine überragende Gestalt, wohl aber kollektive Arbeit von überragender Bedeutung. Erst mit Alessandro Volta (1745–1827), zweihundert Jahre nach dem Erscheinen von *De magnete,* kommt es zu geballten revolutionären Fortschritten. Um sie zu verstehen, müssen wir jedoch erst das fruchtbare Tal der Elektrizitätsforschung des 18. Jahrhunderts durchschreiten.

Der erste Fortschritt gegenüber dem manuellen Reiben von Glas und Bernstein war die Herstellung von Maschinen, die das Reiben wirksamer besorgten. Otto von Guericke (1602–1686), Bürgermeister von Magdeburg und Sproß einer berühmten Familie, verbrachte den größten Teil seiner Zeit mit politischen Geschäften, die seine Heimatstadt betrafen. In Deutschland wütete der Dreißigjährige Krieg, und von Guericke, ein technisch vielseitiger Mann, hatte reichlich Gelegenheit, seiner Stadt ebenso mit seinem technischen wie mit seinem diplomatischen Geschick zu dienen. Als endlich Friede war, fand er Muße, die Natur des Vakuums zu untersuchen. Er fertigte eine Pumpe – die erste Vakuumpumpe –, mit der er etwa ab 1654 viele spektakuläre Experimente durchführte. Seinen Zeitgenossen verschlug es die Sprache, als sich 16 Pferde vergeblich bemühten, zwei luftleer gepumpte Halbkugeln auseinanderzureißen. Hauptabsicht von Guerickes war es, das Verhalten von Erscheinungen im Vakuum, also unter Weltraumbedingungen, zu erforschen. Er nahm die Existenz vieler »Wirkungen« an, die über große Entfernungen agierten, wie zum Beispiel die Gravitation, aber auch eine expulsive Wirkung, die Feuer zum Ausbruch bringt und den Mond in seinem Abstand hält, eine impulsive Wirkung (die Trägheit) sowie Wirkungen, die Licht, Schall und Wärme hervorrufen. Um einige von ihnen nachzuweisen, baute er eine Schwefelkugel, die verschiedene Mineralstoffe enthielt und durch Reibung elektrisiert werden konnte. Sie zeigte mehrere Wirkungen und war auch die erste elektrostatische Maschine.

Der nächste große Fortschritt in der Elektrizitätslehre, die Entdeckung von Leitern und Nichtleitern, ist großenteils das Verdienst des Engländers Stephen Gray (1666–1736). Der Sohn eines Färbers war aus Canterbury gebürtig. Wenngleich er in die Fußstapfen seines Vaters trat, genoß er auch eine gute Ausbildung, möglicherweise in London. Er hatte Verbindung zum königlichen Astronomen John Flamsteed und brachte selber gute astronomische Beobachtungen zustande, die ihm eine Einladung von Roger Cotes (1682–1716) verschafften; als dieser ein Obervatorium am Trinity College einzurichten wünschte. Gray blieb ungefähr ein Jahr in Cambridge und ging dann in seinen Geburtsort zurück. 1711 bat er um einen Platz als Pensionär des Charterhouse in London, einer Stiftung für verarmte ältere Herren.

Ausgerechnet dort gelang Gray seine fundamentale Entdekkung, die eher zufällig zustande kam. Er experimentierte mit einer langen Glasröhre, die an einem Ende elektrifiziert und an beiden Enden mit Korken verschlossen war. Zufällige Beobachtungen veranlaßten ihn, sein Experiment dahingehend abzuändern, daß er einen der Korken mit einem Stöckchen durchbohrte, so daß es aus der Röhre herausragte, und er bemerkte, daß sich die dem Glas vermittelte Elektrisierung auch dem Korken und dem Stöckchen mitteilte. Später legte er seine Experimente über große Entfernungen an. Als er eine Saite an Seidenfäden aufhängte, stellte er fest, daß sie die Elektrizität über eine Strecke von mehr als 120 Metern transportieren konnte. Aufgrund des Gewichts rissen die Seidenfäden jedoch, und als er sie durch stärkere Metalldrähte ersetzte, zeigte sich, daß sich seine elektrischen Effekte nicht mehr übertra-

Ganz rechts im Bild ist Otto von Guerickes elektrostatische Maschine zu sehen. In der Mitte schwebt eine von der elektrisierten Schwefelkugel abgestoßene Feder.

gen ließen. Diese und andere Experimente erklärte er schließlich durch die Unterscheidung zwischen Nichtleitern und Leitern. Diese Entdeckungen lagen durchaus nicht auf der Hand, schon gar nicht, wenn einem nur eine Glasröhre oder eine primitive elektrostatische Maschine zur Verfügung stand. Die Beobachtungen von elektrischer Leitfähigkeit, Induktion, Elektrisierung und der Rolle der Erde als Körper mit (wie wir heute sagen würden) konstantem Potential sind eng miteinander verknüpft. So kann beispielsweise eine Ladung von einem isolierten Leiter auf einen anderen Leiter mittels eines Leitungsdrahtes übertragen werden. Das kann aber auch durch Induktion geschehen, also dadurch, daß man den Leiter in die Nähe des geladenen Körpers bringt. Die saubere Unterscheidung aller dieser Effekte ist zweifellos schwierig, zumal Saiten und Schnüre Leiter oder Nichtleiter sein können – je nach ihrer Beschaffenheit, der Luftfeuchtigkeit und vielen anderen Variablen, die man erst kontrollieren kann, wenn man ihre Bedeu-

Eines der vielen Experimente, mit denen Stephen Gray die elektrische Leitung untersuchte. Hier demonstriert er die Leitfähigkeit eines menschlichen Körpers. (Johann Gabriel Doppelmayr, *Neu-entdeckte Phänomena von bewundernswürdigen Würckungen der Natur,* Nürnberg 1744.)

tung erkannt hat. Das Forschungsgebiet ist voller Fallstricke, und es bedarf ungewöhnlicher Phantasie und Kritikfähigkeit, um auf die richtigen Antworten zu kommen. In James Clerk Maxwells' 1873 geschriebenen *Treatise on Electricity and Magnetism* (*Lehrbuch der Electricität und des Magnetismus*, Berlin 1883) werden die experimentellen Grundlagen der Elektrostatik auf sieben Experimente reduziert: Elektrisierung durch Reibung, Elektrisierung durch Induktion, Elektrisierung durch Leitung sowie vier weitere Verfahren, die zwischen Glaselektrizität und Harzelektrizität (postiver und negativer Ladung) unterscheiden und Methoden zur Messung der Ladung angeben. J. J. Thomson (1856–1940) fügte als Herausgeber der dritten Ausgabe des *Treatise* eine Fußnote hinzu: »Die Schwierigkeiten, die zu überwinden wären, um einige der vorangegangenen Experimente schlüssig zu machen, sind so groß, daß sie schier unüberwindlich scheinen.« Die Elektrizitätsforscher des 18. Jahrhunderts überwanden sie in kollektiver Anstrengung.

Der nächste wichtige Repräsentant ist der Franzose Charles Dufay (1698–1739). Er kam aus vornehmer Familie, und sein Vater hatte Verbindungen zu höchsten Armee- und Kirchenkreisen. Er verschaffte seinem 25jährigen Sohn einen Posten als beigeordneter Chemiker in der Académie des Sciences. Zu diesem Zeitpunkt hatte der junge Dufay keinerlei wissenschaftliche Verdienste vorzuweisen, trotzdem erwies sich die Berufung als Glücksfall, da er eine ungewöhnliche Begabung an den Tag legte. 1732 wurde er zum Verwalter der königlichen Gärten bestellt, und im Jahr darauf nahm er seine methodischen elektrischen Studien auf. Er fand heraus, daß es zwei, und nur zwei Arten von Elektrizität gab. Er nannte sie Glas- und Harzelektrizität, weil sie durch das Reiben von Glas beziehungswiese Harz freigesetzt wurden. Es handelt sich um die, in heutiger Terminologie, positiven und negativen Ladungen. Bemerkenswert ist, daß nach Gilbert noch einmal gut hundert Jahre verstrichen, bis der folgende fundamentale Tatbestand herausgefunden wurde: Dufay entdeckte, daß gleichartige Elektrizitäten einander abstoßen und verschiedenartige einander anziehen. Im Jahr 1733 suchte sich Dufay einen Mitarbeiter für seine elektrischen Forschungsarbeiten: Jean Antoine Nollet, der später berühmte Abbé Nollet (1700–1770). Nollet war der Sohn eines Bauern. Sein Vater, ein Analphabet, war mit einer Erziehung durch die Kirche einverstanden. Nollet besuchte die Schule, wurde aber kein Priester. Er hatte eine ungewöhnliche handwerkliche Geschicklichkeit erworben und Beziehungen zu verschiedenen französischen Gelehrten geknüpft, unter anderem zu René-Antoine Réaumur (1683–1757) und Dufay. Im Laufe der Zeit wurde er bekannt, zum Hauslehrer der Königskinder ernannt und besiegelte seinen Ruhm mit einer sechsbändigen Abhandlung über die Physik, *Leçons de physique expérimentale*, die lange ein Standardtext blieb. Er entwarf eine Theorie der Elektrizität, die einige Jahre lang das Feld beherrschte, doch für die Physiker heute ohne Interesse ist.

Einen technischen Fortschritt erster Ordnung stellte die Erfindung des elektrischen Kondensators dar. Durch Zufallsbeobachtung fand man heraus, daß man starke elektrische Entladungen erhielt, wenn man eine Flüssigkeit in einer Flasche auflud und die Flasche in der Hand hielt. Beobachtet wurde dieser Umstand 1745 von E. G. von Kleist (*ca.* 1700–1748) und veröffentlicht von Petrus van Musschenbroek (1692–1761) in Leiden. Musschenbroek war ein bekannter Physiker, Autor eines Lehrbuchs, das ein Standardtext seiner Zeit wurde. Das Gerät, das Elektrizität akkumulierte oder kondensierte, wurde als Leidener Flasche bekannt. Rasch fand man heraus, daß die Flüssigkeit durch eine leitende Metallschicht an der Innenseite der Flasche ersetzt werden konnte.

Jahre später, 1753, stieß John Canton (1718–1772) unter dem Einfluß der Theorien von Benjamin Franklin (1706–1790) auf eine andere wichtige Beobachtung: Bringt man einen Leiter in die Nähe eines geladenen Körpers, ohne ihn indessen zu berühren, so zeigt er eine elektrische Ladung mit umgekehrtem Vorzeichen wie der geladene Körper in dem ihm zugekehrten Bereich und mit gleichem Vorzeichen wie in dem von ihm abgewandten Bereich. Dieser Effekt, elektrische Induktion genannt, unterscheidet sich grundsätzlich von allen anderen Elektrisierungsmethoden.

Mitte des 18. Jahrhunderts war das elektrische Experiment sehr in Mode gekommen. Es war üblich, Menschen zu elektrisieren, indem man sie isolierte und an eine elektrostatische Maschine anschloß. Diese Vorführungen fanden bei gesellschaftlichen Anlässen in eleganten Salons ebenso statt wie vor zahlendem Publikum und gelangten sogar in die amerikanischen Kolonien.

Eine dieser Vorführungen hatte die folgenschwere Wirkung, das Interesse eines amerikanischen Zuschauers namens Benjamin Franklin zu erregen. Franklin wurde als Sohn eines englischen Seifen- und Talgherstellers in Boston geboren – zeitlich ziemlich genau zwischen der Landung der »Mayflower« und der Bostoner Tea Party. Seine erbauliche Autobiographie vermittelt einen lebhaften Eindruck von seinem Leben und seiner Zeit. In vielerlei Hinsicht sollte er ein Repräsentant des amerikanischen Ideals und für Europa die Stimme Amerikas werden. Sein Vater hatte Europa aus religiösen Gründen verlassen, hatte in Neuengland geheiratet und mit zwei Frauen insgesamt 14 Kinder. Die Kinder ergriffen verschiedene Berufe, und Benjamin, dem das Lernen auffällig leichtfiel, hatte eine höhere Schule besucht, war aber mit zwölf Jahren bei seinem älteren Bruder in eine Druckerlehre gegeben worden. Schon in sehr jungen Jahren schrieb Benjamin amüsante und eigenwillige Zeitungsartikel (*Dogood Papers*, 1722). Nach

Eine elektrisierte Dame setzt mit Hilfe elektrischer Funken Spiritus in Brand. Die elektrischen Erscheinungen waren damals sehr in Mode. (*Dell'elettricismo*, eine anonyme Schrift, Venedig 1746)

Benjamin Franklin (1706–1790), der amerikanische Drucker und Staatsmann, der sich mit seinen elektrischen Untersuchungen ebenfalls einen Namen machte und dem mit dem Blitzableiter eine höchst praktische Erfindung gelang. Franklin ist der vielleicht bedeutendste Repräsentant der amerikanischen Aufklärung während der Kolonialzeit.

einem Zerwürfnis mit dem Bruder zog er von Boston nach Philadelphia, wo er sich als Drucker und Buchhändler niederließ. Um 1724 weilte er in London, wo er, immer noch als Drucker arbeitend, unter anderem die Bekanntschaft von Henry Pemberton (1694–1771) machte, dem Herausgeber der dritten Ausgabe von Newtons *Principia*. Franklin hegte die vergebliche Hoffnung, durch ihn Newton kennenzulernen. Statt dessen begegnete er einem Mitglied der Royal Society, Peter Collinson (*ca.* 1693–1768), einem weniger berühmten Mann, der ihm ein lebenslanger Freund und wichtig für seine spätere Tätigkeit auf dem Gebiet der Elektrizität werden sollte.

Nach Philadelphia zurückgekehrt, setzte Franklin 1726 zunächst seine Arbeit als Buchdrucker fort, wandte sich aber dann dem Journalismus zu, indem er erst die *Pennsylvania Gazette* herausgab und 1733 den berühmten *Poor Richard's Almanac.* Er wurde bekannt, erhielt offizielle Posten, zum Beispiel den des Posthalters, und gewann Einfluß in der Politik Pennsylvanias. Im Laufe der Zeit wurde er auch ein wohlhabender Mann. Er hatte einen ausgeprägten Sinn für praktische Erfindungen. Franklin-Öfen ersetzten die alten Kamine, sparten Brennstoff und sind heute noch in Gebrauch. Der mittlerweile Vierzigjährige konnte sich nun ohne finanzielle Sorgen den Dingen widmen, die ihm wirklich am Herzen lagen. 1743 druckte er »Proposal for Promoting Useful Knowledge Among the British Plantations in America« (Vorschlag zur Förderung nützlicher Kenntnisse in den britischen Ansiedlungen in Amerika), der wenig später durch die Gründung der Amerikanischen Philosophischen Gesellschaft ergänzt wurde.

Hören wir in Franklins eigenen Worten, wie er mit der Elektrizität Bekanntschaft machte:

> »Während meines Aufenthaltes in Boston im Jahre 1746 traf ich dort einen Dr. Spence, der kurz vorher aus Schottland angekommen war und mir einige elektrische Experimente zeigte. Sie wurden unvollkommen ausgeführt, da er nicht sehr gewandt war; da sie aber einen mir noch ganz neuen Gegenstand betrafen, so überraschten und ergötzten sie mich in gleicher Weise. Bald nach meiner Heimkehr nach Philadelphia erhielt unsere Bibliotheksgesellschaft von Herrn P. Collinson, Mitglied der »Königlichen Gesellschaft« in London, eine Glasröhre zum Geschenk mit einiger Unterweisung zu ihrem Gebrauch für Veranstaltung derartiger Experimente. Ich ergriff begierig die Gelegenheit, das zu wiederholen, was ich in Boston gesehen hatte, und erlangte durch viele praktische Übung eine große Fertigkeit in der Veranstaltung jener Experimente sowie derjenigen, von denen wir eine Schilderung aus England erhalten hatten und denen ich noch einige neue hinzufügte. Ich sage ausdrücklich: durch viele praktische Übung, denn mein Haus wimmelte eine Zeitlang von Leuten, die diese neuen Wunder zu besichtigen kamen.« (Benjamin Franklin, *Autobiographie,* Frankfurt/M 1969, S. 234)

Seit dieser Zeit experimentierte Franklin auf dem Gebiet der Elektrizität und entwickelte seine eigenen Vorstellungen zu diesem Thema. Seine Ergebnisse teilte er in Briefen mit, die meist an Collinson gerichtet waren, der sie in einem erstmals 1751 veröffentlichten Buch zusammenfaßte. Das Buch war ein großer Erfolg und erlebte viele Auflagen und Übersetzungen. Franklins wissenschaftliche Beiträge trugen ihm 1756 die Ernennung zum auswärtigen Mitglied der Royal Society in London ein. Doch die politische Tätigkeit beanspruchte immer mehr Platz in seinem Leben und hatte nach seiner Auffassung auch Vorrang; das war eine Frage seiner Bürgerpflicht. Von 1757 bis 1762 vertrat er die Interessen des Parlaments von Pennsylvania in England. Nachdem er 1776 an der Ausarbeitung der amerikanischen Unabhängigkeitserklärung mitgewirkt hatte, ging er erneut nach Paris, wo er neun Jahre der Gesandtschaftstätigkeit widmete. Nach Philadelphia kehrte er 1785 zurück und war später Mitglied der Verfassunggebenden Versammlung. Er starb 1790 in Philadelphia, 84 Jahre alt.

Franklin war ein amerikanischer Repräsentant der Aufklärung, eine Art hausgemachter Voltaire, schlichter, weniger raffiniert als der Franzose, und ausgestattet mit dem Charme dessen, der dem Rousseauschen Naturzustand noch näher stand. In Europa erfreute er sich ungeheurer Beliebtheit. Schon früh hatte er sich von dem engstirnigen Quäkertum seiner Herkunft gelöst und sich zu einem toleranten Deismus bekannt. Seine Moralvorstellungen waren praktisch und utilitaristisch, ebenso wie seine wissenschaftlichen Zielsetzungen, die oft Hand in Hand mit technischen Erfindungen gingen.

Seine wichtigste theoretische Leistung war die neuartige Verwendung von Einsichten, die aus dem Prinzip der Ladungserhaltung gefolgert wurden. Auf dieses Prinzip waren verschiedene Forscher unabhängig voneinander gestoßen, unter anderem William Watson (1715–1787), doch Franklin erkannte seine Konsequenzen. Nach seiner Auffassung enthielt ein Körper gleiche Mengen positiver und negativer Elektrizität, die sich unter normalen Bedingungen genau aufheben. Elektrisierung ist danach die Trennung der beiden Elektrizitäten, die positiv und negativ genannt werden können, unter der Voraussetzung, daß ihre Summe gleich bleibt und Null beträgt. Den experimentellen Nachweis dieses Gedankens führte Franklin, indem er zwei Menschen auf isolierte Podien stellte und sie Elektrizität von einer mit einem Tuch geriebenen Glasröhre aufnehmen ließ. Eine der Versuchspersonen nahm das Glas, die andere das Tuch. Als sich ihre Finger nahekamen, sprang ein Funke über, und sie waren beide neutralisiert. Das Experiment wurde in vielen Spielarten durchgeführt, blieb aber im Prinzip unverändert.

So wichtig dieses Resultat auch war, seinen Ruhm verdankte Franklin weit mehr seinen Experimenten mit der atmosphärischen Elektrizität, die ihren Höhepunkt mit der Erfindung des Blitzableiters fanden. Damals herrschten höchst unklare Vorstellungen über Feuer, Verbrennung, Blitze, Funken und elektrische Entladungen. Franklin hielt den Blitz für einen riesigen elektrischen Funken. Ferner hatte er gezeigt, daß ein Körper mit einer scharfen Spitze seine elektrische Ladung leicht verliert. In Verbindung beider Gedanken meinte er, man müsse ein Gebäude allmählich entladen und so vor einem plötzlichen Blitzschlag schützen können:

> »Wenn alles dieses, sage ich, sich so verhält; würde die Kenntnis der Kraft derer Spitzen nicht denen Menschen zum Nutzen gereichen können, wenn man dadurch Häuser, Kirchen, Schiffe u. d. g. vor dem Schlage des Blitzes zu sichern suchte? Man müßte anfangen, auf die höhesten Theile der Gebäude, aufrecht stehende eiserne Stangen zu befestigen. Diese müßten so scharf als Nadeln gemacht, und, dem Roste vorzubeugen, vergoldet werden. Von dem unteren Ende dieser Stangen, müßte man außen an dem Gebäude einen Draht bis in die Erde herunter gehen lassen; bei Schiffen aber müßte dieser Draht, an einem derer Mastseile herunter, und von da ins Wasser geleitet werden. Diese spitzigen Stangen würden vermutlich das elektrische Feuer aus einer Wolke, schon weit eher ganz stillschweigend abführen, ehe dieselbe zum Schlagen nahe genug käme, und würde uns hiedurch vor diesem plötzlichen und erschrecklichen Unglück in Sicherheit stellen.« (Benjamin Franklin, *Briefe von der Elektrizität,* Wiesbaden 1983, S. 37)

Experimente, die von Franklin und anderen zunächst in Frankreich und später in Philadelphia durchgeführt wurden, bewiesen,

Das tragische Ende eines elektrischen Experiments von G. W. Richmann (1711–1753) in Petersburg. Der Experimentator näherte sich während eines Gewitters einem isolierten Blitzableiter und wurde getötet, sein Assistent verlor das Bewußtsein. Richmann war ein namhafter, aus Deutschland stammender Wissenschaftler.

daß man in der Tat Elektrizität aus den Wolken ableiten konnte. Franklins berühmtes Drachenexperiment verlief glimpflich, doch der Physiker Georg Wilhelm Richmann (1711–1753) wurde bei einem ähnlichen Versuch in Rußland getötet. Bis zu diesem Vorfall wußten die Experimentatoren gar nicht, in welche Gefahr sie sich begaben.

Joseph Priestley (1733–1804), ein Engländer, der später in die Vereinigten Staaten auswanderte, ist durch die Entdeckung des Sauerstoffs vor allem als einer der großen Chemiker seiner Zeit bekannt. Er war Franklins Freund und gleichfalls Elektrizitätsforscher. 1767 schrieb er ein Buch mit dem Titel *History and Present State of Electricity,* ohne zu ahnen, daß die Elektrizitätslehre noch kaum begonnen hatte. In diesem Buch berichtete er von einem Experiment, das bereits von Franklin ausgeführt worden war und das er mit gleichem Ergebnis wiederholt hatte. Es hatte gezeigt, daß sich im Inneren einer geschlossenen Metallschachtel keine elektrische Kraft und an der Innenfläche keine Ladung befindet. Priestley kannte seinen Newton und vermutete, das Experiment lasse sich damit erklären, daß sich gleichnamige elektrische Ladungen mit einer Kraft abstoßen, die dem umgekehrten Quadrat ihres Abstandes proportional ist. Die Schlußfolgerung war richtig, wurde aber lange Zeit nicht weiterverfolgt und fand nicht die Aufmerksamkeit, die sie verdiente.

Ungefähr um das Jahr 1770 lag die Phänomenologie der Elektrostatik vor. Man wußte, daß es entweder zwei Elektrizitäten, eine positive und eine negative, gab oder nur eine, die dann aber einem neutralen Körper zugeführt oder aus ihm abgeleitet wurde. Die Elektrizitätsmenge blieb erhalten, das heißt die Summe der positiven und negativen Ladungen war konstant. Es gab Nichtleiter, in denen sich die Elektrizität nicht bewegen konnte, und Leiter, in denen sie sich frei bewegen konnte. Gleiche Ladungen stießen sich ab, entgegengesetzte zogen sich an. Sobald diese grundlegenden Tatsachen erkannt waren, war die Zeit reif für ein quantitatives Gesetz der Anziehung und Abstoßung. Vielen dürfte das Newtonsche Vorbild der Gravitation gegenwärtig gewesen sein.

Der unmittelbare experimentelle Beweis des Gesetzes der Anziehung (bzw. der Abstoßung) zweier elektrischer Ladungen gelang erstmals John Robison (1739–1805), einem unternehmungslustigen Schotten, als er mit einem klug ersonnenen Apparat die Entfernungsabhängigkeit der elektrischen Kraft maß. Er bestätigte, daß die zwischen den Ladungen herrschende Kraft dem Quadrat der Entfernung der Ladungen voneinander umgekehrt proportional ist (das invers-quadratische Abstandsgesetz). Doch er ließ Jahre verstreichen, bevor er seine Ergebnisse veröffentlichte. Inzwischen hatte Charles Augustin Coulomb (1736–1806) sein Kraftgesetz aufgestellt, das heute zu Recht Coulombsches Gesetz heißt. Coulomb war ein französischer Ingenieur mit einer soliden mathematischen Ausbildung. Sein Vater war nach einer Offizierslaufbahn Steuereinnehmer geworden und hatte gehofft, er könnte aus seinem Sohn einen Arzt machen. Der Vater büßte sein Vermögen ein, und der Sohn durfte sich, seinem Interesse für die Naturwissenschaften und die Technik folgend, an der militärischen Ingenieursschule in Mézières einschreiben. Neun Jahre verbrachte er im tropischen Klima Martiniques damit, die im Siebenjährigen Krieg zerstörten Befestigungsanlagen wiederaufzubauen, bevor er mit 36 Jahren und angegriffener Gesundheit nach Frankreich zurückkehrte. Er war Mitgewinner eines Preises, den die Académie des Sciences für eine Untersuchung der magnetischen Variationen ausgesetzt hatte. Das brachte ihn 1781 in die Académie und, noch wichtiger, zur Erfindung und Entwicklung der Drehwaage, eines Instruments von unvergleichlicher Empfindlichkeit. Er zog dieses Instrument zu vielen elektrischen und magnetischen Forschungsarbeiten heran, in deren Verlauf ihm der Beweis des invers-quadratischen Abstandsgesetzes gelang, das er in einem Bericht aus dem Jahre 1788 ausführlich darstellte. In Frankreich setzte sich Coulombs Entdeckung sofort durch, im Ausland langsamer, obwohl das Gesetz in England von dem führenden Elektrizitätsforscher des Landes, Henry Cavendish (1731–1810), bereits entdeckt worden war, allerdings ohne daß er es veröffentlicht hatte.

Cavendish war der Sproß einer großen Familie und ein hochgradiger Exzentriker, der kaum Kontakt zu Kollegen hatte. Sein Vater, Lord Charles Cavendish, hatte bereits wertvolle Arbeit auf dem Gebiet der Elektrizität geleistet. Der Sohn und Erbe eines der großen englischen Vermögen kam in Nizza zur Welt, wo seine Mutter aus gesundheitlichen Gründen lebte. Sie starb, als Henry zwei Jahre alt war. Der junge Cavendish besuchte die Universität Cambridge, machte aber, wie damals bei Aristokraten üblich, keinen Abschluß. Nach der traditionellen Kavalierstour durch Europa lebte er im Haus des Vaters in London. Cavendish war ein außerordentlicher Experimentator und Physiker, aber nicht weniger ungewöhnlich war seine exzentrische Lebensweise. Er kleidete sich anders als alle Welt, sprach verworren und kaum verständlich, er mied die Gesellschaft und vor allem Frauen. Seine Beziehungen zu anderen Wissenschaftlern beschränkten sich auf ein Minimum, obwohl er 1760 Mitglied der Royal Society und 1803 des Französischen Instituts wurde. Er lebte äußerst sparsam, gleichwohl finanzierte er alle seine Experimente aus eigener Tasche. Bei seinem Tod hinterließ er mehr als eine Million Pfund, ein Vermögen, das mit den Mitteln der größten amerikanischen Stiftungen unserer Zeit vergleichbar ist.

Cavendishs Ruhm gründet sich mehr auf seine Tätigkeit als Chemiker denn als Physiker, weil seine chemischen Entdeckungen veröffentlicht wurden, während er nur einen kleinen Bruchteil seiner elektrischen Arbeiten 1771 in einem schwer verständlichen Aufsatz bekanntgegeben hat. Die meisten seiner Ergebnisse kamen erst durch die Bemühungen Maxwells ans Licht, der sich als »Cavendish-Professor« um die Veröffentlichung von Henry Cavendishs elektrischen Forschungsarbeiten kümmerte. William Thomson (1824–1907) war auf einige Messungen der Kapazität von Kondensatoren verschiedener Form gestoßen, die Cavendish vorgenommen hatte. Die Ergebnisse waren überraschend genau, und er schlug eine eingehendere Untersuchung von Cavendishs Papieren vor.

In seinen unveröffentlichten Arbeiten fand man den Beweis für das invers-quadratische Abstandsgesetz, der sich auf die Abwesenheit des elektrischen Feldes im Innern eines geladenen Leiters sowie auf Newtons mathematische Argumente stützt. Cavendishs Definition der Kapazität eines Leiters ergab sich aus seinem Prinzip, daß Leiter, die »in gleichem Maße« (wir würden heute sagen »bei gleichem Potential«) aufgeladen werden, Ladungsmengen enthalten, die ihren Kapazitäten proportional sind. Die Ladungsmenge kann man direkt durch Entladung des Objekts mit einer Prüfsonde messen. Ferner fand er heraus, daß die Kapazität zweier

Kondensatoren gleicher Geometrie vom Dielektrikum abhängt. Schließlich hat er den Widerstand verschiedener Körper gemessen – beispielsweise hat er festgestellt, daß bei gleicher geometrischer Form der Widerstand von salzgesättigtem Wasser 560 000mal größer als der von Eisen ist. Wir können alle diese Entdeckungen nur

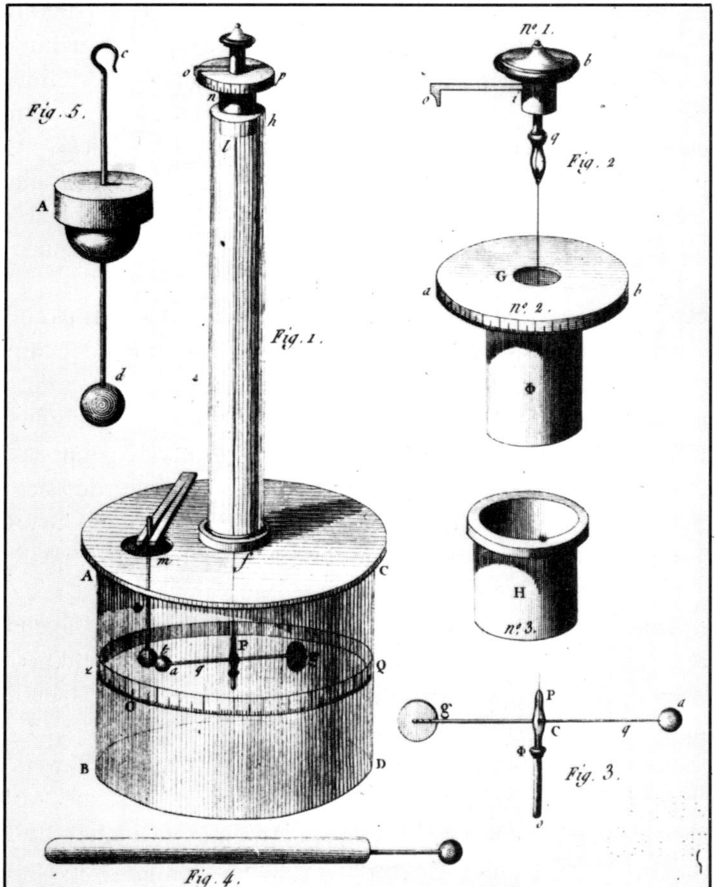

Coulombs Drehwaage, ein empfindliches und genaues Meßinstrument für kleine Kräfte. Aus *Construction et usage d'une balance électrique* (1785). Die Drehung des Drahtes, die im Knopf des Rohrs gemessen wird, gleicht die Anziehung oder Abstoßung zwischen geladenen Körpern aus. (Lawrence Berkeley Technical Information Center, University of California, Berkeley)

rückhaltlos bewundern, aber sie waren so unzugänglich wie die vielen Diamanten, die zweifellos noch im Erdinneren verborgen sind.

In der veröffentlichten Arbeit Cavendishs finden wir die Bestimmung der Anziehung zwischen zwei schweren Kugeln. Für diese Untersuchung benutzte er die Drehwaage. Als Ergebnis erhielt er die Gravitationskonstante γ, die Newtons invers-quadratisches Abstandsgesetz vervollständigt: $F = \gamma\, m_1 m_2 / r^2$. Wenn wir mit dieser Konstante die Erdbeschleunigung g ausrechnen, so erhalten wir ϱ, die mittlere Dichte der Erde, da $g = (4/3)\pi\gamma\varrho R$, wobei R der Erdradius ist. Cavendish fand $\varrho = 5{,}45\ g/cm^3$; moderne Messungen ergeben $\varrho = 5{,}522\ g/cm^3$.

Hilfe von den Fröschen: Galvani, Volta und »Das wunderbarste Instrument, welches die Menschen jemals erfunden haben«

Als die Phänomenologie der Elektrostatik vorlag und das invers-quadratische Abstandsgesetz bekannt war, wurde eine vollständige mathematische Beschreibung der elektrostatischen Erscheinungen im Rahmen der Newtonschen Fernwirkungstheorie möglich. Die großen mathematischen Physiker Napoleonischer Zeit oder unmittelbar danach – Pierre-Simon Laplace und Siméon-Denis Poisson in Frankreich, George Green (1793–1841) in England, Carl Friedrich Gauß in Deutschland und andere – haben diese Theorie in einer Form entwickelt, die sich bis in die Gegenwart behauptet hat. Lagrange hat für die Gravitation den grundlegenden Begriff des »Potentials« eingeführt (1772); Laplace entwickelte die Gleichung für das Potential in einem Vakuum (1782), während Poisson die Laplacesche Gleichung für den Fall erweiterte, in dem Ladungen anwesend sind (1813). Der »Delta«- oder Laplace-Operator genannte Differentialoperator sollte einer der Grundpfeiler der mathematischen Physik werden. Green und Gauß entdeckten die fundamentalen Eigenschaften des Potentials für den Newtonschen Fall. Sie sind in den berühmten Formeln enthalten, die ihren Namen tragen.

Ähnlich verlief die Entwicklung auf dem Gebiet des Magnetismus, nur daß keine freien magnetischen Ladungen entdeckt wurden – lediglich Paare von gleichem positiven und negativen Magnetismus. Andererseits war es nicht schwer, die Mathematik von der Elektrostatik auf die Magnetostatik zu übertragen.

So erreichte ein großer Teil der Elektrizitätslehre einen Zustand der Reife, man hätte sogar denken können, der Abgeschlossenheit, als entscheidende experimentelle Befunde neue Horizonte eröffneten und offenbarten, daß man bisher noch nicht einmal die sprichwörtliche Spitze des Eisbergs kannte.

Der neue Anstoß kam aus einer völlig unerwarteten Ecke – durch die Arbeit eines Anatomie- und Biologieprofessors. Luigi Galvani (1737–1798) aus Bologna war ein bekannter Professor, der in seiner Heimatstadt Anatomie und Geburtshilfe lehrte. In der Elektrizitätslehre kannte man seit vielen Jahren physiologische Effekte elektrischer Entladungen und – wirkliche oder eingebildete – Zusammenhänge zwischen elektrischen und biologischen Erscheinungen. Ein Großteil dieser Arbeiten war falsch, einige sogar gefälscht, und im großen und ganzen erfreute sich das Thema keiner großen Achtung. Galvani dagegen war ein hochgeachteter Wissenschaftler, und was er in einer lateinischen Schrift aus dem Jahr 1791 mit dem Titel *De viribus electricitatis in motu musculari commentarius* (*Über die Kräfte der Electricität bei der Muskelbewegung,* Ostwalds Klassiker Nr. 52, Leipzig 1864) zu berichten wußte, fand sofort ernsthaftes Interesse bei seinen Kollegen.

Galvani hatte einige Jahre zuvor mit seinen Experimenten begonnen. In der deutschen Übersetzung liest sich sein Bericht wie folgt: »Ich secirte einen Frosch und präparierte ihn (. . .) und legte ihn, mich alles anderen versehend, auf einen Tisch, auf dem eine Electrisirmaschine stand . . ., weit von deren Conductor getrennt und durch einen nicht gerade kurzen Zwischenraum geschieden. Wie nun der eine von den Leuten, die mir zur Hand gingen, mit der Spitze des Skalpellmessers die inneren Schenkelnerven . . . des Frosches zufällig ganz leicht berührte, schienen sich alle Muskeln an den Gelenken wiederholt derart zusammenzuziehen, als wären sie anscheinend von heftigen tonischen Krämpfen befallen. Der andere aber, welcher uns bei den Electricitätsversuchen behilflich war, glaubte bemerkt zu haben, dass sich das ereignet hätte, wäh-

Luigi Galvani (1737–1798), Anatomieprofessor an der Universität von Bologna. Seine ansehnlichen Leistungen auf medizinischem Gebiet sind von seinen verblüffenden Entdeckungen der elektrischen Effekte in toten Fröschen in den Schatten gestellt worden. Diese Entdeckungen leiteten einen neuen Abschnitt in der Elektrizitätsforschung ein.

rend dem Conductor der Maschine ein Funken entlockt wurde . . .« Verwirrt von dieser Beobachtung, wurde Galvani »von einem unglaublichen Eifer und Begehren entflammt, dasselbe zu erproben und das, was darunter verborgen wäre, ans Licht zu ziehen«.* Er wandelte die Experimente auf vielfältige Weise ab. Er stellte fest, daß atmosphärische Elektrizität auf die Frösche einwirkte und daß die Kontraktionen zunahmen, wenn man die Muskeln mit Metallfolien bedeckte, so daß man eine Art Leidener Flasche herstellte, wobei der Frosch die Flasche bildete. Groß war die Wirkung auch, wenn man die Nerven mit einem Metallbogen berührte, vor allem, wenn der Bogen aus zwei verschiedenen Metallen bestand. Durch diese Experimente hoffte Galvani die animalischen Geister zu entdecken, nach denen man schon seit langem forschte.

Galvani hatte einen sehr viel größeren Fisch an der Angel, als er

* (a. a. O., S. 4)

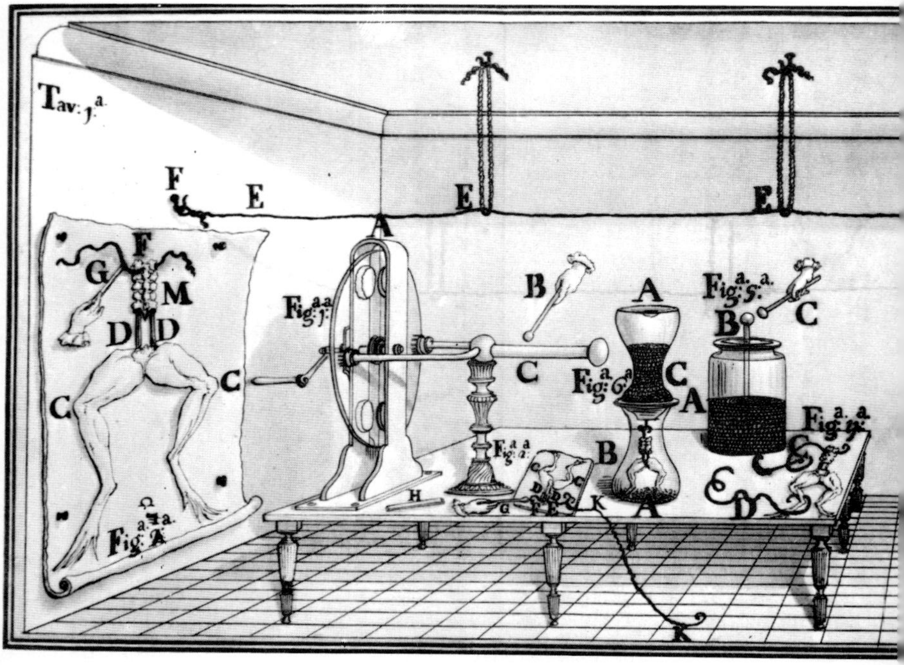

dachte. Er hatte zwei große Kapitel der Naturwissenschaft aufgeschlagen: die Elektrophysiologie und die Lehre von den elektrischen Strömen. Daß es ihm nicht gelang, das Problem zu lösen, ist verständlich. Das vermochte viele Jahre lang auch kein anderer. Galvani aber wurde in eine wissenschaftliche Auseinandersetzung verstrickt, vor allem mit Volta, der einen Teil des Problems sehr deutlich erkannte, während der andere sogar heute noch nicht vollständig geklärt ist. Galvani starb 1798, noch immer davon überzeugt, daß die tierische Elektrizität nicht das gleiche sei wie die gewöhnliche Elektrizität.

Hier begegnet uns zum erstenmal Alessandro Volta, nach dem die Spannungseinheit »Volt« benannt ist. Er wurde 1745 im italienischen Como als Sohn einer wohlhabenden katholischen Familie geboren. Sein Vater war elf Jahre Jesuitennovize gewesen, bevor er ein gleichfalls sehr frommes Edelfräulein zur Frau genommen hatte. Drei Brüder des Vaters hatten die Priesterweihe empfangen,

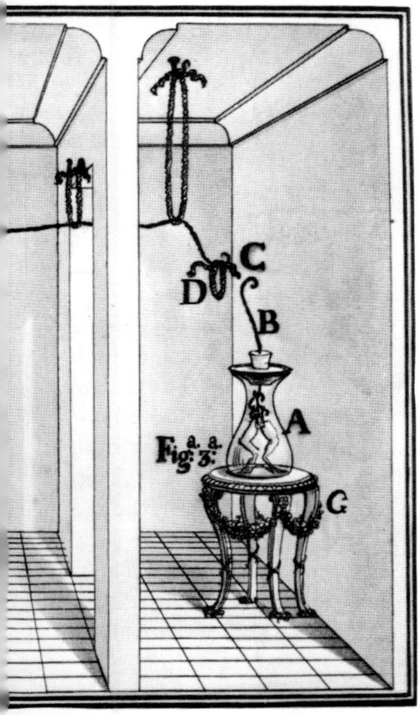

Galvanis Laboratorium nach einer Originalzeichnung, die als Vorlage für die Illustrierung seines Werkes diente. Man erkennt die für das Experiment präparierten Frösche, die elektrostatische Maschine, die Leidener Flasche und die Konduktoren. (University of California, Berkeley)

und fünf seiner neun Kinder traten in kirchliche Dienste. Alessandro hatte stets größte Hochachtung für seinen Bruder, den Archidiakon, und für seinen besten Freund, den Domherren Giulio Cesare Gattoni. Doch nach seiner Erziehung bei den Jesuiten zog Alessandro ein weltliches Leben vor, obwohl die klerikale Gesellschaft, die ihn umgab, im großen und ganzen ziemlich fröhlich, lebenszugewandt und aufgeschlossen war. Volta lebte lange Jahre mit einer Sängerin, heiratete aber, als er sich den Fünfzig näherte, eine andere. Seine Frau wird als häßlich, von vornehmer Wesensart, reich und klug geschildert.

Voltas Ausbildung hatte sich auf Latein, Sprachen und Literatur konzentriert. Er konnte Gelegenheitsgedichte in Französisch und Italienisch und Oden in Latein verfassen. Seine naturwissenschaftlichen Neigungen scheinen sich spontan entwickelt zu haben. Mit 19 Jahren schrieb er ein kleines Gedicht in lateinischen Hexametern über chemische Entdeckungen. Die Comer Region, in der er

Alessandro Volta (1745–1827), Physikprofessor an der Universität von Pavia und einer der größten Experimentatoren auf dem Gebiet der Elektrizität. Er erfand die Voltasche Säule (also die elektrische Batterie), mit der die moderne Elektrizität begann. (Biblioteca Comunale di Como)

lebte, war wohlhabend, die Verbindung in die Schweiz kurz und bequem, die dort zuständige österreichische Regierung ausgesprochen liberal für die Zeit, und die Bessergestellten erfreuten sich einer angenehmen, kultivierten Lebensweise.

Der junge Volta begann auf dem Gebiet der Elektrizität zu experimentieren, las alle einschlägigen Bücher, die er in die Finger bekam, und erlag zunehmend der Faszinationskraft dieser Arbeit. Sein Freund Gattoni half ihm, indem er ihm Geräte und Platz in seinem Hause zur Verfügung stellte. Als Sechzehnjähriger hatte Volta angefangen, Briefe an verschiedene bekannte Elektrizitätsforscher zu schreiben, unter anderem an Abbé Nollet in Paris und an Giambatista Beccaria (1716–1781) in Turin. Beccaria war ein bewanderter, international bekannter Physiker, der Volta riet, weniger Theorien zu entwerfen und sich mehr ans Experiment zu halten. Tatsächlich waren die theoretischen Ideen des jungen Volta weniger bedeutsam als seine Experimente. Im Laufe der Jahre entwickelte er aber ein Verständnis für die statische Elektrizität, das sich mit dem der hervorragendsten Experten seiner Zeit messen konnte. Bald machte er sich an die Konstruktion eigener Geräte, die seine Theorien in die Praxis umsetzten. Entscheidend war, daß er – in moderner Terminologie – eine klare Vorstellung von der elektrischen Ladung, dem Potential oder der Spannung, wie er es nannte, von der elektrischen Kapazität und der Beziehung $Q = CV$ gewonnen hatte.

Ein ausgezeichnetes Beispiel für ein Voltasches Instrument ist der Elektrophor. Zunächst wird eine Leiterplatte auf einen geladenen »Harzkuchen« gelegt, der durch Reibung elektrisiert worden ist. Dann wird die Metallplatte durch Berührung geerdet und anschließend mit einem isolierten Griff aufgehoben. Auf diese Weise ist die Platte mit einem hohen Potential geladen und kann zum Laden einer Leidener Flasche benutzt werden. Der Vorgang kann unendlich oft wiederholt werden. Die Vorrichtung ist äußerst sinnreich und hat später in vielen Spielarten eine ganze Schar elektrostatischer Maschinen hervorgebracht. Volta war sich völlig klar darüber, daß er seine elektrischen Spannungen quantitativ messen mußte, deshalb konstruierte er ein Elektrometer, den Vorläufer aller elektrostatischen Absolutelektrometer, die Potenialunterschiede in wiederholbarer Weise messen konnten. Er legte eine Skala für sein Instrument fest, und aus seiner Beschreibung können wir rekonstruieren, daß seine Einheit 13 350 Volt nach heutiger Festlegung betrug. Die Erfindung des Elektrophors trug Volta den Posten eines Physiklehrers an Comer Schulen ein (1775). Sein Ruf begann über die Grenzen Italiens hinauszudringen, so daß er zum Mitglied der Physikgesellschaft in Zürich gewählt wurde.

Voltas Interessen beschränkten sich nicht auf die Elektrizität. Durch Beobachtung der Blasen in den Sümpfen am Lago Maggiore entdeckte er das Methan. Seine chemischen und elektrischen Interessen vereinte er im Bau des sogenannten Eudiometers, eines Geräts, in dem er in einem geschlossenen Gefäß Gase durch Entzündung mit elektrischen Funken verbrennen konnte. Mit 32 Jahren unternahm er eine Reise in die Schweiz, in deren Verlauf er Voltaire und verschiedenen Schweizer Physikern begegnete. Bei seiner Rückkehr wurde er zum Physikprofessor an der Universität Pavia, der führenden Universität in der Lombardei, berufen. Diese Stellung behielt er bis zu seiner Emeritierung; dort machte er auch seine bahnbrechendsten Entdeckungen.

Eine zweite Auslandsreise unternahm Volta 1792; diesmal beschränkte er sich nicht auf die nahe gelegene Schweiz, sondern bereiste Deutschland, Holland, Frankreich und England, wobei er seine wichtigsten Kollegen, etwa Laplace und Antoine-Laurent Lavoisier (1743–1794), aufsuchte und auch mit ihnen experimentierte, wenn sich die Gelegenheit ergab. Damals wurde er zum korrespondierenden Mitglied der Französischen Akademie gewählt und wenig später zum auswärtigen Mitglied der Londoner Royal Society.

Kurz nach seinem 45. Geburtstag las Volta Galvanis Aufsätze aus dem Jahre 1791, die ihn zu seinen größten Erfindungen und Entdeckungen veranlassen sollten. Er war zunächst skeptisch, begann aber bald mit Dingen zu experimentieren, die nach seinen eigenen Worten »allem überlegen waren, was bis dahin über Elektrizität bekannt war, so wunderbar erschienen sie«. Zunächst akzeptierte er Galvanis Auffassung, daß der Frosch eine Leidener Flasche sei, begann dann aber zu argwöhnen, daß der Frosch in erster Linie ein Detektor sei und daß sich die Elektrizitätsquelle außerhalb des Tieres befinde. Er stellte auch fest, daß zwei verschiedene miteinander in Kontakt befindliche Metalle auf der Zunge besondere Empfindungen hervorrufen, manchmal saure, manchmal alkalische. Er nahm an – und konnte durch elektrostatische Messungen, die unsere Bewunderung verdienen, beweisen –, daß zwei verschiedene Metalle, wie etwa Kupfer und Zink, verschiedene Potentiale annehmen, wenn sie sich berühren. Er maß diese Potentialdifferenz und erhielt Ergebnisse, die sich nicht sonderlich von dem unterscheiden, was wir heute Kontaktspannung nennen. Damit waren Galvanis Experimente erklärt, zumindest, wenn der Metallbogen, der Muskeln und Nerven miteinander verbindet, bimetallisch ist. Man kann dann davon ausgehen, daß der Frosch einfach ein überaus empfindliches Elektrometer ist. Natürlich antwortete Galvani, er könne die Kontraktionen auch beobachten, wenn der Metallbogen nur aus einem Metall bestehe. Das war ein ernst zu nehmender Einwand, und Volta machte zu seiner Verteidigung unter anderem mögliche Inhomogenitäten des Metalls geltend.

Eine eingehendere Untersuchung des Problems führte Volta zur Erfindung der nach ihm benannten Säule, einer der größten physikalischen Taten aller Zeiten. Volta fand heraus, daß elektrische Leiter in zwei Klassen unterteilt werden konnten. In der ersten waren die Metalle, die in Kontakt verschiedene Potentiale annahmen, in der zweiten waren Flüssigkeiten (Elektrolyte, wie wir heute sagen würden), die kein sonderlich anderes Potential annahmen als ein in sie eingetauchtes Metall. Ferner nehmen Leiter der zweiten Klasse, in Kontakt miteinander, keine wesentlich verschiedenen Potentiale an. Leiter der ersten Klasse ließen sich dergestalt in einer Skala anordnen, daß jeder im Vergleich zum vorangehenden positiv war – zum Beispiel Zink im Vergleich zu Kupfer. In einer Kette von Metallen ist die Potentialdifferenz zwischen dem ersten und dem letzten Metall so, als gäbe es die Kontakte dazwischen nicht, als wären das erste und das letzte Kettenglied in unmittelbarem Kontakt miteinander.

Volta verfiel schließlich auf den Gedanken, eine Anzahl Leiter der ersten und zweiten Sorte so miteinander zu kombinieren, daß sich die bei jedem Kontakt hervorgerufenen Potentialdifferenzen addierten. »Säule« nannte er sein Gerät, weil sich darin Zink-, Kupfer- und säuregetränkte Tuchfetzen in ständiger Wiederholung zu einer Säule stapelten. Er schilderte seine Erfindung in einem berühmten (französischen) Brief an Sir Joseph Banks, den Präsidenten der Royal Society, und gab diesem Brief den Titel »Über die Elektrizität, die durch den bloßen Kontakt leitender Substanzen verschiedener Art erregt wird«.

Die Säule erzeugte einen stetigen elektrischen Strom von größerer Stärke als elektrostatische Maschinen und führte deshalb zu einer regelrechten Revolution in der Wissenschaft. Einen gewissen Eindruck von der Bewunderung, die er dafür erntete, vermittelt uns der Brief von Dominique François Arago aus dem Jahre 1831: »Nun wohl, ich zögere nicht, es auszusprechen, daß diese anscheinend träge Masse, diese wunderliche Zusammenstellung, diese Säule von so vielen Paaren ungleicher, durch etwas Flüssigkeit getrennter Metalle, durch ihre auffallenden Wirkungen das wunderbarste Instrument ist, welches die Menschen jemals erfunden haben . . .«* Im Fortgang beschrieb er dann den Wissensstand der

---

* (*Franz Arago's sämmtliche Werke*, hg. von Dr. W. G. Hankel, Bd. 1, Leipzig 1854, S. 174)

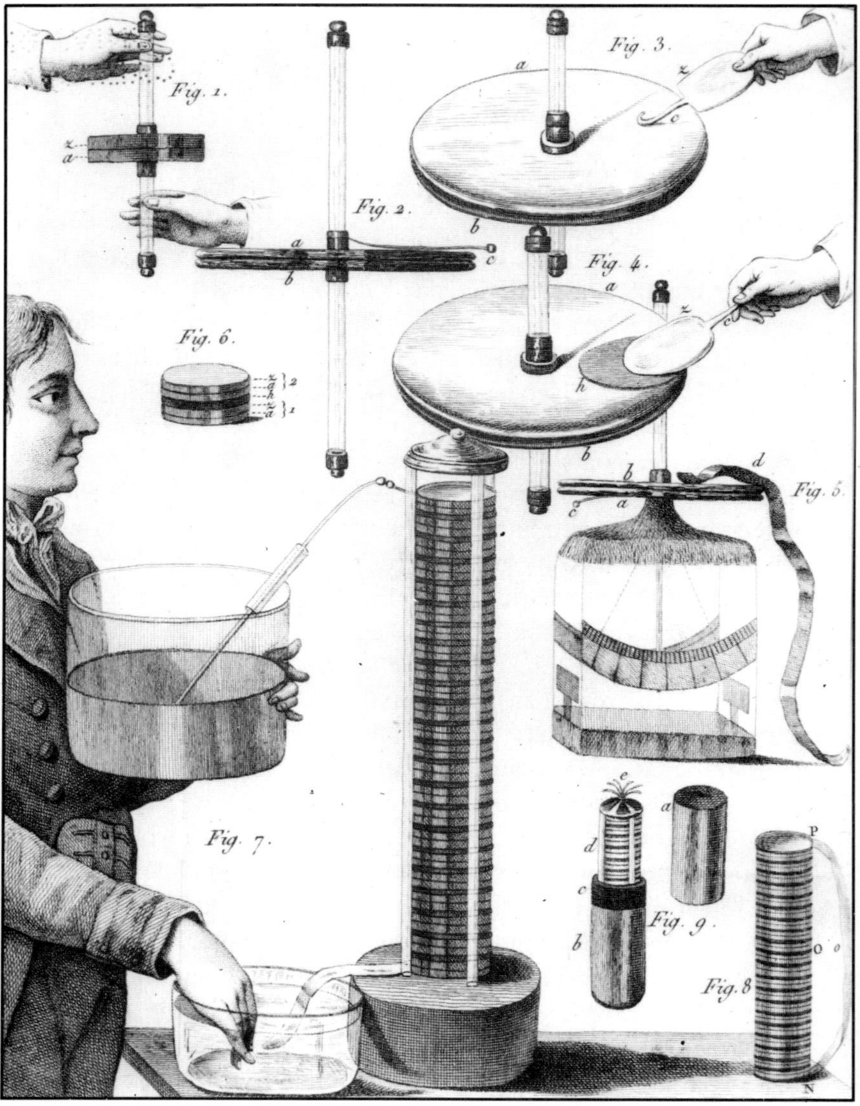

In drei Vorträgen vor der Académie des Sciences faßte Volta im November 1801 seine elektrischen Forschungsarbeiten zusammen. Diese Illustration stammt aus dem *Bulletin des Sciences, par la Société philomatique de Paris* , einem privaten Zusammenschluß namhafter Wissenschaftler, die von diesen Vorträgen berichteten. Die Experimente zeigen die Potentialdifferenz, die bei Berührung verschiedener Metalle entsteht. *Fig. 5*

zeigt das Kondensationselektroskop, mit dem die Messungen vorgenommen wurden. *Fig. 7, 8 und 9* lassen verschiedene Säulenformen erkennen und führen vor, wie sie verwendet werden, um einen Kondensator zu laden. (University of California, Berkeley)

---

damaligen Zeit, und wir müssen uns daran erinnern, daß es 1831 noch keine erwähnenswerten praktischen Anwendungen des elektrischen Stroms gab.

Volta hatte seine größte Leistung in relativ späten Jahren vollbracht, im Alter von 55 Jahren. Sie wurde sofort von allen Physikern mit Begeisterung aufgenommen. 1801 begab er sich nach Paris und führte seine Experimente an der Académie française in Gegenwart Napoleons vor, der Volta eine goldene Medaille verleihen und eine Pension aussetzen ließ. Fortan lebte Volta als Protegé Napoleons, wie er zwanzig Jahre zuvor ein Protegé des österreichischen Kaisers Josephs II. gewesen war. Als er 1804 bat, sich von seinem Lehrstuhl in Pavia zurückziehen zu dürfen, lehnte Napoleon das Gesuch ab, überhäufte ihn mit noch mehr Ehren und Geld und erhob ihn in den Grafenstand. Nach dem Sturz Napoleons arrangierte sich Volta ohne große Schwierigkeiten mit den zurückgekehrten Habsburgern. So kam er unbeschadet durch die bewegten Zeitläufte, geehrt von allen, die gerade an der Macht waren, dabei offensichtlich höchst gleichgültig gegenüber der Politik und nur an seinen Studien interessiert.

Nach der Entwicklung seiner Säule verschwand Volta praktisch vom Schauplatz des physikalischen Geschehens. Die Nutzung seiner Entdeckung überließ er anderen. Mag sein, daß er zu alt war, um sich mit jüngeren, frischeren Kräften zu messen, oder auch, daß ihn die Größe der vollbrachten Leistungen psychologisch hemmte. Er hinterließ keine Schule, vielleicht weil seine Arbeitsweise zu individuell war und weil das Fehlen formaler Mathematik in seinen Schriften und Lehren seine Mitteilungsfähigkeit anderen Physikern gegenüber eingeschränkt hat. Seine letzten acht Lebensjahre verbrachte Volta in weitgehender Abgeschiedenheit zwischen seiner Villa in Camnago und dem nahe gelegenen Como. Er starb am 5. März 1827 im Alter von 82 Jahren.

Elektromagnetismus: Der Strom und die Nadel – Ørsted und Ampère

Mit der Erfindung der Säule und der Verfügbarkeit starker elektrischer Ströme nahm die Elektrizitätsforschung eine neue Dimension an.

Mit elektrostatischen Maschinen ließen sich hohe Spannungen erzeugen – von vielleicht 30000 Volt, nach der Länge der von ihnen gelieferten Funken zu urteilen. Die in der Entladung freigesetzte Energie hing von den die Maschine ergänzenden Kondensatoren ab – 1 Joule pro Entladung ist eine vernünftige Schätzung –, aber natürlich erfolgten die Entladungen in einem bestimmten Zeitintervall, weil die Kondensatoren wieder aufgeladen werden mußten. Eine Leistung von etwa 1 Watt ist eine gute Schätzung. Bei den Volta-Säulen hing die Spannung nur von der Zahl der Einheiten in der Säule ab – etwas über 1 Volt pro Einheit. Finanziell gut ausgestattete Laboratorien besaßen Batterien mit Hunderten von Einheiten. In Paris schenkte Napoleon der Ecole Polytechnique eine Batterie mit 600 Einheiten, in England besaß Sir Humphry Davy (1778–1829) eine Batterie mit 3000 Einheiten. Der Strom, den solche Batterien lieferten, hing nur vom Widerstand des Stromkreises ab, einschließlich dem der Batterie selbst, aber Stromstärken von 10 Ampère waren nichts Ungewöhnliches. Die Leistung konnte sich also in der Größenordnung von 10 Kilowatt bewegen, 10000mal größer als diejenige, die eine elektrostatische Maschine zu liefern vermochte. Die Unterschiede der beobachteten Effekte waren so beträchtlich, daß die Physiker viele Jahre daran zweifelten, daß die Elektrizität der elektrostatischen Maschine und die der Volta-Batterie (oft galvanischer Strom genannt) von gleicher Beschaffenheit seien.

Sehr rasch erforschten Physiker und Chemiker die Folgen, die der Durchgang elektrischen Stroms in verschiedenen Substanzen hervorrief, und eine Fülle von Resultaten bereicherte die Chemie. Die Erscheinungen der Elektrolyse boten die Möglichkeit, Salze zu zerlegen und neue chemische Elemente zu entdecken. William Nicholson (1753–1815), der von Voltas Erfindung gehört hatte, bevor sie veröffentlicht wurde, zerlegte Wasser, indem er einen elektrischen Strom hindurchschickte, und konnte beobachten, wie

Sauerstoff und Wasserstoff entstanden. Davy, von dem noch eingehender zu berichten sein wird, zeigte, daß Soda und Pottasche zwei neue Metalle enthielten – Natrium und Kalium. Bald wurde auch der Lichtbogen entdeckt und untersucht. So eröffneten die außerordentlichen Wirkungen des elektrischen Stroms neue Möglichkeiten und hielten Physiker und Chemiker gleichermaßen in Atem.

Ende Juli des Jahres 1820 tat sich ein neues Feld unabsehbarer Möglichkeiten auf, als die sensationelle Nachricht bekannt wurde, daß ein elektrischer Strom eine ursprünglich parallel zu ihm ausgerichtete Magnetnadel ablenkt. Die Neuigkeit stammte von einem Physikprofessor an der Universität Kopenhagen, Hans Christian Ørsted (1777–1851). Der Sohn eines dänischen Kleinstadtapothekers besaß mit zwölf Jahren hinreichende Kenntnisse, um im väterlichen Geschäft helfen zu können, eine Tätigkeit, die sein wissenschaftliches Interesse weckte. Er studierte Medizin, Physik und Astronomie an der Kopenhagener Universität. Um die Jahrhundertwende, als es überall in Europa gärte, begann er sein Berufsleben als Apotheker in Kopenhagen. Sobald er von Voltas Entdekkung hörte, machte er sich daran, mit elektrischen Strömen zu experimentieren. 1801 unternahm er eine traditionelle Bildungsreise durch Europa, die ihn nach Frankreich, Deutschland und den Niederlanden führte. In Deutschland begegnete er den berühmten Philosophen Friedrich Wilhelm von Schelling (1775–1854) und Johann Gottlieb Fichte (1762–1814) sowie dem Physiker Benjamin Thompson (Graf Rumford) und anderen Wissenschaftlern. Im Jahr 1803 war er wieder in Kopenhagen zurück und bewarb sich um eine Physikprofessur an der Universität. Drei Jahre später erhielt er sie. Diese Beförderung eröffnete ihm den Zugang zu den gehobenen Gesellschaftsschichten seines Landes, aber er scheint viele Jahre lang nichts von bleibendem Wert für die Physik geleistet zu haben.

Ørsted hing philosophischen Vorstellungen an, die etwas verschwommen die Einheit der Naturkräfte postulierten, und neigte zu romantischen Vorstellungen von der Vollkommenheit der Natur. Im großen und ganzen habe ich den Eindruck, daß dieses nebulöse deutsche Ideengut nicht von großem Wert gewesen ist und einem modernen Wissenschaftsverständnis eher im Weg ge-

Hans Christian Ørsted (1777–1851), Physikprofessor in Kopenhagen, entdeckte 1820 die magnetische Wirkung des elektrischen Stroms und erschloß damit die Möglichkeit zur Untersuchung des Elektromagnetismus. (Technische Universität Dänemark)

standen hat. Doch als er den Einfluß des elektrischen Stroms auf die Magnetnadel bemerkte, war ihm sofort klar, daß er eine große Entdeckung gemacht hatte. Damals bereitete er eine Vorlesung über Elektrizität vor und erklärte dazu:

»Diese Vorlesungen und die vorbereitenden Überlegungen veranlaßten mich zu eingehenderen Nachforschungen als für normale Vorlesungen zulässig. So bildete sich meine frühere Überzeugung von der Einheit der elektrischen und magnetischen Kräfte mit noch größerer Klarheit heraus, und ich entschloß mich dazu, meine Auffassung am Experiment zu überprüfen. Die Vorbereitungen dazu wurden an einem Tag getroffen, da ich abends eine Vorlesung zu halten hatte. Dort führte ich Cantons Experiment über die chemischen Einflüsse auf den magnetischen Zustand des Eisens vor. Ich wies auf die Schwankungen der Magnetnadel während eines Gewitters hin und äußerte gleichzeitig die Vermutung, daß eine elektrische Entladung auf eine Magnetnadel außerhalb des galvanischen Stromkreises einwirken könnte. Daraufhin beschloß ich, das Experiment durchzuführen. Da ich mir die größte Wirkung von einer mit Weißglut verbundenen Entladung versprach, fügte ich in den Stromkreis einen sehr dünnen Platindraht unmittelbar über der Magnetnadel ein. Die Wirkung war zwar unmißverständlich, trotzdem erschien sie mir so verwirrend, daß ich eingehendere Forschungsarbeiten auf einen Zeitpunkt verschob, von dem ich mir mehr Muße erhoffte. Anfang Juli (1820) wurden diese Experimente wiederaufgenommen und fortgesetzt, bis ich zu den veröffentlichten Ergebnissen gelangte.«

Dieser Bericht, den Ørsted Anfang 1821 verfaßte, läßt im Originalton seine Größe und seine Grenzen erkennen.

Die wissenschaftliche Veröffentlichung seiner Entdeckung erfolgte in Gestalt eines lateinischen Aufsatzes mit dem Titel »Versuche über die Wirkung des elektrischen Conflicts auf die Magnetnadel«. Dort liefert er eine sorgfältige Beschreibung seiner Experimente und stellt fest, daß, was immer die Abweichung der Magnetnadel hervorrufe, es jedenfalls nicht von den Leitern oder Nichtleitern absorbiert werde und daß sich die Wirkung des Stroms nur auf magnetische Substanzen beobachten lasse. Der Schluß des Aufsatzes lautet:

> »Ich möchte dem bereits Gesagten nur noch hinzufügen, daß ich in einem vor 7 Jahren veröffentlichten Buch gezeigt habe, daß Wärme und Licht aus dem elektrischen Konflikt bestehen. Aus den jetzt gemachten Beobachtungen läßt sich schließen, daß auch bei diesen Effekten eine Kreisbewegung auftritt. Das könnte meiner Meinung nach sehr viel zur Erklärung der Erscheinung beitragen, die man als Polarisation des Lichtes bezeichnet.« (Zit. nach R. A. R. Tricker, *Frühe Elektrodynamik*, Braunschweig 1964, S. 154)

Eine Lithographie von André Marie Ampère (1775 bis 1836), dem »Newton der Elektrizität«, wie ihn Maxwell nannte. Er schuf die theoretischen Grundlagen des Elektromagnetismus.

Ørsteds Aufsatz war eher qualitativer Natur, eröffnete aber die Möglichkeit zur Untersuchung des Elektromagnetismus. Die Bedeutung der Arbeit wurde sofort erkannt; sie wurde ins Deutsche, Französische und Englische übersetzt und in allen wichtigen Zeitschriften veröffentlicht. Am 11. September 1820 wurde sie von Arago der Académie des Sciences zu Gehör gebracht. Unter den Anwesenden Befand sich auch André-Marie Ampère, ein fähiger Mathematiker, der über das ganze Instrumentarium der modernen Analysis verfügte und sie an der Ecole Polytechnique lehrte. Innerhalb einer Woche gelang es Ampère, eine vollständige quantitative Theorie der Ørstedschen Beobachtungen zu liefern und das Fundament zu einer mathematischen Theorie des Elektromagnetismus zu legen.

Einen lebhaften Eindruck aus jenen Tagen vermittelt ein Brief Ampères vom 25. September 1820 an seinen damals 19jährigen Sohn, der sich auf einer Reise in der Schweiz befand.

»Doch meine ganze Zeit wurde von einem wichtigen Ereignis in meinem Leben in Anspruch genommen. Seit ich das erste Mal von der schönen Entdeckung des Monsieur Ørsted, seines Zeichens Professor in Kopenhagen, über die Wirkung galvanischer Ströme auf die Magnetnadel gehört habe, geht sie mir nicht mehr aus dem Sinn, habe ich unaufhörlich an einer umfassenden Theorie dieser und aller anderen vom Magneten bekannten Erscheinungen gearbeitet und die aus dieser Theorie folgenden Experimente erprobt, die ausnahmslos gelungen sind und mich mit einer Fülle von neuen Tatsachen bekannt gemacht haben. Auf der Sitzung am Montag vor acht Tagen habe ich den Anfang eines Berichtes verlesen. An den folgenden Tagen führte ich, einmal mit Fresnel und einmal mit Despretz, die bestätigenden Experimente durch. Ich habe sie alle am Freitagabend bei Poisson wiederholt . . . Alles gelang wunderbar, aber für das entscheidende Experiment, das ich als endgültigen Beweis vorgesehen hatte, waren zwei galvanische Elemente erforderlich. Bei mir zu Hause, wo Fresnel und ich es mit zu schwachen Säulen versucht hatten, war es mißlungen. Gestern bewilligte mir Dulong, daß mir Dumotier die große Säule verkauft, die er für den Physikkurs an der Fakultät hat bauen lassen; das Experiment wurde im Hause Dumotiers mit vollem Erfolg durchgeführt und heute um vier Uhr auf der Sitzung des Instituts wiederholt. Es wurden keine Einwände mehr erhoben, so daß wir jetzt eine neue Theorie des Magneten haben, die alle seine Erscheinungen auf den galvanischen Strom zurückführt. Das weicht von allen bisher gültigen Vorstellungen ab.«

Innerhalb weniger Monate vervollständigte Ampère seine Theorie. Dann besserte er noch einige Jahre an ihr herum, bis das große Werk 1827 herauskam: *Mémoire sur la théorie mathématique des phénomènes électro-dynamiques, uniquements déduite de l'expérience* (Abhandlung über die mathematische Theorie der elektrodynamischen Phänomene, ausschließlich aus dem Experiment abgeleitet), wo er seine experimentellen Ergebnisse zusammenfaßte. Vier Experimente legte er zugrunde. Er hat erstens gezeigt, daß zwei nahe benachbarte gleichstarke Ströme in entgegengesetzter Richtung nicht auf die Magnetnadel einwirken, und zweitens, daß keine Wirkung erzielt wird, wenn einer der beiden Drähte in kleinen Schlangenlinien verläuft. Im dritten Experiment wies er nach, daß ein Leiter, der nur in Längsrichtung beweglich ist

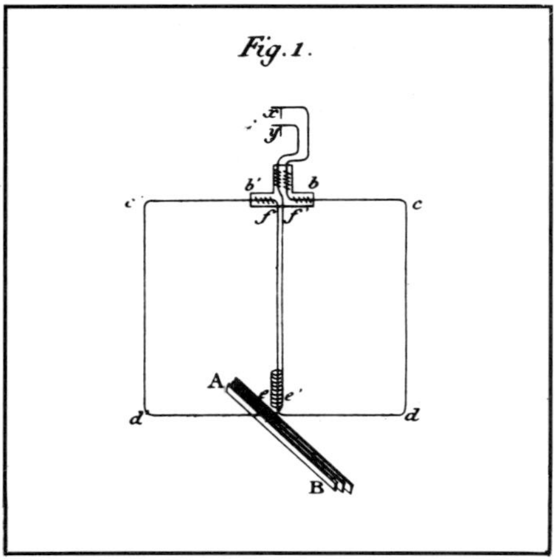

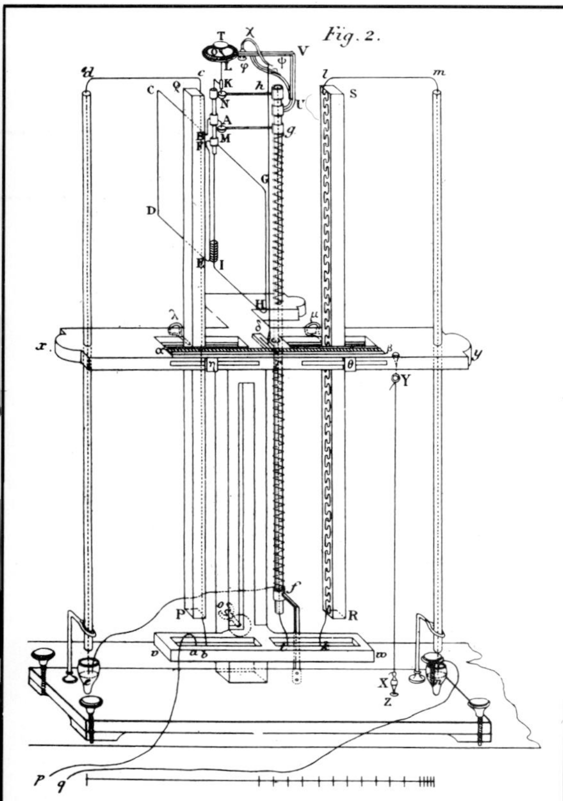

Ampères vier Experimente, mit denen er die Kraftwirkung zwischen zwei stromdurchflossenen Leitern nachwies. *Fig. 1* zeigt die allgemeine Form des Gerätes, das nicht auf den Erdmagnetismus reagiert. *Fig. 2* illustriert seine praktische Verwirklichung und die äquivalente Wirkung eines geradlinigen und eines sinusförmigen Leiters. *Fig. 3* beweist, daß es keine Kräfte gibt, die parallel zum Leiter wirken. Das Gerät in *Fig. 4* zeigt, daß die Kraft zwischen zwei stromdurchflossenen Leitern dem Quadrat ihres reziproken Abstandes proportional ist. (Aus: André Marie Ampère, *Mémoire sur la théorie mathématique des phénomènes électrodynamiques, uniquement déduite de l'expérience,* Paris 1827)

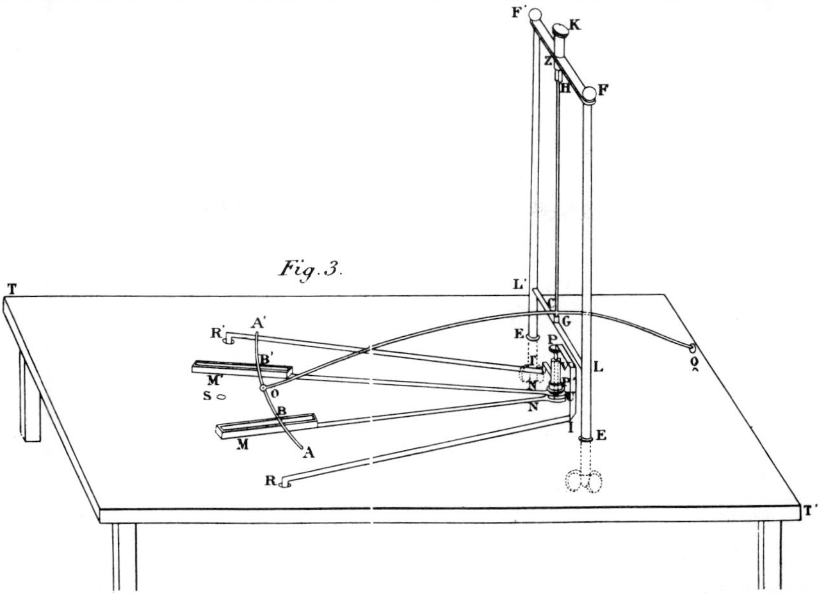
Fig. 3.
T
T'
F'
K
Z
H
F
L'
C
G
R'
A'
E
P
Q
B'
L
M'
O
N'
S
N
B
I
E
M
A
R

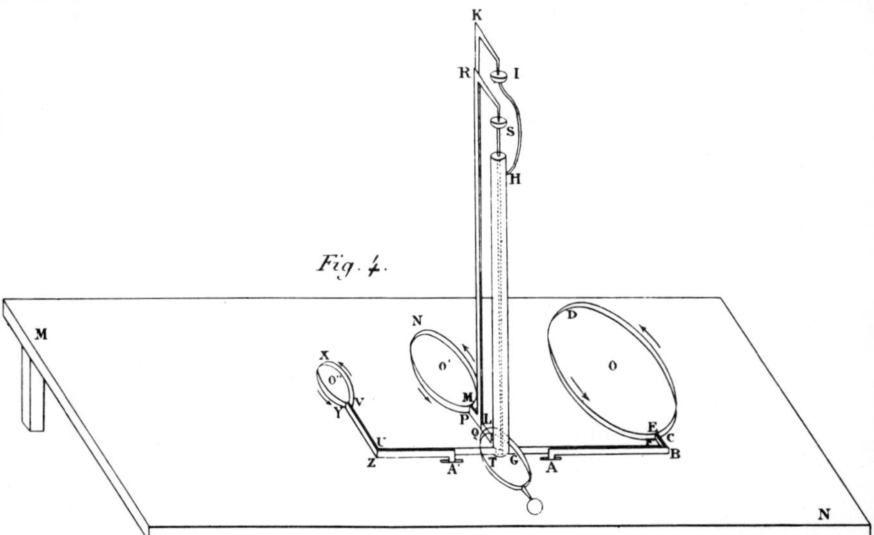
Fig. 4.
K
R
I
S
H
M
N
D
O'
O
X
O''
Y
V
M
P
L
Q
E
C
U
Z
A'
T
G
A
B
N

und einen Strom führt, welcher an festen Raumpunkten ein- und austritt, nicht durch einen geschlossenen Stromkreis in seiner Nähe beeinflußt wird. Im vierten Experiment verwendete er drei kreisförmige Stromschleifen mit den Radien R', R'', R'''. Die Mittelpunkte O', O'', O''' der koplanaren Kreise liegen auf einer Geraden, und für die Radien der Stromschleifen gilt $R'/R'' = R''/R'''$. Ebenso ist das Verhältnis der Strecken $O'O''$ zu $O''O'''$ gleich R'/R''. Durch alle drei Schleifen wird im Uhrzeigersinn der gleiche Strom geschickt, oder er fließt in den äußeren Kreisen im Uhrzeigersinn und im inneren Kreis entgegen dem Uhrzeigersinn. Unter beiden Bedingungen befindet sich der mittlere Kreis im mechanischen Gleichgewicht, wenn die äußeren Kreise fixiert sind.

Aus diesen vier Experimenten leitete Ampère ein Gesetz für die Kraft zwischen zwei Leiterelementen ab. Der von ihm angegebene Ausdruck für das Gesetz war ziemlich kompliziert, aber mit seiner Hilfe konnte er alle Beobachtungen erklären. Er zeigte, daß außerhalb des Körpers ein Dauermagnet der magnetischen Wirkung einer stromdurchflossenen zylindrischen Drahtspule, einem Solenoiden, wie er das Gebilde nannte – völlig äquivalent ist. Den Magnetismus einer Substanz wie Eisen erklärte er mit der Annahme, daß jedes Molekül einen geschlossenen Stromkreis enthalte. Magnetisierung war danach die Ausrichtung aller Moleküle unter dem Einfluß eines äußeren Feldes. Das war eine wahrhaft prophetische Annahme, die viel von unserer heutigen Erklärung des Magnetismus vorwegnahm. Auch Augustin Jean Fresnel trug mit einigen wichtigen Gesichtspunkten zur Entwicklung von Ampères Ideen bei.

In seinem *Treatise on Electricity* teilt uns Maxwell seine Meinung über Ampères Arbeit mit:

»Die experimentelle Untersuchung, durch die Ampère die Gesetze der mechanischen Wirkung zwischen elektrischen Strömen aufstellte, ist eine der glänzendsten Taten der Wissenschaft. Beides, Theorie wie Experiment, scheinen in voller Größe aus dem Kopfe dieses ›Newtons der Elektrizität‹ entsprungen zu sein. Das Ganze ist vollendet in der Form, von unangreifbarer Genauigkeit und in einer Formel zusammengefaßt, aus der alle Erscheinungen abgeleitet werden können und die stets die

Grundformel der Elektrodynamik bilden wird.« (Zit. nach F. Emde [Hrsg.], *Auszüge aus James Clerk Maxwells Elektrizität und Magnetismus,* Braunschweig 1915, S. 77)

Nach diesem Lob macht Maxwell allerdings einige Einschränkungen, auf die wir später zurückkommen werden.

Ampère, der »Newton der Elektrizität«, war Newton auch in seinen neurotischen Zügen ähnlich. Sein Vater war ein wohlhabender Kaufmann in Poléymieux, einem kleinen Dorf bei Lyon. Ampère bewahrte eine enge Beziehung zu den Orten seiner Kindheit. Wiederholt deutete er in Briefen an vertraute Freunde an, daß alles gut werden würde, wenn er nur nach Lyon zurückkehren könnte. Ampère hat nie eine öffentliche Schule besucht, sondern sich sein enormes Wissen durch umfangreiche Lektüre angeeignet. Als Kind bewies er ungewöhnliche Intelligenz, überdurchschnittliche rechnerische Fähigkeiten und ein phantastisches Gedächtnis. Er verschlang alle Bücher, die ihm zu Hause in die Hände fielen, und noch als Erwachsener konnte er mühelos lange Artikel über so ausgefallene Gegenstände wie die Heraldik auswendig vortragen, die er in der französischen Enzyklopädie gelesen hatte. In zartem Knabenalter bat er den Bibliothekar der öffentlichen Bücherei von Lyon um die Werke von Euler und den Bernoullis. Der Bibliothekar war einigermaßen verwundert und erklärte, daß sie von ihrem schwierigen Inhalt abgesehen auch auf Latein geschrieben seien. Auf die Sprache war das Bürschchen nicht gefaßt, doch nach ein paar Wochen hatte er Latein gelernt und las auch diese Mathematiker. Ebenfalls in sehr jungen Jahren entwarf er eine Universalsprache auf sehr logischer Basis.

Die Französische Revolution nahm Ampère fast alle Lebenskraft, als sein Vater unschuldig hingerichtet wurde. Mehr als ein Jahr lang war Ampère völlig verstört. Nur langsam gewann er über seine naturwissenschaftlichen Interessen und seine innige Frömmigkeit das seelische Gleichgewicht zurück. Dennoch blieb er zeit seines Lebens ein Sonderling, das Musterbeispiel eines geistesabwesenden Professors und – auf tieferer Ebene – das Opfer schwerer Depressionen.

Der junge Ampère schloß sich in lebenslangen Freundschaften eng an einige junge Lyoneser an, die fromme Katholiken waren.

Die Freunde teilten religiöse und kulturelle Interessen und blieben, als sie getrennt wurden, über viele Jahre im Briefwechsel miteinander. Viele der Briefe sind erhalten geblieben und vermitteln uns ein deutliches Bild von Ampères Gesundheitszustand, seiner Niedergeschlagenheit, seinen Zweifeln, seinem Glauben und, selten genug, seinen Aufschwüngen.

An einem Augustabend des Jahres 1796 sammelte Ampère Pflanzen für botanische Studien, als er plötzlich einer Gruppe von Mädchen begegnete. In eine von ihnen verliebte er sich auf den ersten Blick. Ein Tagebuch aus jener Zeit, in dem sich auch Gedichte finden, informiert uns über das Ereignis. Das mittellose Paar war bald verlobt, konnte sich aber erst drei Jahre später die Heirat leisten. Sie waren überaus glücklich und bekamen bald ein Kind, Jean-Jacques, ein später in Frankreich bekannter Literat und ständiger Briefpartner seines Vaters. Den Lebensunterhalt verdiente Ampère als Lehrer an Provinzschulen. Als er nach Lyon zurückkehren konnte, schienen alle seine Wünsche in Erfüllung gegangen zu sein, doch mit dem Tod seiner Frau im Jahre 1803 fand sein Glück ein jähes Ende.

Rasch verbreitete sich Ampères Ruhm, und ihm wurden viele Ämter übertragen. Das Jahr 1808 brachte ihm die Ernennung zum Oberschulrat, ein Amt, das er bis an sein Lebensende behielt. 1814 wurde er Akademiemitglied und Professor. Zu seinen offiziellen Pflichten als Schulrat gehörten Inspektionen zahlreicher Schulen, Prüfungen und die Wahrnehmung von Verwaltungsaufgaben, für die er sich überhaupt nicht eignete. Als er nach Paris zurückkehrte, um dort nacheinander als Mathematik-, Physik- und Philosophieprofessor zu wirken, benannte er seine Gesetze nach den Städten, in denen er sie entdeckt hatte: Avignonlehrsatz, Marseilletheorie und so fort.

In späteren Jahren entwickelte Ampère eine ziemliche Lesefaulheit. Er, der als Kind die französische Enzyklopädie verschlungen hatte, scheute jetzt die Aufgabe, Physikabhandlungen zu lesen, die ihm zur Prüfung vorgelegt wurden. »Sie können sich nicht vorstellen, wie faul ich bin«, pflegte er zu erklären.

Ampères wissenschaftliche Arbeit läßt sich in drei Abschnitte unterteilen. Der erste war der reinen Mathematik gewidmet. In dem zweiten, von 1808 bis 1815, beschäftigte er sich, manchmal in

Zusammenarbeit mit Joseph Louis Gay-Lussac, mit der Chemie. Er arbeitete über die Halogene und über chemische Theorie. Als überzeugter Atomist fand er Amedeo Avogadros (1776–1856) Gesetz, später zwar als dieser, aber unabhängig von ihm. Der dritte Abschnitt, von 1820 bis 1827, war dem Elektromagnetismus vorbehalten; auf diesem Gebiet machte er seine wichtigsten Entdeckungen. Später wandte er sich der Philosophie und der Klassifizierung der Wissenschaften zu (wobei er das Wort *Kybernetik* prägte).

Nach dem Tod der ersten Frau nahm Ampères Privatleben eine stürmische Entwicklung. 1806 ging er eine zweite Ehe ein, was sich als verhängnisvolle Entscheidung herausstellte. Die Ehe zerbrach unter viel Erbitterung auf beiden Seiten. Die aus ihr hervorgegangene Tochter lebte später an der Seite eines ungeliebten Mannes. Verschärft wurde die Situation noch durch Ampères zweite Schwiegermutter. Ampères Mutter und eine Tante halfen ihm, das Haus zu führen, aber er mußte sich ständig mit finanziellen Schwierigkeiten herumschlagen, die teilweise seiner Naivität, Leichtgläubigkeit und seinen familiären Problemen entsprangen. Trotz seiner genialen Begabung fiel er beispielsweise auf Betrüger herein, die ihm den »tierischen Magnetismus« experimentell vorführen wollten. Der Verbindung aus seiner berüchtigten Geistesabwesenheit, Kurzsichtigkeit und körperlicher Unbeholfenheit verdankten viele Anekdoten ihre Entstehung, wie etwa die, daß er die Tafel mit seinem Taschentuch abwischte, um sich damit gleich darauf übers Gesicht zu fahren, oder daß er im Institut de France seinen Akademiekollegen Napoleon Bonaparte nicht erkannte.

Die Bandbreite seiner Interessen war beeindruckend. Er konnte mit Georges Cuvier (1769–1832) über die Philogenie der Tiere debattieren und dabei eine hervorragende Sachkenntnis als Naturforscher unter Beweis stellen. Auch die Lehrstühle, die er nacheinander innehatte, bezeugen seine Universalität. Von 1809 bis 1819 war er Mathematikprofessor an der Ecole Polytechnique, ab 1819 Philosophieprofessor an der philosophischen Fakultät der Pariser Universität, 1820 Astronomieprofessor und von 1824 bis zu seinem Tode Physikprofessor am Collège de France. Er schrieb Gedichte und war sehr empfänglich für einfache Musik, während schwierige Musik ihn zu verstören schien. Arago, der ihn gut kannte und mochte, kam zu einer traurigen Bilanz: »Wenn man von Gelehrten unserer Zeit spricht, deren außerordentliche Fähigkeiten eine unangemessene Verwendung gefunden haben, so ist der Name Ampère's der erste, an den man hierbei denken kann.«*

Doch sind Ampères Leistungen unsterblich, und es ist nur gerecht, daß die elektrische Stromeinheit seinen Namen trägt.

Ein klarer Blick und ein starkes Vorstellungsvermögen: Faraday – Vom Buchbinder zum Fürsten der Wissenschaft und Experimentator supremus

Die Entdeckungen Ampères und anderer Elektrizitätsforscher seiner Zeit, wie etwa die Poissons, waren in einer perfekten mathematischen Sprache niedergelegt und repräsentierten die höchste Entwicklungsstufe der Newtonschen Physik. Ausgangspunkt war immer der Versuch, das Gesetz der zwischen zwei Stromelementen oder in Bewegung befindlichen Punktladungen zu finden. Viele Physiker beschäftigten sich mit diesem Problem, unter anderem Wilhelm Weber, Franz Neumann, Carl Neumann (1832–1925) und Ludwig Lorenz (1829–1891). Sie entwickelten Formeln, die alle bekannten experimentellen Daten der Elektrostatik und Elektrodynamik beschrieben. Diese Formeln enthielten eine universelle Konstante, die sich als größengleich mit der Lichtgeschwindigkeit erwies. Letztlich aber wurde diese Forschungsrichtung durch Maxwells Theorie verdrängt.

Obwohl Newton Zweifel an der Fernwirkungstheorie geäußert hatte, bauten die meisten der in seiner Nachfolge stehenden physikalischen Theorien ebenso wie seine eigenen auf dieser Vorstellung auf. Mir persönlich hat die Fernwirkungstheorie keine großen Probleme bereitet, sie ist aber vielen Wissenschaftlern fragwürdig erschienen. Fernwirkungen breiten sich augenblicklich über den ganzen Raum aus. Als solche sind sie natürlich mit der Relativitätstheorie nicht zu vereinbaren; damals allerdings handelte es sich

---

* (*Franz Arago's sämmtliche Werke*, hg. von Dr. W. G. Hankel, Bd. 2, Leipzig 1854, S. 87)

um den Galileischen und Newtonschen Raum und die Galileische und Newtonsche Zeit. Die Schwierigkeiten, die man mit den Fernwirkungen hatte, gingen auf viel naivere Gründe zurück. Grob gesagt erwartete man, daß zwei aufeinander wirkende Körper sich »berührten«. Nach dem, was wir heute über die Atome wissen, ist die Kontaktwirkung grob mechanischer Art eine vielschichtige Manifestation der Coulombschen Kraft, einer ausgesprochenen Fernwirkung. Wer andererseits ein Medium, den Äther, einführen wollte, bekam mit seinen mechanischen Eigenschaften unliebsame Schwierigkeiten, denn diese Eigenschaften sind ganz gewiß fragwürdig.

Das mag sein, wie es will – doch als man dem Medium, durch das sich die elektrischen Kräfte ausbreiteten, eine wichtige Rolle zuschrieb, bedeutete das zweifellos eine Revolution und einen gewaltigen Fortschritt für die Elektrizitätslehre. Großenteils war das ein Verdienst von Faraday und Maxwell, die die Elektrizitätslehre auf ihren klassischen Höhepunkt führten. Praktische Anwendungen sind nicht Thema dieses Buches, aber es ist einfach nicht zu übersehen, daß die Elektrizität unsere Lebensweise tiefgreifend verändert und einen großen Bereich technischer Anwendungsmöglichkeiten geschaffen hat. Für viele von ihnen – Elektromotoren, Generatoren und Transformatoren – reicht die Fernwirkungstheorie der Elektrizität aus. Indessen kommen wir für die Erklärung von elektrischen Wellen und Funkverkehr nicht ohne Maxwells Theorie aus. Entscheidend dafür ist der Äther oder das, was ihn ersetzt.

Das Ergebnis der neuen Elektrizitätslehre, in der das Medium eine so entscheidende Rolle spielte, wurde in Maxwells berühmtem Buch *Treatise on Electricity and Magnetism* niedergelegt, das 1873 herauskam. Ein Zitat aus dem Vorwort zu diesem Buch liefert uns ein anschauliches Bild von den Ansichten des reifen Maxwell:

> »Das Werk, das ich herausgebe, unterscheidet sich in seiner Gesamtanlage beträchtlich von den meisten der namentlich in Deutschland edierten Lehrbücher über Elektrizität, und es wird wohl dem Leser so scheinen, als ob ich nicht immer den Spekulationen mancher berühmter Physiker und Mathematiker volle

Gerechtigkeit habe widerfahren lassen. Ich möchte deshalb darauf aufmerksam machen und als Entschuldigung anführen, daß ich, als ich an das Studium der Elektrizität ging, mich entschloß, nicht eher mathematische Werke durchzuarbeiten, als bis ich *Faradays* ›Experimentelle Untersuchungen über Elektricität‹ *(Experimental Researches in Electricity)* vollständig gelesen habe. Ich war schon davon avertiert, daß eine gewisse Differenz zwischen der Art, wie *Faraday* die elektrischen Phänomene auffaßte und wie die Mathematiker sie zu behandeln gewohnt waren, bestand, und daß weder *Faraday* die Ausdrucksweise der Mathematiker genügend fand, noch die Mathematiker die *Faradays* billigen mochten. Ich hatte aber auch die Überzeugung, daß diese Diskrepanz nicht davon herrührte, daß eine der beiden Parteien Unrecht hatte. Diese Überzeugung habe ich zunächst durch *W. Thomson* erlangt, dessen Beihilfe durch Rat und Tat ich nicht minder wie seinen Abhandlungen alles das verdanke, was ich auf diesem Gebiete gelernt habe.

Je mehr ich fortfuhr, *Faradays* Werke zu studieren, desto mehr erkannte ich, daß auch seine Art, die elektrischen Phänomene aufzufassen und zu beschreiben, wenngleich er sich nicht der gewöhnlichen mathematischen Zeichensprache bediente, eine mathematische war.

So sah zum Beispiel *Faraday* in seinem geistigen Auge überall da Kraftlinien den Raum durchdringen, wo die Mathematiker in die Ferne wirkende Kraftzentren supponierten, und wo diese nichts als die Abstände zwischen den Kraftzentren bemerkten, war für jenen ein Zwischenmedium vorhanden. *Faraday* suchte die Ursache der Erscheinungen in Aktionen, die im Zwischenmedium vor sich gehen sollten, die Mathematiker dagegen gaben sich damit zufrieden, daß sie sie in einer Fernwirkung auf die elektrischen Fluida entdeckten.

Als ich nun *Faradays* Ideen, wie ich sie verstand, in mathematische Form brachte, fand ich, daß die aus denselben fließenden Resultate im allgemeinen vollständig mit denen der Mathematiker zusammenfinden. Beide Methoden geben von dem Verlauf derselben Erscheinungen Rechenschaft und beide lieferten dieselben Wirkungsgesetze. Aber während die *Faraday*sche Methode in einer Deduction des Besondern aus dem Allgemeinen bestand, beruhte die mathematische Methode auf dem synthetischen Aufbau des Allgemeinen aus dem Besondern.

Ich fand ferner, daß manche der von Mathematikern entdeckten fruchtbarsten Untersuchungsmethoden sich weit besser durch *Faradays* Terminologie als durch ihre ursprüngliche Darstellung entwickeln ließen.« (James Clerk Maxwell, *Lehrbuch der Electricität und des Magnetismus,* Bd. 1, Berlin 1883, S. VI–VIII.)

In vielen Fällen bedeutet die Einführung elektrischer und magnetischer Felder eine große Vereinfachung für die Berechnung. Beispielsweise können wir das Problem der zwischen zwei Stromkreisen wirkenden Kraft angehen, indem wir das Feld berechnen, das einer von beiden erzeugt, und dann die Kraft berechnen, die durch Einwirkung des Feldes auf jedes Element des zweiten Stromkreises entsteht. Dadurch ergibt sich natürlich das gleiche Resultat wie nach Ampères Formel, nur ist die Berechnung einfacher und klarer (vgl. Anhang 4). Deshalb werden wir zunächst Faraday vorstellen.

Eines Wintertages im Jahre 1812, als Napoleon seine Armee in der Weite Rußlands verlor, wurde ein junger Mann von 21 Jahren in der Royal Institution in London vorstellig und bat um eine Unterredung mit seinem berühmten Direktor Humphry Davy. Anstelle eines Empfehlungsschreibens trug er ein Buch mit Aufzeichnungen bei sich, die er sich in Davys Vorlesungen gemacht hatte. Das Buch war sauber und hübsch gebunden, und der junge Mann machte einen guten Eindruck auf Sir Humphry, der zufälligerweise gerade eine Assistentenstelle frei hatte. Nach einiger Zeit stellte er den Bewerber ein; er konnte kaum ahnen, daß er mit Michael Faraday einen der größten Physiker aller Zeiten engagiert hatte. Wie wir sehen werden, brauchte Davy nicht sehr lange, um sich dessen bewußt zu werden.

Faraday wurde am 22. September 1791 in einem Dorf geboren, das heute zu London gehört. Er stammte aus einer Handwerkerfamilie, die arm und ohne besondere Bildung war. Der Vater war Grobschmied. Das Kind erhielt eine oberflächliche Schulbildung und kam mit dreizehn Jahren in die Lehre bei einem Buchhändler, Papierwarenhändler und Buchbinder. Der Lehrling band die Bücher nicht nur, sondern las sie auch. Sein Meister bestärkte ihn darin, und einer der Kunden gab ihm Karten für Davys Vorträge. Bald erkannte Faraday seine Berufung, die unwiderstehlich gewesen sein muß. Es währte nicht lange, und er gehörte zum Mitarbeiterstab der Royal Institution. 1813 beschlossen Sir Humphry und Lady Davy, eine Europareise zu unternehmen; sie nahmen Faraday mit, der ihnen teils als Sekretär, teils als Diener zur Verfügung stand. Die Reise dauerte 18 Monate und erwies sich als ein grundlegendes Bildungserlebnis für Faraday. Vor allem traf er viele berühmte Wissenschaftler wie Ampère, Volta, Arago und Gay-Lussac, von denen einige die Bedeutung des bescheidenen jungen

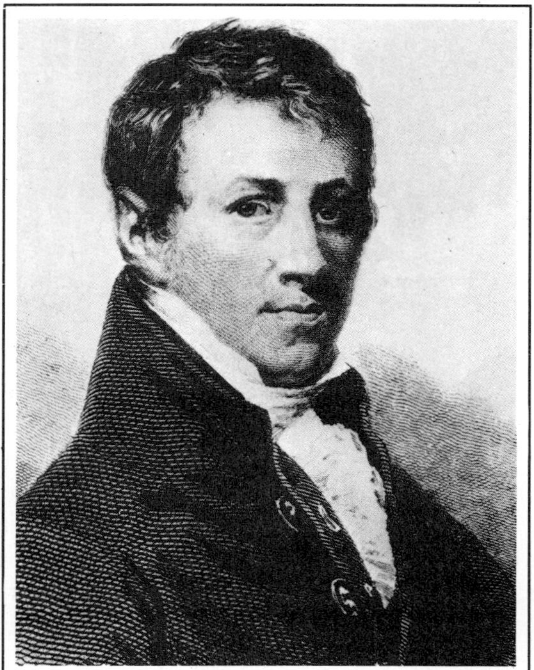

Sir Humphry Davy (1778–1829) war ein brillanter Chemiker, der als einer der ersten die Elektrolyse zur Entdeckung neuer Elemente (Na, K, Ba, Sr, Ca, Mg) verwendete. In seiner Zeit als Direktor der Royal Institution stellte er Faraday ein. Berühmt wurde er durch die Erfindung der Sicherheitslampe für Bergleute, und 1820 wählte man ihn zum Präsidenten der Royal Society. (Royal Institution, London)

Mannes in Begleitung der Davys erkannten. Er schloß eine lebenslange Freundschaft mit Gustave De la Rive und dessen Sohn Arthur-Auguste (1801–1873), beide namhafte Physiker aus einer Genfer Familie, die eine hervorragende Rolle im geistigen und politischen Leben des Kantons und der ganzen Schweiz spielte. De la Rive verdient hier besondere Erwähnung, weil er Faraday ein Leben lang als Briefpartner und Prüfstein seiner Ideen diente.

Davys Reise führte über Frankreich und Italien (man kam bis Neapel) nach der Schweiz, Deutschland und Belgien. Faraday war ein fleißiger Briefschreiber und besaß Jugendfreunde, denen er in einem, nach meinem Dafürhalten, etwas weitschweifigen, manchmal sehr moralisierenden, meist aber lebhaften und anschaulichem Stil auch weiterhin schrieb. Als Davy beispielsweise mit Gay-Lussac in Paris eine Substanz untersuchte und als das neue Element Jod erkannte, findet sich in Faradays Briefen eine lebendige Schilderung des dramatischen Ereignisses.

Faraday war tief religiös und gehörte einer kleinen fundamentalistischen Sekte an, der Sandemanian Church. Er hielt zeit seines Lebens an diesem Glauben fest und war viele Jahre im Kirchenvorstand. Ohne Zweifel nahm die Religion einen wichtigen Platz in Faradays Leben ein. Einige seiner engsten Freunde stammten aus dem Kreis der Anhänger dieser Sekte.

Faradays wissenschaftliche Tatkraft grenzte ans Wunderbare. Nach der ausgedehnten Europareise widmete er seine Zeit einige Jahre lang der praktischen chemischen Analyse und seinen Pflichten als untergeordneter Mitarbeiter an der Royal Institution, wozu auch wichtige Hilfeleistungen für Davy gehörten. Sein erster veröffentlichter Aufsatz aus dem Jahre 1816 beschäftigt sich mit der Beschaffenheit toskanischen Ätzkalks. Viele Jahre später druckte Faraday ihn in seinen Werken ab und merkte dazu an: »Sir Humphry Davy beauftragte mich mit dieser Analyse als meinem ersten Versuch auf dem Gebiete der Chemie zu einem Zeitpunkt, da meine Angst größer war als mein Selbstvertrauen und beide zusammen weit größer als mein Wissen waren, zu einem Zeitpunkt, da ich nicht im entferntesten daran dachte, jemals einen eigenen wissenschaftlichen Aufsatz zu schreiben.«

Am Ende seiner Laufbahn, um das Jahr 1860, umfaßten Faradays Laboraufzeichnungen mehr als 16000 Eintragungen, sorgfältig numeriert und in Bänden gebunden, in denen der Autor mit offenkundigem Vergnügen seine alten Fertigkeiten als Buchbinder unter Beweis stellt. Diese Aufzeichnungen – und einige hundert mehr, die den gebundenen Büchern vorangehen oder nachfolgen – sind als Veröffentlichungen erschienen, deren berühmteste wohl

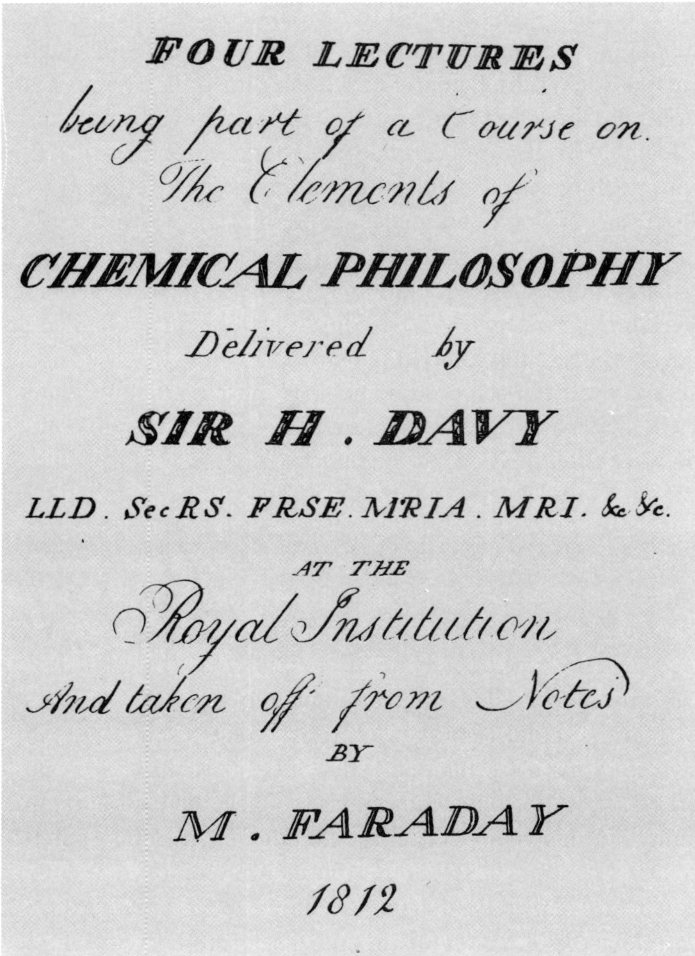
FOUR LECTURES
being part of a Course on
The Elements of
CHEMICAL PHILOSOPHY
Delivered by
SIR H. DAVY
LLD. SecRS. FRSE. MRIA. MRI. &c &c.
AT THE
Royal Institution
And taken off from Notes
BY
M. FARADAY
1812

Titelseiten der Aufzeichnungen, die Faraday 1812 von Humphry Davys Vorlesungen anfertigte. Mit diesen Aufzeichnungen empfahl sich Faraday für den Posten an der Royal Institution. (Royal Institution, London)

---

die *Experimental Researches in Electricity* (*Experimental-Untersuchungen über Elektricität* 3 Bde., Berlin 1889–1891) sind. Die vielfältigen Gegenstände, die der große »Naturphilosoph«, wie er sich selbst nannte, untersucht hat, sind in chronologischer Reihenfolge: Forschungsarbeiten über Stahllegierungen (1818–1824),

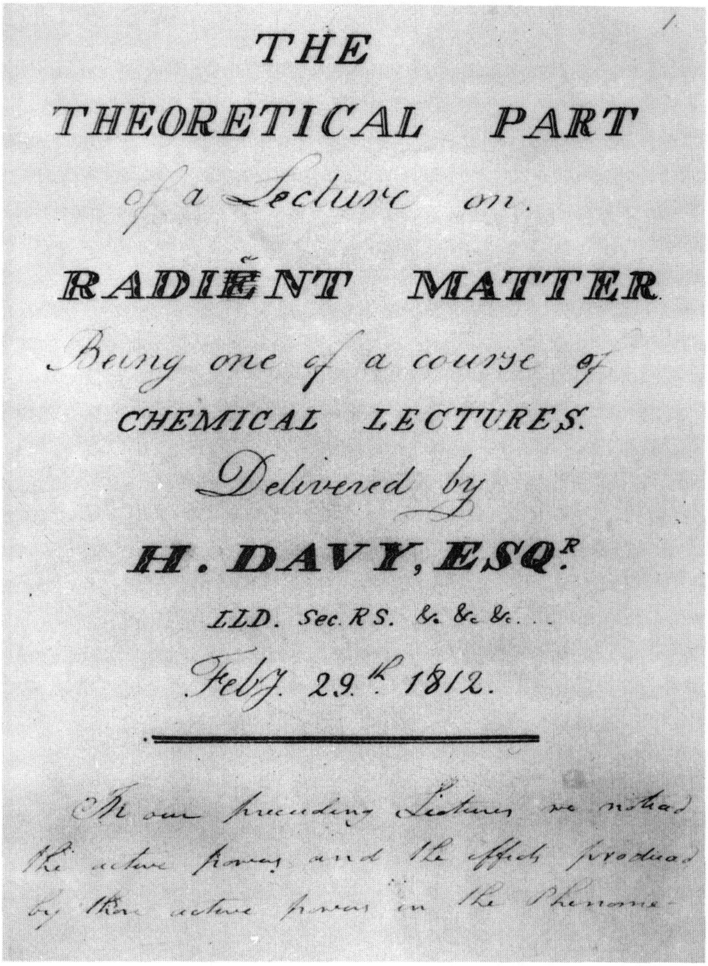

Chlor- und Kohlenstoffverbindungen (1820), elektromagnetische Rotationen (1821), Verflüssigung von Gasen (1823, 1845), optisches Glas (1825–1831), die Entdeckung des Benzols (1825), die elektromagnetische Induktion (1831), die Identität von Elektrizität aus verschiedenen Quellen (1832), die elektrochemische Zer-

Eine Zeichnung, die den jungen Faraday darstellt. (Royal Institution, London)

setzung (ab 1832), Elektrostatik, Dielektrika (ab 1835), Gasentladungen (ab 1835), Lichtelektrizität und Magnetismus (ab 1845), Diamagnetismus (ab 1845), »Gedanken über Strahlenschwingungen« (ab 1846), Gravitation und Elektrizität (ab 1849), Zeit und Magnetismus (ab 1857). Eine vollständige Darstellung seiner ungeheuren Arbeitsleistung würde den Rahmen dieses Buches sprengen und allein einen umfangreichen Band füllen.

Der Katalog seiner Forschungsthemen zeigt, daß Faraday bis 1830 – von einer kurzen, aber wichtigen Phase im Anschluß an Ørsteds Entdeckung abgesehen – in erster Linie Chemiker war. 1821 versuchte er sich erstmals an Elektrizität und Magnetismus und legte damit möglicherweise den Keim zu seinen großen Entdeckungen des folgenden Jahrzehnts. Seine erste Schaffensperiode endete mit dem Jahr 1830. Inzwischen war aus ihm ein sehr erfolgreicher Chemiker und Gutachter geworden, und – wichtiger noch – durch seine solide wissenschaftliche Arbeit hatte er internationale Bekanntheit erlangt. Unter anderem entdeckte er einige neue Kohlenstoffverbindungen, zum Beispiel das »Kohlenstoffperchlorid«, wie er es nannte, nach heutiger Nomenklatur das Hexachloräthan, $CCl_3 \cdot CCl_3$, und das Tetrachloräthylen, $CCl_2 : CCl_2$; außerdem untersuchte er das Gas, das zur Beleuchtung von London benutzt wurde. (Faradays Bruder hatte beruflich damit zu tun.) Das Gas wurde durch Erwärmen von tierischem Öl erzeugt und in Zylindern gelagert, in denen es einen flüssigen Rückstand hinterließ. Sehr sorgfältig und mit viel Phantasie untersuchte Faraday diesen Rückstand und stellte fest, daß es sich um eine Verbindung mit dem Siedepunkt 80° C und der Bruttoformel CH handelte. Es war das Benzol, eine der tragenden Säulen der organischen Chemie. Zur Zeit der Entdeckung hatte Faraday natürlich keine Ahnung von der zukünftigen Bedeutung der Verbindung oder von ihrer eigenartigen Molekularstruktur. Damit ist die Liste der chemischen Entdeckungen noch nicht vollständig, aber sie zeigt auch so, daß Faraday, und hätte er sonst nichts geleistet, heute als bedeutender Chemiker gelten würde.

In den zwanziger Jahren gelang es ihm außerdem, einige Gase zu verflüssigen: Seine ursprüngliche Apparatur war äußerst einfach – eine robuste Glasröhre, die zu einem umgedrehten V gebogen war. An dem einen Ende füllte er die Substanz ein, die das Gas

Daguerrotypie von Faraday und J. F. Daniell, dem Erfinder einer viel verwendeten unpolarisierbaren Batterie. (Royal Institution, London)

erzeugte, das andere Ende tauchte er in eine Kühlmischung. Die Gasentwicklung erhöhte den Druck im Inneren der Röhre. Mittels einer so einfachen Vorrichtung vermochte er Chlor, Schwefeldioxid, Schwefelwasserstoff, Kohlendioxid, Stickoxid, Ammoniak, Chlorwasserstoff und andere Substanzen zu verflüssigen. Sauerstoff, Wasserstoff und Stickstoff widersetzten sich allen derartigen Versuchen, so daß man in ihrem Fall von »Permanentgasen« sprach. Erst als der Begriff der kritischen Temperatur entwickelt und die technischen Voraussetzungen geschaffen wurden, gelang es, alle Gase zu verflüssigen. Beim letzten, dem Helium, gelang dieser Versuch erst Heike Kamerlingh-Onnes (1853–1926) im Jahre 1908.

Ab 1818 versuchte Faraday einige Jahre lang in Zusammenarbeit mit James Stodart, einem Chirurgen und Mitglied der Royal Society, die Stahlqualität zu verbessern – ihn rostbeständiger zu machen und schärfer zu schleifen als die verfügbaren englischen Produkte. Die Metallurgie war damals noch sehr viel empirischer ausgerichtet: Der indische Gußstahl »Wootz« war der beste bekannte Klingenstahl. Faraday und Stodart mischten Eisen mit zahlreichen anderen Metallen – Platin, Silber, Palladium, Chrom und anderen mehr –, doch Stodart starb 1823, und Faraday wandte sich anderen Gegenständen zu. Vielleicht wären sie auf einige Grunderkenntnisse der modernen Metallurgie gestoßen. Einige ihrer Probeklingen sind noch erhalten und teilweise von ausgezeichneter Qualität.

Alle diese Unterfangen stellen Faradays überragendes chemisches und technisches Können unter Beweis. Seine Erfahrungen faßte er in einem mehr als sechshundert Seiten starken Buch, *Chemical Manipulation* (Chemische Manipulation), zusammen, das 1827 erschien. Von den gesammelten elektrischen Forschungsarbeiten und den anderen Forschungsaufzeichnungen abgesehen, war dies das einzige Buch, das Faraday schrieb. Es hatte großen Erfolg und blieb jahrzehntelang ein Standardlehrbuch. Liest man es heute, vermittelt es noch immer den Eindruck von großer Unmittelbarkeit und Frische. Die Techniken und Anweisungen sind natürlich an eine Zeit gebunden, da es noch keine Elektrizität und nur eine primitive Gasversorgung im Labor gab und die Zahl im Handel erhältlicher reiner chemischer Substanzen sehr klein war.

Andererseits spürt man das aufrichtige Interesse des Autors für den Lernenden. Er ist zwar etwas weitschweifig, weist aber auf die Holzwege und Fallstricke hin, und obwohl man ihn nicht im Labor arbeiten sieht, gewinnt man eine deutliche Vorstellung von seinen technischen Fertigkeiten, seiner Sorgfalt und seiner Liebe zur experimentellen Arbeit. Das ganze Ausmaß seiner Vorstellungskraft und seiner genialen Begabung läßt sich zwar nicht daran ablesen, es sind aber viele Züge seiner wissenschaftlichen Persönlichkeit erkennbar.

Einen Eindruck von Faradays Charakter vermittelt ein Brief, den Hermann von Helmholtz an seine Frau schrieb:

> ». . . dagegen gelang es mir, den gegenwärtig ersten Physiker Englands und Europas, *Faraday*, zu sehen . . . Das waren für mich große und angenehme Augenblicke. Er ist einfach, liebenswürdig und anspruchslos wie ein Kind; ein so herzgewinnendes Wesen habe ich in einem Manne noch nie gesehen. Übrigens war er äußerst zuvorkommend, zeigte mir selbst alles, was zu sehen war. Das war aber wenig, denn einige alte Stücke Holz, Draht und Eisen schienen ihm zu den größten Entdeckungen zu genügen . . .« (Zit. nach Leo Koenigsberger, *Hermann von Helmholtz,* Braunschweig 1911, S. 96)

Faradays Operationsbasis war stets die Royal Institution, mit der man ihn schließlich identifizierte. Dort wohnte er mit seiner Frau Sarah (mit der er eine glückliche, aber kinderlose Ehe führte), bis ihm 1858 Königin Victoria die Nutzung eines königlichen Gebäudes überließ. Doch auch dann noch behielt er seine Räume in der Royal Institution mit den Labors bei, die seinen Bedürfnissen so vollkommen entsprachen. Sogar heute noch spürt man bei einem Besuch der Royal Institution seinen Geist in diesen Räumen und wäre nicht überrascht, träfe man ihn in einer Ecke des Gebäudes bei der Arbeit an.

Betrachten wir die Zeichnungen, die ihn bei der Arbeit zeigen, so erhalten wir einen Eindruck von der außerordentlichen Kunstfertigkeit und Begeisterung des Handwerkers Faraday. Ich vermute, daß es ihm ein körperliches Vergnügen war, seine Hände zu gebrauchen. Immer wieder schreibt er, daß er auf neue Erschei-

Faraday bei der Arbeit in seinem Laboratorium. (Royal Institution, London)

nungen stoßen müsse, indem er die Experimente wiederhole, und daß er mit bloßer Lektüre gar nichts anfangen könne.

Davy wollte seine Wertschätzung für Faraday unter Beweis stellen, hatte aber finanzielle Schwierigkeiten an der Institution. Als Zeichen seiner Anerkennung schlug er 1825 Faradays Ernennung zum Direktor vor. Kurz darauf rief Faraday die »Freitagabend-Vorträge« ins Leben, eine Einrichtung, die es heute noch gibt. Faraday verwandte viel Mühe darauf, seine Vortragskunst zu vervollkommnen und wurde dafür berühmt. Er arbeitete detaillierte

Fassade der Royal Institution in der Albemarle Street in London. (Nach einem Aquarell von T. Hosmer-Shepherd, ca. 1838, Royal Institution, London)

Vorschläge und Richtlinien aus, die den Rednern heute noch von der Institution ausgehändigt werden. Ein praktisches Ergebnis seiner Vortragskunst war, daß, obwohl die Eintrittskarten für die Vorträge an der Royal Institution ziemlich teuer waren, der Hörsaal bis auf den letzten Platz besetzt war, wenn er las. Andere Vortragende füllten den Saal nur zu zwei Dritteln. Neben den Freitagsvorträgen führte Faraday für die Weihnachtszeit auch besonders leicht verständliche Vorträge für Kinder ein. Eine seiner weihnachtlichen Vortragsreihen mit dem Titel »Chemical History of a Candle« (*Naturgeschichte einer Kerze*, Leipzig 1951) hat seit mehr als einem Jahrhundert zahllose junge Menschen (unter anderem auch den Autor des vorliegenden Buches) begeistert und angeregt. Sie wurde in viele Sprachen übersetzt und wird noch immer aufgelegt.

1824, im Alter von 33 Jahren, wurde Faraday zum Mitglied der Royal Society gewählt. Davy war Präsident der Gesellschaft und stimmte in einem Anflug von Eifersucht auf den Mann, den er so großzügig unterstützt und gefördert hatte, gegen Faradays Wahl. Es war ein unrühmliches Zwischenspiel menschlicher Schwäche. In diesem Zusammenhang sei erwähnt, daß Faraday, als er sich um seinen ersten Posten an der Royal Institution bewarb, zu Davy sagte, er wolle einem Gewerbe entrinnen, das er für verderbt und eigennützig hielt, und fortan der Wissenschaft dienen, dieser ihn ermahnt hat, ». . . nicht die vorhandenen Verhältnisse aufzugeben, denn die Wissenschaft sei eine harte Meisterin und in Bezug auf Gelderwerb wenig entgegenkommend. Als ich meinerseits über die höhere moralische Gesinnung der Männer der Wissenschaft eine Bemerkung machte, lächelte er und meinte, er würde mir einige Jahre Zeit lassen, um meine Ansicht zu berichtigen.«*

Faradays Gehalt an der Royal Institution betrug nur 100 Pfund im Jahr, doch 1833 wurde er auf den Fullerschen Lehrstuhl für Chemie am selben Institut berufen, wodurch sich sein Einkommen verdoppelte. Allerdings waren seine Einkünfte aus freiberuflicher Tätigkeit beträchtlich; er hätte ein reicher Mann werden können, wenn ihm daran gelegen gewesen wäre. 1835 bot ihm der Premierminister Lord Melbourne eine Pension von 300 Pfund aus dem königlichen Haushalt an. Bei dieser Gelegenheit benutzte er irgendeine unglückliche Formulierung, die Faradays Stolz verletzte. In einem barschen Brief lehnte er die Pension ab, und der Premierminister mußte sich entschuldigen, um Faraday zur Annahme der Geldzuwendung zu bewegen. Die Geschichte wurde von den Zeitungen aufgegriffen und fand großes öffentliches Interesse.

---

* (Aus einem Brief Faradays an J. A. Paris vom 23. Dez. 1829, in Michael Faraday, *Experimental-Untersuchungen über Elektricität*, hg. von A. J. v. Oettingen, 1. unveränderter Nachdruck I. und II. Reihe, Leipzig 1920)

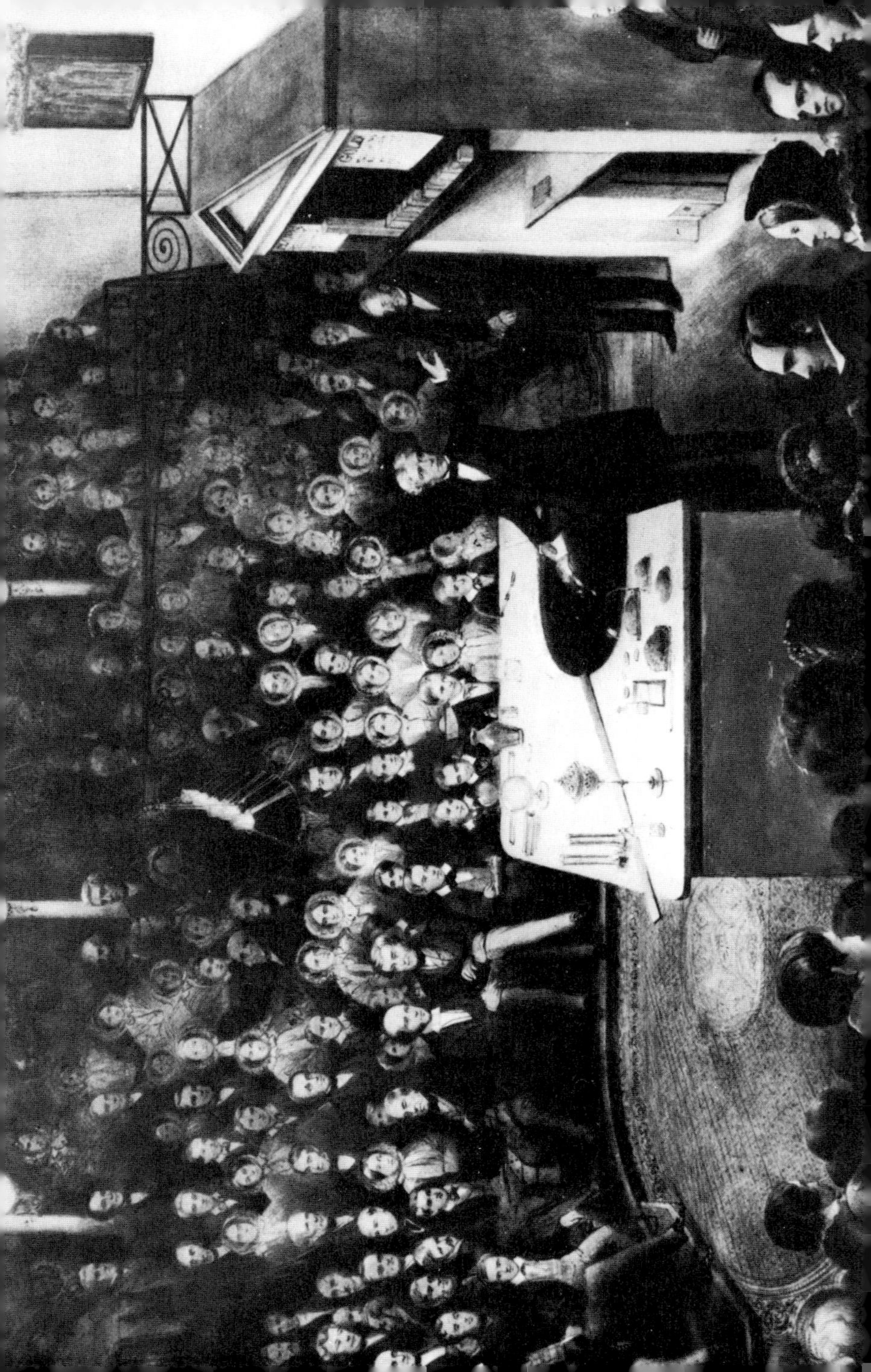

Faraday bei einer Weihnachtsvorlesung im Jahre 1856. Unter den Zuhörern befanden sich der Prinzgemahl Albert und der Prinz von Wales (der künftige König Edward VII.), der Faraday später in einem liebenswürdigen Brief für seine Ausführungen dankte. (Royal Institution, London)

Sobald es Faraday möglich wurde, stellte er seine freiberufliche Tätigkeit weitgehend ein und zog sich aus dem gesellschaftlichen Leben völlig zurück, um sich ganz der experimentellen Forschung widmen zu können. Man gewinnt den Eindruck, daß ihn nur diese Forschung wirklich interessierte. Er übernahm keinerlei öffentliche Aufgaben und lehnte die meisten Ehrenämter ab, die ihm angetragen wurden, auch die Präsidentschaft der Royal Society, die ihm 1857 angeboten wurde. Es kam zu Meinungsverschiedenheiten mit einflußreichen Mitgliedern der Gesellschaft, weil er die Wahl auf Vertreter der Wissenschaft beschränken wollte, während Aristokraten und andere maßgebende Persönlichkeiten, die die Naturwissenschaft als bloße Liebhaberei betrieben, von der Mitgliedschaft ausgeschlossen werden sollten. Ab 1835 stellte er den Besuch der Sitzungen ein, obwohl er der Gesellschaft auch weiterhin seine Aufsätze und Berichte zukommen ließ.

Schon in jungen Jahren begann Faraday über Kopfschmerzen, Schwindelgefühl und vor allem Gedächtnisverlust zu klagen. Die Symptome wurden Überarbeitung zugeschrieben, und Ruhepausen brachten vorübergehende Besserung. Die schlimmsten Zusammenbrüche fielen in die Jahre zwischen 1839 und 1844, als er sich über einen sehr langen Zeitraum beurlauben lassen mußte. Aus dem Tagebuch über diese Zeit, während der er in der Schweiz Erholung suchte, tritt uns seine Liebe zur Natur, zur Pflanzen- und Tierwelt entgegen. Sein Herbarium mit den vorbildlich aufgeklebten und geordneten Exemplaren ist noch heute erhalten. Er erwähnt, daß eine Wanderung von 75 Kilometern – nichts Ungewöhnliches für ihn – eine hinreichende körperliche Verfassung bescheinige, er aber liebend gerne seine körperliche Gesundheit für eine Verbesserung seines Erinnerungsvermögens eintauschen würde. Seine Symptome lassen möglicherweise auf eine Quecksilbervergiftung schließen. Auch andere Chemiker und Physiker seiner Zeit litten an ähnlichen Beschwerden. Obwohl seine Fähigkeiten nur zu Anfang des Anfalls beeinträchtigt waren, büßte er seine

Arbeitskraft fast fünf Jahre ein, um sich erst 1845 ganz zu erholen.

Faradays bedeutendste Schaffensphase reichte von 1830 bis 1839, als er einen wichtigen Beitrag zur Entdeckung der modernen Elektrizität leistete. 1821 hatte er den von Ørsted entdeckten Effekt untersucht und eine entscheidende Entdeckung bestätigt: Er hatte festgestellt, daß die magnetische Kraft im rechten Winkel zu dem sie hervorrufenden elektrischen Strom wirkt. Außerdem gelang es Faraday, eine Art Elektromotor zu bauen, als er die Rotation eines stromdurchflossenen Leiters in einem konstanten magnetischen Feld nachwies. Diese Rotation trat sogar im Magnetfeld der Erde auf. Das Experiment machte einen tiefen Eindruck auf ihn und auf seine Zeitgenossen.

Der moderne Physiker findet in Faradays Schriften viele Wörter, die ihm verschwommen oder ungenau erscheinen – etwa *Wirkung* und *Leistung*. Ich glaube, Faraday hatte sehr klare Vorstellungen in seinem anschaulich arbeitenden Denken, nur reichte sein Ausdrucksvermögen nicht immer aus, sie angemessen umzusetzen. Er hatte Begriffe, die dem modernen Feldkonzept sehr nahe kommen. In einigen Fällen ist seine Beschreibung sehr genau. Zum Beispiel ist die Sichtbarmachung von Kraftlinien magnetischer Felder durch Eisenfeilspäne schlechthin vollkommen. Doch das war beileibe nicht die Regel, und wenn Maxwell gesagt hat, was ich auf Seite 215 ff. zitiere, war er, glaube ich, in dem Falle allzu großzügig, oder es bedurfte eben eines Maxwells, um aus Faradays Schriften die entscheidenden theoretischen Begriffe herauszulesen.

Faraday gewann die Überzeugung, daß man die Beziehung zwischen Elektrizität und Magnetismus weiter fassen müsse, daß ein magnetisches Feld, wenn es durch einen elektrischen Strom erzeugt werde, auch umgekehrt in der Lage sein müsse, einen elektrischen Strom zu erzeugen. Dieser Gedanke war keineswegs eine völlig neue Erkenntnis. Unter anderem hatten schon Ampère und Arago ähnliche Gedanken entwickelt. Ampère führte Experimente durch, in denen er die elektromagnetische Induktion nur um ein Haar verfehlte, und Arago zeigte, daß eine rasch rotierende Kupferscheibe unter einer Magnetnadel diese in Drehung versetzt. Die Verbindung zwischen elektrischem Strom, Bewegung und magnetischem Feld wurde auch von anderen Forschern dunkel geahnt. Zehn Jahre lang brütete Faraday über dem Problem und ging ihm mit zahlreichen Experimenten zu Leibe, die alle negativ verliefen. 1831 beschäftigte er sich mit Experimenten, die feststellen sollten, ob das magnetische Feld einer Leiterschleife einen elektrischen Strom erzeugen könnte. Im statischen Falle waren die Ergebnisse negativ. Im Sommer desselben Jahres baute er einen Eisenring, den er mit zwei Kupferspulen umwickelte. Nun schloß er die eine Spule an ein Galvanometer an, setzte die andere unter Strom und stellte fest, daß das Gerät *im stationären Zustand keinen* elektrischen Strom anzeigte, sondern nur beim Ein- und Abschalten des Stroms in der anderen Spule. Genau *das* war der Anhaltspunkt, den er brauchte. Ende September hatte er die Prinzipien der elektromagnetischen Induktion begriffen und experimentell nachgewiesen. Er hatte den entscheidenden Punkt erfaßt: daß ein Leiter die magnetischen Kraftlinien schneiden muß, um einen elektrischen Strom zu erzeugen, eines seiner bevorzugten Konzepte. Sobald er die Natur elektromagnetischer Induktion verstanden hatte, konnte er Aragos Beobachtungen erklären und einen elektromagnetischen Generator erfinden – eine einfache Form des Dynamos. In wenigen Monaten, gegen Ende des Jahres 1831, erzielte er gewaltige Fortschritte, wobei er nicht nur epochemachende Entdeckungen vollbrachte, sondern auch den Grund für die künftige Elektrotechnik legte. Als ein Politiker ihn fragte – so wird berichtet –, was denn seine Entdeckungen wert seien, hat er geantwortet: »Im Moment weiß ich es noch nicht, aber eines Tages wird man sie besteuern können.« Noch heute sind Faradays einfache Motoren, Generatoren und Transformatoren in der Royal Institution zu sehen. Sie sind die drei Grundpfeiler der modernen elektrotechnischen Energiewirtschaft.

Die Elektrizität hat verschiedene Erscheinungsformen und eine sehr komplexe Phänomenologie. Ein elektrischer Strom kann durch die herkömmlichen elektrostatischen Maschinen, durch ein galvanisches Element und durch elektromagnetische Induktion erzeugt werden. In welcher Beziehung stehen diese durch so verschiedene Mittel erzeugten elektrischen Ströme? Sind sie alle gleich? Dies war eine gewichtige Frage, die sich schon viele Forscher vor Faraday gestellt hatten. Die Evidenz sprach für einen einheitlichen Typus, doch es gab keine einschlägigen Untersuchun-

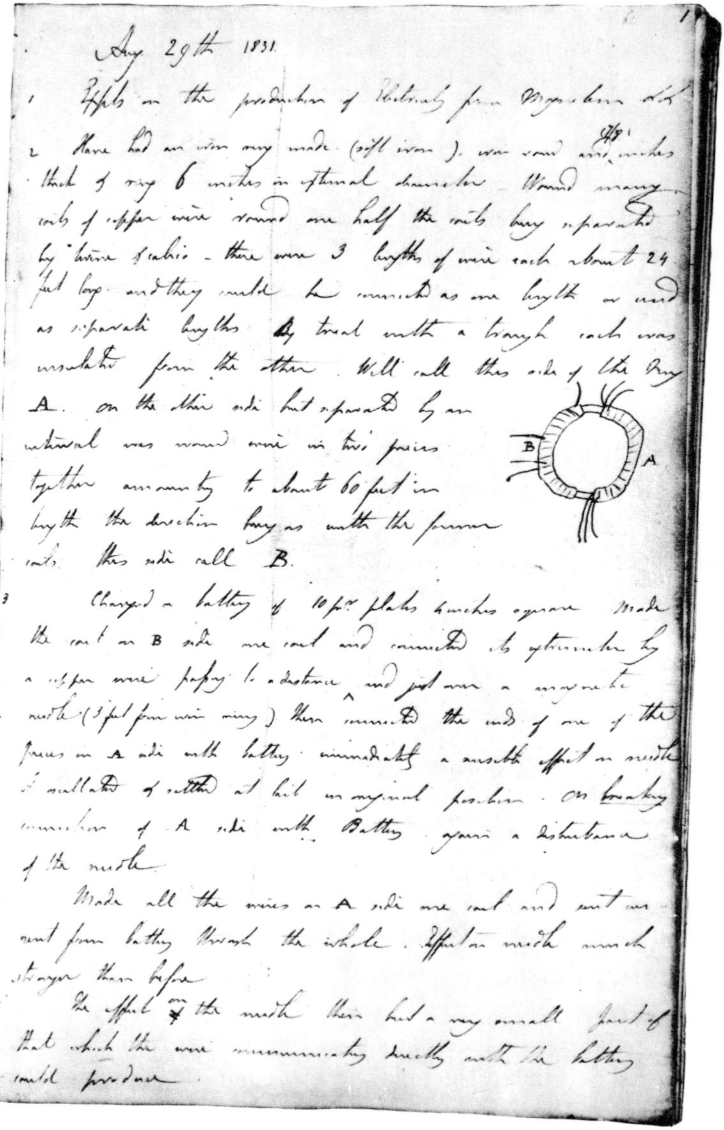

Faradays Eintragung ins Laboratoriumstagebuch vom 29. August 1831, in der die Entdeckung der elektromagnetischen Induktion festgehalten ist. Der senkrechte Bleistiftstrich bedeutet wahrscheinlich, daß die Aufzeichnung in den *Experimental-Untersuchungen* veröffentlicht wurde. (Royal Institution, London)

gen und systematischen Forschungsarbeiten. Dies war das nächste Gebiet, dem Faraday seine Arbeitskraft widmete. Er entwickelte Methoden zur Messung dessen, was wir heute Elektrizitätsmenge oder Ladung nennen – unter anderem ein ballistisches Galvanometer und ein Voltmeter. Das Ergebnis dieser Arbeit lautete: »Die chemische [ist] wie die magnetische Kraft der absoluten Menge von durchgeleiteter Elektricität direkt proportional.« Weitere Untersuchungen zur Elektrolyse führten zur Entdeckung der Gesetze, die heute Faradays Namen tragen und deren wichtigstes besagt, daß »die elektrochemischen Äquivalente gleich sind den gewöhnlichen chemischen Äquivalenten«. Diese Tatsache führte fast notwendig zu dem Schluß, daß die elektrischen Ladungsträger alle die gleiche Ladung und ihrem Atomgewicht oder – genauer – ihrem durch die Valenz geteilten Atomgewicht proportionale Massen hatten. Der Schritt von der atomaren Natur der Materie zur atomaren Natur der Elektrizität und zum Elektron war nicht mehr weit, aber Faraday tat ihn nicht. In Faradays eigenen Worten liest sich das wie folgt (Die Zahlen am Anfang dieser und anderer Abschnitte aus Faradays Feder folgen der Numerierung, die er für seine Tagebücher und Laboraufzeichnungen benutzte):

»868. Was ergibt sich nun aus dem ganzen Versuch als eine nothwendige Folgerung? Wohl dieses: daß die chemische Aktion auf 32,31 Teile oder ein Äquivalent Zink in dieser einfachen Volta'schen Kette im Stande war, eine solche Menge Elektricität in Gestalt eines Stromes zu entwickeln, die beim Durchgang durch Wasser 9 Teile oder ein Äquivalent von dieser Substanz zersetzen konnte. Erinnert man sich der bestimmten Elektricitäts-Relationen, wie sie in den früheren Teilen dieses Aufsatzes entwickelt worden sind, so zeigen die Resultate, daß die Elektricitätsmenge, welche, wenn sie im natürlichen Zustande mit den Körperteilchen verknüpft ist, diesen ihre Verbindungskraft verleiht, fähig ist, in einen Strom versetzt, diese Teilchen aus ihrem Verbindungszustand herauszureißen, oder mit anderen Worten, *daß die Elektricität, welche eine gewisse Menge von Substanz zersetzt, und die, welche bei der Zersetzung derselben Menge entwickelt wird, gleich sind.*

869. Die Harmonie, welche diese Theorie von der bestimm-

ten Entwicklung und der entsprechenden bestimmten Wirkung der Elektricität einführt in die verwandten Theorien von bestimmten Proportionen und von der elektro-chemischen Affinität, ist sehr groß. Ihr gemäß sind die äquivalenten Gewichte der Körper einfach diejenigen Mengen von ihnen, welche gleiche Elektricitätsmengen enthalten oder gleiche elektrische Kräfte besitzen. Es ist die *Elektricität,* welche die Äquivalentzahl bedingt, weil sie die Verbindungskraft bedingt. Oder wenn wir die Atomtheorie annehmen, sind es die in ihrer gewöhnlichen chemischen Action zu einander äquivalenten Atome der Körper, welche im natürlichen Zustande mit gleichen Mengen von Elektricität verknüpft sind. Aber ich muß bekennen, ich bin vorsichtig (jealous) mit dem Ausdruck *Atom*; denn wiewohl es sehr leicht ist, von Atomen zu reden, ist es doch sehr schwierig, sich eine klare Idee von deren Natur zu machen, besonders wenn zusammengesetzte Körper in Betracht kommen.« (Michael Faraday, *Experimental-Untersuchungen über Elektricität*, VI. und VII. Reihe, Ostwalds Klassiker Nr. 87, Leipzig 1897, S. 103/104.)

Durch seine Arbeit über Elektrolyse waren zahlreiche Termini notwendig geworden, die bestimmte Konzepte präzise ausdrücken mußten, zu deren Erläuterung sonst eine längere Beschreibung notwendig gewesen wäre. Faraday traute sich die erforderliche philologische Kompetenz nicht zu, weil er keinerlei Ausbildung in den klassischen Sprachen genossen hatte. So bat er den Rektor des Trinity College, William Whewell (1794–1866), einen bekannten Cambridger Philosophen und Mathematiker, um Hilfe, der viele der uns vertrauten Begriffe auf diesem Gebiet geprägt hat: Elektrode, Anode, Kathode, Ion, Elektrolyse und andere.

Faraday hatte große Zweifel hinsichtlich der Erklärung seiner Entdeckungen. Ihm widerstrebte die Fernwirkungstheorie, wie ja auch Newton seine Zweifel in diesem Punkte gehabt hatte. In Newtons Nachfolge hatte sich die mathematische Physik jedoch über diese Probleme hinweggesetzt und das invers-quadratische Abstandsgesetz zu ihrem zentralen Gesetz erhoben, dabei die Einwirkung des Mediums vernachlässigend. Faraday beherrschte nur die elementare Mathematik, und deshalb war er möglicherweise

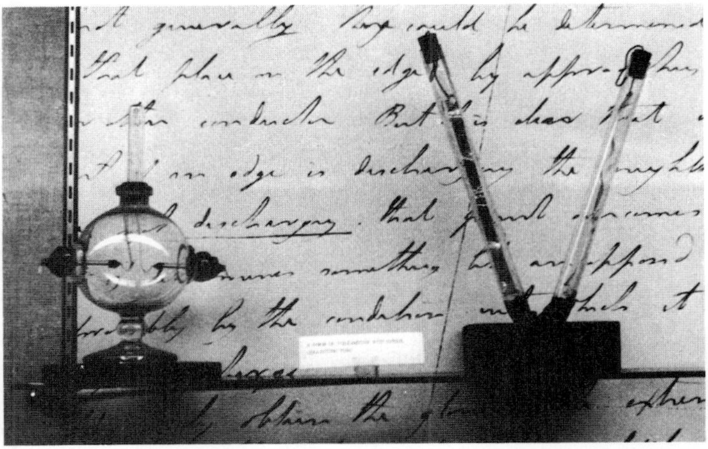

Einige der Apparate, die Faraday bei der Untersuchung der Elektrolyse und der Gasentladungen benutzte. (Royal Institution, London)

von den Errungenschaften der formalen Newtonschen Theorie weniger beeindruckt als andere. Andererseits hatte er die Kraftlinien gesehen, die von Eisenfeilspänen in der Nähe eines Magneten abgebildet werden. Er hatte auch bemerkt, daß sie gekrümmt sein können, was er als Beweis dafür wertete, daß sich ihre Wirkung nicht immer geradlinig ausbreitet. Überdies hatte er bei seiner großen Entdeckung der elektromagnetischen Induktion erkannt, daß der Leiter die Kraftlinien unbedingt schneiden muß. Kein Wunder, daß diese Kraftlinien zur bestimmenden Richtschnur seines Denkens wurden. Noch ein weiteres Konzept entwickelte er – das des elektrotonischen Zustands. Dieser Begriff läßt sich nur sehr schwer in die heute gültige Terminologie übersetzen, weshalb ich auch ganz auf den Versuch verzichten möchte. Faraday hat wiederholt versucht, seine Vorstellung zu erläutern, und ich frage mich, ob sie sich nicht im Laufe der Zeit erheblich verändert hat. Es folgt eine Beschreibung des elektrotonischen Zustands aus dem Jahr 1838:

»(1729) Ich halte es daher für möglich und selbst für wahrscheinlich, daß die magnetische Wirkung durch Vermittlung dazwischenliegender Theilchen in die Ferne fortgepflanzt werde, in einer analogen Weise, wie es mit den Vertheilungskräften der statischen Electricität geschieht; und daß, währenddess die dazwischenliegenden Theilchen mehr oder weniger einen besonderen Zustand annehmen, welchen ich (obwohl mit einer sehr unvollkommenen Idee) mehrmals durch den Ausdruck: *elektrotonischen Zustand* bezeichnet habe. Hoffentlich wird man dies nicht so verstehen, als hegte ich diese feste (settled) Meinung, daß dem so sei. In der That habe ich vielmehr das Gegentheil bewiesen, nämlich: daß die magnetischen Kräfte ganz unabhängig sind von der zwischen dem vertheilenden und dem vertheilten Körper befindlichen Substanz, allein ich kann die Schwierigkeit nicht übergehen, die Körper, wie Kupfer, Silber, Blei, Kohle und selbst wässerige Lösungen darbieten, welche, obwohl man weiß, daß sie, zwischen den auf einander wirkenden Körpern befindlich, einen besonderen Zustand annehmen, dennoch das Endresultat nicht mehr stören als diejenigen, bei denen man einen solchen eigenthümlichen Zustand bis jetzt nicht entdeckt hat.« (Michael Faraday, *Experimental-Untersuchungen über Elektricität*, XIV. Reihe, Ostwalds Klassiker Nr. 131, Leipzig 1902, S. 22)

Maxwell hat den elektrotonischen Zustand mit dem Vektorpotential gleichgesetzt und Faraday damit wahrscheinlich mehr Ehre zukommen lassen, als er verdient.

Die Vorstellung von Kraftlinien und Kraftfeldern, wie wir heute sagen, mußten naturgemäß die Elektrizität mit einbeziehen. Elektrische Ladungen müssen den zwischen ihnen liegenden Raum modifizieren, und Faraday unterzog die Elektrostatik einer Überprüfung auf neuer Grundlage. 1835 wies er mit Hilfe eines riesigen leitenden Würfels in einem berühmten Experiment nach, daß sich die gesamte Elektrizität an der Oberfläche des Leiters befindet. Er begab sich ins Innere des Würfels und zeigte, daß dort eine Ladung, die auf den Würfel übertragen wurde, ohne Einfluß blieb. Dieses Experiment läßt sich zum Beweis des invers-quadratischen Abstandsgesetzes verwenden. Vom Begriff der Kraftlinien ausgehend, machte sich Faraday Gedanken über den Zustand von Isolatoren zwischen geladenen Körpern. Er kam zu dem Schluß, daß sie sich in einer Art von Spannungszustand befinden müßten. Zur experimentellen Überprüfung dieser Frage nahm er zwei konzentrische kugelförmige Leiter und füllte ihren Zwischenraum mit verschiedenen Isolatoren. Er entdeckte, daß die dieserart gebildeten Kondensatoren trotz geometrischer Übereinstimmung verschiedene Kapazitäten besaßen. Deshalb schrieb er dem Isolator ein bestimmtes Induktionsvermögen zu. Eigentlich war ihm mit dieser Entdeckung Cavendish zuvorgekommen, doch wußte niemand von Cavendishs Arbeit, weil dessen Manuskripte zu diesem Zeitpunkt noch nicht veröffentlicht waren.

Faraday erklärte die Erscheinung qualitativ, indem er den Begriff der Polarisierung eines Isolators einführte. Ich möchte hier lieber seine eigenen Worte wiedergeben, weil sie uns einen besseren Eindruck von seinen Geisteskräften und seinen Grenzen vermitteln können:

»1679. Die Theilchen eines isolirenden Dielektricum, das unter Vertheilung steht, kann verglichen werden mit einer Reihe kleiner Magnetnadeln, oder, noch richtiger, mit einer Reihe kleiner isolirter Conductoren. Wenn der Raum rings um eine geladene Kugel gefüllt wäre mit einem Gemenge von einem isolirenden Dielektricum, wie Terpentinöl oder Luft, und kleinen kugelförmigen Leitern, wie Schrot, in der Weise, dass diese etwas von einander abständen um isolirt zu sein, so würden diese in ihrem Zustand und ihrer Wirkung genau dem ähneln, was, wie ich glaube, der Zustand und die Wirkung der Theilchen des isolirenden Dielektricum selbst ist. Wäre der Körper geladen, so würden alle diese kleinen Leiter polar; würde man die Kugel entladen, so würden alle in ihren Normalzustand zurückkehren, um bei Wiederladung der Kugel abermals polarisirt zu werden. Der mittelst Vertheilung quer durch solche Theilchen in einer entfernten leitenden Masse erregte Zustand würde von entgegengesetzter Art sein, und im Betrage genau gleich der Kraft der vertheilenden Kugel. Es würde daselbst eine Seitenverbreitung der Kraft stattfinden, weil jedes polarisirte Kügelchen in einer thätigen oder Spannungsbeziehung zu allen ihm benachbarten stände, gerade so wie ein Magnet auf zwei oder mehre benachbarte Magnetnadeln wirken kann, und diese wiederum auf eine noch grössere Zahl jenseits liegende wirken können. Hieraus würden krumme Linien der Vertheilungskraft entstehen, wenn der vertheilte Körper in solch einem gemischten Dielektricum eine unisolirte metallische Kugel oder andere gehörig geformte Masse wäre. Solche krummen Linien sind die Folgen zweier elektrischen Kräfte, so geordnet wie ich es annehme; und dass die Vertheilungskraft nach solchen krummen Linien gerichtet werden kann, ist der strengste Beweis des Daseins der beiden Kräfte und des Polarzustands der dielektrischen Theilchen.

1680. Ich glaube, es ist einleuchtend, dass in dem angegebenen Fall die Wirkung in die Ferne nur aus einer Wirkung der anliegenden leitenden Theilchen hervorgehen kann. Kein Grund ist da, warum der vertheilende Körper *entfernte* Leiter polarisiren oder afficiren, und die benachbarten, namentlich die Theilchen des Dielektricums, unafficirt lassen sollte; alle Thatsachen und Versuche mit leitenden Massen oder Theilchen von beträchtlicher Grösse widersprechen einer solchen Voraussetzung.« (Michael Faraday, *Experimental-Untersuchungen über Elektricität*, XIV. Reihe, Ostwalds Klassiker Nr. 131, Leipzig 1902, S. 4)

Während Faraday so ein neues Wissenschaftsgebiet mit weitreichenden Folgen erschloß, hielt er gleichzeitig regelmäßige und sehr erfolgreiche Vorträge. Außerdem wurde er 1836 Mitglied des Senats der Londoner Universität und wissenschaftlicher Beirat des Trinity House*. In letzterer Funktion mußte er zu Leuchttürmen und anderen Navigationshilfen umfangreiche experimentelle Arbeiten im Labor und unter natürlichen Verhältnissen durchführen. Diese Arbeit machte ihm Spaß, und er blieb ihr dreißig Jahre lang treu.

Sein Zusammenbruch im Jahre 1840 konnte, wie beschrieben, erst 1845 auskuriert werden. Die Anfangsphase hatte ihn am schwersten mitgenommen. Nach einem Jahr hatte sich sein Zustand schon wesentlich gebessert. Auch wenn er die aktive Laborarbeit noch nicht wieder aufnahm, so begann er doch sicherlich wieder über Elektrizität nachzudenken. Einer von Faradays Lieblingsgedanken besagte, daß sich die verschiedenen »Naturkräfte«

* Schiffahrtsbehörde, die unter anderem die Seezeichen kontrolliert, (A. d. Ü.)

Kondensatoren mit verschiedenen Isolatoren, die Faraday zur Untersuchung der Dielektrizitätskonstanten verwendete. (Royal Institution, London)

– Elektrizität, Magnetismus, Licht, Gravitation und möglicherweise noch andere – gegenseitig beeinflussen. Er sprach auch von der »Einheit der Kräfte«. Einige seiner Spekulationen mögen völlig metaphysisch erscheinen, doch dürfen wir dabei nicht vergessen, daß sie ihn zu großen Entdeckungen führten.

1845 beschloß er, den Einfluß verschiedener Wirkkräfte auf Licht auszuprobieren und leitete den Bericht über diese Forschungsarbeiten mit folgenden Worten ein:

»2146. Seit lange habe ich, vermuthlich mit vielen anderen Freunden der Naturkunde, die an Überzeugung streifende Meinung gehegt, daß die verschiedenen Formen, unter denen die Kräfte der Materie auftreten, einen gemeinschaftlichen Ursprung haben, oder, mit anderen Worten, so in directem Zusammenhange und gegenseitiger Abhängigkeit stehen, daß sie gleichsam in einander verwandelt werden können und äquivalente Kräfte in ihren Wirkungen besitzen. In neueren Zeiten sind die Beweise für ihre Unwandelbarkeit in beträchtlichem Maße gehäuft, und es ist der Anfang gemacht zur Bestimmung ihrer äquivalenten Kräfte.

2147. Diese feste Überzeugung, auf die Kräfte des Lichtes ausgedehnt, veranlaßten mich früher zu manchen Anstrengungen, um eine directe Beziehung zwischen Licht und Elektricität, und eine Wechselwirkung derselben auf die ihrem gemeinschaftlichen Einflusse unterworfenen Körper zu entdecken; allein die Resultate waren negativ, und wurden späterhin in dieser Beziehung von *Wartmann* bestätigt.

2148. Diese vergeblichen Anstrengungen und viele andere, die nie veröffentlicht wurden, konnten indess meine feste, auf philosophische Betrachtungen gestützte Überzeugung nicht erschüttern, und deshalb nahm ich neuerdings die experimentelle Untersuchung in der eifrigsten Weise wieder vor, wobei es mir dann endlich gelang, *einen Lichtstrahl zu magnetisiren und elektrisiren so wie eine Magnetkraftlinie zu belichten.* Ohne in das Detail vieler erfolgloser Versuche einzugehen, will ich die Resultate so kurz und deutlich beschreiben, wie ich kann.« (Michael Faraday, *Experimental-Untersuchungen über Elektricität,* XIX. Reihe, Ostwalds Klassiker Nr. 136, Leipzig 1903, S. 25f.)

Polarisiertes Licht, das man damals schon gut kannte und seit Fresnel auch im wesentlichen verstand, wurde einer von Faradays beliebtesten Untersuchungsgegenständen. Er versuchte herauszufinden, ob sich die Polarisation veränderte, wenn er Licht durch ein Stück Glas oder Kristall schickte, das unter Einwirkung eines elektrischen Feldes stand. Die Ergebnisse waren negativ, obwohl John Kerr (1824–1907) dank verbesserter experimenteller Mittel 1875 den Effekt entdeckte, den Faraday vergeblich gesucht hatte. Im September 1845 hatte Faraday endlich seinen ersten großen Erfolg. Er schickte linear polarisiertes Licht durch ein Stück schweres Glas von besonderer Art, das er schon Jahre zuvor hergestellt hatte. Dann wurde ein magnetisches Feld erzeugt, dessen Kraftlinien parallel zur Ausbreitungsrichtung verliefen. Die Polarisationsebene wurde gedreht und blieb so, solange das magnetische Feld bestand. In sein Laborheft trug er ein: »Es wurde eine Wirkung auf das polarisierte Licht erzielt, und damit war erwiesen, daß magnetische Kraft und Licht miteinander in Zusammenhang stehen. Dieser Umstand wird sich höchstwahrscheinlich als überaus fruchtbar und äußerst wertvoll für die Erforschung der Bedingungen der Naturkraft erweisen …«

Sogleich führte Faraday eine Reihe von Experimenten durch, um zu überprüfen, ob der Effekt reell war, und ermittelte präzise seine Hauptmerkmale. Dann vertraute er seinem Heft an: »Für heute genug gefunden.«

Diamagnetismus war die nächste Entdeckung. Die meisten

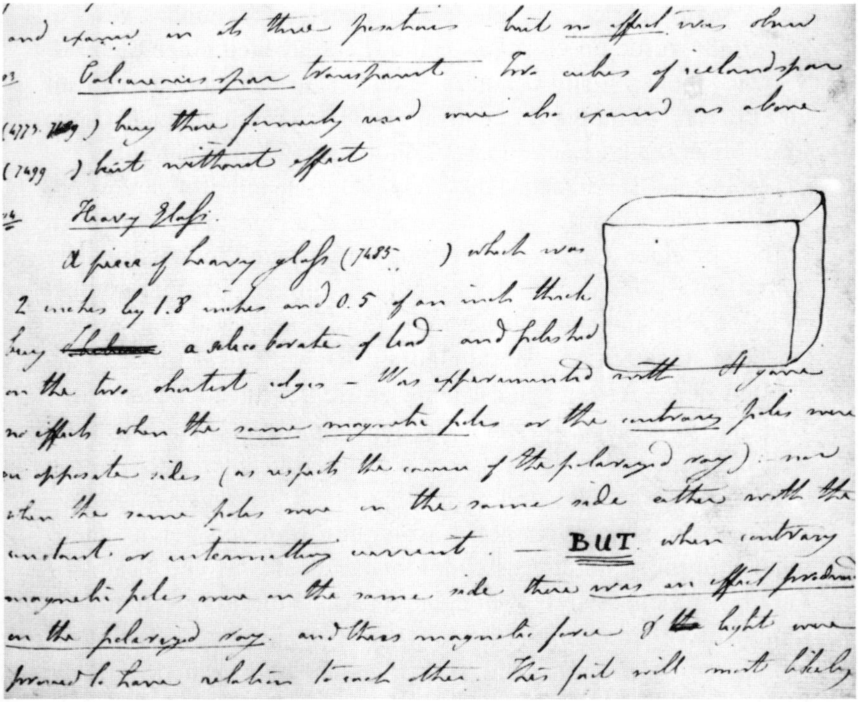
and examined in its three positions but no effect was observed.
Calcareous spar transparent. Two cubes of iceland spar
(7477) being those formerly used were also examined as above
(7499) but without effect.
Heavy Glass.
A piece of heavy glass (7485) which was
2 inches by 1.8 inches and 0.5 of an inch thick
being silicate borate of lead and polished
on the two shortest edges – was experimented with. It gave
no effects when the same magnetic poles or the contrary poles were
on opposite sides (as respects the course of the polarized ray): nor
when the same poles were on the same side either with the
constant or intermitting current. – BUT when contrary
magnetic poles were on the same side there was an effect produced
on the polarized ray. and thus magnetic force & light were
proved to have relation to each other. This fact will most likely

Eintragung 7504 vom 13. September 1845 in Faradays Laboratoriumstagebuch über die Entdeckung der Doppelbrechung, die er mittels eines magnetischen Feldes in Glas induziert hatte. Am Abend dieses Tages, in Eintragung 7536, findet sich die Bemerkung »Für heute genug getan«. (Royal Institution, London)

Stoffe – die Liste der Dinge, die Faraday ausprobierte, umfaßt ein seltsames Sammelsurium von fünfzig Substanzen, von Glas bis Blut, von Wasser bis Wachs – richten sich, zu einer Nadel geformt, senkrecht zu den Kraftlinien eines magnetischen Feldes aus, es sei denn, dieses ist auf geeignete Weise inhomogen, wie es bei Faraday der Fall war. Außerdem werden sie von beiden Polen eines Magneten abgestoßen. Dieses Verhalten wird durch sehr schwache Kräfte hervorgerufen, viel schwächere als jene, die in einem magnetischen Feld auf Eisen einwirken. Das Phänomen verdiente eingehendere Untersuchung, und Faraday beschäftigte sich mehrere Monate damit.

Im Jahr 1846 mußte Faraday vor der Royal Institution für Charles Wheatstone (1802–1875) einspringen, der über einige seiner Arbeiten berichten sollte, aber im letzten Augenblick von Panik erfaßt wurde und Reißaus nahm. Faraday hielt einen Stegreifvortrag, aber es stellte sich heraus, daß er für die anberaumte Zeit zu kurz war, so mußte der Vortragende noch rasch ein paar Dinge hinzufügen. Er kam auf einige Vermutungen zu sprechen, über die er seit einiger Zeit nachdachte, und brachte sie mit großer Vorsicht vor. Trotzdem fanden diese Gedanken Anklang, und schließlich schrieb er einen kurzen Artikel mit dem Titel »Thoughts on Ray Vibrations« (Gedanken zu Strahlungschwingungen). Der Artikel ist nicht sehr klar, enthält aber einige überraschende und grundsätzliche Ansätze. Am ehesten läßt er sich wohl als deutliche Vorahnung der elektromagnetischen Theorie des Lichts bezeichnen. Das mag übertrieben erscheinen, doch können wir uns auf Maxwell berufen, der 18 Jahre später die elektromagnetische Theorie des Lichts formulierte und sagte:

»Die Vorstellung von der Ausbreitung transversaler magnetischer Störungen unter Ausschluß longitudinaler ist von Professor Faraday in dem Artikel ›Thoughts on Ray Vibrations‹ unmißverständlich vorgetragen worden. *Die von ihm vorgeschlagene elektromagnetische Theorie des Lichts ist im wesentlichen diejenige, die zu entwickeln ich mich in diesem Aufsatz angeschickt habe,* abgesehen davon, daß es 1846 keine Daten gab, um die Ausbreitungsgeschwindigkeit zu berechnen.«

Ferner zeigen Notizen von Faraday, die erst kürzlich veröffentlicht wurden, daß er tatsächlich tiefen Einblick in die elektromagnetische Natur des Lichts gewonnen hatte. Maxwell war nicht nur großzügig, sondern auch gerecht.

Im Jahr 1852 veröffentlichte Faraday die XXIX. Reihe seiner *Experimental-Untersuchungen über Elektricität*; es war die letzte, und ihr Verfasser kommt zu dem einleuchtenden Schluß:

»3234. Würde sich ein Experimentator, der beschließt, magnetische Kraftlinien als Repräsentationen der Magnetkraft anzusehen, den Gebrauch von Eisenfeilspänen versagen, so würde er damit freiwillig und überflüssigerweise auf ein höchst wertvolles Hilfsmittel verzichten. Durch Verwendung solcher Späne kann er selbst in schwierigsten Fällen viele Zustände der Kraft sofort für das Auge sichtbar machen, kann die wechselnde Richtung der Kraftlinien nachzeichnen und die jeweilige Polarität bestimmen, kann beobachten, in welcher Richtung die Kraft zunimmt oder abnimmt, und kann in komplexen Systemen die neutralen Punkte oder Orte bestimmen, an denen weder Polarität noch Kraft herrscht, selbst wenn sie inmitten starker Magneten liegen. Mit Hilfe von Eisenfeilspänen läßt sich ein wahrscheinliches Ergebnis sofort erkennen und manch eine wertvolle Anregung für künftige wichtige Experimente gewinnen.«

Eine typische Anweisung Faradays – wie man mit Hilfe von Eisenfeilspänen das Bild eines Magnetfeldes erhält – zeigt die Abbildung auf Seite 246. Kein Handgriff und kein technisches Detail werden ausgespart.

In den fünfziger Jahren ließ Faradays Schaffenskraft nach. Abermals begann er unter Gedächtnisverlust zu leiden, der sich zunehmend verschlimmerte. Noch immer konnte er Experimente durchführen, aber nicht mehr im früheren Tempo. Er versuchte, eine Wechselwirkung zwischen Gravitation und Elektrizität zu entdecken, doch ohne Ergebnis. Diese Suche reicht von Faraday über Einstein bis in die Gegenwart und wird noch immer fortgesetzt. Vielleicht werden sich Faradays Träume einmal als prophetisch erweisen, wenn auch nicht in der einfachen Form, in der er sie träumte. In den Zeiten, da er keine großen Entdeckungen machte, stellte Faraday seine Kenntnisse in den Dienst der Öffentlichkeit, etwa wenn er versuchte, wertvolle Gemäldesammlungen vor den Folgen der Luftverschmutzung zu bewahren – ein Problem, das London schon damals heimsuchte.

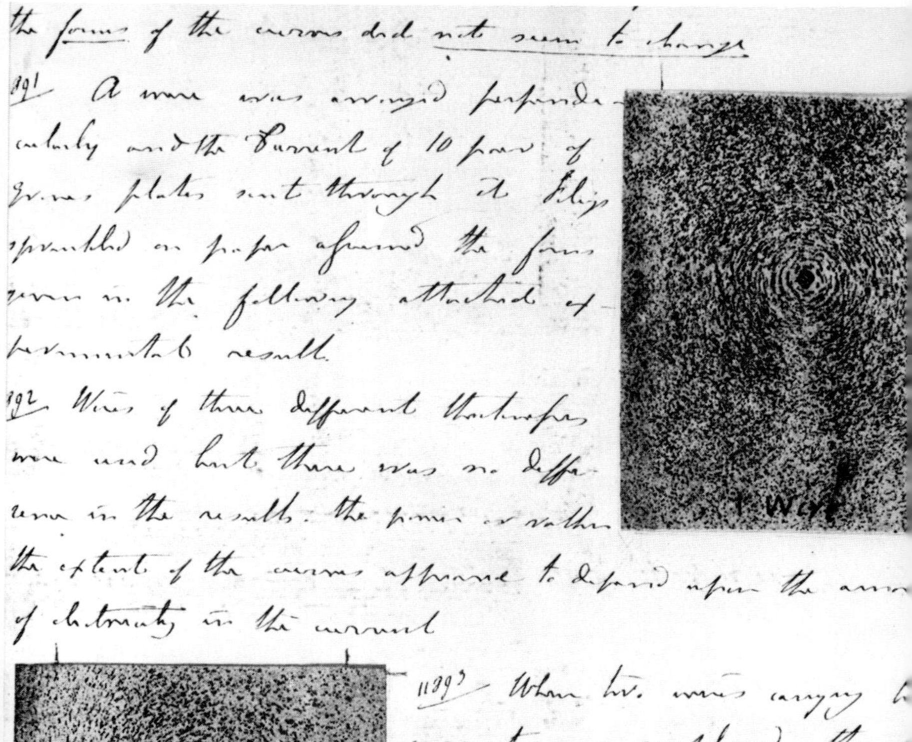
the forms of the curves did not seem to change

1891 A wire was arranged perpendicularly and the current of 10 pair of Groves plates sent through it. Filings sprinkled on paper around the forms given in the following attached experimental result.

1892 Wires of three different thicknesses were used but there was no difference in the results: the power or rather the extent of the curves appeared to depend upon the amount of electricity in the current

11893 When two wires carrying … currents were employed the … were very beautiful shewing the coalescence of the lines of force inflection between the two …

11894 It appeared as if the two … had twice the force of one wire … the forms coalesced – as if the … of one was added on to the other with no disappearance of the power of either. It was not a

Durch Eisenfeilspäne markierte magnetische Kraftlinien. Die Abbildung stammt aus Faradays Laboratoriumstagebuch, wo er die Späne fixierte. Solche Bilder halfen Faraday, das Feldkonzept zu beweisen und zu entwickeln. (Royal Institution, London)

1862 führte er sein letztes Experiment durch – den Versuch, den Einfluß eines magnetischen Feldes auf das Licht nachzuweisen, das von einer in dem Feld befindlichen Quelle ausgesandt wird. Das Ergebnis war negativ, weil Faradays Instrumente nicht empfindlich genug waren, um minimale Wirkungen zu entdecken. Vierunddreißig Jahre später wiederholte Pieter Zeeman (1865–1943) als junger Mann, angeregt von einem Bericht über Faradays Experiment, den Versuch und entdeckte dank verbesserter Geräte den Zeeman-Effekt, einen der Vorläufer und Stützpfeiler der neuen Atomphysik.

In den letzten Lebensjahren litt Faraday unter zunehmendem Verlust seines Erinnerungsvermögens. 1860 hielt er seine letzten Weihnachtsvorträge, und 1865 gab er den Lehrstuhl an der Royal Institution auf. Unaufhaltsam ging es mit seiner Gesundheit bergab, nach und nach verzichtete er auf alle Ämter, auch den Vorstandssitz in der Sandemanian Church. 1867 starb er im Alter von 76 Jahren.

Hören wir, wie Lord Kelvin, der ihn gut kannte, seiner gedenkt: »Ihn zeichnete eine unbeschreibliche Raschheit und Lebendigkeit aus. Der Widerschein seines Genius umgab ihn mit einer ganz besonderen, strahlenden Aura. Diesen Charme spürte gewiß jeder – ob tiefsinniger Philosoph oder schlichtes Kind –, der den Vorzug genoß, ihn in seinem Zuhause zu erleben – in der Royal Institution.«

Bei den Zeitgenossen wie bei der Nachwelt gilt Faraday als einer der größten »Naturphilosophen« (wie Faraday seinen Beruf selbst bezeichnet hätte). Jede Zeit braucht ganz bestimmte Eigenschaften, und es ist gut möglich, daß Faraday seinen Erfolg zum Teil der besonderen Zeit verdankte, in der er wirkte. Worin aber lagen seine außergewöhnlichen Vorzüge? In einer gewaltigen Vorstellungskraft und einem experimentellen Einfallsreichtum, in leidenschaftlicher Liebe zu seiner Arbeit, verbunden mit der erforderlichen Ausdauer, in kritischem Verstand, der ihn zwischen Nebeneffekten und wichtigen Entdeckungen rasch unterscheiden ließ, und in einem aufmerksamen Blick, dem nichts entging. Ferner ging er von einigen sehr vernünftigen Grundgedanken aus und glich seine mathematische Unkenntnis durch eine ungewöhnliche geometrische und räumliche Erkenntnisfähigkeit sowie großes

Konzentrationsvermögen aus. Unter seinen hinterlassenen Aufzeichnungen findet sich auch folgende Bemerkung:

»Ich möchte zu gerne wissen, was den erfolgreichen Naturphilosophen ausmacht. Sind es Fleiß und Ausdauer mit einem Gutteil Gespür und Intelligenz? Ist nicht auch eine gewisse Selbstsicherheit oder Ernsthaftigkeit erforderlich? Scheitern nicht viele, weil es ihnen um Berühmtheit geht, statt einfach um Erkenntnis und

Michael Faraday in fortgeschrittenem Alter mit seiner Frau Sarah (Royal Institution, London)

das Vergnügen, das der Verstand befriedigt erfährt, wenn er sie um ihrer selbst willen erwirbt? Ich habe viele Menschen gekannt, die es in den Naturwissenschaften weit hätten bringen und sich einen großen Namen hätten machen können, die aber immer nur Ruhm und Lohn im Auge gehabt haben – die Bewunderung der Welt als Lohn. Über dem Verstand solcher Menschen liegt stets ein Schatten von Neid oder Bedauern, und ich kann mir nicht vorstellen, daß jemand unter dem Einfluß dieser Gefühle wissenschaftliche Entdeckungen machen kann. Was Genie und seine besonderen Kräfte anbelangt, nehme ich an, es gibt solche Fälle. Ich habe lange und häufig nach einem Genie für unser Laboratorium gesucht, aber nie eines gefunden. Hingegen habe ich viele Menschen kennengelernt, die nach meinem Dafürhalten erfolgreiche Experimentalphilosophen hätten werden können, wenn sie ihr Denken der erforderlichen Disziplin unterworfen hätten.«

Aus diesen Sätzen darf man schließen, daß es in der Royal Institution keine Spiegel gab.

Obwohl ein ausgezeichneter Vortragsredner, hatte Faraday keine direkten Schüler und Mitarbeiter. Seine Arbeitsmethode und noch mehr die Art, wie er über physikalische Probleme nachdachte, verhinderten die Gründung einer Schule. Seine mangelnden Kenntnisse in der formalen Mathematik erschwerten ihm, gepaart mit seiner gewaltigen und raschen Vorstellungskraft, die Verständigung. Nur ein Maxwell konnte seine Gedanken wirklich durchdringen. Faraday selbst sagt dazu:

»Ich habe nie einen Studenten oder Schüler gehabt, der mir zur Hand gegangen ist, sondern meine Experimente stets eigenhändig vorbereitet, gleichzeitig arbeitend und denkend. Ich glaube nicht, daß ich mit jemandem zusammenarbeiten, laut denken oder gleichzeitig meine Gedanken erklären könnte. Manchmal haben mein Assistent und ich Stunden und Tage zusammen im Labor verbracht, er damit beschäftigt, irgendwelche Demonstrationsgeräte vorzubereiten oder zu säubern, und dabei kaum ein Wort gewechselt.«

Der erwähnte Assistent war der pensionierte Unteroffizier Anderson, der sich als idealer Gehilfe für Faraday erwies und von diesem auch in seinen Schriften entsprechend gewürdigt wird. Wie bedingungslos Anderson gehorchte, zeigt die folgende Geschichte, für deren Wahrheit ich mich allerdings nicht verbürgen kann. Als Faraday eines Morgens ins Labor kam, traf er seinen Assistenten an, wie er die geschmolzene Mischung irgendeiner Substanz umrührte. Faraday war ein wenig erstaunt und fragte ihn, was er denn schon so früh am Morgen im Labor tue. Die Antwort lautete: »Sie haben mir gestern den Auftrag gegeben, diese Mischung umzurühren, und nicht gesagt, ich könne aufhören.«

Faradays physikalische Methoden waren einer Zeit angemessen, in der es eine völlig neue Phänomenologie zu entdecken gab und in der die theoretischen Grundlagen extrem lückenhaft waren. Leider setzten später mittelmäßige Physiker die Jagd nach neuen Phänomenen fort, indem sie, wie sie sich einbildeten, Faraday imitierten. Ich habe sie noch erlebt, wie sie ihre Faulheit, sich bekanntes Wissen anzueignen, zu entschuldigen suchten und Zeit und Geld mit törichten Experimenten vergeudeten. Wenn hingegen Faraday noch gelebt hätte, wäre die Nichterhaltung der Parität vielleicht zwanzig Jahre früher entdeckt worden.

Maxwell: Unfehlbar in der Physik

Wenn Faraday der größte Experimentalphysiker des 19. Jahrhunderts war, so war James Clerk Maxwell der größte Theoretiker. Er ist der Begründer der modernen Elektrizitätslehre sowie einer der Begründer der Thermodynamik und der statistischen Mechanik. Von ihm soll nun die Rede sein, wobei wir nicht vergessen dürfen, daß er auch in der Wärmelehre Bedeutendes geleistet hat. William Thomson, der spätere Lord Kelvin, spielte eine ebensolche Doppelrolle. Im Laufe der Zeit hat jedoch Maxwells Name an Glanz gewonnen, während der Kelvins heute vielleicht etwas von seiner ursprünglichen Strahlkraft eingebüßt hat. Von ihm wird im Zusammenhang mit der Thermodynamik, zu der er seinen wohl wichtigsten Beitrag geleistet hat, zu berichten sein.

James Clerk Maxwell wurde 1831, dem Jahr der Entdeckung der elektromagnetischen Induktion, in Edinburgh geboren, aber er wuchs in Glenlair auf, einem Landsitz, den sein Vater etwa hundert Kilometer südlich von Glasgow geschaffen hatte. Die Clerks

Glenlair, James Clerk Maxwells Familiensitz in Südwestschottland, 1880, nach den Umbauten, die Maxwell 1867 hatte vornehmen lassen. (Mit freundlicher Genehmigung von C. W. F. Everitt)

waren eine bekannte schottische Familie, die schon einige Vertreter des Geisteslebens hervorgebracht hatte. Sie verfügte über Landbesitz, der ihr ein bequemes Auskommen verschaffte. Der Vater nahm den Namen »Maxwell« an, als er ein kleines Gut in Dumfriesshire erbte. In Maxwells Jugend lag Glenlair sehr isoliert, so daß dort ein gewisser Pioniergeist herrschte, der Maxwells Vater zu oft merkwürdigen technischen Unternehmen anregte. Maxwells Mutter, Frances Cay aus Edinburgh, starb an Magenkrebs, als James acht Jahre alt war.

Von seinen Vettern und Freunden wird James als äußerst wißbegieriges Kind geschildert, das ständig fragte: »Wie funktioniert das?« und sich nicht so leicht mit einer Antwort zufriedengab. Weil er auf dem Lande unter Bauernkindern groß wurde, nahm er einen starken schottischen Akzent an, den er sein Leben lang beibehielt. Nach dem Tod der Mutter schlossen sich Vater und Sohn noch enger aneinander an, und der Knabe wich dem Vater auf dem Gut nicht von der Seite. Die Briefe aus späterer Zeit zeigen, wie vertrauens- und liebevoll das Verhältnis der beiden war.

Mit zehn Jahren wurde Maxwell auf die Edinburgher Akademie

geschickt, wo er es wegen seines Akzents und seiner merkwürdigen, vom Vater entworfenen Kleider zunächst recht schwer hatte. Anfangs war er ziemlich einsam und bekam den Spitznamen »Dafty« (Einfaltspinsel, Trottel). Ganz in die eigene Gedankenwelt versponnen, war er nicht sehr umgänglich, obwohl er einen ausgeprägten Sinn für Humor besaß. Nach etwa der Hälfte der Schulzeit entwickelte er sich zu einem brillanten Schüler in allen Fächern, auch der englischen Verskunst, der er ein Leben lang treu blieb.

Im Alter von 15 Jahren reichte er bei der Royal Society in Edinburgh einen Aufsatz über eine geometrische Methode zur Zeichnung von Ovalen ein. Er wurde veröffentlicht – keine be-

Maxwells Vetter Jemima Wedderburn hinterließ eine Reihe entzückender Zeichnungen, die einen anschaulichen Eindruck von dem Leben auf Glenlair vermitteln. *Linke Seite*, Maxwell in zartem Alter; *oben*, Maxwell mit seinem Hund Toby; *Mitte*, Maxwell mit seinem Vater und Toby; *unten*, eine Jagdszene mit Familienmitgliedern. (Mit freundlicher Genehmigung von C. W. F. Everitt)

deutende Arbeit, aber doch bemerkenswert für einen so jungen Autor.

1847 schrieb sich Maxwell an der Universität Edinburgh ein. (Damals begann man das Studium an schottischen Universitäten in sehr jungen Jahren; sie hatten mehr Ähnlichkeit mit der gymnasialen Oberstufe als mit Universitäten im üblichen Sinne.) Maxwell studierte Mathematik, Philosophie und Physik. Der Physikprofessor betraute ihn mit der Aufsicht über das Labor, wo er seine Liebe zur physikalischen Apparatur und sein beträchtliches handwerkliches Geschick entdecken sowie seine ersten Experimente durchführen konnte. 1850 wechselte er zum Peterhouse in Cambridge über, einem College, das von schottischen Studenten bevorzugt wurde. William Thomson wirkte dort bereits als Dozent, während Peter Guthrie Tait (1831–1901), der letzte im denkwürdigen schottischen Dreigestirn, Student war wie Maxwell, nur in höherem Semester.

Zu dem Zeitpunkt, da Maxwell nach Cambridge ging, hatte er sich mit der englischen Literatur vertraut gemacht und bewies selbst dichterische Begabung. Er verfügte über umfangreiche Kenntnisse in der Mathematik und Physik, ließ aber die rechte Ordnung in seinen Studien vermissen.

Die ersten Jahre seiner Laufbahn in Cambridge zeichneten sich nicht durch Besonderheiten aus. Er mußte systematische Studien betreiben, obwohl er bereits einen bemerkenswerten Aufsatz über Elastizität und einige andere von geringerer Bedeutung geschrieben hatte. Sein Tutor William Hopkins bemerkte seine ausgeprägte geometrische Neigung und seine Fähigkeit, die Lösung mathematischer Probleme mittels synthetischer Methoden herbeizuführen. »Auf physikalischen Gebieten schien er eines falschen Gedankens einfach nicht fähig zu sein, anders schien es hingegen mit der Analysis zu stehen«, so lautete Hopkins' Urteil. Verschiedene Zeitgenossen berichten von seiner raschen und gelegentlich sprunghaften Art der Unterhaltung. Sein Verstand scheint wendiger gewesen zu sein als der aller seiner Zuhörer, was allerdings ihrem Vergnügen an seinen Ausführungen über die verschiedensten Themen keinen Abbruch tat. Er wurde auch in einen elitären Klub von zwölf Studenten gewählt, die »Apostel«, die nach eigenem Dafürhalten die besten der Universität waren. Er besuchte die Vorlesungen des bedeutenden mathematischen Physikers G. G. Stokes (1819–1903) und kam abermals mit Thomson zusammen. Ihn kannte er schon aus Schottland, mindestens seit 1850, als er das Treffen der British Association in Edinburgh besucht hatte. Auch James Thomson, Williams Vater und Mathematikprofessor in Glasgow , befand sich dort. Übrigens hatte Maxwells Vater den älteren Thomson bei der Wahl eines geeigneten Cambridger Colleges um Rat gefragt. Die beiden Familien waren gut miteinander bekannt.

Maxwell nahm an den »Tripos« von 1854 teil. Die Tripos sind ein berühmter schriftlicher Prüfungswettbewerb im Fach Mathematik und ausschlaggebend für die künftige Laufbahn eines Cambridge-Gelehrten. Der erste »Wrangler« (bester Prüfling) war Edwin John Routh (1831–1907), der in Cambridge ein berühmter Korrepetitor und ein Mathematiker von einigem Ansehen werden sollte. Maxwell wurde zweiter Wrangler, wie William Thomson einige Jahre zuvor. In dem folgenden Wettbewerb um den Smith-Preis teilte Maxwell mit Routh den ersten Platz. Eine der Prüfungsaufgaben war der Beweis des berühmten Stokesschen Satzes, der eine so wichtige Rolle in Maxwells elektromagnetischer Theorie spielt. Unter den Prüfern war William Whewell, der Rektor des Trinity College, jener Mann, dessen Hilfe Faraday bei der Entwicklung der elektrolytischen Nomenklatur in Anspruch genommen hatte. Er und seine Kollegen hatten das Gefühl, daß Maxwell der bessere Mathematiker sei, doch seine Antworten waren nicht klar genug formuliert.

Sobald Maxwell die Büffelei für die Tripos hinter sich hatte, begann er sich ernsthaft mit den beiden Forschungsgebieten zu beschäftigen, die ihm am Herzen lagen – der Farbtheorie und der Elektrizität. Gleichzeitig bewarb er sich um eine Dozentenstelle am Trinity College, die seine alltäglichen Sorgen behoben hätte.

Wenn wir im folgenden Maxwells Arbeit betrachten, müssen wir uns vor Augen halten, wie er Probleme anging. Er dachte über einen bestimmten Gegenstand nach, schrieb darüber, wandte sich dann möglicherweise lange Zeit einem anderen zu, um Jahre später mit neuen Ideen und tieferen Einsichten auf ihn zurückzukommen. Deshalb empfiehlt es sich, auf eine chronologische Reihenfolge zu verzichten und sich statt dessen an den einzelnen Themen zu orientieren. Hie und da schob er zwischen seine wichtigen Arbeiten kleinere Untersuchungen ein, die scheinbar nichts mit seinen großen Themen zu tun hatten, in denen es ihm aber so gut wie immer gelang, irgendein bemerkenswertes neues Ergebnis zu entdecken.

Mit den Untersuchungen über die Farbwahrnehmung hatte Maxwell bereits in Edinburgh unter Anleitung von Professor James David Forbes (1809–1868) begonnen und sie zeitweilig wieder aufgenommen. Entscheidende Fortschritte in der Farbtheorie – einem Kapitel der physiologischen Optik – hatte Thomas Young erzielt. Die Analyse der Farbwahrnehmung ist recht kompliziert. Sie begann mit Newton, der Weiß und andere Farben erhielt, als er Spektralfarben mischte. Young hatte das Konzept dreier Grundfarben entwickelt. Maxwell setzte diese Untersuchungen fort, indem er mit Hilfe eines rotierenden Kreisels quantitative Messungen der gemischten Farben vornahm, und es gelang ihm, viele Geheimnisse des Farbensehens zu entschleiern. Wiederholt kam er auf dieses Thema zurück. Er experimentierte mit verschiedenen Versuchspersonen und untersuchte die Empfindlichkeit ihrer Netzhäute, dabei entdeckte er die Wirkung eines gelben Pigments, das die Sinnesempfindung des »Maxwellschen Flecks« hervorruft.

Ein einzigartiges Ergebnis dieser Untersuchungen ist das erste Farbbild, das er 1861 unter Verwendung fotografischer Techniken herstellte. Er führte es in der Royal Institution einer Zuhörerschaft vor, der auch Faraday angehörte. Das Bild zeigt einen schottischen Tartan, der durch Rot-, Grün- und Blaufilter aufgenommen und dann durch die gleichen Filter projiziert wurde. Er verwendete Kollodiumplatten, und man hatte in späterer Zeit zunächst Schwierigkeiten, das Experiment nachzuvollziehen, weil solche Platten für Rot völlig unempfindlich sind. Hundert Jahre später wurde das Geheimnis in den Kodak-Forschungslabors von R. M. Evans untersucht, der herausfand, daß die von Maxwell verwendeten Färbemittel auch das ultraviolette Licht reflektierten, das seinen Rotfilter passierte. Das Rotbild erhielt er folglich mittels ultravioletten Lichts! Eine moderne Wiederholung des Experiments erwies sich in jeder Hinsicht als erfolgreich.

Ein anderer wichtiger, aber isolierter Untersuchungsgegenstand

Maxwell 1855 in Cambridge, in der Hand die Farbscheibe seiner ersten optischen Experimente. (Cavendish Laboratory, Cambridge University)

in Maxwells Arbeit ist die Beschäftigung mit den Saturnringen. Er war das Thema für den Adams-Preis von 1855, und Maxwell, der sich alle Techniken einer hochentwickelten Analysis zunutze machte, konnte zeigen, daß die Ringe aus Gründen der Stabilität aus losem Material geformt sein mußten. Feste oder flüssige Körper wären instabil. Die Raumsonde Pioneer II bestätigte Maxwells Rechnungen, als sie den Ring durchquerte, ohne Schaden zu nehmen. Maxwells Analyse stellt ein wahres Glanzstück dar; sie fand überall Bewunderung und ließ ihn in die erste Garnitur der mathematischen Physiker seiner Zeit aufrücken. Vor allem aber kam er durch diese Arbeit mit Problemen in Berührung, die ihn schließlich zur statistischen Mechanik führen sollten.

Nun kommen wir zu zwei besonderen Leistungen Maxwells: seinen Arbeiten über Elektrizität und über die kinetische Gastheorie. Auf beiden Gebieten verdanken wir ihm Beiträge von höchster und nachhaltiger Bedeutung.

Seine Elektrizitätsstudien begann Maxwell 1855 in Cambridge. Dabei hatte er zwei geistige Väter – Faraday und Thomson. Der Einfluß des ersten wurde bereits beschrieben, der Einfluß William Thomsons war anderer Art. Nur ein paar Jahre älter als Maxwell, wirkte er in Cambridge, als Maxwell dorthin kam und genoß bereits einen Ruf. Thomson war ein großer Mathematiker von umfassender Bildung. Vor allem hatte er sich intensiv mit Fouriers Arbeiten beschäftigt, auf die er Maxwell aufmerksam machte. Sein reger Verstand produzierte eine Idee nach der anderen, und aus seiner Feder stammen zahlreiche Artikel über die vielfältigsten Gegenstände. Zweifellos war er ein Mann von Genie, der für viele Einzelprobleme gescheite und überraschende Lösungen fand, aber speziell auf dem Gebiet der Elektrizität nie an die Tiefe der Maxwellschen Synthese heranreichte. Thomsons Arbeit war mathematisches Vorbild für Maxwell und brachte ihn auf viele Analogien zu physikalischen Verhältnissen, die keinen Zusammenhang mit der Elektrizität aufwiesen. Wahrscheinlich stand Maxwell zu Beginn seiner Arbeit stärker unter dem Einfluß Thomsons als später.

Maxwells erster größerer Aufsatz über Elektrizität erschien 1856 und trug den Titel »On Faraday's Lines of Force«. Dort lieferte er eine Theorie des elektrischen und magnetischen Feldes auf der Grundlage einer Analogie. Interessant ist in diesem Zusammenhang, was er unter einer Analogie versteht:

> »Um physikalische Vorstellungen zu erhalten, ohne eine specielle physikalische Theorie aufzustellen, müssen wir uns mit der Existenz physikalischer Analogien vertraut machen. Unter einer physikalischen Analogie verstehe ich jene theilweise Ähnlichkeit zwischen den Gesetzen eines Erscheinungsgebietes mit denen eines andern, welche bewirkt, daß jedes das andere illustrirt. Auf diese Art sind alle Anwendungen der Mathematik in der Wissenschaft auf Beziehungen zwischen den Gesetzen der physikalischen Größen zu denen der ganzen Zahlen gegründet, so daß das Streben der exacten Wissenschaft darauf gerichtet ist,

die Probleme der Natur auf die Bestimmung von Größen durch Operationen mit Zahlen zurückzuführen. Gehen wir von der allgemeinsten Analogie zu einer sehr speciellen über, so finden wir formal die vollste Übereinstimmung zwischen den Gesetzen zweier verschiedener Erscheinungsgebiete, von denen ein jedes Ausgangspunkt einer physikalischen Theorie des Lichtes wurde.« (James Clerk Maxwell, *Über Faradays Kraftlinien*, hg. v. L. Boltzmann, Ostwalds Klassiker Nr. 69, Leipzig 1895, S. 4)

Im speziellen Fall der Elektrizität weist er auf die mathematische Ähnlichkeit zwischen der Potentialgleichung und der Gleichung der Wärmeausbreitung im stationären Fall hin. Dann stellt er Analogien zur Hydrodynamik her und führt schließlich vier Vektoren ein – **E** und **H**, die Kräfte sind, sowie **I** (Stromdichte) und **B**, die durch die Kräfte hervorgerufene Flüsse sind –, um deren Beziehungen und Gleichungen zu entwickeln. Zur Erklärung des Elektromagnetismus erörtert er später den »elektrotonischen Zustand« und verknüpft ihn mit einem neuen Vektor **A**, der über die folgenden Eigenschaften des Vektorpotentials verfügt: $\mathbf{B} = \mathrm{curl}\, \mathbf{A}$ und $\mathbf{E} = -\partial \mathbf{A}/\partial t$. Außerdem bringt er viele spezielle Anwendungsbeispiele der Theorie.

Fünf Jahre später, 1861, kam Maxwell auf dieses Thema zurück und führte ein Medium ein, welches die elektromagnetischen Kräfte durch seine Elastizität reproduzierte. Er wollte diese Konstruktion nicht wörtlich verstanden wissen, sondern nur der Vorstellungskraft auf die Sprünge helfen. Die Abbildung unten ist Maxwells Artikel entnommen und zeigt den Aufbau seines Raummodells. Aus den Eigenschaften des Modells schließt Maxwell auf zwei bedeutsame Konsequenzen: Erstens, zum gewöhnlichen Leitungsstrom ist ein Betrag hinzuzurechnen, der $d\mathbf{E}/dt$ proportional ist und den er als »allgemeine Verschiebung der Elektrizität« deutet; zweitens, das Medium unterstützt transversale (nicht longitudinale) Schwingungen, die sich mit einer Geschwindigkeit c, welche nach den Gesetzen der Elektrizität berechnet werden kann, ausbreiten. Bei einem Zahlenvergleich ergibt sich: »Die Geschwindigkeit transversaler Wellenbewegungen in unserem hypothetischen Medium, wie sie sich aus den Experimenten von Kohlrausch und Weber errechnet, deckt sich so genau mit der Lichtgeschwindigkeit, wie sie Fizeau in seinen optischen Experimenten ermittelt hat, daß *sich der Schluß kaum vermeiden läßt, das Licht bestehe aus transversalen Wellenbewegungen desselben Mediums, welches die Ursache von elektrischen und magnetischen Erscheinungen ist.*« Damit war die Vermutung Faradays bestätigt und die elektromagnetische Theorie des Lichts geboren.

Inzwischen hatte Maxwells beruflicher Aufstieg begonnen. 1856 war er von Cambridge nach Aberdeen gegangen, wo er Physikprofessor am Marischal College wurde. Er hoffte dank der langen Semesterferien an schottischen Universitäten viele Monate im Jahr auf dem geliebten Glenlair bei seinem Vater verbringen zu können, dessen Gesundheitszustand zu wünschen übrigließ. Leider starb sein Vater noch im gleichen Jahr.

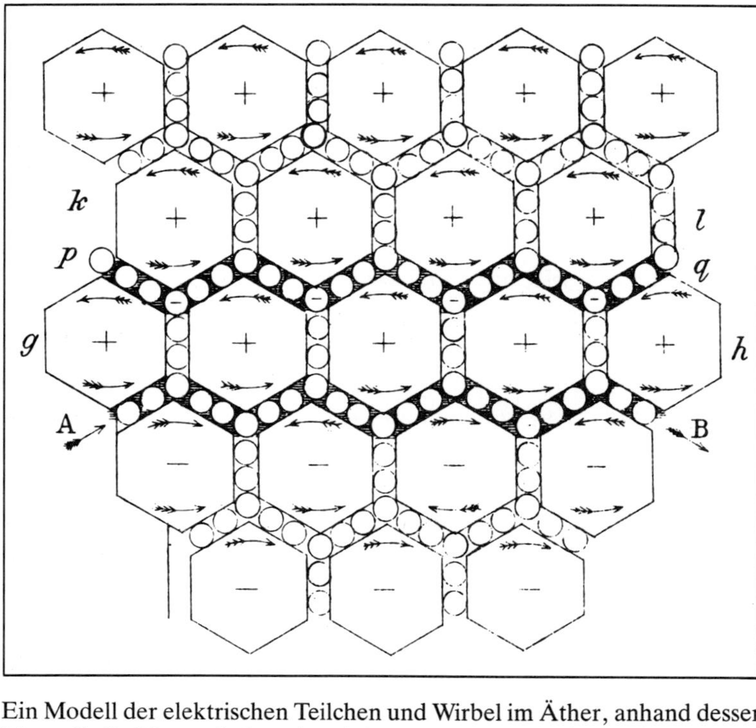

Ein Modell der elektrischen Teilchen und Wirbel im Äther, anhand dessen Maxwell die Eigenschaften des elektromagnetischen Feldes erklärte. Die Zeichnung enthält einige offensichtliche Fehler, die der Leser unschwer erkennen kann. (Aus Maxwells *On Physical Lines of Force*, 1861)

In Aberdeen lernte Maxwell Katherine Mary Dewar, die Tochter seines Collegedirektors, kennen und heiratete sie. Über das Wesen dieser Frau gibt es widersprüchliche Berichte. Sie half ihrem Mann bei seinen Experimenten über Gasviskosität und Farbensehen. Seine Briefe an sie sind herzlich und humorvoll, doch von Zeit zu Zeit verliert er sich in salbungsvollen Exkursen mit langen Bibelzitaten, die mir übertrieben erscheinen, selbst wenn man Zeit und Ort sowie Maxwells tiefe Frömmigkeit berücksichtigt. Später war Mrs. Maxwell lange bettlägrig und wurde von ihrem Mann aufopfernd gepflegt, auch als er selbst schon todkrank war. Kinder hatten sie nicht.

Über seine Lehrtätigkeit ist zu sagen, daß sie allen Quellen nach zu schließen, zwar für Studenten, die ihm zu folgen vermochten, von größtem Nutzen war, aber mittelmäßige Studenten, die das Gros seiner Kurse bildeten, kaum von seinen Vorlesungen profitierten. In Aberdeen schrieb er: »Ich stecke wieder bis über beide Ohren in der Collegearbeit. Ein kleiner Kurs, der berüchtigt für seine Dummheit ist. Ein hartes Stück Arbeit, ihn aus seiner Trägheit zu reißen.« Weiter heißt es: »Witze werden hier überhaupt nicht verstanden. Seit zwei Monaten habe ich keinen gemacht. Wenn mir einer auf der Zunge liegt, muß ich ihn herunterschlukken.« Was schon etwas heißen wollte bei einer so eigenwilligen Persönlichkeit.

Später, in Cambridge, hatte er Studenten von anderem Zuschnitt. Einer von ihnen war Sir Horace Lamb (1849–1934), ein namhafter mathematischer Physiker, dem wir folgenden Bericht über Maxwell verdanken: »Mit der Tafel lebte er auf Kriegsfuß, und man gewann den Eindruck – der, wie ich finde, durch seine Schriften bestätigt wird –, daß er zwar einen Blick für das Wesentliche besaß und große mathematische Entwürfe formulieren konnte, mit den detaillierten Rechenwegen aber seine Schwierigkeiten hatte. Sein physikalischer Instinkt bewahrte ihn vor wirklich schwerwiegenden Fehlern . . . Für einige von uns waren Maxwells Vorlesungen überaus interessant und faszinierend, nicht so sehr wegen der Themen, die eher elementare Dinge betrafen, als vielmehr wegen der aufschlußreichen Einblicke, die wir in die Anschauungsweise des Vortragenden gewannen, wegen seines ständigen Rückgriffs auf grundsätzliche Sachverhalte, auch wegen der

Auswege, auf die er verfiel, wenn er in Schwierigkeiten war, wegen seiner humorvollen und unerwarteten Exkurse, der gelegentlich einfließenden satirischen Seitenhiebe und der häufigen literarischen oder gar poetischen Anspielungen.«

Seine Professur in Aberdeen fand ein ungewöhnliches Ende: Das Marischal College wurde 1860 mit dem King's College zu einer Universität zusammengelegt, und man übernahm nur einen Professor je Fachgebiet. In der Physik zog man einen anderen Maxwell vor. Er hatte sich auch um einen Lehrstuhl in Edinburgh beworben, doch dort entschied man sich für seinen Freund Tait. Kurz darauf wurde Maxwell jedoch ans King's College in London berufen, wo er bis 1865 lehrte. Danach zog er sich abermals nach Glenlair zurück, um sein berühmtes Buch über die Elektrizität zu schreiben, einen der wichtigsten physikalischen Texte überhaupt. Während der Zeit in Glenlair wirkte er in den Jahren 1866, 1867, 1869 und 1870 als Prüfer in Cambridge, ein Amt, das er dazu benutzte, wichtige und nützliche Reformen bei den Tripos einzuführen.

Maxwells zweite große Arbeit über Elektrizität erschien während seiner Londoner Zeit. Ihr folgte 1864 »A Dynamical Theory of the Electromagnetic Field«. In dieser Schrift wird die Theorie sehr viel abstrakter. Die Äthermodelle werden fallengelassen, und gleich zu Anfang findet sich eine klare Formulierung der Ziele der Abhandlung und der Feldgleichungen. Faraday hatte 1857 einen Brief an Maxwell geschrieben, der auf den Empfänger einen tiefen Eindruck gemacht haben mußte. Am Schluß fragt Faraday:

»Eine Sache würde ich Sie gerne noch fragen. Wenn ein Mathematiker, der physikalische Wirkungen und Resultate untersucht, zu seinen Schlußfolgerungen gelangt ist, kann er sie dann nicht in gewöhnlicher Sprache ebenso vollständig, unmißverständlich und eindeutig wie in der mathematischen Formelsprache ausdrücken? Würde man nicht Leuten wie mir einen großen Dienst erweisen – wenn man sie aus ihren Hieroglyphen übersetzen würde, so daß wir sie in unseren Experimenten verwerten könnten? Ich denke, daß es sich so verhalten muß, denn ich habe stets festgestellt, daß Sie mir eine vollkommen klare Vorstellung von Ihren Schlußfolgerungen vermitteln konnten. Obwohl ich nicht jeden Schritt des Prozesses verstehen konnte, erhielt ich die Ergebnisse in einer

Form, die der Wahrheit weder etwas nahm noch hinzufügte, und so unmißverständlich, daß ich in meinen Gedanken und in meiner Arbeit mit ihnen umgehen konnte. Da dies also möglich ist, wäre es da nicht eine gute Sache, wenn uns die Mathematiker, die sich mit diesen Problemen auseinandersetzen, ihre Ergebnisse nicht nur in der ihnen eigenen und gemäßen Form liefern würden, sondern auch in einer allgemeinverständlichen, nützlichen und praktischen?«

Vielleicht hat Maxwell an Faradays Brief gedacht, als er zu Beginn seines Aufsatzes erläuterte, was er mit der Beschreibung des elektromagnetischen Feldes bezweckte. Im Originalwortlaut:

> »... Um diese Resultate der mathematischen Behandlung zugänglich zu machen, werde ich sie in Gestalt der allgemeinen Gleichungen des elektromagnetischen Feldes formulieren. Diese Gleichungen beinhalten folgendes:
>
> (A) Die Beziehung zwischen elektrischer Verschiebung, wahrer Leitfähigkeit und dem Gesamtstrom, der aus beiden resultiert.
>
> (B) Die Beziehung zwischen den magnetischen Kraftlinien und den Induktionskoeffizienten eines Stromkreises, wie sie bereits aus den Induktionsgesetzen abgeleitet wurde.
>
> (C) Die Beziehung zwischen der Stärke eines Stromes und seinen magnetischen Wirkungen gemäß dem elektromagnetischen Maßsystem.
>
> (D) Der Wert der elektromotorischen Kraft in einem Körper, der im Feld bewegt wird; die Änderung des Feldes selbst und die räumliche Verteilung des elektrischen Potentials.
>
> (E) Die Beziehung zwischen elektrischer Verschiebung und anliegender elektromotorischer Kraft.
>
> (F) Die Beziehung zwischen dem elektrischen Strom und der anliegenden elektromotorischen Kraft.
>
> (G) Die Beziehung zwischen der Größe der freien Ladungsmenge an einem Punkt und der elektrischen Verschiebung in der Umgebung.
>
> (H) Die Beziehung zwischen der Vergrößerung oder Verkleinerung der freien Ladungsmenge und den elektrischen Strömen in der Umgebung.

Insgesamt gibt dies 20 Gleichungen mit 20 variablen Größen.

Mit Hilfe dieser Größen läßt sich die Energie des elektromagnetischen Feldes darstellen. Sie hängt von der magnetischen und der elektrischen Polarisation an jedem Punkt ab. Daraus wird dann die mechanische Kraft abgeleitet, die auf einen beweglichen stromdurchflossenen Leiter, auf einen magnetischen Pol oder auf einen geladenen Körper wirkt . . .« (Zit. nach R. A. R. Tricker, *Die Beiträge von Faraday und Maxwell zur Elektrodynamik*, Braunschweig 1974, S. 270 f.)

Für den modernen Leser, der Kenntnisse auf dem Gebiet der Elektrizität hat, folgen (in moderner Schreibweise) die Gleichungen, wie sie Maxwell 1864 formulierte:

(A) $\mathbf{j} = \mathbf{i} + \frac{\partial \mathbf{D}}{\partial t}$

(B) $\mathbf{B} = \mathrm{curl}\, \mathbf{A}$

(C) $4\pi\mathbf{j} = \mathrm{curl}\, \mathbf{H}$

(D) $\mathbf{E} = \mathbf{v} \times \mathbf{B} - \dot{\mathbf{A}} - \mathrm{grad}\, \psi$

(E) $\mathbf{D} = k\mathbf{E}$

(F) $\mathbf{E} = -\varrho\mathbf{i}$

(G) $e - \mathrm{div}\, \mathbf{D} = 0$

(H) $\frac{de}{dt} + div\, \mathbf{i} = 0$

Der kundige Leser wird hier alle Grundlagen der modernen Elektrizitätslehre entdecken:

Die verwendeten Symbole sind **E**, **D**, **H** und **B** für elektrische und magnetische Kraft sowie Induktion. In einem isotropen Medium gilt $\mathbf{B} = \mu\mathbf{H}$ und $\mathbf{D} = k\mathbf{E}$. **A** ist das Vektorpotential, die Stromdichte infolge Stromleitung ist **i**, die Gesamtstromdichte **j** und der spezifische Widerstand ϱ. Die Gleichung *(D)* enthält die zweite Wirbelgleichung, gewöhnlich geschrieben als $\mathrm{curl}\, \mathbf{E} = -\partial\mathbf{B}/\partial t$ (wie sich aus der Zusammenfassung der Gleichungen *(B)* und *(D)* ergibt. Die Funktion ψ ist das elektrostatische Potential und e die elektrische Ladungsdichte. Die verwendeten Einheiten sind durchweg absolute elektromagnetische Einheiten, in denen die Konstante c verborgen ist. Leicht verändert begegnen uns dieselben Gleichungen im *Treatise* von 1873. Sie hatte Ludwig Boltzmann (1844–1906) vor Augen, als er Goethe zitierte: »War es ein Gott, der diese Zeichen schrieb?«

In London hielt Maxwell auch Abendkurse für Berufstätige und beteiligte sich lebhaft an der Arbeit eines Ausschusses, dem unter anderen Balfour Stewart (1828–1887), Henry Charles Fleeming Jenkin (1833–1885), William Thomson und Ernst Werner von Siemens (1816–1892) angehörten und der es sich zur Aufgabe gemacht hatte, die elektrischen Einheiten festzulegen, vor allem die Einheit des Widerstands, das Ohm. Die Messung sollte absolut sein und durch einen Vergleich der Einheit mit einer bestimmten Quecksilbersäule ergänzt werden. Es war eine wichtige Arbeit, die der Anbruch der Elektrowirtschaft erforderlich machte; sie wurde von mehreren Staaten finanziert und kam auf Betreiben bedeutender Wissenschaftler und Ingenieure zustande. Zu ihnen gehörten William Thomson in England und Siemens in Deutschland. Die Erfahrung mit den Schwierigkeiten der Elektrokabel für die Telegrafie hatte gezeigt, wie dringend notwendig zuverlässige Meßverfahren und -standards waren. Schließlich einigte man sich 1881 auf einem internationalen Kongreß in Paris auf ein Standardohm.

Maxwell ist wiederholt auf die Frage der Einheiten und Größen eingegangen; ein Aspekt ist dabei von fundamentaler Bedeutung, wie er überzeugend darlegt:

»Es gibt zwei verschiedene und unabhängige Methoden, um elektrische Mengen in bezug auf anerkannte Standardeinheiten der Länge, der Zeit und der Masse zu messen.

Die elektrostatische Methode basiert auf der Anziehung und Abstoßung zwischen elektrifizierten Körpern, die durch ein flüssiges dielektrisches Medium, wie zum Beispiel Luft, getrennt sind; dabei werden die elektrischen Einheiten dergestalt bestimmt, daß die Abstoßung zwischen zwei kleinen elektrisierten Körpern, die sich in erheblicher Entfernung voneinander befinden, numerisch durch das Produkt der Elektrizitätsmengen geteilt durch das Quadrat ihres Abstands wiedergegeben werden kann.

Die elektromagnetische Methode basiert auf der beobachteten Anziehung und Abstoßung zwischen stromführenden und durch Luft getrennten Leitern; und die elektrischen Einheiten werden so bestimmt, daß, wenn zwei gleiche geradlinige Leiter parallel und im Vergleich zu ihrer Länge in sehr kleinem Abstand zueinander angeordnet werden, die Anziehung zwischen ihnen zahlenmäßig durch das Produkt der Ströme multipliziert mit der Summe der Längen der Leiter und geteilt durch ihren Abstand dargestellt werden kann.

Diese beiden Methoden führen zu zwei verschiedenen Einheiten, mit denen sich die Elektrizitätsmenge messen läßt. Das Verhältnis der beiden Einheiten ist eine wichtige physikalische Größe, deren Messung wir empfehlen. Betrachten wir die Beziehung dieser Einheiten zu denen des Raumes, der Zeit und der Kraft (die der Kraft ist eine Funktion des Raumes, der Zeit und der Masse).

Im elektrostatischen System haben wir eine Kraft, die dem Produkt zweier Elektrizitätsmengen geteilt durch das Quadrat der Entfernung entspricht. Die Einheit der Elektrizität wird sich deshalb direkt mit der Einheit der Länge und wie die Quadratwurzel aus der Krafteinheit ändern.

Im elektromagnetischen System haben wir eine Kraft, die dem Produkt der beiden Ströme multipliziert mit dem Längenverhältnis der beiden Leiter entspricht. Die Einheit des Stromes ändert sich in diesem System folglich wie die Quadratwurzel aus der Krafteinheit; und die Einheit der Elektrizitätsmenge, dasjenige, was von der Stromeinheit in der Zeiteinheit übertragen wird, variiert wie die Einheit der Zeit und die Quadratwurzel aus der Krafteinheit.

Das Verhältnis der elektromagnetischen Einheit zur elektrostatischen Einheit ist folglich das einer bestimmten Entfernung zu einer bestimmten Zeit, mit anderen Worten, dieses Verhältnis ist eine *Geschwindigkeit*; und diese Geschwindigkeit wird stets die gleiche absolute Größe besitzen, ganz gleich welche Maßeinheiten der Länge, der Zeit und der Masse wir wählen.

Der elektromagnetische Wert für den Widerstand eines Leiters ist ebenfalls ein Wert der die Natur einer Geschwindigkeit besitzt. Deshalb können wir das Verhältnis der beiden elektrischen Einheiten durch den Widerstand einer bekannten Standardspule ausdrücken; dieser Ausdruck wird von der Größe unserer Längen-, Zeit- und Masseneinheiten unabhängig sein.«

Eine endgültige Form fanden Maxwells Arbeiten über Elektrizität in seinem *Treatise on Electricity and Magnetism* (*Lehrbuch der*

Elektricität und des Magnetismus, Berlin 1883). Die erste Auflage erschien 1873, die zweite 1881, nach Maxwells Tod, und wurde von W. D. Niven herausgegeben, obwohl teilweise noch von Maxwell durchgesehen. Die dritte Auflage wurde 1891 von Joseph John Thomson herausgegeben. Das Buch ist keine systematische Abhandlung im üblichen Sinne, und man hätte Schwierigkeiten, es in einem Zuge durchzulesen. Es enthält eine Fülle unschätzbarer Materialien und Erkenntnisse, aber der Leser muß sie aufstöbern. Einige Kapitel gehen kaum auf die Physik ein und sind von rein mathematischem Interesse, während andere Kapitel sich mit der detaillierten Berechnung spezieller Probleme oder auch mit experimentellen Einzelheiten beschäftigen. Maxwells Gleichungen erscheinen erst in Kapitel IX von Teil 4, weit in der zweiten Hälfte des Bandes. Kein Wunder, daß das Buch den zeitgenössischen Physikern und sogar noch denen der unmittelbar nachfolgenden Generationen als ein zwar großartiges, aber unzugängliches Monument erschien. Ohne Übertreibung darf man sagen, daß Maxwells Theorie Europa nur durch Vermittlung zweier großer Nachfolger eroberte: Heinrich Rudolf Hertz in Deutschland und Henri Poincaré (1854–1912) in Frankreich. Aber sogar heute noch habe ich gelegentlich Maxwells Buch für meine Arbeit zu Rate gezogen und dort unerwartete Aufklärung und Hilfe gefunden.

Maxwell lebte seit 1865 auf Glenlair, als die Universität Cambridge vom siebten Herzog von Devonshire, der 1829 in den Tripos als Zweitbester abgeschnitten hatte und dann Kanzler der Universität gewesen war, im Jahre 1870 eine außerordentlich großzügige Stiftung erhielt. Der Herzog, in direkter Linie mit dem für seine elektrischen Forschungsarbeiten bekannten Henry Cavendish verwandt, stellte der Universität 6000 Pfund Sterling für den Bau eines Physiklabors zur Verfügung. Bis zu diesem Zeitpunkt gab es noch keines in Cambridge, die Dozenten experimentierten in ihren Colleges. Auch ein Cavendish-Lehrstuhl für Experimentalphysik mit einem Gehalt von ungefähr 500 Pfund im Jahr sollte eingerichtet werden. Man hatte sich an William Thomson gewandt, doch der wollte Glasgow nicht verlassen. Auch Helmholtz war nicht zu gewinnen, so wurde als dritte Wahl Maxwell, der größte von den dreien, im Jahre 1871 berufen. Er wurde der erste in der Reihe der Cavendish-Professoren, der zweifellos bedeu-

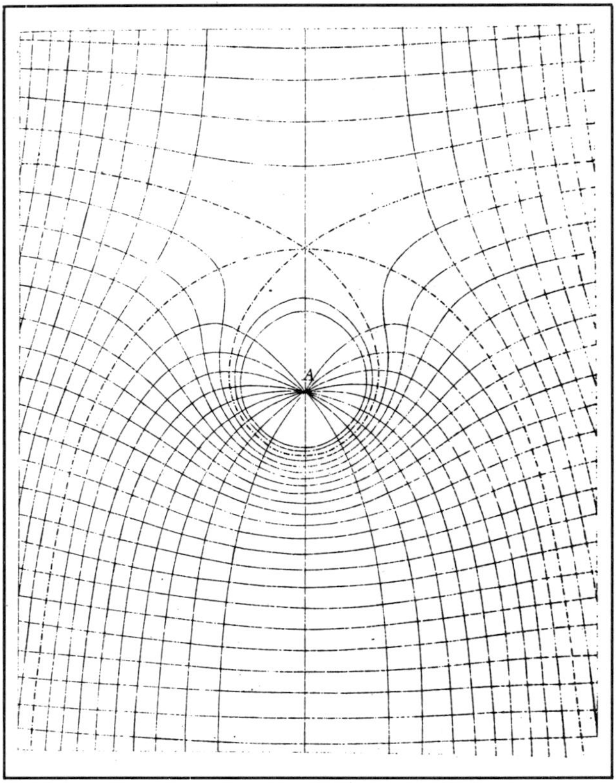

Eine der schönen Zeichnungen in Maxwells *Treatise on Electricity and Magnetism* (1873). Sie zeigt das Magnetfeld, das durch einen stromdurchflossenen Draht und ein gleichförmiges Feld erzeugt wird.

tendsten Ahnenreihe in der modernen Physik. Nach Maxwells Tod im Jahre 1879 erhielt John William Strutt, Lord Rayleigh (1842–1919), die Professur, in der ihm 1884 J. J. Thomson nachfolgte. Als dieser 1919 emeritierte, wurde Ernest Rutherford (1871–1937) sein Nachfolger. Bei dessem Tod erhielt Sir William Lawrence Bragg (1890–1971) den Lehrstuhl, den er 1952 an Nevill Francis Mott abgab.

Maxwell widmete sich mit großer Energie dem Bau und der Ausstattung des neuen Laboratoriums. 1874 konnte es in Betrieb genommen werden. Bereits im Oktober 1871 hatte er seine Vorlesungstätigkeit aufgenommen und in einer langen Antrittsvorlesung

Fassade des Cavendish-Laboratoriums in Cambridge, so, wie sie sich seit Maxwells Tagen präsentiert. Das Gebäude dient heute anderen akademischen Zwecken, während das Cavendish-Laboratorium anderweitig untergebracht ist. (Cavendish Laboratory, Cambridge University)

ausführlich seine Vorstellungen über die Lehre der Physik und über die Aufgabe des Laboratoriums als Demonstrations- und Forschungseinrichtung dargelegt.

Es scheint, daß die Ankündigung der Antrittsvorlesung, vielleicht sogar mit Maxwells Einverständnis, nicht rechtzeitig bekanntgegeben wurde, so daß ihr nur sehr wenige Zuhörer beiwohnten, während die Würdenträger der Universität zur zweiten Vorlesung kamen, in der es um die Grundlagen der Thermometrie ging. Maxwell liebte solche Scherze. Trotzdem finden sich in der Antrittsvorlesung einige bemerkenswerte Äußerungen über verschiedene wissenschaftliche Themen. Als Beispiel möchte ich die folgende Bemerkung zitieren, die, betrachtet man sie im Licht der späteren Quantenmechanik, geradezu prophetischen Charakter hat:

»Die Theorie der Atome und des leeren Raums veranlaßt uns, den Lehren von den ganzen Zahlen und definiten Eigenschaften größere Bedeutung beizumessen. Doch wenn wir dynamische Prinzipien auf die Bewegung riesiger Zahlen von Atomen anwenden, zwingen uns die Grenzen unserer Fähigkeiten zum Verzicht auf den Versuch, die genaue Geschichte eines jeden Atoms darzustellen. Wir müssen uns damit zufriedengeben, die Durchschnittsbedingung einer Atomgruppe zu schätzen, die groß genug ist, um sichtbar zu sein. Dieses Verfahren für den Umgang mit Atomgruppen, welches ich die statistische Methode nennen möchte und welche bei unserem gegenwärtigen Wissensstand das einzige uns zur Verfügung stehende Verfahren zur Untersuchung der Eigenschaften von wirklichen Körpern ist, bedeutet einen Verzicht auf die strengen dynamischen Grundsätze und die Übernahme mathematischer Verfahren, die zur Wahrscheinlichkeitstheorie gehören. Wahrscheinlich wird man durch die Anwendung dieser bislang wenig bekannten Methode, an die sich unser Denken noch nicht gewöhnt hat, zu wichtigen Ergebnissen gelangen. Wenn die Geschichte der Wissenschaft anders verlaufen wäre, und wenn die uns vertrauten wissenschaftlichen Lehrsätze auf diese Weise hätten zum Ausdruck gebracht werden müssen, würden wir möglicherweise die Existenz einer bestimmten Form von Kontingenz für eine selbstverständliche Wahrheit halten und statt dessen die Lehre von der philosophischen Notwendigkeit als reinen Sophismus abtun.«

In dieser letzten Cambridge-Phase besorgte Maxwell auch die Herausgabe von Cavendishs Schriften über Elektrizität. Ungefähr ein Jahrhundert lang hatte sich niemand um die Papiere gekümmert. Sie enthielten hervorragende Arbeiten, die die Entwicklung dieses Wissensgebietes zweifellos beeinflußt hätten, wären sie bekannt gewesen. Cavendishs Eigenbrödelei verhinderte ihre Veröffentlichung.

Im Sommer 1879, im Alter von 48 Jahren, zeigte Maxwell alarmierende Symptome des gleichen Magenleidens, das seine Mutter dahingerafft hatte, als er acht Jahre alt war. Es zeigte sich, daß ihm nur eine kurze Lebensspanne beschieden war. Er starb am 5. November 1879, dem Jahr von Einsteins Geburt.

Wenden wir uns nun Maxwells zweiter großer Leistung zu – der statistischen Mechanik. Die Untersuchung der Saturnringe hatte ihn für statistische Probleme sensibilisiert. Die British Association tagte 1859 in Aberdeen, so daß er gewissermaßen als Hausherr die Begrüßungsrede zu halten hatte. Er sprach über das Thema »Illustrations of the Dynamical Theory of Gases« – durchaus kein neues Thema, wie wir in einem anderen Kapitel noch sehen werden. Zum Beispiel gab es eine dynamische Erklärung der Gasgesetze, die über hundert Jahre bis zu Daniel Bernoulli (1700–1782) zurückreichte. Es hatte sich bislang jedoch niemand mit dem Problem der Geschwindigkeitsverteilung der Moleküle in einem Gas beschäftigt. Zwei Seiten brauchte Maxwell, um dieses fundamentale Problem zu lösen. Zwar lassen seine Argumente einiges zu wünschen übrig, doch ihre Einfachheit ist verblüffend und das Ergebnis korrekt. (Maxwells Originaltext ist in Anhang 10 wiedergegeben.) Die Abbildung auf Seite 272 zeigt die Zahl der Moleküle zwischen der Geschwindigkeit v und $v + dv$. Bemerkenswert ist, daß diese Abbildung universell ist, das heißt daß sie für alle Gase und alle Temperaturen gilt, vorausgesetzt, es werden geeignete Einheiten auf den Abszissen und Ordinaten gewählt. Das Ergebnis hat eine auffällige Ähnlichkeit mit der Normalverteilungskurve, nach der sich Beobachtungsfehler gemäß der Methode der kleinsten Quadrate verteilen. Dasselbe Gesetz gibt die Trefferverteilung auf einem Ziel an, das eine auf den Verteilungsmittelpunkt gerichtete Feuerwaffe erzielt – das sogenannte »Trefferbild«.

Wir können Maxwells Interesse an der kinetischen Theorie zu drei Ursprüngen zurückverfolgen: erstens, den erwähnten Saturnringen; zweitens, der Lektüre früher Aufsätze von Rudolf Clausius (1822–1888) zu diesem Thema; drittens, der Lektüre von Laplaces und George Booles (1815–1864) Abhandlungen über die Wahrscheinlichkeitstheorie sowie einem langen Aufsatz von Sir John Herschel (1792–1871), in dem dieser ein Buch des Statistikers Lambert-Adolphe-Jacques Quetelet (1796–1874) besprach.

Clausius hatte 1857 eine Ableitung der Gasgesetze auf der Grundlage des kinetischen Modells geliefert und dabei auch die

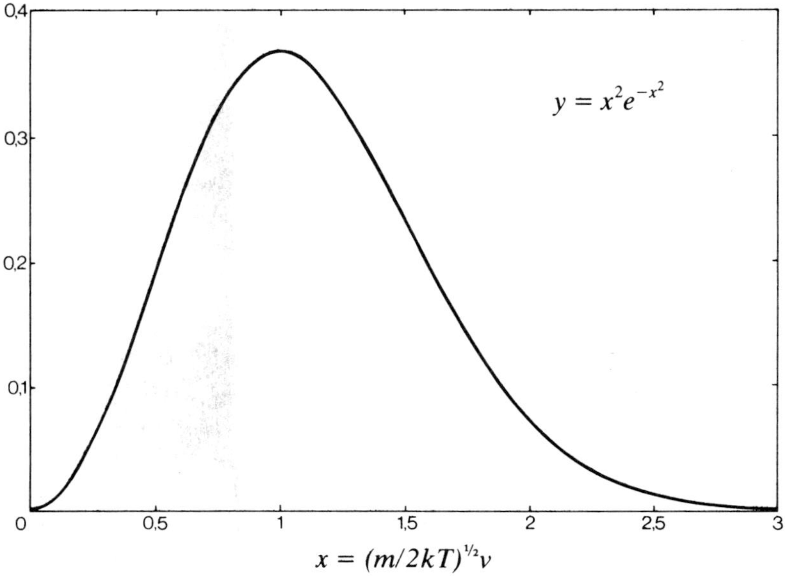

Die Maxwellsche Geschwindigkeitsverteilung von Molekülen in einem Gas. Die Kurve der Gleichung $y = x^2 exp\,(-x^2)$ läßt sich für jede Molekülmasse m und absolute Temperatur T verwenden, indem $x = (m/2kT)^{1/2}v$ gesetzt wird. Dabei ist k die Boltzmannsche Konstante: $k = 1{,}38 \times 10^{-16} erg/K$. Von N Molekülen beträgt die Zahl derer, die eine Geschwindigkeit zwischen v und $v + dv$ besitzen, $dN = N(8m/\pi kT)^{1/2} y\, dv = (N/\sqrt{\pi}) 4y\, dx$. Aus: E. Segrè, *Die großen Physiker und ihre Entdekkungen*, München 1981)

Rotations- und die möglichen inneren Bewegungen der Moleküle berücksichtigt – ein Fortschritt gegenüber früheren Arbeiten, die nur Modelle einfacher Punktmoleküle betrachteten. Sein Aufsatz »Über die Art der Bewegung, welche wir Wärme nennen«, fand ein breites Echo und wurde ins Englische übersetzt. Bald darauf führte er den Begriff der mittleren freien Weglänge ein, verwendete aber, wie jeder andere Autor, der sich mit dem Thema beschäftigte, nur Mittelwerte der Geschwindigkeiten oder ähnlicher Größen. Die Bemühungen von Clausius und anderen Forschern erlaubten, einige Einzelprobleme anzugehen – in der Hoffnung, Ergebnisse zu erhalten, die sich mit den experimentellen Daten vertrugen. Gemeinhin war die qualitative Elementartheorie einfach, wollte man aber genauere Ergebnisse haben, mußte man sich schwierigen und mühsamen Berechnungen unterziehen, bei denen die Geschwindigkeitsverteilung eine eminent wichtige Rolle spielte.

Zum Beispiel läßt sich, sobald der Begriff der mittleren freien Weglänge eingeführt ist, der Viskositätskoeffizient μ ohne Schwierigkeit als $\mu = (1/3)\varrho l \langle v \rangle$ schreiben, wobei ϱ die Gasdichte ist, l die mittlere freie Weglänge und $\langle v \rangle$ die Durchschnittsgeschwindigkeit.

Maxwell leitete diese Gleichung zusammen mit anderen »Transportgleichungen« ab. Der Grundgedanke besagt, daß ein Molekül, das seinen Weg in einer bestimmten Schicht beginnt, die für diese Schicht charakteristische Größe (Impuls, Energie usw.) in die andere Schicht transportiert, daß dieser Transport aber auf eine Entfernung beschränkt ist, die der mittleren freien Weglänge entspricht. In der Formel für die Viskosität ist die transportierte Größe der Impuls in eine bestimmte Richtung. Da l der Dichte umgekehrt proportional ist, ist die Viskosität unabhängig von der Dichte, das heißt bei konstanter Temperatur vom Druck. Bei konstanter Dichte aber muß die Viskosität durch v von der Temperatur abhängig und folglich $\sqrt{T}$ proportional sein. Aufgrund früherer Messungen der Gasdiffusion durch Thomas Graham (1805–1869) und der Gasviskosität durch Stokes ließ sich l für ein Gas bei Normaldruck berechnen. Eine repräsentative Zahl ist 6×10^{-6} cm, wie Maxwell in seinem Aufsatz aus dem Jahr 1859 errechnete.

1859 meinte Maxwell dazu in einem Brief an Stokes: »Es kommt gewißlich höchst unerwartet, daß die Reibung in einem verdünnten Gas genauso groß sein soll wie in einem dichten Gas. Dies hat seinen Grund darin, daß in einem verdünnten Gas die mittlere Weglänge größer ist, so daß die Reibung über größere Entfernungen wirkt.« Maxwell versuchte, seine theoretischen Befunde im Experiment zu verifizieren, indem er die Dämpfung eines Scheibenkomplexes maß. Bei diesen Experimenten half ihm seine Frau. Bei der Überprüfung der Temperaturabhängigkeit hielten sie das Labor so kalt, wie es der englische Winter (sie lebten in London) zuließ, um den Raum anschließend so stark wie irgend möglich und/oder soweit sie es aushielten zu erhitzen. Die Unabhängigkeit der Viskosität vom Druck wurde eindeutig verifiziert,

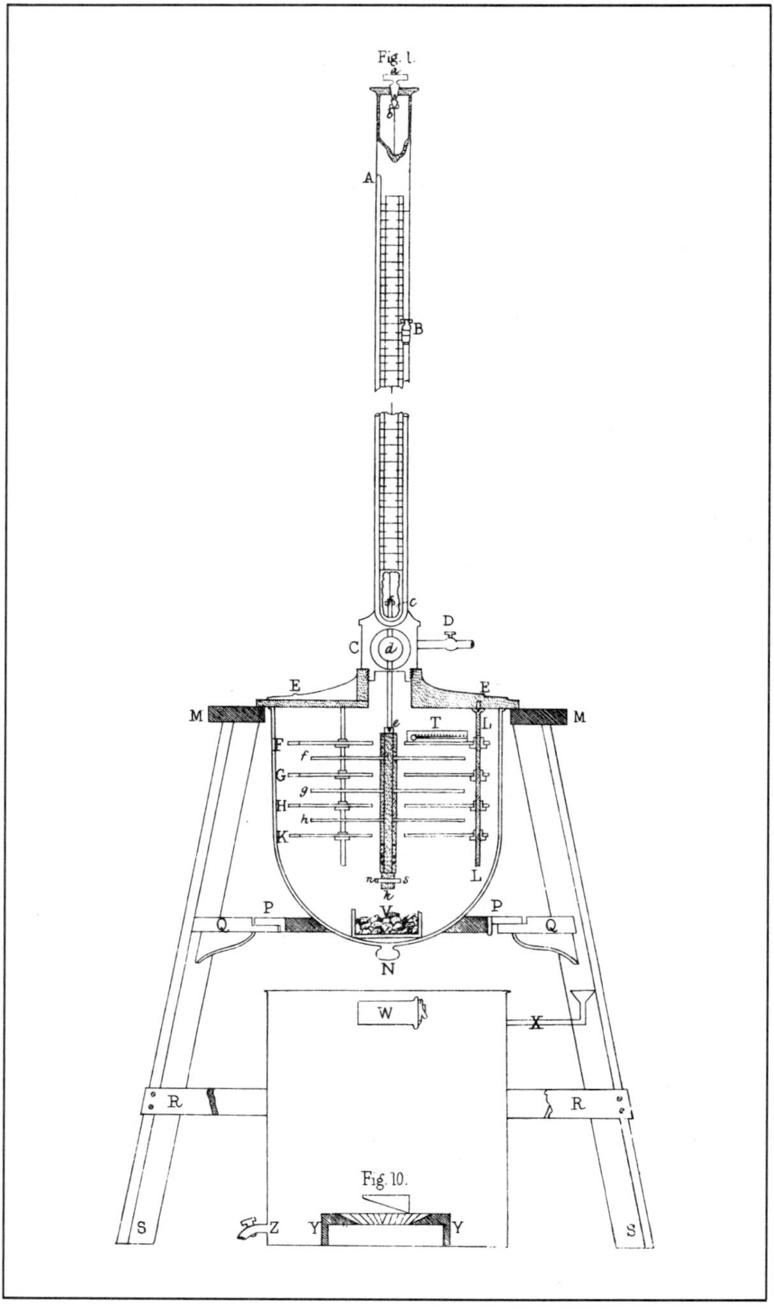
Fig. 1.
a
b
A
B
c
C
d
D
E
E
M
M
T
L
e
F
f
G
g
H
h
K
L
n
s
k
V
P
P
Q
Q
N
W
X
R
R
Fig. 10.
S
Z
Y
Y
S

aber die Abhängigkeit von der Temperatur erwies sich als linear und nicht proportional der Quadratwurzel. Viel später fand Maxwell die komplizierte Erklärung dafür. Dank dieser Experimente war es möglich, die mittlere freie Weglänge anhand des Wertes für μ und der Geschwindigkeit zu messen, wie sie sich aus dem Geschwindigkeitsverteilungsgesetz ergab. Der Wert für die mittlere freie Weglänge bei atmosphärischem Druck und Raumtemperatur ergab sich zu $5{,}6 \times 10^{-6}$ cm. Ein sehr wichtiges Ergebnis, weil es einen Ansatzpunkt für die Ermittlung der Größe und Masse von Molekülen und der Loschmidtschen Zahl liefert. Von allen diesen Größen hatte man noch nicht einmal eine annähernde Vorstellung. Deshalb bedeuteten diese Erkenntnisse einen riesigen Fortschritt. Die Diffusionsexperimente bestätigten die Ergebnisse aus den Viskositätsexperimenten, wodurch das Vertrauen in die Resultate gestärkt wurde.

Maxwell konnte 1873 auf der Sitzung der British Association in Bradford eindeutige Werte für Molekülgrößen angeben. Sie waren ein Verdienst der bahnbrechenden Arbeit von Johann Joseph Loschmidt (1821–1895), die von Maxwell und anderen fortgesetzt wurde. In der folgenden Tabelle sind die Werte wiedergegeben:

			HEUTE	
	H_2	**O_2**	**H_2**	**O_2**
$\langle v^2 \rangle^{1/2}$	1859 m/sec	465 m/sec	1839 m/sec	461 m/sec
mittlere freie Weglänge	$9{,}65 \times 10^{-6}$ cm	$5{,}6 \times 10^{-6}$ cm	$11{,}2 \times 10^{-6}$ cm	$6{,}6 \times 10^{-6}$ cm
Stöße/sec	$17{,}7 \times 10^9$	$7{,}64 \times 10^9$	$16{,}6 \times 10^9$	$7{,}0 \times 10^9$
Durchmesser	$5{,}8 \times 10^{-8}$ cm	$7{,}6 \times 10^{-8}$ cm	$2{,}72 \times 10^{-8}$ cm	$3{,}75 \times 10^{-8}$ cm
Masse	$4{,}6 \times 10^{-24}$ g	–	$3{,}34 \times 10^{-24}$ g	$26{,}57 \times 10^{-24}$ g

Der Apparat, mit dem Maxwell und seine Frau die Temperatur- und Druckabhängigkeit der Luftviskosität maßen. Ausgangspunkt war die Beobachtung, daß die Schwingungen eines Torsionspendels durch die Luftreibung gedämpft werden. Der Apparat ist heute im Cavendish-Laboratorium ausgestellt. (Aus: *Philosophical Transactions of the Royal Society*, Bd. 156. Mit freundlicher Genehmigung der University of California, Berkeley.)

Die Abweichung der heutigen Werte von Maxwells Zahlen beträgt ungefähr 10 Prozent, obwohl wir die Zahlen dort, wo die Größen gut zu bestimmen sind, jetzt sehr viel genauer kennen.

Ein anderer Gegenstand von noch grundlegenderer Bedeutung, der in den Aufsätzen von 1860 behandelt wurde, ist die Erscheinung, die heute als Gleichverteilung der Energie bekannt ist. Durch direkte Berechnung zeigte Maxwell, daß die mit jedem

Maxwell, seine Frau und der Hund Toby. (Mit freundlicher Genehmigung von C. W. F. Everitt)

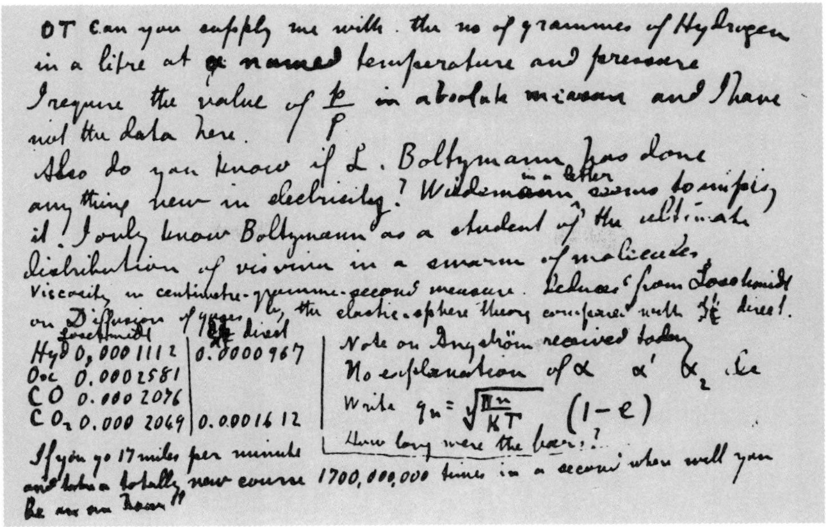

O T Can you supply me with the no of grammes of Hydrogen in a litre at a named temperature and pressure
I require the value of $\frac{p}{\rho}$ in absolute measure and I have not the data here.
Also do you know if L. Boltzmann has done anything new in electricity? Wiedemann in a letter seems to imply it! I only know Boltzmann as a student of the ultimate distribution of vis viva in a swarm of molecules.
Viscosity in centimetre-gramme-second measure. Values from Loschmidt on Diffusion of gases, by the elastic-sphere theory compared with the direct.

	Loschmidt	direct
Hyd	0,0001112	0.0000967
Oxc	0.0002581	
CO	0.0002076	
CO_2	0.0002049	0.0001612

Note on Ångström received today
No explanation of α α' $α_2$ &c
Write $q_n = \sqrt{\frac{\Pi n}{KT}}\,(1-e)$
How long were the bars??
If you go 17 miles per minute and take a totally new course 1700,000,000 times in a second where will you be in an hour?

Eine typische Postkarte von Maxwell, unterzeichnet mit *dp/dt*. Das ist nach der Clapeyronschen Gleichung (in Maxwells Schreibweise) das Äquivalent für JCM. (Mit freundlicher Genehmigung von C. W. F. Everitt)

Freiheitsgrad für ein Punktmolekül verknüpfte kinetische Energie unabhängig von seiner Masse ist. Auch für kompliziertere Moleküle errechnete sich für jeden Freiheitsgrad die gleiche kinetische Energie. Diese rechnerischen Ergebnisse widersprachen den experimentellen Daten und bedeuteten ein ernsthaftes Problem. Die endgültige Erklärung mußte auf die Quantentheorie warten.

Zur kinetischen Theorie kehrte Maxwell 1865 in der Bakerian-Vorlesung über seine Viskositätsexperimente zurück sowie in einer großen Arbeit aus dem Jahr 1866, in der er die gesamte Theorie auf eine gesicherte Grundlage stellte. Von Boltzmann, der inzwischen auf der Bildfläche erschienen war, wurde die Abhandlung mit einem musikalischen Meisterwerk verglichen. Unter anderem zeigt Maxwell dort, daß die Berechnung verblüffend einfach wird, wenn man ein Abstoßungsgesetz mit einer Kraft verwendet, die der inversen fünften Potenz des Abstandes proportional ist. Das Abstoßungsgesetz wird häufig Maxwellsche Abstoßung genannt. Nicht selten ermöglicht es Berechnungen von allgemeiner Bedeutung dadurch, daß man zunächst den Spezialfall berechnet und

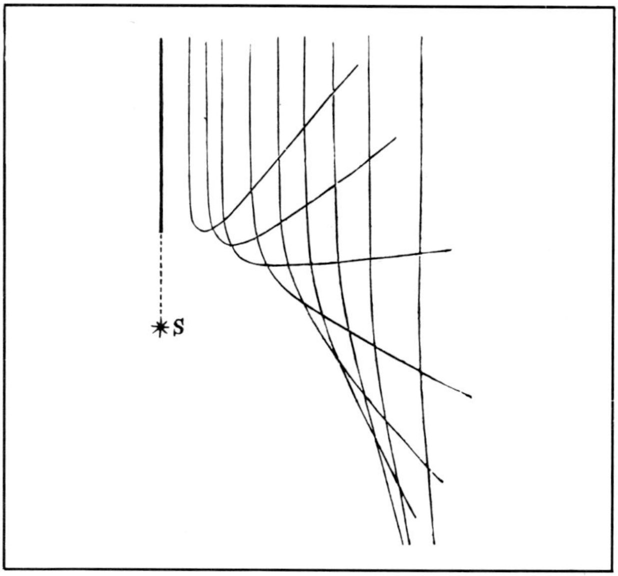

Die Bahnen von Teilchen, die entgegengesetzt zur fünften Potenz ihres Abstandes von einem festliegenden Mittelpunkt abgestoßen werden. Dieses spezielle Abstoßungsgesetz vereinfacht die Berechnungen in der kinetischen Theorie erheblich, ist aber für das statistische Endergebnis nicht entscheidend. Boltzmann war tief beeindruckt von dem Scharfsinn dieses Maxwellschen Verfahrens. (Abbildung aus: »On the Dynamical Theory of Gases«, *Philosophical Transactions*, Bd. 157).

anschließend beweist, daß das spezifische Abstoßungsgesetz vernachlässigt werden kann. Maxwells späte Aufsätze über die kinetische Theorie sind eine schwierige Lektüre, aber sie berühren tiefe Fragen, von denen einige noch immer nicht gelöst sind.

Sir William Crookes (1832–1919), der namhafte englische Chemiker und Physiker, erfand 1875 das Radiometer, ein kleines Instrument, das heute noch in Bastlergeschäften verkauft wird. Es besteht aus einem luftleeren Glaskolben, in dem an einer leichten, rotierenden Achse Fähnchen befestigt sind, die eine schwarze und eine reflektierende Seite aufweisen. Werden Achse und Fähnchen dem Licht ausgesetzt, geraten sie in rasche Drehung. Zunächst meinte man, elektromagnetischer Strahlendruck, eine Vorhersage aus Maxwells elektromagnetischer Theorie, sei die Ursache der Bewegung. Das erwies sich als falsch. Der Effekt ist dem im Glaskolben vorhandenen verdünnten Gas zuzuschreiben. Die Erklärung ist kompliziert und voller Fallstricke. Maxwell befaßte sich damit und wurde so zum Begründer der Dynamik der stark verdünnten Gase. Dieses Gebiet fand technische Anwendungen von der Raumfahrt bis zur Isotopentrennung. Was für ein genialer Kopf Maxwell war, zeigt sich darin, daß seine Aufsätze noch fast hundert Jahre nach ihrer Niederschrift als lebendige physikalische Forschung gelesen wurden und neue Arbeiten anregten.

Elektromagnetismus und statistische Mechanik waren die beiden Hauptleistungen Maxwells, aber er machte wichtige Entdekkungen auch auf vielen anderen physikalischen Gebieten, wovon zahlreiche Lehrsätze und Formeln zeugen, die seinen Namen tragen. Sein Genie prägte so verschiedene Gebiete wie Thermodynamik, geometrische Optik, Elastizität, Kybernetik (darüber schrieb er eine wahrhaft grundlegende Abhandlung), technische Mechanik, Statistik, physiologische Optik und viele andere.

Maxwell setzte sich mit der elektromagnetischen Theorie bei den Physikern seiner Zeit nicht eben leicht durch. Sie erschien mathematisch kompliziert und stützte sich auf relativ spärliche experimentelle Daten. Sie konkurrierte mit vielen anderen Elektrizitätstheorien, die auf der besser bekannten Newtonschen Vorstellung basierten und wurde deshalb vor allem auf dem Kontinent abgelehnt. In England beschäftigten sich einige praktisch orientierte Physiker wie zum Beispiel Oliver Heaviside (1850–1925) eingehend mit ihr, doch sogar Lord Kelvin stand der elektromagnetischen Theorie des Lichts noch 1904, als seine Baltimore-Vorlesungen von 1884 veröffentlicht wurden, skeptisch gegenüber.

Obwohl Maxwell zeit seines Lebens einen guten Ruf genoß, bezweifle ich, daß die Zeitgenossen seine wahre Bedeutung erkannten. Betrachten wir zum Vergleich seinen Freund William Thomson, ohne Zweifel ein großer mathematischer Physiker: mit 22 Jahren Professor in Glasgow, eine Stellung, in der er sein Leben lang verblieb, und mit 42 in den Adelsstand erhoben. Vielleicht lag das an den enormen praktischen Anwendungsmöglichkeiten der Thomsonschen Arbeit und an seiner Persönlichkeit. Maxwell war introvertierter, gelegentlich sarkastisch und mit schwierigen und grundlegenden Theorien beschäftigt, so daß er nicht mit einer Folge brillanter Problemlösungen aufwarten konnte. Indessen ist bemerkenswert, daß auch Maxwell selbst Thomson für zumindest ebenbürtig hielt. In seiner Jugend könnte der Altersvorsprung und die Frühreife Thomsons erklären, warum Maxwell in ihm eine Art älteren Bruder sah und seinen Rat suchte, doch die Nachwelt hat erkannt, daß Maxwell profunder war. Auch Helmholtz, ebenfalls ein großer Physiker, besaß einen größeren Namen als Maxwell. Zwar nimmt er aufgrund seiner Vielseitigkeit eine Sonderstellung ein, doch sein Einfluß auf die weitere Entwicklung der Physik ist nicht mit dem Maxwells zu vergleichen.

Hätte Maxwell so lange gelebt wie Lord Kelvin, dann hätte er die Entdeckung der elektromagnetischen Wellen durch Hertz und ihre Anwendung für eine transatlantische Nachrichtenverbindung (1902), die Entdeckung der Relativitätstheorie und des Wirkungsquantums erlebt.

Der Mann, der wahrscheinlich den entscheidenden Beitrag zur Durchsetzung des Maxwellschen Elektromagnetismus leistete, war Heinrich Hertz. Er stammte aus einer wohlhabenden Familie des Hamburger Großbürgertums. Sein Vater war jüdischer Herkunft, doch die Familie war getauft und strebte nach völliger Assimilation. Der Vater war zunächst Anwalt, dann Richter und schließlich Mitglied des Hamburger Senats. Unter den deutschen Physikern, Mathematikern und Professoren insgesamt gibt es eine große Zahl prominenter Juden. Nicht selten folgen in jüdischen Familien auf einen emanzipierten, erfolgreichen und wohlhabenden Vater Kinder, die Bedeutendes in geistigen Berufen leisten. Im Kaiserreich war den Juden die Offizierslaufbahn, die höchste soziale Rangstufe, praktisch verschlossen, so daß die gesellschaftlich begehrte Stellung des Universitätsprofessors (man wurde Geheimrat und Exzellenz) eine geeignete Methode war, den sozialen Status aufzuwerten. Es ist erstaunlich zu sehen, wie sich große Männer mit Ehrentiteln schmückten, während sie doch eigentlich umgekehrt eine Zierde für diese Titel waren, aber auch große Männer haben ihre Schwächen.

Wie kultiviert, aktiv und nobel die Familie Hertz in der zweiten Hälfte des 19. Jahrhunderts lebte, läßt sich aus den Memoiren, Briefen und Tagebüchern ersehen, die 1927 veröffentlicht wurden. Vielleicht im Bewußtsein der eigenen Bedeutung wurden in dieser

Heinrich Hertz (1857–1894). (Deutsches Museum, München)

Familie Briefe und Tagebücher aufgehoben. So können wir Heinrichs Leben von frühester Kindheit an verfolgen, der sowohl von seinen geistigen wie seinen handwerklichen Fähigkeiten her eine Art Wunderkind war. Er besuchte elitäre Schulen, war dort stets Primus, lernte viele Sprachen, unter anderem auch Arabisch, unternahm Bergtouren mit seinem Vater und rezitierte Homer auf griechisch und Dante auf italienisch. Trotz allem war er kein Streber und zeigte in seinen Briefen zweifellos Sinn für Humor. An der Universität studierte er zunächst Maschinenbau, wandte sich dann aber, wie nicht anders zu erwarten, der Wissenschaft zu. Der Brief, in dem er seinen Vater um die Erlaubnis bat, vom Maschinenbau zur Physik überzuwechseln (er war 22 Jahre alt), legt beredtes Zeugnis ab von einem Problem, vor dem viele Wissenschaftler zu Beginn ihrer Laufbahn stehen, wenn sie zwischen praktischen Erwägungen und ihren Wünschen hin- und hergerissen sind. Auch Hertz konnte sich seiner Befähigung nicht sicher sein.

Es ist das übliche Drama des jungen Mannes, dessen Stolz darunter leidet, von einem wohlwollenden Vater finanziell abhängig zu sein, obwohl dieser mehr Geld als genug hatte und nichts lieber tat, als seinen glänzend begabten Sohn zu unterstützen. Im Jahr 1878 begab sich Hertz von München, wo er sein Studium aufgenommen hatte, nach Berlin. Helmholtz, der dort experimentelle Physik lehrte, erkannte sofort seine Begabung und gab ihm einen experimentellen Forschungsauftrag aus der Elektrizitätslehre (er sollte, wenn möglich, die träge Masse der Elektrizität beim Öffnen und Schließen eines Stromkreises ermitteln). Bereits 1880 war Hertz Helmholtzens Assistent, und aus den Briefen des jüngeren Mannes gewinnen wir einen Eindruck von dem Menschen Helmholtz, seiner Familie, seinen Vorlesungen und seiner wissenschaftlichen Arbeit, während Hertz in Helmholtzens Briefen vom »geehrten Herrn Doktor« zum »verehrten Freund« und »geehrten Freund und Kollegen« aufsteigt. Hertz' wissenschaftliche Leistungen beruhen auf der Verbindung von ungewöhnlicher analytischer Fähigkeit und einer außerordentlichen experimentellen Begabung. Zunächst beschäftigte er sich mit klassischen Problemen der Elastizität und erzielte Ergebnisse, die auch praktische Bedeutung hatten. Außerdem führte er Experimente über Gasentladungen durch, in denen er zu falschen Schlußfolgerungen über die Natur von Kathodenstrahlen kam. Der wichtigste Abschnitt seiner Arbeit begann, als er 1886 Professor an der Technischen Hochschule Karlsruhe wurde. Schon vorher hatte er theoretische Aufsätze veröffentlicht, in denen er versucht hatte, Maxwells Theorie zu beweisen und sie mit den elektrodynamischen Theorien von Wilhelm Weber und Carl Neumann in Verbindung zu bringen. Aus diesen Untersuchungen ging eindeutig hervor, daß es elektromagnetische Wellen geben mußte. Es wurde auch deutlich, daß ihre Frequenz für jegliche experimentelle Forschung entscheidend war. Deshalb mußte Hertz einen Weg finden, sehr hochfrequente Schwingungen zu erzeugen. Sieben Jahre nach Maxwells Tod, im Oktober 1886, hatte er Erfolg.

Bei dem Schwingkreis handelte es sich um einen Dipol, der von einem Funken gespeist wurde, während als Detektor ein kreisförmiges Drahtstück diente, das mit einer kleinen Lücke versehen war, in der ein Funke erschien, wenn der Drahtkreis von einer elektromagnetischen Welle erregt wurde. Mit diesen Geräten konnte Hertz viele der grundlegenden Optikexperimente wieder-

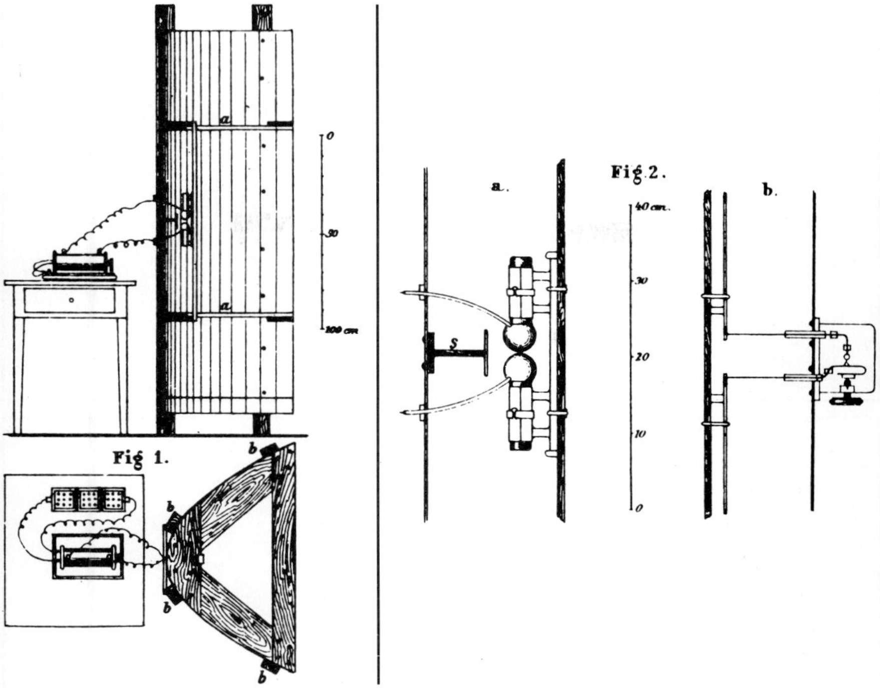

Die Instrumente, die Hertz zum Nachweis elektromagnetischer Wellen benutzte. Der Funken ruft stark gedämpfte Wellen mit einer Wellenlänge von einigen Dezimetern hervor (*Fig. 1* und *2a*, bemerkenswert der parabolische Reflektor). Der Detektor ist ein Funke in einem Resonanzkreis (*Fig. 2b*). Die Besonderheiten des Funkens führten Hertz zur Entdeckung des photoelektrischen Effekts. Die Zeichnung stammt von Hertz und wurde abgedruckt in den *Annalen der Physik und Chemie* (Bd. 36, 1889).

---

holen und zeigen, daß sich seine Wellen mit Lichtgeschwindigkeit ausbreiten. Er hielt seine Experimente für schlüssige Beweise der Maxwellschen Theorie. Andererseits scheint er nichts von ihrer enormen praktischen Bedeutung für das Nachrichtenwesen geahnt zu haben. Erst in Hertzens Todesjahr begann der junge Guglielmo Marconi (1874–1937) mit dem gezielten Versuch, die Hertzschen Wellen für die Telegrafie nutzbar zu machen – angeregt durch die Lektüre der Hertzschen Arbeiten und möglicherweise auch durch

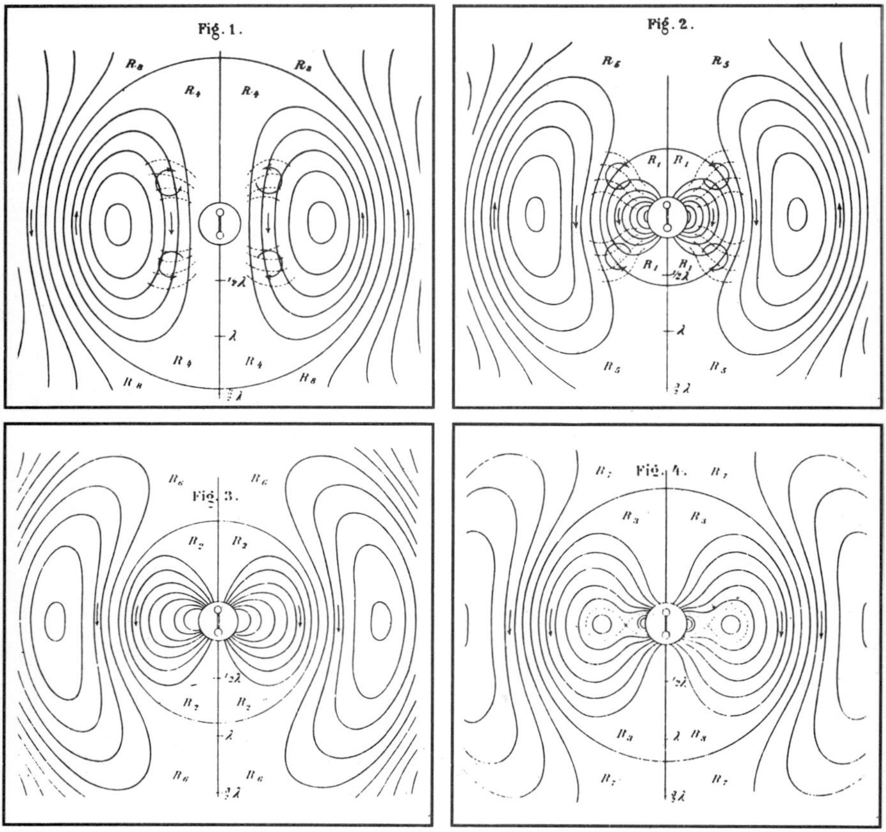

Die Linien der elektrischen und magnetischen Kraft, die durch einen schwingenden elektrischen Dipol in einem Bereich nahe der Quelle hervorgerufen werden. Interessant sind die auf den Zeichnungen eingetragenen Wellenlängen der emittierten Strahlung. Die Abbildungen zeigen das Feld zu den Zeitpunkten 0, λ/4c, λ/2c, 3λ/4c. Die Zeichnungen stammen von Hertz und sind abgedruckt in den *Annalen der Physik und Chemie* (Bd. 36, 1889).

Gespräche mit Augusto Righi (1850–1920), der Hertzens Forschungsarbeiten über elektromagnetische Wellen fortgeführt hatte.

Hertz veröffentlichte eine Abhandlung nach der anderen, wobei er die Ergebnisse nicht selten vorher seinem Mentor Helmholtz mitteilte. Hinter den Höflichkeitsfloskeln seiner Briefe und den Antworten des Geheimrats ist das herzliche Verhältnis zwischen Lehrer und Schüler zu spüren. Hertzens Briefe an die Eltern sind von Zufriedenheit und Stolz geprägt, und auch in ihnen drückt sich große Zuneigung aus.

Neben den elektromagnetischen Wellen beobachtete Hertz bald auch eine Erscheinung von ganz anderer Art. Licht, insbesondere ultraviolettes Licht, begünstigte die Funken in der Lücke seines Empfängers. Hertz war von dieser Beobachtung verwirrt und schilderte sie seinem Vater. Später nach ihrer Bedeutung gefragt, berief sich Heinrich auf Faradays Entdeckung der Beziehung zwischen Magnetismus und Licht. Dabei kann Hertz nicht geahnt haben, daß er eine Erscheinung dessen gesehen hatte, was wir heute den Photoeffekt nennen, eines der Bindeglieder zwischen der klassischen und der Quantenphysik und eine der Beobachtungstatsachen, die die Unzulänglichkeit der elektromagnetischen Theorie des Lichts zeigen. Außerdem entdeckte 1892 Hertzens Assistent Philipp Lenard (1862–1947), der im Alter ein fanatischer Nationalsozialist wurde und seine anfänglich brillante Laufbahn mit wissenschaftlichem Unsinn und menschlicher Niedrigkeit verdunkelte, einen weiteren wichtigen Tatbestand. Es gelang ihm, ein extrem dünnes Aluminiumfenster auf einer Entladungsröhre anzubringen, es war so dünn, daß die (bis zu diesem Zeitpunkt noch nicht entdeckten) Elektronen passieren und in der Luft beobachtet werden konnten. Hertz erkannte die Bedeutung des Experiments sofort und berichtete Helmholtz davon. Hertzens Experimente über die optischen Eigenschaften von elektromagnetischen Wellen kamen sehr in Mode. Er hatte seine Wellen an einem riesigen Pechprisma gebrochen, sie an einem leitenden Spiegel reflektiert und durch Netze aus parallelen Drähten polarisiert. Diese Experimente wurden in vielen Laboratorien von Forschern wiederholt und vervollständigt.

Bald wurde Hertz weltberühmt, und der immer wachsame Ge-

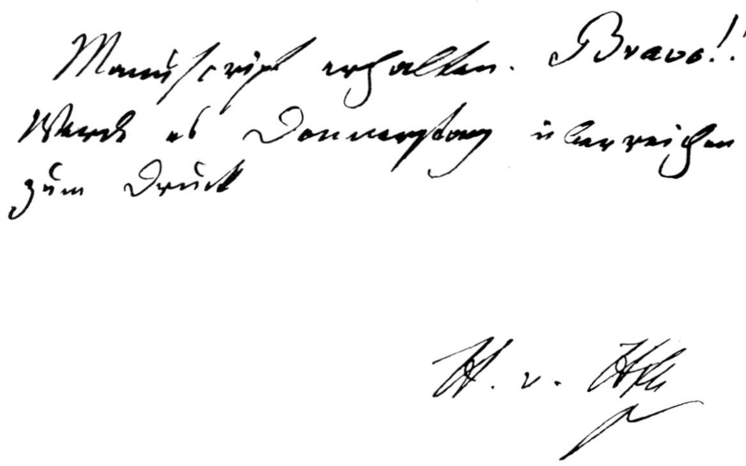
Manuscript erhalten. Bravo!!
Werde es Donnerstag überreichen
zum Druck

H. v. Hlz

Eine Postkarte vom 7. November 1887 von Helmholtz an seinen früheren Schüler Hertz. Das »Bravo!!« gilt einer Abhandlung über elektromagnetische Wellen (Foto des Deutschen Museums, München).

heimrat Friedrich Theodor Althoff (1839–1908) beschloß, ihn an einem angemesseneren Ort als Karlsruhe unterzubringen und seinen Forschungsarbeiten jede nur erdenkliche Unterstützung zuteil werden zu lassen. Althoff ist eine sehr interessante Persönlichkeit. Er war der mächtigste Mann im preußischen Kultusministerium und mit der Verwaltung der Universitäten betraut. Dieser außerordentlich intelligente, schlaue und absolut selbstherrliche Mann hatte sich mit Haut und Haaren der selbstgewählten Aufgabe verschrieben, die deutschen Universitäten zu den besten in der Welt zu machen. Er hatte seine eigenen Vorstellungen und schien die Professoren als Bauern in einem komplizierten Schachspiel zu verwenden. Gleichzeitig verfügte er über ein unbestechliches Urteil und setzte sich sehr für seine Protegés ein. In den Briefen, in denen Hertz den Eltern von seinen Treffen mit Althoff berichtet, zeichnet er ein lebendiges und anschauliches Bild vom deutschen Universitätsbetrieb. Althoff schickte Hertz als Nachfolger von Clausius nach Bonn, wo er auch dessen Haus bezog. Durch den Umzug kam es zu einer Verzögerung der experimentellen Arbeit, und Hertz wandte sich wieder der Theorie zu. Die Aufforderung zur Veröffentlichung eines Buches, das seine gesammelten Abhandlungen über Elektrizität enthielt, wurde an ihn herangetragen, eine Auszeichnung, die man erst wieder 1928 vergab, als es notwendig wurde, die gesammelten Abhandlungen Erwin Schrödingers (1887–1961) über Quantenmechanik neu herauszubringen. Hertz veröffentlichte also eine zusammenfassende Abhandlung über Elektrodynamik mit dem Titel *Untersuchungen über die Ausbreitung der elektrischen Kraft*, die für viele Leute, denen Maxwells Originalschriften zu schwierig waren, zu einem Standardtext über dieses Thema wurde. Hertz widmete die gesammelten Schriften seinem Lehrer Helmholtz, dem er sich tief verpflichtet fühlte. Später beschäftigte er sich mit einem anderen fundamentalen Problem – der Elektrodynamik bewegter Körper. Er stieß dabei auf Schwierigkeiten, die sich zu seiner Zeit nicht überwinden ließen. Erst 15 Jahre später fand Einstein den Schlüssel. Hertz bemühte sich auch um eine Neuformulierung der klassischen Mechanik. Der Kraftbegriff hatte seit Newtons Zeit zu erkenntnistheoretischen Problemen geführt. Hertz versuchte, sie auszuräumen, indem er die direkte Wirkung eines Systems auf ein anderes betrachtete. Der Versuch ist elegant, hat aber die weitere Entwicklung der Mechanik nicht beeinflußt, da diese mit der Relativitätstheorie und der Quantenmechanik eine ganz andere Richtung nahm.

Als alle Aussichten für Hertz und seine Familie denkbar günstig schienen, schlug das Schicksal zu. Eine tückische Krankheit – ein

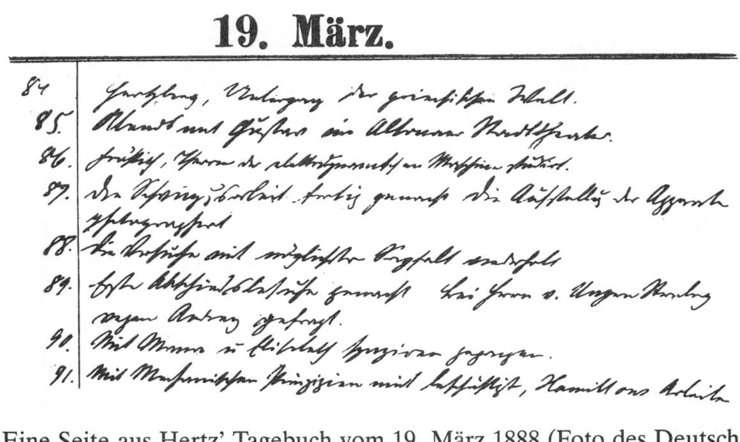
19. März.

Eine Seite aus Hertz' Tagebuch vom 19. März 1888 (Foto des Deutschen Museums, München).

Das Haus in Bonn, das nacheinander von Clausius und Hertz bewohnt wurde (Foto des Deutschen Museums, München).

Knochenleiden – befiel seinen Schädel. Etwa von 1892 an litt er unter starken Schmerzen und wurde zwischen Verzweiflung und Hoffnung hin- und hergerissen. Er ertrug sein Schicksal mit großer Tapferkeit, bis ihn am 1. Januar 1894, mit 36 Jahren, der Tod ereilte. Helmholtz, der ihn nur um ein paar Monate überlebte, meinte dazu, in klassischer Zeit hätte man gesagt, er sei dem Neid der Götter geopfert worden.

Max Planck, der nur ein Jahr jünger war als Hertz, hielt den

Nachruf auf ihn vor der Physikalischen Gesellschaft in Berlin. Seine Worte legen beredtes Zeugnis für seine tiefe Betroffenheit ab. Die hohe Wertschätzung für Hertzens Arbeit und Persönlichkeit aus dem Munde eines solchen Zeitgenossen zeigen am besten, welchen Rang er unter den Physikern seiner Generation einnahm.

H. A. Lorentz: Der Brückenschlag zur modernen Physik

Der nächste Schritt in der Entwicklung der Physik wurde von Hendrik Antoon Lorentz vollzogen. Am Anfang unseres Buches begegneten wir dem großen holländischen Physiker Huygens als einer Übergangsfigur zwischen dem Zeitalter Galileis und dem Newtons. Das vorliegende Kapitel endet mit einem anderen großen Holländer, ebenfalls einer Übergangsfigur, diesmal zwischen der klassischen Physik und der »modernen« Physik der Relativitätstheorie und der Quantenmechanik. Sehr schön beschrieben wird seine Stellung bei Einstein, der der nächsten Generation angehörte, war er doch 26 Jahre jünger als Lorentz. Einstein sagt:

> »Um die Jahrhundertwende wurde H. A. Lorentz von den theoretischen Physikern aller Nationen als der führende Geist betrachtet, und dies mit vollem Recht. Die Physiker der jüngeren Generation sind sich meist der entscheidenden Rolle, welche H. A. Lorentz bei der Gestaltung der fundamentalen Ideen in der theoretischen Physik spielte, nicht mehr voll bewußt. Diese seltsame Tatsache beruht darauf, daß die Lorentzschen grundsätzlichen Ideen ihnen so in Fleisch und Blut übergegangen sind, daß sie kaum noch imstande sind, sich der Kühnheit dieser Ideen und der durch sie erzeugten Vereinfachung des physikalischen Fundamentes voll bewußt zu werden.« (Albert Einstein, *Aus meinen späten Jahren*, Stuttgart 1979, S. 227.)

Lorentz' Wurzeln liegen bei Fresnel und Maxwell, während die Krone Planck und Einstein berührt.

Lorentz wurde 1853 geboren und starb 1928. Ich sah ihn, ohne allerdings mit ihm zu sprechen, 1927 auf der Internationalen Physikkonferenz in Como zum hundertsten Todestag von Volta. Einige meiner Freunde kannten ihn persönlich, wenn auch erst zu einem Zeitpunkt, da er schon ziemlich alt war. Sie sprachen mit Ehrfurcht von ihm. Er war ein Nationalheld in Holland, einem Land, das nicht zur Heldenverehrung neigt, denn er vereinigte in sich die besten Tugenden des Nationalcharakters: einen brillanten Verstand, Friedensliebe, eine demokratische Einstellung, Ruhe, kühle Heiterkeit und Klugheit in den Geschäften der Welt.

Lorentz wurde als Sohn eines Gartenbauunternehmers in der ostholländischen Provinzstadt Arnheim geboren, in der er auch seine Jugend verbrachte. Schon zu Anfang seiner Schulzeit wurde er Klassenprimus und blieb während seiner ganzen Schullaufbahn ohne erkennbare Anstrengung ein Ausnahmeschüler. 1870 nahm er sein Studium an der Universität Leiden auf, wo er 1871 sein Referendarsexamen in Mathematik und Physik mit *summa cum laude* bestand. Sein Ruf hatte sich herumgesprochen, doch der Mathematikprüfer erklärte, obwohl zufrieden, daß seine hohen Erwartungen ein wenig enttäuscht worden seien. Dann jedoch bemerkte er, daß er nicht die Fragen für die Referendarsprüfung, sondern die für das Rigorosum gestellt hatte.

Lorentz blieb nur kurze Zeit in Leiden. Er kehrte nach Arnheim zurück, um dort seine Dissertation zu schreiben, während er am örtlichen Gymnasium unterrichtete. Insofern war er weitgehend Autodidakt. Er hielt sich an Maxwells Schriften, von denen er meinte: »Maxwells Gedanken waren nicht immer leicht zu verstehen«, und an Fresnels Arbeiten. Nach holländischer Sitte verteidigte er seine Doktorarbeit »Über die Reflexion und Brechung des Lichts« in einer öffentlichen Veranstaltung und promovierte im Dezember 1875 an der Universität Leiden. In seiner Dissertation finden wir den Keim zur Neuformulierung der Elektrizitätslehre, die heute unter der Bezeichnung »Elektronentheorie« bekannt ist. Ich könnte seine Arbeit nicht besser charakterisieren, als Einstein es tat, der sich in seiner Jugend intensiv mit Lorentzens Arbeit auseinandersetzte. Hören wir Einsteins Worte:

»Als H. A. Lorentz zu schaffen begann, war die Maxwellsche Theorie des Elektromagnetismus schon durchgedrungen. Aber es haftete der Theorie eine merkwürdige Kompliziertheit der Grundlagen an, welche die wesentlichen Züge nicht mit voller Klarheit hervortreten ließ. Der Feldbegriff hatte zwar den Begriff der Fernwirkung verdrängt; aber das elektrische und magnetische Feld wurden noch nicht als ursprüngliche Wesenheit gedacht, sondern als Zustände der ponderablen Materie, die man als Kontinua behandelte. Das elektrische Feld schien infolgedessen gespalten in den Vektor der elektrischen Feldstärke und den der dielektrischen Verschiebung. Diese beiden Felder waren im einfachsten Falle durch die Dielektrizitäts-Konstante verknüpft, wurden aber im Prinzip als unabhängige Wesenheiten angesehen und behandelt. Analog war es mit dem magnetischen Felde. Dieser Grundauffassung entsprach es, daß man den leeren Raum als speziellen Fall der ponderablen Materie behandelte, in welchem die Beziehung von Feldstärke und Verschiebung nur besonders einfach erschien. Insbesondere brachte es diese Auffassung mit sich, daß das elektrische und magnetische Feld gar nicht unabhängig gedacht werden konnten vom Bewegungszustande der Materie, welche als Träger des Feldes angesehen wurde.

Einen klaren Einblick in diese damals vorherrschende Auffassung der Maxwellschen Elektrodynamik kann man durch das Studium von Heinrich Hertz' Untersuchung über die Elektrodynamik bewegter Körper gewinnen.

Hier setzt H. A. Lorentz' erlösende Tat ein. Er stützte seine Untersuchungen mit großer Folgerichtigkeit auf die Hypothesen:

Sitz des elektromagnetischen Feldes ist der leere Raum. Es gibt in diesem nur *einen* elektrischen und *einen* magnetischen Feld-Vektor. Dieses Feld wird erzeugt durch atomistische elektrische Ladungen, auf welche das Feld wieder ponderomotorisch zurückwirkt. Eine Verknüpfung des elektromagnetischen Feldes mit der ponderablen Materie besteht nur dadurch, daß elektrische Elementar-Ladungen mit atomistischen Bausteinen der Materie starr verbunden sind. Für letztere gilt Newtons Bewegungssatz.

Auf diese so vereinfachte Grundlage gründete Lorentz eine vollständige Theorie aller damals bekannten elektromagnetischen Erscheinungen inklusive derjenigen der Elektrodynamik bewegter Körper. Es ist ein Werk von solcher Folgerichtigkeit, Klarheit und Schönheit, wie sie in einer auf Empirie gegründeten Wissenschaft nur selten erreicht wurde. Das einzige Phänomen, dessen Erklärung auf diesem Wege nicht restlos, d. h. nicht ohne zusätzliche Annahmen gelang, war das berühmte Michelson-Morley-Experiment. Daß dies Experiment zu der speziellen Relativitätstheorie hinführte, wäre ohne die Lokalisierung des elektromagnetischen Feldes im leeren Raum undenkbar gewesen. Der wesentliche Schritt war eben überhaupt die Zurückführung des Elektromagnetismus auf die Maxwellschen Gleichungen im leeren Raume oder – wie man damals sagte – Äther.« (Albert Einstein, *Aus meinen späten Jahren*, Stuttgart 1979, S. 227 ff.)

Diese Worte von jemandem, der seine Elektrizitätslehre weiß Gott kannte, sollte sich jeder zu Herzen nehmen, der Elektromagnetismus lehrt oder der sich mit elektrischen Einheiten und ihren Dimensionen abgibt.

Lorentzens Elektronentheorie entwickelte sich über viele Jahre. Nach den Anfängen in der Doktorarbeit wurde sie 1892 in einer großen Abhandlung ausgebaut und mit glänzendem Erfolg auf viele optische Erscheinungen angewendet. Später, 1895 und 1904, entwickelte er die berühmte Lorentz-Transformation, den Vorläufer der Relativitätstheorie. Die Krönung und zugleich die Grenze seiner Theorie war mit der 1896 in Leiden entdeckten Erklärung des Zeeman-Effekts erreicht. Während diese Entdeckung genaue Informationen über die Ladungsträger lieferte, die wir Elektronen nennen, deutete sich in manchen Zügen auch eine Überschreitung der klassischen Erklärung an.

Lorentz wurde 1878 zum Professor für theoretische Physik (dem ersten in Holland) in Leiden ernannt; diesen Lehrstuhl behielt er die nächsten 39 Jahre. Sein Leben verlief in sehr geordneten Bahnen und beschränkte sich auf drei Städte: Arnheim, Leiden und, später, Haarlem, die alle in einem Umkreis von achtzig Kilometern liegen. Das Leben in Holland war provinziell. Jeder kannte jeden, und da die Entfernungen zwischen den Ballungszentren so gering waren, kam es zu häufigen Besuchen im Familien- und Freundeskreis. Andererseits zwang der Umstand, daß Holländisch nur von wenigen gesprochen wurde, zum Erlernen von Fremdsprachen. Lorentz war ausgesprochen sprachbegabt und beherrschte Französisch, Englisch und Deutsch fließend, eine Fähigkeit, die sich später als sehr wichtig erweisen sollte. 1881 heiratete Lorentz die Verwandte eines seiner Professoren, hatte zahlreiche Kinder mit ihr und führte ein glückliches Familienleben. Zu seinen Freunden oder Zeitgenossen zählten Johannes Diderik van der Waals (1837–1923), der, bevor er nach Amsterdam

Denkmal von H. A. Lorentz in Arnheim (Gemeentearchief Arnheim).

ging, Lorentz' Vorgänger in Leiden war, sowie Heike Kamerlingh-Onnes, der ebenfalls einen Lehrstuhl in Leiden erhielt.

Als Universitätslehrer zeichnete sich Lorentz durch die Klarheit seiner Vorlesungen und durch die Faszination seiner Themen aus, die oft von der vordersten Forschungsfront stammten. Er veröffentlichte nebenher eine Reihe von Physik- und Mathematiklehrbüchern, die den Studienanfängern helfen sollten. Über seine Beziehung zu Studenten gibt es widersprüchliche Berichte. Ohne Zweifel hat er vielen geholfen und hatte hingebungsvolle und bewundernde Schüler, doch ebenso sicher ist, daß er bei aller Höflichkeit sehr zurückhaltend, ja fast abweisend war. Ich habe viele Geschichten gehört, die alle in ähnlicher Form von einem begeisterten Studenten berichten, der meint, er habe etwas Interessantes und möglicherweise Neues entdeckt, zu Lorentz eilt und ihm davon berichtet. Dieser hört sich das an, nimmt dann aus einer Schublade eine Berechnung und sagt: »Ich glaube, ich habe vor einigen Jahren das gleiche ausgerechnet. Es ist wohl richtig.« Er war durchaus wohlwollend, aber solche Vorkommnisse, die wenig menschliche Wärme erkennen lassen, waren für seine Studenten sicherlich nicht ermutigend.

Viele Jahre lang nutzte Lorentz die Stille holländischen Lebens zu unermüdlicher Arbeit. Mit seinen Zeitgenossen stand er nur über deren Publikationen in Verbindung, scheint sich aber nicht darum bemüht zu haben, sie persönlich kennenzulernen. Er hätte mit Maxwell, Helmholtz oder Hertz zusammenkommen können, ist jedoch keinem von ihnen begegnet. Er liebte seine Leidener Abgeschlossenheit, in der er seine ganze Zeit einer Vielzahl physikalischer Themen widmen konnte. Neben der Elektronentheorie beschäftigte er sich mit Thermodynamik und statistischer Mechanik, wobei er zu neuen Ergebnissen gelangte und eigene Methoden verwendete, die in ihrer Klarheit, Strenge und Scharfsinnigkeit bemerkenswert sind. In der Elektrodynamik entwickelte er die berühmte Lorentz-Transformation (1895), die entscheidende Bedeutung in der Relativitätstheorie gewinnen sollte.

Seine Bekanntheit wuchs, und er erhielt Einladungen zu Konferenzen, zunächst in Deutschland, dann in Frankreich. Zusammen mit Zeeman erhielt er 1902 den Nobelpreis. Später traten andere Eigenschaften und Fähigkeiten des holländischen Physikers in den Vordergrund. Lorentz schien eine dreisprachige Physikenzyklopädie von beispielloser Vollständigkeit und Verständlichkeit zu sein. Außerdem war er taktvoll, höflich und von rascher Auffassungsgabe. Wer hätte für den Vorsitz internationaler Konferenzen geeigneter sein können? In dieser Funktion beschränkte er sich nicht nur auf die Organisation oder den Vorsitz während der Sitzungen, sondern nahm auch entscheidenden Anteil an der Vorbereitung des wissenschaftlichen Programms, der Auswahl der Sprecher und der Zusammenfassung der Ergebnisse. Diese Tätigkeit, die er in seiner gründlichen Art besorgte, wurde zu einer wichtigen Aufgabe in seinem Leben. Höhepunkte waren die Solvay-Kongresse, deren erster 1911 stattfand. Der Industrielle Ernest Solvay (1838–1922) hatte eine beträchtliche Summe dafür gestiftet, daß alle zwei Jahre ungefähr dreißig der bedeutendsten Physiker zusammenkamen, um physikalische Gegenstände von aktueller Bedeutung zu erörtern. Das erste Treffen beschäftigte sich mit den Quanten, und Lorentz führte auf allen Konferenzen bis 1927 den Vorsitz.

Doch damit haben wir die Grenzen überschritten, die dem vorliegenden Buch gesteckt sind und sind von dem Gebiet der klassischen auf das der modernen Physik geraten.

Die Plancksche Konstante *h* erschien 1900 auf der Bildfläche, und 1905 besiegelten die epochemachenden Abhandlungen Einsteins den Übergang. Natürlich mußte er sich mit Lorentz beschäftigen. Schließlich bestand eine von Einsteins größten Entdeckungen in einer unerwarteten Auslegung der Lorentz-Transformation und in dem Verzicht auf den Äther, einen Eckpfeiler der Elektronentheorie. Lorentz und Einstein wurden enge Freunde. Letzterer trat sehr häufig die Reise nach Leiden an, und als Lorentz sich von seiner Lehrtätigkeit zurückzog, versuchte er, Einstein mit allen Mitteln zu überreden, seine Nachfolge anzutreten. Einstein sprach mit großer Zuneigung von ihm und machte die Bedeutung der Lorentzschen Begriffe deutlich, indem er von den grundlegenden Elektrizitätsgleichungen gelegentlich als den »Maxwell-Lorentz-Gleichungen« sprach.

Lorentz gab 1912 seinen Lehrstuhl in Leiden auf und wurde in Haarlem Sekretär der Hollandsche Maatschappij van Wetenschappen (Holländische Gesellschaft der Wissenschaften) und Kurator des Teyler fysisch Kabinet. Es waren ehrwürdige Institutionen, vergleichbar der Royal Institution in England, der Wirkungsstätte Faradays. Lorentz wurde von den meisten offiziellen und administrativen Aufgaben entbunden, so daß er seine Zeit nach Belieben für Forschungsarbeiten oder andere Zwecke verwenden konnte. Er ließ jedoch die Verbindung nach Leiden noch nicht ganz abreißen; jeden Montag hielt er dort ein Physikseminar ab, das bald Weltruhm erlangte. Die Vorlesungen über aktuelle Themen wurden von vielen Gasthörern besucht, die anschließend für lebhafte Diskussionen sorgten.

Lorentz reiste mehrmals in die Vereinigten Staaten: das erste Mal, 1906, besuchte er die Columbia University in New York, das letzte Mal, 1927, das California Institute of Technology in Pasadena. Er hat wesentlich dazu beigetragen, daß die moderne Physik in die Vereinigten Staaten gelangte.

Eine andere Aufgabe von sehr praktischer Art und beträchtlicher Bedeutung hat Lorentz in der Zeit von 1920 bis 1926 in Anspruch genommen. In ihrem ewigen Kampf gegen das Meer beschlossen die Holländer, einen großen Abschlußdeich quer über die Zuidersee zu bauen, und das so gewonnene Land wollten sie gegen Einbrüche der Nordsee bei Sturmfluten schützen. In der Planungsphase dieses riesigen hydraulischen Unternehmens war eine Vorhersage über seine Auswirkungen auf die Gezeiten erforderlich. Lorentz wurde zur treibenden Kraft dieser theoretischen Strömungsstudie, die beträchtliche praktische Erfolge zeitigte. Man stelle sich vor, wieviel einfacher seine Arbeit gewesen wäre, hätten ihm moderne Computer zur Verfügung gestanden.

In seiner wichtigsten Arbeit, der Elektronentheorie, erging es Lorentz wie Moses: Er sah das gelobte Land, durfte es aber nicht betreten. Die klassische Physik konnte die fundamentalen Schwierigkeiten nicht überwinden, die die Erklärung der Spektren aufwarf. Die Tür zur modernen Physik wurde erst 1913 aufgestoßen, als Niels Bohr (1885–1962) die Planckschen Quantenbegriffe auf das Atommodell anwandte, das Rutherford aufgrund seiner Radioaktivitätsuntersuchungen vorgeschlagen hatte. Lorentz durfte noch erleben, wie der Keim, den er mit seinen Arbeiten gelegt hatte, sich zu der kraftvollen Blüte der Relativitätstheorie und Quantenmechanik entfaltete, aber hier mußte er sich mit der Rolle des Zuschauers begnügen.

Kapitel 5

Wärme: Substanz, Schwingung und Bewegung

Zwischen Chemie und Physik: Die Eigenschaften der Gase

Wärmeerscheinungen sind der Menschheit seit Beginn ihrer Kultur bekannt. Jede Form der Metallverarbeitung ist auf die Anwendung von Wärme angewiesen; es müssen auf diesem Gebiet also schon sehr früh empirische Kenntnisse vorgelegen haben. Der Temperaturbegriff beruht auf unseren unmittelbaren Wahrnehmungen von heiß und kalt. Ferner gehört zu jedem chemischen Prozeß Wärmeerzeugung oder -absorption. Der augenfälligste Effekt ist das »Feuer«, eine Begleiterscheinung des Oxidationsvorgangs. Deshalb steht die Wärmelehre in enger Verbindung zur Chemie. Darüber hinaus war die wissenschaftliche Beschäftigung mit der Wärme über einen langen Zeitraum unauflöslich mit der Untersuchung der Gase verknüpft, dem Hauptinteressengebiet des 18. Jahrhunderts. Wir können den Beginn der wissenschaftlichen Wärmelehre willkürlich auf den Bau des ersten Thermometers durch die Accademia del Cimento um 1650 festlegen. Zuvor hatte schon Galilei ein Thermoskop angefertigt, doch die Mitglieder der Akademie, zumeist seine Schüler, machten umfänglichen und systematischen Gebrauch von ihrem Thermometer. Das Gerät besaß jedoch keine festgelegten Punkte, so daß sich verschiedene Instrumente nicht vergleichen ließen.

1701 schlug Newton eine Skala vor, in der der Gefrierpunkt des Wassers auf Null und die Körpertemperatur des Menschen auf zwölf festgelegt werden sollte. Der Wärmeausdehnungskoeffizient der im Thermometer verwendeten Flüssigkeit wurde natürlich als konstant angenommen, besser gesagt wurde die Temperatur so definiert, daß dieser Koeffizient konstant sein mußte. Kurze Zeit später schlug Gabriel Fahrenheit (1686–1736) vor, als Null die niedrigste Temperatur anzusetzen, die damals durch eine Mischung aus Eis und Salz zu erreichen war. Kurz nach Fahrenheits Tod wurden als Festpunkte der Gefrierpunkt und der Siedepunkt von Wasser bei Normaldruck gewählt (Celsius-Gradeinteilung). Eine wissenschaftlichere, an keine bestimmte Substanz gebundene Skala sollte, wie zu zeigen sein wird, noch hundert Jahre auf sich warten lassen.

Unabhängig von dem Begriff der Temperatur entstand im 18. Jahrhundert auch der der Wärmemenge. Großen Anteil daran hatte Joseph Black (1728–1799). Der Sohn eines bekannten Weinhändlers in Bordeaux war schottisch-irischer Herkunft und in Irland und Glasgow erzogen. 1756 wurde er Dozent für Chemie in Glasgow, wo er später Anatomie, Medizin und dann wieder Chemie lehrte. Damals konnte man noch auf *allen* diesen Gebieten zugleich fachkundig sein. Er schrieb nur drei Abhandlungen, wurde aber wegen seiner Vorlesungen und seiner umfänglichen Korrespondenz berühmt. Seine wichtigsten Beiträge sind überwiegend chemischer Natur, doch in der Physik klärte er die Begriffe der Wärmekapazität, der spezifischen Wärme und der Schmelzwärme, die er, wenn auch nicht genau, für das Wasser maß. Seine theoretischen Vorstellungen wurden noch vom Phlogistonbegriff beherrscht.

Die Phlogistonlehre (zu griechisch φλόγιστον »verbrannt«) stammte von Johann Joachim Becher (1635–1682), einem Deutschen, der Medizin studiert, aber auf vielen Gebieten gearbeitet hatte und sich im Grenzgebiet zwischen Alchimie und Chemie bewegte. Die Lehre wurde von Georg Ernst Stahl (*ca.* 1660–1734), einem deutschen Mediziner und Chemiker, ausgebaut. Nach dieser Theorie war in allen brennbaren Körpern ein »Stoff«, das Phlogiston, enthalten. Es entwich, wenn man organische Materie verbrannte, aber auch wenn man (an der Luft) Metalle mit Wärme behandelte. Dadurch wurden Metalle in jene Stoffe umgewandelt, die wir heute Oxide nennen. Durch Erwärmung mit Kohlenstoff, der als Phlogiston in fast reiner Form galt, konnten die Oxide ihr Phlogiston jedoch zurückgewinnen. Stahl wußte, daß Oxide schwerer sind als die Metalle, aus denen sie entstehen, doch es fanden sich Entschuldigungen dafür, daß man dem Phlogiston ein negatives Gewicht zuschreiben oder nach anderen Wegen aus der Schwierigkeit suchen mußte.

Die Phlogistontheorie konnte so hingebogen werden, daß sie viele Fakten erklärte; sie hat durchaus ihre Bedeutung in der Geschichte der Chemie. Letztlich erwies sich das Phlogiston, wenn ich es – in Vereinfachung der Sachlage – so sagen darf, als eine Art negativer Sauerstoff.

Durch systematischen Einsatz der Waage zur Untersuchung chemischer Reaktionen besiegelte Antoine-Laurent Lavoisier den Untergang des Phlogiston; als vorläufige Hypothese hatte das Phlogiston jedoch seinen Wert. Wie volkstümlich Stahls und Blacks Vorstellungen waren, zeigt eine Ode des italienischen Dichters Vincenzo Monti, die er den Montgolfiers widmete und in der er 1784 den ersten Flug eines Menschen feierte.

Non mai Natura all'ordine
delle sue leggi intesa
dalla potenza chimica
soffrì più bella offesa.
mirabil'arte, ond'alzasi
di Sthallio e Black la fama,
pera lo stolto cinico
che frenesia ti chiama.

Nie hat die Natur,
die ihren Gesetzen gehorcht,
von der Macht der Chemie
einen empfindlicheren Schlag erlitten.
Wunderbare Kunst, aus der sich erhebt,
der Ruhm von Stahl und Black!
Wehe dem törichten Zyniker,
der dich Raserei nennt.

(Übersetzung von W. Schwarz.)

Die Verse klingen ein bißchen grotesk, aber sie geben die Stimmung wieder. Das ganze Gedicht wurzelt mehr in der Mythologie als in der Wissenschaft.

Die zentrale Frage, mit der die Physiker konfrontiert waren, lautete: Was ist Wärme? Läßt sie sich auf etwas Einfacheres zurückführen? Zwei Lehrmeinungen beherrschten das Feld. Der einen zufolge war Wärme eine Substanz mit oder ohne Gewicht. Nach der anderen war Wärme eine Form von Bewegung, möglicherweise eine Schwingung.

Die erste Auffassung basierte auf den Erscheinungen, die zu beobachten sind, wenn man Substanzen bei verschiedenen Temperaturen mischt. Die Resultate ließen sich durch eine unzerstörbare Sondersubstanz erklären, von Lavoisier Kalorikum oder Wärmestoff genannt. Latente (verborgene) Wärme paßte in das Bild, wenn man annahm, daß der Wärmestoff sich mit den materiellen

Robert Boyle (1627–1691) war ein namhafter Zeitgenosse Newtons. Er hat bemerkenswerte Arbeit auf dem Gebiet der Physik und Chemie geleistet, oft in Zusammenarbeit mit Hooke. Seine bedeutendste Entdeckung ist die Beziehung zwischen Druck und Volumen eines Gases bei konstanter Temperatur: $pV =$ konstant. Im Hintergrund ist die Vakuumpumpe zu erkennen, die er für seine Experimente verwendete.

Atomen einer Substanz verband und latent wurde oder, freigesetzt, mit dem Thermometer nachweisbar wurde.

Die andere Auffassung gründete sich auf die augenfälligen Erscheinungen der Wärmeentwicklung durch Reibung. Diese Ansicht war schon in der Antike bekannt, wurde aber zum Beispiel auch noch von Robert Boyle (1627–1691) wortreich vertreten, bei dem es heißt: »Wenn ein größerer Nagel mit dem Hammer in ein Brett getrieben wird, bedarf es etlicher Schläge auf seinen Kopf, bevor er heiß wird. Doch wenn er bis zum Kopf in Holz getrieben ist, so daß er weiter nicht hineingeht, genügen einige wenige Schläge, um ihn in einen Zustand beträchtlicher Wärme zu versetzen. Denn die Bewegung, die hervorgerufen wird, wenn der Nagel mit jedem Hammerschlag tiefer und tiefer eindringt, ist im wesentlichen vorwärtsschreitend und wird dem ganzen in eine Richtung strebenden Nagel vermittelt. Wohingegen nach Beendigung der Bewegung der durch den Schlag hervorgerufene Impuls, da nun weder in der Lage, den Nagel tiefer ins Holz zu treiben, noch auch, seine Ganzheit zu zerstören, in einer vielfältigen, heftigen und inneren Erschütterung der Teile aufgezehrt werden muß – aus welcher nach unserer früheren Beobachtung die Natur der Wärme besteht.«

Ein anderes Beispiel dieser Auffassung zitiert James Prescott Joule (1818–1889). Es stammt von dem mit Newton befreundeten Philosophen John Locke: »Wärme ist ein sehr heftiger Aufruhr der nicht wahrnehmbaren Teile des Objektes, die in uns jene Empfindung hervorrufen, der zufolge wir das Objekt als warm bezeichnen, so daß dasjenige, was nach unserem Empfinden Wärme ist, in dem Objekt nichts als Bewegung ist.«

Doch die beiden Auffassungen von der Wärme bestanden friedlich nebeneinander, und lange Zeit nahm man keinen Widerspruch zwischen ihnen wahr. So schrieben Laplace und Lavoisier in *Zwei Abhandlungen über Wärme:*

> »Wir wollen nicht zwischen den beiden vorhergehenden Hypothesen entscheiden. Mehrere Erscheinungen sind der letzteren günstig, so z. B. die, daß Wärme durch die Reibung zweier fester Körper entsteht. Aber es gibt andere, welche sich leichter nach der ersten Hypothese erklären. Vielleicht haben beide gleichzeitig recht; . . .

Im Allgemeinen wird man die erste Hypothese in die zweite überführen, wenn man in ihr die Wörter ›*freie Wärme, gebundene Wärme, freigewordene Wärme*‹ verwandelt in die Wörter ›*lebendige Kraft, Verlust von lebendiger Kraft, Zunahme der lebendigen Kraft*‹.« (Ostwalds Klassiker Nr. 40, Leipzig 1892, S. 6/7)

Für einen mechanischen Ursprung der Wärme sprachen ganz entschieden die Experimente von Benjamin Thompson, dem Grafen Rumford. In Woburn, Massachusetts, geboren, hatte er im amerikanischen Unabhängigkeitskrieg die Partei der Engländer ergriffen, hatte 1776 Boston verlassen müssen und war nach England entkommen, wo er Staatssekretär im Kolonialministerium wurde. Seinen technischen Interessen folgend, führte er in London Experimente mit Feuerwaffen und Sprengstoffen durch. Seine wissenschaftlichen Leistungen wurden 1779 mit der Wahl in die Royal Society anerkannt. Später kehrte er nach Amerika zurück und kommandierte ein Regiment der königlichen Streitkräfte, bei Friedensschluß ging er dann wieder nach England, wo er zwar auf halben Sold gesetzt, jedoch für seine Verdienste geadelt wurde. Von England begab er sich nach Deutschland in die Dienste des Kurfürsten Karl Theodor von Bayern. Dort bestand seine Aufgabe im Bau von Kanonen und in administrativen Pflichten, für die er zum Grafen Rumford des Heiligen Römischen Reiches erhoben wurde. Er entwarf den Englischen Garten, eine der Zierden Münchens, und wurde mit einem Denkmal in einer der Hauptstraßen der Stadt geehrt. Seine Beschäftigung mit Kanonen war von beträchtlicher wissenschaftlicher Bedeutung. Er zeigte, daß ein Teil der Arbeit, die beim Bohren einer Kanone geleistet wird, zu Wärme wird, und wies mit einem einfachen Gerät nach, daß solange die Arbeit geleistet wird, auch Wärme erzeugt wird. Er lieferte sogar eine grobe Schätzung des mechanischen Äquivalents einer Kalorie von 5,5 Joules. Der korrekte Wert ist 4,8 Joules. Die Auslegung seiner Experimente blieb strittig. Rumford und nach ihm Thomas Young behaupteten, sie seien mit einer materiellen Wärmetheorie nicht zu vereinbaren und ließen auf Bewegung oder Schwingungen als Ursache von Wärme schließen.

Wissenschaftliche Betätigung nahm nur einen kleinen Raum in

Benjamin Thompson (1753–1814), der spätere Graf Rumford, war gebürtiger Amerikaner und führte ein höchst abenteuerliches Leben. Er wanderte nach Europa aus, lebte in England, Deutschland und Frankreich und leistete den jeweiligen Regierungen seine manchmal recht zweifelhaften Dienste. Seine intuitiven Erkenntnisse über die Natur der Wärme und die Erhaltung der Energie waren bemerkenswert. Er war der Begründer der Royal Institution in London.

Rumfords Leben ein. Er hat für verschiedene Staaten spioniert, vielleicht sogar als Doppelagent gearbeitet. Außerdem war er Erfinder, Sozialutopist und Menschenfreund und nutzte sein Vermögen, das aus vielfältigen (und nicht nur untadeligen) Quellen stammte, unter anderem dazu, die Royal Institution in London zu gründen und Sir Humphry Davy zu ihrem Direktor zu ernennen. Davy war erst 23 Jahre alt, und seine Berufung spricht für Rumfords Urteilsfähigkeit. Er stiftete auch die Rumford-Medaille, eine der höchsten Auszeichnungen, die die Royal Society vergibt.

Daraufhin begab er sich nach Paris, wo er von Napoleon und Talleyrand mit Wohlwollen aufgenommen wurde; er warb um Lavoisiers Witwe und heiratete sie. Wie zuvor machte er auch in Paris praktische Erfindungen und stand mit den wichtigsten Wissenschaftlern der Académie française in Verbindung, mit Lagrange und Laplace führte er Auseinandersetzungen. 1814 starb er in Auteuil. Rumford war ein typischer Abenteurer des 18. Jahrhun-

Das Denkmal Graf Rumfords in der Maximilianstraße in München (Süddeutscher Verlag, München)

derts, und ein genauer Bericht seines Lebens liest sich wie ein Roman, der an Casanovas Lebenserinnerungen denken läßt.

An Rumfords Arbeiten anknüpfend führte Davy ein wichtiges Experiment durch, das Zweifel an der materiellen Natur der Wärme aufkommen ließ. Er zeigte, daß zwei Eisstücke schmelzen, wenn man sie aneinander reibt. Das Experiment war insofern wichtig, als man wußte, daß die spezifische Wärme des Wassers größer als die des Eises ist, somit wurde die Auslegung durch eine materielle Wärmetheorie ausgeschlossen.

Durch Rumfords und Davys Arbeit war jedoch die materielle Theorie des Wärmestoffs noch nicht widerlegt. So schrieb zum Beispiel Jean Baptiste Joseph Fourier 1822 sein bewundernswertes Buch über Wärmeleitung, in dem er die Auffassung vertrat, Wärme sei eine unzerstörbare Substanz. Mit Hilfe dieser Hypothese konnte er alle Erscheinungen der Wärmeleitung erklären. In einem anderen Zusammenhang berichtigte Laplace Newtons Berechnung der Schallgeschwindigkeit, indem er darauf hinwies, daß Schallwellen keine isothermen Kompressionen (von konstanter Temperatur) erzeugen, wie Newton annahm, sondern adiabatische Kompressionen (ohne Wärmetransport). Für die Berechnung der adiabatischen Elastizität eines Gases benutzte Laplace genauso wie Siméon-Denis Poisson die Wärmestofftheorie, und die Ergebnisse deckten sich mit den experimentellen Daten. Dieser Erfolg stärkte die Wärmestofftheorie. Auch schienen Messungen zur spezifischen Wärme von Gasen mit dieser Theorie übereinzustimmen, obwohl es in Wirklichkeit nicht der Fall ist.

Die Doktrin von der Umwandlung von Arbeit in Wärme in einem festen Zahlenverhältnis wurde endgültig um die Mitte des 19. Jahrhunderts bewiesen. Mit ihr wurde der Satz von der Erhaltung der Energie aufgestellt, der erste Hauptsatz der Thermodynamik – eines der wichtigsten Grundprinzipien der modernen Naturwissenschaft. Zuvor hatte man jedoch den zweiten Hauptsatz entdeckt, und da die beiden Sätze voneinander unabhängig sind, galt in der Thermodynamik für einen kurzen Zeitraum der zweite Hauptsatz ohne den ersten. Es war, als hätte man die nichteuklidische Geometrie vor der euklidischen entdeckt.

Auf einem verwandten Gebiet erwies sich die Beschäftigung mit den Gasgesetzen von höchster Bedeutung für die Chemie wie für die Physik. Begonnen hatten diese Untersuchungen zu Newtons Zeit. Eines der ersten Ergebnisse war die Entdeckung der Beziehung zwischen Volumen und Druck durch Boyle im Jahre 1662 und Abbé Edme Mariotte (*ca.* 1620–1684) im Jahre 1679. Deshalb nennen die Franzosen es Mariottesches Gesetz, während es bei den übrigen Völkern Boylesches Gesetz heißt. Es besagt ganz einfach, daß bei konstanter Temperatur das Volumen eines Gases umgekehrt proportional zum Druck ist.

Boyle wurde als 14. Kind des ersten Grafen von Cork 1627 im irischen Lismore geboren. Nach aristokratischer Sitte bereiste er das europäische Festland und erlebte in einer stürmischen Epoche der irischen und englischen Geschichte sein Teil an Rückschlägen und Erfolgen. Von 1655 bis 1668 lebte er in Oxford, wo es eine große Gruppe Naturwissenschaftler gab – unter anderem den Mathematiker John Wallis, Sir Christopher Wren, den Architekten der Saint Paul's Cathedral in London, Robert Hooke und den Anatomen Thomas Willis (1621–1675). Boyle stellte, beeindruckt von seinem ungewöhnlichen Talent als Werkzeugmacher, Hooke als seinen Assistenten ein, und zusammen bauten sie Vakuumpumpen nach dem Vorbild Otto von Guerickes in Magdeburg.

1662 veröffentlichte Boyle die Schrift *Defense of the Doctrine Touching the Spring and Weight of the Air.* Dort beschreibt er, wie er ein einseitig geschlossenes U-Rohr anfertigte: »In den langen Schenkel des Hebers begannen wir Quecksilber zu gießen, das durch sein Gewicht das Quecksilber im kürzeren Schenkel nach oben drückte und die eingeschlossene Luft allmählich zusammenpreßte, und fuhren mit der Zugabe von Quecksilber fort, bis die Luft im kürzeren Schenkel durch Verdichtung nur noch die Hälfte des Raumes in Anspruch nahm, den sie zuvor besaß (ich sage *besaß*, nicht *füllte*), . . . wir beobachteten, daß das Quecksilber im längeren Teil des Rohrs 29 Zoll höher stand als im anderen.« So konnte er schließlich die Hypothese bestätigen, nach der sich »Druck und Ausdehnung in einem reziproken Verhältnis befinden«. Wir müssen dabei jedoch bedenken, daß Boyle die Elastizität eines Gases für ein statisches Phänomen hielt, als ob die Substanz Sprungfedern enthielte, die im Ruhezustand gegen die Wände drückten. Er führte den Druck nicht auf Molekülstöße gegen die Wand zurück. Als aktives Mitglied der Royal Society schrieb Boyle über die verschiedensten Gegenstände, von der Chemie bis zur Medizin; im Gedächtnis der Nachwelt indes lebt er vor allem wegen des Gasgesetzes.

Dank der Arbeit der Chemiker wurden im 18. Jahrhundert viele neue Gase bekannt, und es wurde möglich, ihre materiellen Eigenschaften zu messen. Sie gehorchten alle, zumindest annähernd, dem Boyleschen Gesetz. In den ersten Jahren des 19. Jahrhunderts wurden, insbesondere in Frankreich, andere thermische Eigenschaften der Gase untersucht. Der Wärmeausdehnungskoeffizient bei konstantem Druck für die Luft war 1791 von Alessandro Volta untersucht und mit $\frac{1}{273}$ auf der Celsius-Skala beziffert worden. 1802 stellte Joseph Louis Gay-Lussac fest, daß dieser Koeffizient für alle Gase gleich ist. Er stieß auch auf die wichtige und für ihn überraschende Tatsache, daß ein Gas bei der Ausdehnung im Vakuum seine Temperatur nicht verändert.

Die spezifische Wärme bei konstantem Druck beziehungsweise konstantem Volumen war weit schwieriger zu messen, doch François Delaroche und Jacques Etienne Bérard (1789–1869) konnten um 1811 ziemlich gute Werte ermitteln. Diese Messungen ließen jedoch irrtümlich auf eine Abhängigkeit der spezifischen Wärme vom Druck schließen, ein Irrtum, der Sadi Carnot beeinflußte.

Die chemischen Befunde erlebten eine wichtige Auslegung durch Amedeo Avogadros Gesetz (1811), dem zufolge alle Gase bei gleicher Temperatur und gleichem Druck die gleiche Anzahl von Molekülen pro Volumeneinheit enthalten. Dieses Grundgesetz hat weitreichende Bedeutung für die Chemie und die statistische Mechanik, die in ihrem ganzen Umfang erst etwa fünfzig Jahre später verstanden wurde. 1814 wurde das gleiche Gesetz unabhängig von Ampère wiederentdeckt.

Henri Victor Regnault (1810–1878), der von 1840 bis 1860 auf dem Gebiet der organischen Chemie tätig war (und sich erst danach der Physik zuwandte), vervollkommnete die Messung vieler dieser thermischen Größen und lieferte Zahlen, deren Genauigkeit lange Zeit unübertroffen blieb. Sein Pariser Laboratorium wurde zu einem Vorbild für genaue Messungen des Gasdrucks, der spezifischen Wärme, der Zustandsgleichungen von realen Gasen, die etwas vom Boyleschen Gesetz abwichen, und ähnlichem, so daß er zur führenden Autorität auf diesem Gebiet wurde. Diese experimentellen Daten waren von höchster Wichtigkeit für die Verifizierung der theoretischen Teilgebiete der Wärmelehre: der Thermodynamik und der statistischen Mechanik. Außerdem wurden die Kniffe und der Stil von Regnaults experimenteller Arbeitsweise von vielen Besuchern und Schülern in andere europäische Länder getragen, so daß er die Ausbildung einer ganzen Generation von Physikern entscheidend beeinflußte.

Patriotismus, Technik und Genie: Carnot und sein Prophet William Thomson

In allen Lehrbüchern der Thermodynamik steht der erste Hauptsatz, die Erhaltung der Energie, vor Sadi Carnots Prinzip, dem zweiten Hauptsatz, obwohl beide, wie dargelegt, voneinander unabhängig sind, und historisch der Gedanke der Reversibilität und die entscheidenden Elemente des zweiten Hauptsatzes verstanden waren, bevor sich der erste Hauptsatz durchgesetzt hatte.

Der zweite Hauptsatz in der Thermodynamik und weit mehr noch in der Wärmelehre geht auf Sadi Carnot zurück, eine ungewöhnliche Gestalt in der Wissenschaft, die in ihren bedeutenden Leistungen und ihrem kurzen Leben an die romantische Erscheinung seiner mathematischen Zeitgenossen Niels Hendrik Abel (1802–1829) und Evariste Galois (1811–1832) erinnert.

Carnot schrieb nur eine wissenschaftliche Arbeit – ein schmales Büchlein von 118 Seiten mit dem Titel *Réflexions sur la puissance motrice du feu et sur les machines propres à développer cette puissance* (*Betrachtungen über die bewegende Kraft des Feuers und die zur Entwicklung dieser Kraft geeigneten Maschinen,* Ostwalds Klassiker Nr. 37, Leipzig 1892). Es erschien 1824 im Selbstverlag mit einer Auflage von 600 Exemplaren und blieb fast unbeachtet, obwohl der Autor der Sohn von Lazare Carnot war, einem sehr bekannten Franzosen und Mitglied der Académie des Sciences, der im Jahr zuvor gestorben war. Man hätte also ein gewisses Interesse zumindest bei den Freunden des Vaters erwarten dürfen, die auf einer der Sitzungen der Akademie eine kurze Beschreibung der Abhandlung vernommen hatten. Das Buch wurde aber

Lazare Carnot (1753–1823), der »Organisator des Sieges« und Sadis Vater. In seiner stürmischen Laufbahn betätigte er sich als Wissenschaftler, militärischer Führer und Politiker. Er bekleidete eine Vielzahl von Ämtern, die die Revolutionszeit, in der er lebte, widerspiegeln. (Bibliothek der University of California, Berkeley)

erst von Emile Clapeyron (1799–1864), einem Schüler der Ecole Polytechnique, eifrig studiert. Zwei Jahre nach Abschluß seiner Ausbildung ging Clapeyron nach Rußland, wo er elf Jahre lang als Ingenieur und als Lehrer an der Schule für öffentliche Arbeiten in Petersburg wirkte. Nach Frankreich zurückgekehrt, arbeitete er im Eisenbahnwesen und interessierte sich insbesondere für die Verbesserung von Lokomotiven. 1833 fiel ihm Carnots Buch in die Hände, er las es aufmerksam, schrieb den Hauptabschnitt in analytischerer Form nieder und veröffentlichte seine Ergebnisse, nachdem andere Zeitschriften abgelehnt hatten, im *Journal de l'Ecole polytechnique* von 1834. Zu diesem Zeitpunkt war Carnot schon ein Jahr tot und seit dem Erscheinen der *Réflexions* ein Jahrzehnt verstrichen. Erst durch Clapeyrons Aufsatz erfuhr William Thomson, der spätere Lord Kelvin von Carnots Büchlein, dessen grundlegende Bedeutung er bald erkannte.

Sadi Carnot war Sproß einer Familie, die eine wichtige Rolle in der Geschichte Frankreichs spielte. Sein Bruder Hippolyte war ein bekannter Politiker, dessen Sohn, ebenfalls Sadi genannt, von 1887 bis 1894 Präsident der französischen Republik wurde. Der Vater unseres Sadi, Lazare, wurde »Organisator des Sieges« genannt, weil er 1794 als Mitglied des herrschenden Wohlfahrtsausschusses entscheidenden Anteil am Aufbau der Revolutionsarmee hatte. Als leidenschaftlicher Revolutionär hatte er für die Hinrichtung des Königs gestimmt. Später schloß er sich Napoleon an und wurde 1800 Kriegsminister. Doch Lazare war nicht nur Staatsbeamter und Politiker, er war auch Mathematiker und Naturwissenschaftler, schrieb ein wichtiges Buch über die Infinitesimalrechnung und entwickelte einen trigonometrischen Lehrsatz, der nach ihm benannt wird. Daneben war er an der Mechanik interessiert, wobei er sich gleichermaßen mit ihren theoretischen Grundlagen wie mit praktischen Problemen, etwa dem Bau leistungsfähiger Maschinen, beschäftigte. Er erkannte, daß sich plötzliche Geschwindigkeitsveränderungen in Teilen von Maschinen nachteilig auswirken und vor allem daß man, um den größtmöglichen Nutzen an mechanischer Arbeit aus fallendem Wasser zu gewinnen, die Turbinen dergestalt konstruieren muß, daß das Wasser ohne einen Zusammenprall hineingelangen und ohne relative Geschwindigkeit austritt. Diese Denkweise mag seinen Sohn Sadi durchaus beeinflußt haben.

Lazare hatte zwei Kinder – Sadi, den Physiker, und Hippolyte. Sadis Ausbildung lag in erster Linie in der Hand des Vaters, bis er zur Ecole Polytechnique zugelassen wurde und in eine Klasse mit 179 jungen Leuten kam (beworben hatten sich 417). 1814, als Napoleons Reich ins Wanken geriet, machte er als zehnter von 65 Schülern einer Klasse seinen Abschluß. Während der Hundert Tage vor Waterloo versah Lazare nochmals ein Regierungsamt unter dem Kaiser. Nach Napoleons Sturz wurde Lazare verbannt und starb in Magdeburg.

Sadi bekleidete verschiedene Stellungen beim Militär und als Ingenieur im öffentlichen Dienst. 1828 nahm er als Hauptmann seinen Abschied aus der Armee. Er hatte ein bescheidenes Vermögen von seinem Großvater mütterlicherseits geerbt, und obwohl man seine Hilfe gelegentlich für technische Probleme in Anspruch nahm, scheint er keiner geregelten Arbeit nachgegangen zu sein. 1832 erkrankte er schwer an Scharlach und wurde in ein Krankenhaus eingeliefert. Von dieser Krankheit erholte er sich zwar, zog sich aber kurz darauf die Cholera zu, als die Seuche in Paris wütete, und starb am 24. August 1832.

Um 1824, im Alter von 28 Jahren, hatte Carnot sein Interesse für Dampfmaschinen entdeckt. Sie waren von Praktikern für nützliche Zwecke erfunden und ausgearbeitet worden. Die Entwicklung war im wesentlichen auf empirischem Wege erfolgt. Die Erfindungsgabe und Geschicklichkeit eines James Watt (1736–1819) sind bewundernswert, aber von seiner ganzen Einstellung her war er mehr Ingenieur als Wissenschaftler. Auf dem Gebiet der technischen Entwicklung war England damals führend in der Welt. Die industrielle Revolution hatte dort begonnen und der relativ kleinen Insel ermöglicht, zur größten Weltmacht aufzusteigen. Carnot war sehr beeindruckt von diesem Umstand. Als französischer Patriot hätte er es gern gesehen, wenn sein Land England eingeholt oder gar überflügelt hätte, zumal die Briten vor nicht allzu langer Zeit über Napoleon triumphiert hatten. Solchen patriotischen Zielen diente seine wissenschaftliche Auseinandersetzung mit der Dampfmaschine.

Am Anfang der *Réflexions* finden sich die folgenden Sätze:

> »Der ausgezeichnetste Dienst, welchen die Wärmemaschine England geleistet hat, ist zweifelsohne die Wiederbelebung der Ausbeutung seiner Steinkohlenbergwerke, welche dahinsiechte und infolge der stets wachsenden Schwierigkeiten der Wasserhaltung und -Förderung unterzugehen drohte. In zweiter Linie müssen die der Eisenindustrie geleisteten Dienste erwähnt werden, sowohl bezüglich des reichlichen Ersatzes des Holzes, das soeben anfing, sich zu erschöpfen, wie auch bezüglich der Kraftmaschinen aller Art, deren Anwendung die Wärmemaschine erleichtert oder ermöglicht hat.
>
> Eisen und Feuer sind bekanntlich die Nahrung und Stütze der mechanischen Gewerbe. In England ist vielleicht keine einzige Fabrik, deren Bestehen nicht auf den Gebrauch dieser Agentien begründet wäre und in welcher sie nicht reichlichst zur Verwendung kämen. Entzöge man England heute seine Dampfmaschi-

nen, so raubte man ihm Kohle und Eisen, man hemmte alle Quellen seines Reichthums und vernichtete alle Mittel seiner Entwickelung; es hiesse dies, diese colossale Macht vernichten. Die Zerstörung seiner Marine, welche es als seinen sichersten Schutz betrachtet, würde für England vielleicht weniger tödtlich sein . . .

Wenn die Ehre einer Entdeckung derjenigen Nation zukommt, bei welcher sie ihr Wachsthum und ihre Entwickelung erfahren hat, so kann hier diese Ehre England nicht versagt werden: *Savery, Newcomen, Smeaton*, der berühmte *Watt, Woolf, Trevithick* und einige andere englische Techniker sind die eigentlichen Schöpfer der Wärmemaschine; aus ihren Händen hat sie die folgeweisen Stufen ihrer Vervollkommnung erlangt. Es ist übrigens naturgemäss, dass eine Erfindung dort entsteht und namentlich sich entwickelt, wo das Bedürfniss nach ihr sich am zwingendsten geltend macht.

Trotz der mannigfaltigen Arbeiten über die Wärmemaschinen, trotz des befriedigenden Zustandes, zu dem sie gegenwärtig gelangt sind, ist ihre Theorie doch sehr wenig fortgeschritten, und die Versuche zu ihrer Verbesserung sind fast nur vom Zufall geleitet.« (Sadi Carnot, *Betrachtungen über die bewegende Kraft des Feuers,* Ostwalds Klassiker Nr. 37, Leipzig 1892, S. 4 ff.)

Carnot wollte die theoretischen Grundlagen verstehen, weil er sich daraus Verbesserungen für die Praxis erhoffte. So versuchte er, ein möglichst abstraktes Schema der Dampfmaschine zu entwickeln. Ausgangspunkt seiner Überlegungen war die Analogie mit einer Wasserturbine, bei der das Wasser von höherem auf niedrigeres Niveau fällt und diese potentielle Energie in »Antriebskraft« umgewandelt wird. Bei der Dampfmaschine, so meinte er, würde die Wärme von einer höheren Temperatur auf eine niedrigere fallen und dabei Antriebskraft freisetzen. Damals hielt sich Carnot an die Wärmestofftheorie und übersah deshalb den fundamentalen Unterschied zwischen Wärme und Wasser: Während die Wassermenge konstant bleibt, wird die bei der niedrigeren Temperatur freigesetzte Wärme um einen Betrag vermindert, der der geleisteten Arbeit proportional ist. Davon wußte Carnot nichts und ging deshalb von der Voraussetzung aus, daß die Wärme (der Wärme-

Sadi Carnot (1796–1832) im Alter von siebzehn Jahren als Schüler der Ecole Polytechnique und vierunddreißigjährig, etwa zu der Zeit, da er die *Réflexions sur la puissance motrice du feu* (1824) schrieb. (Bibliothek der University of California, Berkeley)

stoff) erhalten bleibe. Viele seiner Schlußfolgerungen lassen sich jedoch leicht auf die tatsächlichen Verhältnisse übertragen, und seine Denkweise ist von überragender Bedeutung.

Er warf die grundlegende Frage auf: Läßt sich aus Wärme, die von einer Temperatur auf eine andere fällt, ein Maximum an Arbeit gewinnen, und wenn ja, unter welchen Bedingungen?

In einer Dampfmaschine wird beispielsweise die Wärme auf den Dampf übertragen, der sich in einem von einem Kolben verschlossenen Zylinder befindet. So liegt der Schluß nahe, daß die Wärmeübertragung mit dem kleinstmöglichen Temperatursprung erfolgen muß, da ja auch das Wasser ohne Zusammenprall in die Turbine eintreten muß und da überdies keine Arbeit erzielt wird, wenn die Wärme durch Leitung auf eine niedrigere Temperatur absinkt. Bei der Entwicklung dieses Konzepts erkannte Carnot, daß alle Umwandlungen in der Maschine eine Folge von Gleichgewichtszu-

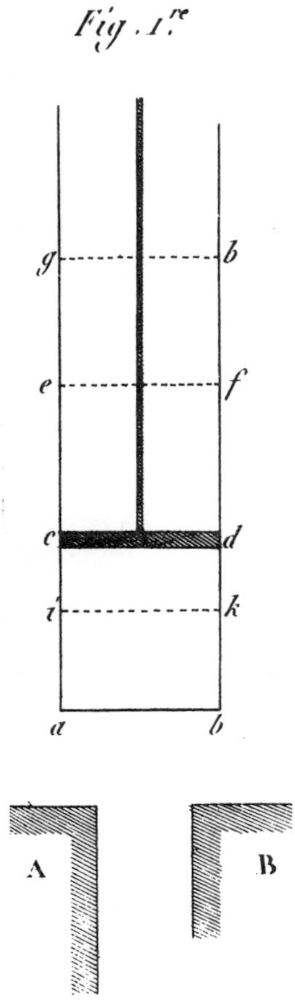

Der Carnotsche Kreisprozeß nach Carnots eigener Beschreibung. Die Abbildung zeigt einen reibungslosen Zylinder mit einem wärmeisolierten Kolben. Der Boden des Zylinders ist wärmeleitend und entweder in Berührung mit einem wärmeabgebenden Speicher (A) oder einem wärmeaufnehmenden Speicher (B). (Aus: *Réflexions sur la puissance motrice du feu*, 1824)

ständen sein mußten. Folglich könnte die Maschine in eine Richtung funktionieren oder durch Umkehrung aller Operationen in die entgegengesetzte. Die Maschine mußte *reversibel* sein.

Die Maschine muß eine Wärmequelle mit hoher Temperatur besitzen, eine Wärmesenke bei niedrigerer Temperatur und ein System, das die Wärme überträgt – zum Beispiel einen Zylinder mit Kolben. Dabei ist wichtig, daß die Umwandlung, durch die die Wärme von dem höheren Temperaturspeicher zum niedrigeren übergeht, das Übertragungssystem nicht im mindesten verändert. Eine solche Operation wurde von Carnot beschrieben, man nennt sie zyklisch, worunter zu verstehen ist, daß nach einer bestimmten

Reihe von Operationen das Übertragungssystem in seinen Ursprungszustand zurückkehrt. Die Speicher aber werden irgendwie auf konstanten Temperaturen gehalten. Hören wir, wie Carnot selbst seinen berühmten Kreisprozeß für eine Luftmaschine beschreibt:

»Nachdem diese vorläufigen Punkte festgestellt worden sind, denken wir uns eine elastische Flüssigkeit, z. B. atmosphärische Luft in einem cylindrischen Gefäss *a b c d,* Fig. 1, mit einer beweglichen Scheidewand oder einem Kolben *c d* enthalten; wir denken uns ferner zwei Körper *A* und *B,* von denen jeder bei einer constanten Temperatur erhalten wird, wobei die von *A* höher sei, als die von *B*; wir stellen uns nun die nachstehend beschriebene Reihe von Operationen vor.

1. Berührung des Körpers *A* mit der im Raume *a b c d* enthaltenen Luft, oder mit der Wandung dieses Raumes, von welcher wir annehmen, dass sie die Wärme leicht durchlässt. Die Luft befindet sich vermöge dieser Berührung bei der Temperatur des Körpers *A*; *c d* sei die augenblickliche Stellung des Kolbens.

2. Der Kolben erhebt sich stetig und nimmt die Stellung *e f* ein. Zwischen dem Körper *A* und der Luft bleibt fortwährend Berührung bestehen, wodurch die Luft während der Ausdehnung bei constanter Temperatur erhalten wird. Der Körper *A* liefert den nöthigen Wärmestoff, um die Temperatur constant zu halten.

3. Der Körper *A* wird entfernt und die Luft befindet sich nicht mehr in Berührung mit einem Körper, welcher ihr Wärmestoff liefern kann; der Kolben setzt indessen seine Bewegung fort und geht aus der Stellung *e f* in die Stellung *g h.* Die Luft wird verdünnt, ohne Wärmestoff aufzunehmen, und ihre Temperatur sinkt. Wir nehmen an, dass sie bis zu der des Körpers *B* sinkt; in diesem Augenblick bleibt der Kolben stehen und befindet sich in *g h*.

4. Die Luft wird nun in Berührung mit dem Körper *B* gesetzt; sie wird durch Senkung des Kolbens weiter comprimirt, indem man ihn aus der Stellung *g h* in die Stellung *c d* bringt. Dabei bleibt die Luft aber bei constanter Temperatur, weil sie den Körper *B* berührt, dem sie ihren Wärmestoff abgiebt.

5. Nachdem der Körper *B* entfernt ist, setzt man die Compression der Luft fort, welche in ihrem isolirten Zustande eine Temperaturerhöhung erfährt: die Compression wird fortgesetzt, bis die Luft die Temperatur des Körpers *A* angenommen hat. Der Kolben bewegt sich während dieser Zeit aus der Stellung *c d* in die Stellung *i k* ( ).

6. Die Luft wird mit dem Körper *A* in Berührung gebracht; der Kolben kehrt aus der Lage *i k* in die Lage *e f* zurück; die Temperatur bleibt unverändert.

7. Die unter 3. beschriebene Periode wiederholt sich, sodann die Perioden 4, 5, 6, 3, 4, 5, 6, 3, 4, 5 u. s. w.

Bei diesen verschiedenen Operationen erfährt der Kolben einen grösseren oder geringeren Druck von Seiten der im Cylinder eingeschlossenen Luft; die elastische Kraft dieser Luft ändert sich theils infolge der Volumänderungen, theils infolge der Temperaturänderungen; man muss aber darauf achten, dass bei gleichem Volum, d. h. bei gleicher Lage des Kolbens die Temperatur während der Ausdehnungsbewegung höher ist, als bei der Compressionsbewegung. Daher ist während der ersteren die elastische Kraft der Luft grösser, und somit die durch die Ausdehnungsbewegung hervorgebrachte bewegende Kraft beträchtlicher als die, welche zur Erzeugung der Compressionsbewegung verbraucht worden ist. Man erhält also einen Ueberschuss an bewegender Kraft, welchen man zu beliebigen Zwekken verwerthen kann. Die Luft hat uns als Wärmemaschine gedient; wir haben sie sogar auf die möglichst vortheilhafte Weise benutzt, weil keine unbenutzte Wiederherstellung des Gleichgewichts des Wärmestoffes stattgefunden hat.

Alle oben beschriebenen Vorgänge können in einem Sinne ebenso wie in umgekehrter Ordnung hervorgebracht werden. Denken wir uns nach der sechsten Periode, d. h. nachdem der Kolben in die Stellung *c f* gelangt ist, man ihn in die Stellung *i k* zurückgehen lässt, während man gleichzeitig die Luft in Berührung mit dem Körper *A* erhält: der während der sechsten Periode von diesem gelieferte Wärmestoff kehrt zu seiner Quelle, d. h. zum Körper *A* zurück und die Sachen befinden sich in dem Zustande, wie am Ende der fünften Periode. Entfernt man nun den Körper *A* und bewegt man den Kolben von *e f* nach *c d*, so wird die Temperatur der Luft um eben so viele Grade sinken, wie sie in der fünften Periode gestiegen war, und wird gleich der des Körpers *B* werden. Man kann offenbar eine Reihe von Operationen erfolgen lassen, welche alle die Umkehrung der oben beschriebenen sind: es genügt, sich unter dieselben Umstände zu versetzen, und für jede Periode eine Ausdehnungsbewegung statt einer Compressionsbewegung auszuführen, und umgekehrt.

Das Ergebniss der erstgenannten Operationen war die Erzeugung einer gewissen Menge bewegender Kraft und die Uebertragung von Wärmestoff aus dem Körper *A* in den Körper *B*; das Ergebniss der umgekehrten Operationen ist der Verbrauch der erzeugten bewegenden Kraft und die Rückführung des Wärmestoffs von *B* nach *A*: so dass die beiden Arten von Operationen einander aufheben, einander sozusagen neutralisiren.« (Sadi Carnot, *Betrachtungen über die bewegende Kraft des Feuers*, Ostwalds Klassiker Nr. 37, Leipzig 1892, S. 20ff.)

Die Abbildung auf Seite 319 zeigt, wie Clapeyron den Carnotschen Kreisprozeß in einfacher graphischer Sprache mittels eines p-V-Diagramms dargestellt hat. Der Kreisprozeß umfaßt vier Umwandlungen – zwei adiabatische und zwei isotherme.

Die Maschine ist ohne Frage reversibel. Wenn wir jetzt zwei reversible Maschinen koppeln, die eine direkt, die andere entgegengesetzt arbeitend, und wenn die eine einen höheren Wirkungsgrad hätte als die andere, könnten wir ein Perpetuum mobile herstellen, was Carnot für absurd hält. In seinen Worten:

»Die beschriebenen Vorgänge können in einem Sinne, wie im entgegengesetzten ausgeführt werden . . .

Durch unsere ersten Operationen fand gleichzeitig Erzeugung von bewegender Kraft und Ueberführung des Wärmestoffs von Körper *A* zum Körper *B* statt; durch die umgekehrten Operationen ergibt sich gleichzeitig ein Verbrauch von bewegender Kraft und die Rückkehr des Wärmestoffes aus dem Körper *B* in den Körper *A*. Hat man aber beide Male mit der gleichen Dampfmenge gearbeitet und hat keinerlei Verlust, weder an Wärmestoff, noch an bewegender Kraft stattgefunden, so wird

Emile Clapeyron (1799–1864), französischer Ingenieur und Absolvent der Ecole Polytechnique. Er begriff die Bedeutung von Carnots Arbeit und bewahrte sie durch seine Neuformulierung vor dem Vergessen. Einen Namen hat er sich auch durch seine Eisenbahn- und Brückenbauten sowie durch seine Lehrtätigkeit in Rußland gemacht. (Archives de l'Académie des Sciences de Paris)

die Menge der im ersten Falle erzeugten bewegenden Kraft der gleich sein, welche im zweiten Falle verbraucht wurde, und die Menge des im ersten Falle von *A* nach *B* übergegangenen Wärmestoffs wird der Menge gleich sein, welche im zweiten Falle von *B* nach *A* zurückkehrt, so dass man eine unbegrenzte Anzahl von Malen abwechselnde Operationen dieser Art wiederholen kann, ohne dass schliesslich weder bewegende Kraft hervorgebracht, noch Wärmestoff von einem Körper zum anderen übergegangen ist.

Wenn nun Hilfsmittel zur Benutzung der Wärme existirten, welche den von uns gebrauchten vorzuziehen wären, d. h. wenn es möglich wäre, durch irgend welche Methoden den Wärmestoff zur Hervorbringung einer grösseren Menge von bewegender Kraft zu veranlassen, als wir es durch unsere erste Reihe von Operationen bewirkt haben, so würde es genügen, von dieser bewegenden Kraft einen Theil zu benutzen, um auf die beschrie-

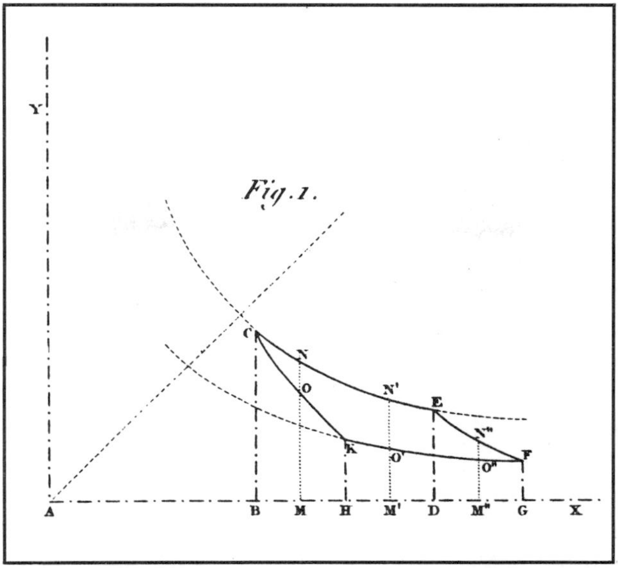

Darstellung des Carnotschen Kreisprozesses für ein Gas in einer Abhandlung von Clapeyron (*Journal de l'Ecole Polytechnique* XXIII: 190, 1834). Die Abszisse ist das Volumen, die Ordinate der Druck. Die Strecken CE und KF sind Isothermen; die Strecken CK und EF sind Adiabaten. Die Fläche des gekrümmten Rechtecks CEFK ist die mechanische Arbeit, die in einem Kreisprozeß geleistet wird. (Bibliothek der University of California, Berkeley)

bene Weise den Wärmestoff vom Körper *B* in den Körper *A*, vom Kühler zur Feuerung, steigen zu lassen, um die Dinge auf ihren früheren Zustand zu bringen, und sich dadurch in den Stand zu setzen, eine der ersten ganz ähnliche Operation wieder zu beginnen und so fort: das wäre nicht nur ein perpetuum mobile, sondern auch eine unbegrenzte Erschaffung von bewegender Kraft ohne Verbrauch von Wärmestoff oder irgend eines anderen Agens. Eine solche Erschaffung steht in völligem Gegensatze zu den gegenwärtig angenommenen Ideen, zu den Gesetzen der Mechanik und einer gesunden Physik; sie ist daher unzulässig*. Man muss somit schliessen, dass *das Maximum an bewegender Kraft, welches sich aus der Anwendung des Dampfes ergiebt, gleichzeitig das Maximum der bewegenden Kraft ist, welches sich durch jedes beliebige Mittel erzielen lässt.«*

In der wichtigen Fußnote heißt es weiter:

* »Man wird vielleicht hiergegen einwenden, dass, wenn auch das perpetuum mobile als unmöglich für mechanische Wirkungen allein nachgewiesen ist, es möglicherweise dies nicht ist, wenn man die Wirkung der Wärme oder der Elektricität benutzt; aber kann man sich für die Erscheinungen der Wärme oder der Elektricität eine andere Ursache denken, als irgend welche Bewegungen der Körper, und müssen diese nicht den Gesetzen der Mechanik unterworfen sein? Weiss man es denn übrigens nicht a posteriori, dass alle Versuche, das perpetuum mobile durch irgend beliebige Mittel hervorzubringen, unfruchtbar geblieben sind? Dass man niemals dazu gelangt, ein wirkliches perpetuum mobile herzustellen, d. h. eine Bewegung, welche sich unaufhörlich ohne Aenderung der benutzten Körper fortsetzt?

Man hat gelegentlich den elektromotorischen Apparat (die *Volta*sche Säule) als fähig angesehen, ein perpetuum mobile hervorzubringen; man hat diese Idee durch die Herstellung trockener Säulen auszuführen gesucht, die man als unveränderlich ansah. Was man aber auch gethan haben mag, schliesslich hat der Apparat stets merkliche Zerstörung erfahren, wenn man seine Wirkung über eine gewisse Zeit mit einiger Energie unterhalten hat.

Der allgemeine und philosophische Begriff des »perpetuum mobile« enthält nicht nur die Vorstellung einer Bewegung, welche sich nach einem ersten Anstoss ins Unbegrenzte fortsetzt, sondern die der Wirkung irgend einer Vorrichtung oder Zusammenstellung, welche fähig ist, in unbegrenzter Menge bewegende Kraft zu schaffen, fähig, sämmtliche Körper der Natur, wenn sie sich in Ruhe befänden, nach einander in Bewegung zu setzen und damit das Princip der Trägheit zu vernichten, fähig endlich, aus sich selbst die Kräfte zu schöpfen, um das ganze Weltall in Bewegung zu setzen, darin zu unterhalten und unausgesetzt zu beschleunigen. Dies wäre eine wirkliche Erschaffung von bewegender Kraft. Wäre eine solche möglich, so wäre es überflüssig, die bewegende Kraft in den Strömungen des Wassers und der Luft, in den Brennmaterialien zu suchen; wir hätten eine unversiegbare Quelle derselben, aus der wir nach Belieben schöpfen könnten.« (Sadi Carnot, *Betrachtungen über die bewegende Kraft des Feuers*, Ostwalds Klassiker Nr. 37, Leipzig 1892, S. 13ff.)

Alle Umkehrmaschinen müssen also den gleichen Wirkungsgrad haben, der durch das Verhältnis zwischen der erzielten Arbeit W und der durch den wärmeabgebenden Speicher gelieferten Wärme H bestimmt wird. Da die in diesem Kreisprozeß verwendete Substanz überhaupt nicht erwähnt wird, ist klar, daß die Substanz ohne Bedeutung ist. Entscheidend ist die Umkehrbarkeit des Kreisprozesses. Auch folgt daraus, daß der Wirkungsgrad einer Umkehrmaschine nur von der Temperatur der heißen und der kalten Quelle abhängen kann. All das ist richtig und macht den Kern von Carnots großen Entdeckungen aus.

In den *Réflexions* geht Carnot von der Voraussetzung aus, daß die an der kalten Quelle H' gelieferte Wärme gleich der Wärme H sei. Das ist natürlich ein Irrtum, weil in Wirklichkeit wegen der Erhaltung der Energie $H–H' = W$ gilt. In seiner veröffentlichten Arbeit ging Carnot von der falschen Voraussetzung der Erhaltung der Wärme aus. Daß er selbst dieser Voraussetzung mißtraute, beweist die oben zitierte Fußnote. Höchst bemerkenswert ist jedoch, daß dieser schwerwiegende Mangel den größten Teil seiner Schlußfolgerungen nicht beeinträchtigt. Als der Lehrsatz von der Erhaltung der Energie aufgestellt wurde (ungefähr 20 Jahre nach Veröffentlichung seines Buches und 15 Jahre nach seinem Tode), ließen sich die *Réflexions* so verändern, daß sie ein Grundpfeiler des neuen Gebietes der Thermodynamik blieben.

Ohne Zweifel ahnte Carnot den Satz von der Erhaltung der Energie schon voraus. Möglicherweise hinderte ihn nur sein früher Tod daran, diese Gedanken in eine klare Form zu bringen. Leider wurden die Aufzeichnungen, die er hinterließ, von seinem Bruder nicht verstanden, der sie erst 1878 veröffentlichte, als die Grundlagen der Thermodynamik bereits geschaffen waren. Deshalb übten Carnots Gedanken über die Erhaltung der Energie auf seine Nachfolger keinen Einfluß aus. Trotzdem lohnt sich ein Blick in seine Manuskripte, zeigen sie uns doch, wie weit er gekommen ist. Unter anderem heißt es in diesen Aufzeichnungen:

»Aus eigenen Vorstellungen, die sich mir über die Theorie der Wärme herausgebildet haben, benötigt die Erzeugung von einer Einheit bewegender Kraft die Vernichtung von 2,70 Wärmeeinheiten.

Eine Maschine, die 20 Einheiten an bewegender Kraft pro kg Kohle erzeugen würde, müßte 20 × 2,70/7000 an Wärme vernichten, die durch die Verbrennung entstanden ist,

$\frac{20 \times 2{,}70}{7000} = \frac{8}{1000}$ ungefähr, d. h. weniger als 1/1000.

Wenn eine Hypothese zur Erklärung der Phänomene nicht mehr ausreicht, muß sie aufgegeben werden.

Dies ist die Situation, in der sich die Hypothese befindet, mit der man den Wärmestoff wie eine Materie betrachtet, wie ein feines Fluidum.

Die Erfahrungstatsachen, die dazu führen, sie zu zerstören, sind die folgenden:

1 – Die Entwicklung von Wärme durch Stoß oder Reibung von Körpern (Experiment von Rumford, Reibung von Rädern auf Wellen, auf Achsen; auszuführende Experimente). Hier findet eine Temperaturerhöhung im reibenden und geriebenen Körper gleichzeitig statt; andererseits ändern sie nicht merklich ihre Eigenschaft oder ihre Form (nachzuweisen). Auf diese Weise wird Wärme durch die Bewegung erzeugt. Falls sie ein Stoff ist, muß man zugeben, daß Materie durch die Bewegung erzeugt werden kann.« (Sadi Carnot, *Betrachtungen über die bewegende Kraft des Feuers,* übers. von Wilh. Ostwald, eingel., erg. u. erl. von Robert Fox, hg. von R. U. Sexl und K. v. Meyenn, Wiesbaden 1986. Dort im Anhang II: Aufzeichnungen über Mathematik und Physik.)

Vierzehn Jahre nach Clapeyron wurde Carnots Arbeit von William Thomson fortgeführt, dem wir auf den Seiten dieses Buches schon des öfteren begegnet sind. Er ist einer der überragenden Vertreter dieses Jahrhunderts. In der Elektrizitätslehre gebührt ihm kein geringerer Rang als in der mathematischen Physik. Im Laufe seines langen Lebens erwarb er sich den Ruf, der führende Physiker des Britischen Empires zu sein, genoß in der übrigen Welt ähnliche Wertschätzung und wurde auf jede nur denkbare Weise geehrt.

William Thomson mit achtundzwanzig Jahren. (American Institute of Physics, Niels Bohr Library, Sammlung Zeleny)

Alle diese Auszeichnungen verdiente er, doch wurden sie ihm durch ein langes Leben und durch praktische Arbeiten, die ihm nicht nur wissenschaftlichen Ruhm, sondern auch Reichtum und öffentliches Ansehen eintrugen, erleichtert.

William Thomson war der Sohn von James Thomson, der es, aus recht einfachen Verhältnissen stammend, bis zum bekannten Mathematikprofessor gebracht hatte und dessen Lehrbücher viele Auflagen erlebten. Von seinen sieben Kindern wurde ein Sohn (er hieß ebenfalls James) ein bekannter Wissenschaftler und Ingenieur, während aus William, dem anderen Sohn, der bekannte Physiker wurde. Beide Eltern waren schottischer Herkunft, lebten aber seit einigen Jahren im irischen Belfast, wo William zur Welt kam. 1832 wurde James Thomson zum Mathematikprofessor an die Universität Glasgow berufen. Die Söhne durften seine Vorlesungen schon besuchen, als sie noch kaum den Kindesbeinen entwachsen waren. Im Alter von zwölf beziehungsweise zehn Jahren schrieben sie sich an der Universität ein. Mit 15 Jahren las William bereits Lagranges *Méchanique analytique* und Fouriers *Théorie analytique de la chaleur*. Fouriers Buch machte auf Thomson einen tiefen Eindruck, wurde zu seinem ständigen Begleiter und seine Lieblingslektüre.

Die Thomsons brachten es zu bescheidenem Wohlstand, immerhin konnte sich der Vater 1839 mit der ganzen Familie auf eine Europareise begeben. Überflüssig zu sagen, daß ein Wunderkind wie William zu diesem Zeitpunkt bereits neben den klassischen Sprachen auch Deutsch und Französisch beherrschte. 1841, mit 17 Jahren, war William soweit, daß er das Peterhouse in Cambridge besuchen konnte, die traditionelle schottische Lehranstalt. William brauchte nicht lange, um sich in Cambridge einen Namen zu machen. Er veröffentlichte einige mathematische Abhandlungen, ging seinen musikalischen Neigungen nach und führte alles in allem ein angenehmes Leben. Im Laufe von drei Jahren schickte ihm sein Vater 774 Pfund, und schließlich schrieb er dem Sohn: »Wie ist das zu erklären? Hast Du das Geld verloren, hat man es Dir betrügerisch aus der Tasche gezogen oder hast Du auf so großem Fuße gelebt? Überlege Dir diese Frage reiflich und erkläre unmißverständlich, welches nach Deiner Auffassung die Ursache ist.« Vielleicht verbergen die harschen Worte des Vaters nur die unendliche Sorge, die er um das Wohl und die Karriere seines geliebten Sohnes hegte. 1841 nahm William an den Tripos teil und schnitt als Zweitbester ab. Es war eine Enttäuschung, denn jedermann hatte ihn auf dem ersten Platz erwartet. Trotzdem begab er sich wenig später nach Paris, um seine Ausbildung abzuschließen. In der Zwischenzeit war er auf eine überaus wichtige Schrift gestoßen: *Essay on the Application of Mathematical Analysis to the Theories of Electricity and Magnetism* von George Green, die unter anderem seine berühmten Reziprozitätssätze enthielt. Der *Essay* war fast unbekannt und sehr schwer aufzustöbern. Thomson machte sich seinen Inhalt rasch zu eigen und wandte ihn mit Erfolg an.

In Paris machte der junge Physiker die Bekanntschaft von vielen mathematischen Koryphäen der französischen Hauptstadt, darunter Friedrich Otto Rudolf Sturm (1841–1919), Augustin-Louis Cauchy und Joseph Liouville (1809–1882). Liouville geriet in helle Aufregung, als er vernahm, daß Thomson Greens Aufsatz besaß. Unabhängig von Green war er auf einige von dessen Resultaten gestoßen, hatte jedoch nie einen Blick in seine Abhandlung werfen können. An der Sorbonne besuchte Thomson Vorlesungen des Chemikers Jean-Baptiste-André Dumas (1800–1884), und am Collège de France hörte er bei dem Physiker Regnault. Letzterem bot er seine unentgeltliche Hilfe an und arbeitete regelmäßig als sein Laborassistent. Dann stieß er auf Clapeyrons Schrift, erarbeitete sie sich und war naturgemäß sehr begierig, Carnots Buch in die Hände zu bekommen. Thomson berichtet, wie er zahlreiche Buchhändler und *bouquinistes* aufsuchte, und man ihm immer nur die Werke von Lazare und Hippolyte Carnot vorzeigte. Niemand kannte Sadi. Erst 1848 bekam er das erstemal eine Ausgabe der *Réflexions* zu Gesicht.

1846 starb der Glasgower Professor für Naturphilosophie. Es kam nicht unerwartet, und die Thomsons, Vater und Sohn, hatten den Weg für Williams Berufung sorgfältig geebnet. Von ihren absolut legitimen Bemühungen berichten viele Briefe. Als William Thomson 1846 berufen wurde, war er 22 Jahre alt. Zu den Befürwortern seiner Wahl gehörten George Gabriel Stokes (1819–1903), Augustus de Morgan (1806–1871) und Regnault. Thomson hatte den Lehrstuhl 53 Jahre inne. Die Universität genoß einen guten Ruf für angewandte Forschung, ließ ihre Geräte unter anderem von James Watt bauen und zählte zu ihren Mitarbeitern Joseph Black, dessen Ruhm sich auf seine Arbeiten über die spezifische Wärme gründete. Die Apparatesammlung enthielt alte Dampfmaschinen, wie sie Thomas Newcomen (1663–1729) gebaut hatte, und modernere Typen. Der frischgebackene Professor führte neue Lehrmethoden ein. Beispielsweise richtete er einen Kellerraum als Laboratorium ein, in dem seine Studenten – häufig in Verbindung mit seinen eigenen Forschungsarbeiten – praktisch arbeiten konnten. Dieses Laboratorium war eines der ersten seiner Art. Im Laufe der Zeit wurde es weiter ausgebaut und zu einer wichtigen Unterstützung für Thomsons halbkommerzielle technische Unternehmen.

An vier Tagen in der Woche hielt Thomson persönlich zwei Lehrveranstaltungen ab, die Vorlesungen und Laborarbeit umfaßten. Seine Vorlesungen waren brillant, aber schwierig, und viele Studenten scheinen sich mehr zur Persönlichkeit des Professors hingezogen gefühlt zu haben, als daß sie seinen mathematischen Ausführungen und Exkursen hätten folgen können. Thomson führte viele spektakuläre Experimente vor, die seine Studenten beeindruckten, doch in den Vorlesungen geriet sein rascher, reger Verstand leicht an ein neues Thema, so daß er seinen ursprünglichen Gegenstand oft aus dem Blick verlor. Insgesamt war seine Lehrtätigkeit jedoch durch das Vorbild, das er bot, und durch seine Bücher sehr erfolgreich, so daß viele führende Persönlichkeiten der Elektrotechnik aus Glasgow kamen. Aus seiner Lehrtätigkeit heraus entstand das berühmte Buch, das er zusammen mit dem Edinburgher Professor Peter Guthrie Tait schrieb: *Treatise on Natural Philosophy*. Es wurde nie beendet; die beiden erschienenen Bände behandeln lediglich die Mechanik. Heute ist das Buch völlig veraltet. Vor fünfzig Jahren hat es mir Enrico Fermi empfohlen, als ich ihn nach einem guten Lehrbuch fragte. Ich nehme an, er hat es nur oberflächlich gekannt. Mir erschien es schwierig und kaum der Lektüre wert. Thomsons Zeitgenossen verglichen es indessen mit Newtons *Principia*. Maxwell unterzog es einer eingehenden Kritik, bei deren Lektüre ich seiner scharfen, aber durchaus begründeten Ironie zustimmen mußte. Der Lehrstuhl in Glasgow kam Thomsons Neigungen sehr entgegen. Angebote vieler Universitäten und Institute für ehrwürdige Ämter konnten ihn nicht fortlocken.

Thomson hatte 1847 Clapeyrons Abhandlung durchgearbeitet und erkannt, daß sie einen Weg wies, wie sich eine von jeglicher thermometrischen Substanz unabhängige – absolute – Temperaturskala aufstellen ließ. Thomson wollte die Temperatur durch eine stoffunabhängige Carnot-Maschine definieren. Eine bestimmte Wärmemenge, die um einen – neu zu definierenden – Grad fällt, liefert eine bestimmte Menge Arbeit. Ein unvollkommenes Beispiel für eine solche Skala bietet das Gasthermometer. Hätten die Gasgesetze unter allen Bedingungen uneingeschränkte Gültigkeit, so zeigten alle Gasthermometer die gleiche Temperatur an (was kein Zufall ist), doch in der Praxis erweisen sich sogar Gasthermometer als nicht absolut.

In einer Abhandlung aus dem Jahre 1848 ging Thomson, in Übereinstimmung mit Carnots Hypothese von der Erhaltung der Wärme, von der Annahme aus, daß die bei höherer Temperatur in die Maschine eintretende Wärme der Menge nach gleich der Wärme sei, die die Maschine mit niedriger Temperatur verlasse. Hören wir ihn selbst:

»Die charakteristische Eigenschaft der Skala, die ich hier vor-

James Prescott Joule (1818–1889). (Foto des Deutschen Museums, München)

schlage, ist, daß alle Grade denselben Wert haben, d. h., daß eine von einem Körper *A* mit der Temperatur T^0 dieser Skala auf einen Körper *B* mit der Temperatur T^0–1 übergehende Wärmeeinheit denselben mechanischen Effekt auslösen würde, gleichgültig, was die Zahl T^0 ist. Man könnte dies mit Recht eine absolute Skala nennen, da es für sie typisch ist, ganz unabhängig von den physikalischen Eigenschaften einer spezifischen Substanz zu sein.«

Natürlich beruhte die Skala auf einer falschen Voraussetzung, weil die von *A* gelieferte Wärmemenge nicht gleich der von *B* empfangenen Wärmemenge ist, doch das Verfahren ließ sich einige Jahre später leicht auf die Erhaltung der Energie übertragen. Bemerkenswerterweise war Thomson zu dem Zeitpunkt, da er seine Abhandlung veröffentlichte, bereits mit der Arbeit Joules vertraut, die seine Argumente widerlegt. In einer Fußnote zu seinem Aufsatz über die absolute Temperatur heißt es:

»Diese Meinung (daß es wahrscheinlich unmöglich ist, Wärme in Arbeit zu verwandeln) scheint fast allgemein von allen, die hierüber gearbeitet haben, angenommen zu sein. Eine entgegengesetzte Meinung wird indessen von Herrn *Joule* aus Manchester vertreten; einige sehr bemerkenswerte Entdeckungen, die er über die *Erzeugung* von Wärme mittels Reibung von bewegten Flüssigkeiten gemacht hat, und einige bekannte magneto-elektrische Versuche scheinen eine tatsächliche Verwandlung von mechanischer Arbeit in Wärme anzuzeigen« (*Thomson* schreibt caloric, Wärmestoff!). »Es ist indessen kein Versuch beigebracht, bei welchen der entgegengesetzte Vorgang ausgeführt wird; aber man muß eingestehen, daß bisher noch vieles, was auf diese fundamentalen Fragen der Physik bezug hat, in Dunkel gehüllt ist.« (William Thomson, *Über die dynamische Theorie der Wärme*, Ostwalds Klassiker Nr. 193, Leipzig 1914, S. 187 f. [Anmerkungen])

Tatsächlich hatte Thomson den sechs Jahre älteren Joule 1847 auf einer Tagung der British Association in Oxford getroffen und sich von ihm über seine Experimente über die in einem festen Verhältnis erfolgende Umwandlung von Arbeit in Wärme berichten lassen. Danach ist eine bestimmte Arbeitsmenge einer entsprechenden Wärmemenge *äquivalent* und damit das »mechanische Äquivalent« konstant.

Viele Jahre später erinnerte sich Thomson:

»Nie werde ich die British Association in Oxford von 1847 vergessen, als ich in einer der Gruppen das Referat eines sehr bescheidenen jungen Mannes hörte, der in seinem Verhalten durch nichts erkennen ließ, daß ihm bewußt war, welch großen Gedanken er darzulegen hatte. Das Referat beeindruckte mich zutiefst. Zuerst dachte ich, es könne nicht stimmen, weil es von Carnots Theorie abwich, und unmittelbar nach dem Vortrag wechselte ich ein paar Worte mit dem Autor James Joule; das war der Beginn einer vierzig Jahre währenden Freundschaft. Am Abend desselben Tages bot uns die *conversazione*, diese sehr verdienstvolle Einrichtung der British Association, Gelegenheit zu einer gut einstündigen Unterhaltung und Diskussion über alle uns bekannten Tatsachen der Thermodynamik. Ich gewann völlig neue Einsichten, und ich machte wohl auch Joule auf interessante Gesichtspunkte aufmerksam, als ich ihm von Carnots Theorie berichtete. Dort in der

Radcliffe Library in Oxford teilten wir, dessen bin ich sicher, beide die Empfindung, daß wir uns noch viel zu sagen und aus dem abendlichen Gespräch viel Stoff zum Nachdenken gewonnen hätten.«

Bald folgte die theoretische und experimentelle Zusammenarbeit. Es wurde deutlich, daß das alte Experiment von Gay-Lussac, welches zeigt, daß die Expansion eines Gases im Vakuum keine Temperaturveränderung nach sich zieht, von überragender Bedeutung war, weshalb sich die beiden Freunde gemeinsam an seine Vervollkommnung machten. So mußten die gedanklichen Voraussetzungen der absoluten Temperaturskala verändert werden – eine Aufgabe, der sich Thomson unterzog. Am Ende ergab sich, wie Carnot bewiesen hatte, daß der Wirkungsgrad seiner Maschine, definiert als das Verhältnis der geleisteten Arbeit W zur Wärme Q, die am wärmeabgebenden Reservoir Q geliefert wird, lediglich eine Funktion der Temperaturen des warmen und des kalten Reservoirs (T,T') ist. Die mechanische Arbeit ist jedoch die Differenz von Q und Q', die an der kalten Quelle abgegebene Wärme. Es lag nahe, das Verhältnis T/T' durch Gleichsetzung mit Q/Q' zu definieren. Daraus folgte, daß der Wirkungsgrad $\frac{Q - Q'}{Q} = \frac{W}{Q} = \eta$ gegeben ist durch $\eta = (T-T')/T$ und daß es einen absoluten Nullpunkt geben muß, weil der Wirkungsgrad $\eta = 1$ nicht überschritten werden kann.

Die so definierte Temperaturskala mußte mit den tatsächlich verwendeten Skalen verglichen werden – eine Arbeit, die in den folgenden Jahren geleistet wurde. Bei einem idealen Gas, das der die Temperatur Θ definierenden Zustandsgleichung $pV = R\Theta$ und der kalorischen Bedingung, wie sie in dem Resultat des Gay-Lussacschen Experimentes zum Ausdruck kommt, gehorcht, decken sich die beiden Skalen und sind vollständig definiert, sobald die Größe der Grade festgelegt ist. Nach üblicher Übereinkunft befinden sich bei Normaldruck 100 Grade (Celsius-Grade) zwischen der Temperatur schmelzenden Eises und kochenden Wassers. Für reale Gase und andere Substanzen, legten Joule und Thomson Bezugspunkte fest, um absolute Temperaturen zu erhalten. Heute bestimmt man die absolute Temperaturskala lieber dadurch, daß man dem Tripelpunkt des Wassers *exakt* die absolute Temperatur

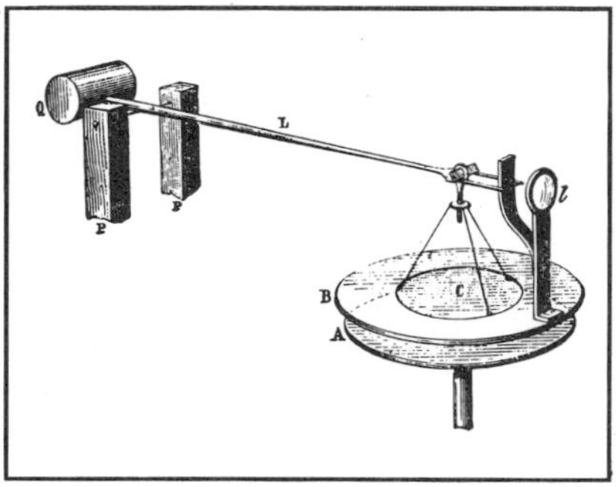

A

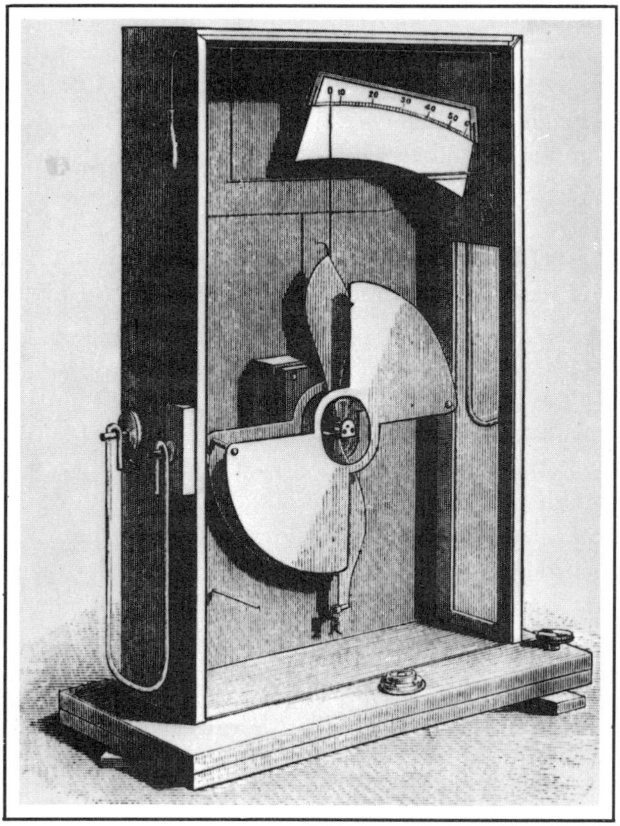

B

Drei Instrumente aus Kelvins Labor. *Abb. A* zeigt ein absolutes Elektrometer mit Schutzring. Der Unterschied des elektrischen Potentials zwischen zwei Scheiben wird mittels ihrer mechanischen Anziehung in absoluten elektrostatischen Einheiten gemessen. Die Kraft $F = SV^2/8\pi\ d^2$ wird durch ein Gewicht und eine Waage gemessen. *S* ist die Fläche der Scheibe *C*, *V* der Potentialunterschied und *d* der Abstand zwischen den Scheiben. *Abb. B* ist ein Elektrometer für den praktischen Laboratoriumsgebrauch. Ich habe ein solches Instrument noch 1934 für kernphysikalische Zwecke benutzt. *Abb. C* ist ein Galvanometer, das hinsichtlich der Stromempfindlichkeit den höchsten Stand seiner Zeit (1880) repräsentierte. Bis zu 10^{-11} A sind leicht nachzuweisen. Das Instrument enthält drei Magnetnadeln im Mittelpunkt zweier Spulen und ist so gebaut, daß die Wirkung des irdischen Magnetfeldes möglichst klein bleibt, wozu unter anderem auch der große kompensierende Stabmagnet an der Spitze beiträgt.

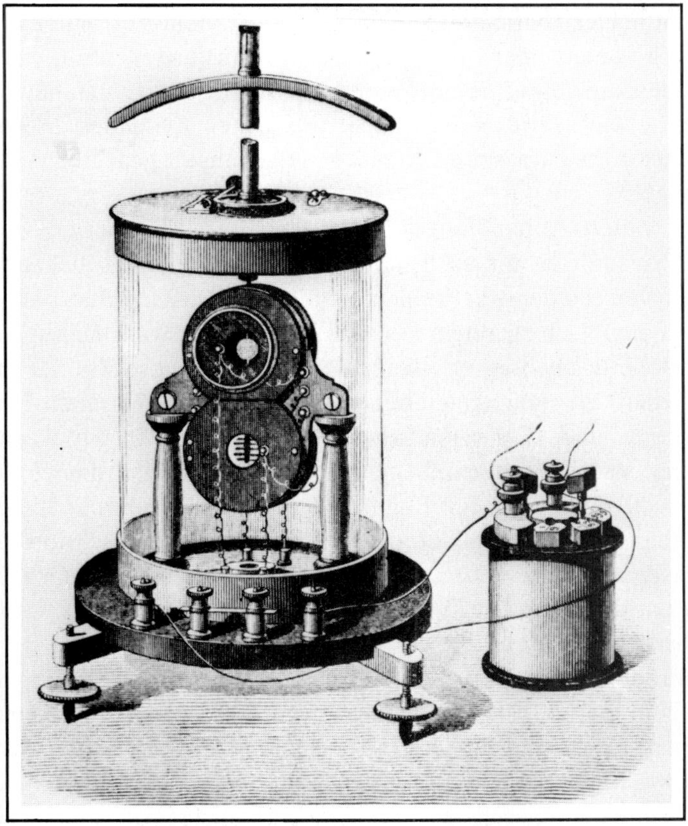

C

von 213,16 Grad (Kelvin) zuweist. Beim Tripelpunkt befinden sich Eis, Dampf und Flüssigkeit im Gleichgewicht, und Druck wie Temperatur liegen beide fest. Diese Skala deckt sich bis auf ein paar Hundertstel Grad mit der oben beschriebenen Skala.

Auch auf andere Weise hat Thomson die Thermodynamik auf Naturerscheinungen angewendet, unter anderem auf elektrische Phänomene, und er brachte es zu einer beträchtlichen Kunstfertigkeit auf diesem Gebiet. Eine der ersten Anwendungen dieser Art stammte von seinem Bruder James – und übrigens auch von Clapeyron; es ging dabei um die Wirkung des Drucks auf den Schmelzpunkt des Eises.

Diese großartige Forschungsarbeit könnte durchaus Thomsons dauerhaftester Beitrag zur Physik sein, obwohl ihr ähnliche Untersuchungen von Rudolf Clausius vorangegangen sind, von denen später noch zu berichten sein wird. Beide Arbeiten erfolgten unabhängig voneinander, und beiden kam höchste Bedeutung zu. Ihr Gegenstand, die Thermodynamik, ist für die Allgemeinheit vielleicht etwas schwer verständlich; von seinen Zeitgenossen wurde Thomson jedenfalls wegen anderer Leistungen geachtet und geehrt.

In vielen Abhandlungen über elektrische Themen, von der Elektrostatik bis hin zu den veränderlichen Strömen, behandelte er die verschiedensten Probleme mit großer Meisterschaft. Er wies Analogien nach zwischen Fouriers Theorie der Wärmeleitung und der Potentialtheorie, er erörterte verschiedene Aspekte der Faradayschen Vorstellungen über die Ausbreitung der elektrischen Wirkung, und er untersuchte Schwingkreise sowie die Wechselströme, die sie erzeugen. Seine Aufsätze beeinflußten James Clerk Maxwell, der ihn um Rat fragte und um die Erlaubnis bat, auf dem gleichen Forschungsgebiet arbeiten zu dürfen. 1854 schrieb Maxwell seinem Vater, Thomson habe geantwortet, er sei »sehr glücklich darüber, daß ich in seinen elektrischen Revieren zu wildern gedenke«.

Ferner wendete Thomson die Physik noch auf ein gänzlich anderes Feld an. Er beschäftigte sich mit möglichen Ursprüngen der Sonnenwärme und des Wärmehaushalts der Erde. Seine Methoden waren durchdacht und interessant, aber da er vom nuklearen Ursprung der Energie in Sonne und Erde nichts wußte, konnte er natürlich auch beim besten Willen nicht zu zutreffenden Ergebnissen gelangen. Er versuchte den Ursprung der Sonnenwärme mit Meteoriteneinschlägen in die Sonne oder durch gravitative Kontraktion zu erklären, schätzte das »Sonnenalter« 1854 jedoch auf weniger als 5×10^8 Jahre – also mindestens zehnmal jünger, als heute angenommen.

Aus dem Temperaturgradienten nahe der Erdoberfläche versuchte er, thermische Vorgeschichte und Alter der Erde zu rekonstruieren. Auch hier lag seine Schätzung viel zu niedrig: 4×10^8 Jahre, während die richtige Zahl ungefähr 5×10^9 Jahre beträgt. Die Geologen, die ihre Theorien auf das Entwicklungstempo geologischer Erscheinungen gründeten, meldeten sofort Widerspruch gegen seine Schätzungen an. Da sie seine Berechnungen nicht widerlegen konnten, nahmen sie an, daß seine Voraussetzungen falsch sein müßten. Auch die Biologen konnten die neuesten Erkenntnisse der Entwicklungslehre nicht in dem von Thomson vorgeschlagenen zeitlichen Rahmen unterbringen. Die Kontroverse zog sich über mehrere Jahre hin, und Thomson blieb den begründeten Einwänden gegenüber ziemlich stur. Schließlich offenbarte die Entdeckung der Radioaktivität und der Kernreaktionen den Fehler in Thomsons Prämissen.

1855 begegnete er erstmals Hermann von Helmholtz, mit dem er eine lebenslange Freundschaft schloß. Der deutsche Kollege beschrieb ihn seiner Frau wie folgt:

> »Ich erwartete, in ihm, der einer der ersten mathematischen Physiker Europas ist, einen Mann etwas älter als ich selbst zu finden, und war nicht wenig erstaunt, als mir ein sehr jugendlicher hellblondester Jüngling von ganz mädchenhaftem Aussehen entgegentrat. Er hatte für mich in seiner Nachbarschaft ein Zimmer gemietet, und ich mußte meine Sachen aus dem Gasthofe holen, um dort abzusteigen. Er ist seiner Frau wegen in Kreuznach, die auch an dem Abend noch auf kurze Zeit erschien. Sie ist eine sehr anmutige und geistvolle junge Frau, aber in einem äußerst leidenden Zustande. Er übertrifft übrigens alle wissenschaftlichen Größen, welche ich persönlich kennen gelernt habe, an Scharfsinn, Klarheit und Beweglichkeit des Geistes, so daß ich selbst mir stellenweise neben ihm etwas stumpf-

sinnig erscheine . . .« (Zit. nach Leo Koenigsberger, *Hermann von Helmholtz,* Braunschweig 1911, S. 125)

Thomson war damals 31 Jahre alt und hatte bereits die besten neunzig der 661 Abhandlungen geschrieben, die er in seiner langen Laufbahn veröffentlichen sollte. Er stand im Begriff, in einen neuen Lebensabschnitt einzutreten. Elektrische Telegrafen hatten sich in den letzten Jahren über immer größere Entfernungen bewährt, so daß es jetzt wirtschaftlich interessant erschien, Europa und Amerika mit einem Überseekabel zu verbinden. Nach einschlägigen Voruntersuchungen gründeten einige Industriemagnaten die Atlantic Telegraph Company und statteten sie mit 350 000 Pfund Grundkapital aus. Thomson wurde von den schottischen Aktionären in einen achtzehnköpfigen Aufsichtsrat gewählt.

Er war das einzige Aufsichtsratsmitglied, das ein gründliches wissenschaftlich-technisches Verständnis für die Schwierigkeiten des bevorstehenden Unternehmens mitbrachte. In den vorangegangenen Jahren hatte er eine Theorie der Signalübermittlung entwickelt, die von der »Telegrafengleichung« bestimmt wurde. Ihm war bekannt, wie sich ein Signal entlang eines Kabels ausbreitet, und er wußte um die Bedeutung der Leitfähigkeit des Kupfers, der Dielektrizitätskonstanten des Isolators und der Verluste entlang des Kabels. Sein einziger Kollege mit technischer Vorbildung, E. O. W. Whitehouse, war ein autodidaktischer Praktiker, der nur ein begrenztes Verständnis für die Probleme mitbrachte.

Die praktische Arbeit für das Telegrafenprojekt veränderte Thomsons Leben. Er wurde zum Unternehmer und übernahm in dieser Eigenschaft Verantwortungen und Aufgaben, die sich von denen des akademischen Lebens grundsätzlich unterschieden. Es stellte sich heraus, daß er ideale Voraussetzungen für sein neues Amt mitbrachte, da er seine hervorragenden theoretischen Kenntnisse mit großem technischen Verstand und einer außergewöhnlichen Erfindungsgabe zu verbinden wußte. Er entwickelte eine Fülle neuer Geräte, mit denen er die jeweils anstehenden Probleme löste, unter anderem das Spiegelgalvanometer, in dem der Zeiger durch einen gewichtslosen Lichtstrahl ersetzt wird. Dazu gibt es ein Gedicht von Maxwell, das uns zugleich ein Beispiel für Maxwells Verskunst liefert:

VALENTINE BY A TELEGRAPH CLERK ♂ TO A TELEGRAPH CLERK ♀

»The tendrils of my soul are twined
With thine, though many a mile apart,
And thine in close-coiled circuits wind
Around the needle of my heart.

Constant as Daniell, strong as Grove,
Ebullient through its depths like Smee,
My heart pours forth its tide of love,
And all its circuits close in thee.

»O tell me, when along the line
From my full heart the message flows,
What currents are induced in thine?
One click from thee will end my woes.«

Through many an Ohm the Weber flew,
And clicked this answer back to me, –
»I am thy Farad, staunch and true
Charged to a Volt with love for thee.«

In einem anderen Gedicht preist Maxwell Thomsons Erfindung:

LECTURES TO WOMEN ON PHYSICAL SCIENCE

PLACE – *A small alcove with dark curtains. The Class consists of one member.*

SUBJECT – *Thomson's Mirror Galvanometer.*

The lamp-light falls on blackened walls,
And streams through narrow perforations,
The long beam trails o'er pasteboard scales,
With slow-decaying oscillations.
Flow, current, flow, set the quick light-spot flying,
Flow current, answer light-spot, flashing, quivering, dying.

O Look! how queer! how thin and clear,
And thinner, clearer, sharper growing
The gliding fire! with central wire,
The fine degrees distinctly showing.
Swing, magnet, swing, advancing and receding,
Swing magnet! Answer dearest, What's your final reading?

O love! you fail to read the scale
Correct to tenths of a division.
To mirror heaven those eyes were given,
And not for methods of precision.
Break contact, break, set the free light-spot flying;
Break contact, rest thee, magnet, swinging, creeping, dying.

Thomson begann seine praktische Tätigkeit auf dem Gebiet der Telegrafie mit der Verlegung eines unzureichenden Kabels, das nach 330 Seemeilen brach. Er befand sich an Bord des Schiffes, welches das Kabel verlegte. Thomson untersuchte die mechanischen Probleme der Kabelverlegung und die elektrischen Probleme der Signalübermittlung. Für die Untersuchung solcher Fragen angewandter Physik, die über einen rein praktischen Ansatz hinausgingen, gleichzeitig aber den engen Kontakt zur Wirklichkeit wahrten, hätte man schwerlich einen Geeigneteren finden können.

Ein zweiter Versuch, das Kabel zu verlegen, wurde 1858 unternommen. Abermals befand sich Thomson an Bord des Schiffes. Ein schwerer Sturm gefährdete das Unternehmen, doch am 5. August 1858 konnte Thomson die ersten Signale senden. Das Kabel hielt nur einen Monat, was teils an seiner Beschaffenheit lag und teils an den hohen Spannungen, die Whitehouse durchgesetzt hatte. Man mußte einige Jahre warten, bevor man einen neuen Versuch unternehmen konnte. 1865 verfügte die Gesellschaft über ein Kabel von weit besserer Qualität und über ein viel größeres Schiff zu seiner Verlegung. Wiederum machte Thomson die Reise mit. Doch auf halber Strecke brach das Kabel, und die Gesellschaft mußte das Unternehmen abbrechen. Der vierte Anlauf, 1866, führte endlich zum Erfolg. Man konnte sogar das im Jahr zuvor gebrochene Kabel heraufholen, so daß man schließlich über zwei Kabel verfügte. Das Ereignis wurde gefeiert, Thomson geadelt und zum Ehrenbürger der Stadt Glasgow ernannt.

Seine Mitwirkung an der Verkabelung und seine Erfindungen verhalfen Sir William auch zu ansehnlichem Reichtum. Seine Geräte wurden in den Werkstätten von James White hergestellt, einem Glasgower Optiker und Instrumentenbauer, mit dem zusammen er eine Gesellschaft gründete. Die Firma florierte und wurde nach einiger Zeit führend auf diesem Sektor. Das Unternehmen wurde mehrfach umstrukturiert, firmierte unter verschiedenen Namen und existiert noch heute unter dem Namen Kelvin Hughes Division of Smith Industries.

Der Vollständigkeit halber sei noch auf ähnliche Bemühungen durch Werner von Siemens und seine Mitarbeiter hingewiesen. In Großbritannien gab es eine kleine naturwissenschaftliche Avantgarde, aber die Cambridger Gelehrten fanden wenig Geschmack an praktischer Anwendung, und die Ingenieure bemühten sich zu wenig um die wissenschaftlichen Grundlagen. Deswegen bestand in England eine weit größere Kluft zwischen Wissenschaft und Technik als in Deutschland. Siemens, der große deutsche Elektrotechniker, ging um das Jahr 1860 ausführlich auf diese Frage ein, wobei er als Unternehmer die Auffassung vertrat, daß eine Technologie mit starker wissenschaftlicher Basis deutliche Wettbewerbsvorteile brächte. Siemens hatte einen Bruder, Sir Charles William Siemens (1823–1883), der englischer Staatsbürger und in England ein bedeutender Ingenieur und Industrieller wurde. Er verfügte über internationale Wirtschaftsbeziehungen und war ein aufmerksamer Beobachter der Situation. Die beiden Brüder waren sich in hohem Maße der Wechselbeziehung zwischen Wissenschaft und Technik bewußt und zogen großen Nutzen aus ihrer Unvoreingenommenheit. Dem näher interessierten Leser sei die faszinierende Autobiographie von Siemens ans Herz gelegt, die im Literaturverzeichnis aufgeführt ist. Darin findet man die Beziehungen zwischen preußischer Armee, russischer Regierung und aufstrebender deutscher Industrie sowie die Elektrotechnik und Wissenschaft auf höchst anschauliche und unterhaltsame Weise dargestellt.

Auf der Höhe dieses sehr aktiven Lebens zog Thomson sich am Weihnachtsabend des Jahres 1860 beim Spiel auf dem Eis einen

Bruch des linken Beins zu. Die Verletzung war so schwer, daß er sein Leben lang hinkte, wodurch seine Beweglichkeit eingeschränkt wurde. 1870 verlor er nach achtzehnjähriger Ehe seine Frau. Sie war stets von angegriffener Gesundheit gewesen, und ihr Tod kam nicht unerwartet, trotzdem bekümmerte Thomson dieser Verlust tief. Ein Bild aus dieser Zeit läßt in seinem Gesicht die Spuren des schmerzlichen Ereignisses erkennen.

Im Jahr 1871 schaffte sich Sir William eine 126-Tonnen-Segelyacht an und nannte sie nach einem 1817 entstandenen Gedicht von Thomas Moore *Lalla Rookh*. Von da an verbrachte er einen erheblichen Teil seiner Zeit an Bord des Schiffes. Häufig lud er

Sir William Thomsons Yacht *Lalla Rookh* (American Institute of Physics, Niels Bohr Library).

Freunde ein. So plante er eine Kreuzfahrt mit Helmholtz, Maxwell, Thomas Henry Huxley (1825–1895), John Tyndall (1820–1893) und Tait, die jedoch leider nicht alle abkömmlich waren. An Bord beschäftigte er sich intensiv mit physikalisch-mathematischen Problemen, auf die er nicht selten durch navigatorische Zwischenfälle stieß. Stets trug er sein berühmtes grünes No-

Netherall, Thomsons Villa in Largs, wurde 1882 nahe der Küste erbaut, damit er jederzeit Zugang zu seiner Yacht hatte. Das Haus wurde als eines der ersten mit elektrischem Licht ausgestattet.

tizbuch bei sich, das er mit den verschiedensten Berechnungen füllte. Anscheinend hat er mit Freunden – etwa mit Helmholtz – gewetteifert, wer ein bestimmtes Problem schneller lösen könne.

Die Hydrodynamik wurde zu einer von Thomsons Lieblingsbeschäftigungen, vor allem die Wirbeltheorie, für die er in Anlehnung an Helmholtzsche Arbeiten wichtige Lehrsätze entwickelte. Andererseits schoß er mit seinen Spekulationen über Wirbelatome weit am Ziel vorbei. Eine Frucht seiner Liebe zur Seefahrt war 1876 die Erfindung eines Spezialkompasses für Eisenschiffe. Er wurde schließlich von der englischen Kriegsmarine übernommen und behauptete das Feld, bis er von den modernen Kreiselkompassen ersetzt wurde. Thomsens Unternehmen erwirtschafteten mit dem Bau von magnetischen Kompassen und Lotmaschinen ansehnliche Gewinne.

Angespornt durch seine praktische Erfahrung und bestärkt durch sein theoretisches Wissen, wollte Thomson unbedingt die elektrischen Messungen systematisieren. Mit der Einführung des

Lord Kelvin (1824–1907) (American Institute of Physics, Niels Bohr Library).

Dezimalsystems hatte die Französische Revolution in der Rationalisierung der Maßeinheiten einen gewaltigen Schritt nach vorn getan, doch die elektrischen Messungen warfen völlig neue Probleme auf. Die theoretischen Grundlagen für ein System absoluter Einheiten waren durch Carl Friedrich Gauß und Wilhelm Edward Weber geschaffen worden. »Absolut« heißt, daß sie nicht von bestimmten Substanzen oder Standards abhängen, sondern sich auf universelle physikalische Gesetze gründen. Für die Elektrizität gibt es verschiedene Systeme absoluter Einheiten (vgl. S. 265 f.). Es war eine überaus wichtige und schwierige Aufgabe, praktische Standards zu entwickeln, die nach absoluten Einheiten geeicht waren, Vielfache dieser absoluten Einheiten zu finden, die sich für die industrielle Nutzung eigneten, und die wissenschaftlich-technische Gemeinschaft zu ihrer Annahme zu bewegen. Die British Association hatte 1861 mit diesem Unterfangen begonnen, indem sie einen Ausschuß einberufen hatte, dem auch Thomson angehörte. Er entfaltete eine jahrelange, intensive Aktivität, bis 1881 auf einem internationalen Kongreß in Paris, bei dem Thomson und Helmholtz den Ton angaben, und 1893 auf einem zweiten Kongreß in Chicago die neuen Einheiten angenommen und die Bezeichnungen *Volt, Ampère, Farad, Ohm* und so fort eingeführt wurden, die sich heute universeller Geltung erfreuen. Doch damit waren die Probleme der Meßkunde nicht ein für allemal beendet. Spätere Kongresse änderten einige Definitionen von Standards, und auch ihre konkreten Werte wurden korrigiert, wenn auch nur um kleine Beträge.

1873 begegnete Sir William einer Miss Blandy, Tochter eines wohlhabenden Großgrundbesitzers auf Madeira, wo sich Thomson in einer Angelegenheit seines Telegrafenunternehmens aufhielt. 1874 heiratete er sie. Seine zweite Frau liebte das gesellschaftliche Leben und Zerstreuungen. Sie bauten sich im Stil der schottischen Landsitze ein großes Haus in Largs bei Glasgow, das sie bereits 1881 mit elektrischem Licht ausstatteten.

Thomson nahm seit Jahren regen Anteil an der Politik, wobei seine anfänglich sehr liberalen Ansichten später einem liberalen Unionismus und Imperialismus zuneigten – eine politische Entwicklung, die von Gladstone zu Lord Rosebery und Lord Salisbury verläuft. 1892 wurde er in den höheren Adelsstand erhoben und erhielt als Baron Kelvin of Largs einen Sitz im englischen Oberhaus, das damals noch über politischen Einfluß verfügte. John William Strutt, Lord Rayleigh, war einer der beiden Adligen, die ihn dem Oberhaus vorstellten.

Bis ins hohe Alter blieb Lord Kelvin von unermüdlicher Tatkraft erfüllt und interessierte sich für jede neue Entwicklung in der Physik. Er erlebte die Entdeckung der Röntgenstrahlen und der Radioaktivität und war mit den Curies befreundet. Als er starb, war bereits der Keim zur Relativitäts- und Quantentheorie gelegt. Seine eigenen physikalischen Auffassungen hingegen veralteten. In den 1904 veröffentlichten Vorlesungen, die er 1884 in Baltimore gehalten hatte und die in gewisser Hinsicht durchaus bewunderungswürdig sind, unterzieht er die elektromagnetische Theorie des Lichts einer Kritik, die uns heute kaum noch zu beeindrucken vermag. Lord Kelvins Vorstellungen waren fest verknüpft mit mechanischen Modellen, die er mit großer Geschicklichkeit und Vorstellungskraft handhabte. Er war ein Meister der klassischen Mechanik und Elastizität und war bestrebt, die gesamte Physik auf mechanische Schemata zurückzuführen. Damit stand er nicht allein. Tiefere Denker benutzten jedoch solche Modelle nur als heuristische Instrumente, die sie aufgaben, wenn es erforderlich wurde. Darin liegt einer der Unterschiede zwischen Kelvin und Maxwell und die Überlegenheit des letzteren.

Kaum ein Wissenschaftler hat je ein solches Ansehen genossen wie Kelvin. Als er am 17. Dezember 1907 starb, wurde er von den größten Persönlichkeiten Englands und der ganzen wissenschaftlichen Welt betrauert. Er fand seine letzte Ruhestätte in der Westminster Abbey neben Isaac Newton.

Die sichere Festung Thermodynamik: Erhaltung der Energie – Mayer, Joule, Helmholtz

Das Prinzip von der Erhaltung der Energie entwickelte sich in einem langen Zeitraum immer weiter gespannter Beobachtungen und Verallgemeinerungen, bis es Mitte des 19. Jahrhunderts eine zentrale Stellung nicht nur in der Physik, sondern in der gesamten Naturwissenschaft erreichte. Seither ist es einer der Grundpfeiler der modernen Wissenschaft geblieben, und in Einsteins Werk verschmolz es mit dem Prinzip von der Erhaltung der Masse.

In der Mechanik war bereits Anfang des 19. Jahrhunderts bekannt, daß bei Wechselwirkung von Massenpunkten infolge einer Kraft, die sich aus einem Potential ableiten läßt, die Summe von potentieller und kinetischer Energie konstant ist. Dieser Lehrsatz deutete auf eine allgemeine Erhaltung der Energie unter Einschluß der Wärme hin, wenn man Wärme mit Bewegung gleichsetzte. Höchstwahrscheinlich wurden viele Forscher, die sich mit diesem Problem beschäftigten, von diesen Gesichtspunkten beeinflußt. Die Entdeckungen in der Elektrizitätslehre warfen jedoch neue Probleme auf, die nur schwer in einem solchen Gesamtbild unterzubringen waren.

Das Wort *Energie* war bereits jahrhundertealt, als es 1807 erstmals von Thomas Young zur Benennung des Produkts von mv^2 [nicht $mv^2/2$] verwendet wurde, doch war dieser Wortgebrauch noch sehr ungenau. Selbst solche klaren Denker wie Carnot und

Helmholtz verwendeten noch Bezeichnungen wie *puissance motrice*, wörtlich »Antriebskraft« oder »Erhaltung der Kraft«, wenn sie Arbeit oder Energie meinten. Hinzu kam, daß die Nomenklatur nicht einheitlich und gelegentlich sogar schludrig war. Infolge verwaschener Formulierungen und unstimmiger Terminologie läßt sich die Entdeckung des Satzes von der Erhaltung der Energie nicht einem bestimmten Forscher zuschreiben. Viele trugen dazu bei, unter denen allerdings Julius Robert Mayer (1814–1878), Joule und Helmholtz ein besonderer Rang gebührt. Dabei übergehe ich Sadi Carnot, obwohl er sicherlich als einer der ersten klare Vorstellungen über diesen Gegenstand gewonnen hat. Doch seine Arbeit erschien erst 1878.

Mayer wurde 1814 als Sohn eines Apothekers in Heilbronn geboren. Es war das Jahr des nationalen Erwachens in Deutschland. An der altehrwürdigen Universität Tübingen studierte Mayer Medizin und begab sich 1840 als Schiffsarzt auf eine Reise nach Djakarta in Indonesien. Er hatte an Bord nicht viel zu tun und beschäftigte sich deshalb mit halbphilosophischen Überlegungen, die ihn schließlich auf sein völlig neues Konzept von der Erhaltung der Energie brachten. Seine Fahrt und ihre Folgen erinnern an Darwins Reisen und ihre schicksalhafte Bedeutung für die Evolutionstheorie.

In Djakarta ließ Mayer einen Seemann zur Ader und war von der roten Farbe des venösen Blutes überrascht, das in anderen Klimaten sehr dunkel ist. Von dieser zufälligen Beobachtung führte ihn sein Weg allmählich zu der Vorstellung von der Erhaltung der Energie. Der erste Ansatz bestand in der Überlegung, daß die Farbe des Blutes auf das heiße Klima zurückzuführen sei, die Körpertemperatur sich mit verringerter Oxidation aufrechterhalten lasse. Darin war ein vager Hinweis auf eine mögliche Verbindung von Wärme und Energie enthalten. Das erste veröffentlichte Ergebnis seiner Überlegungen ist ein Artikel vom März 1842 in den von Justus von Liebig (1803–1873) herausgegebenen *Annalen der Chemie* mit dem Titel »Bemerkungen über die Kräfte der unbelebten Natur«. Frühere Aufsätze waren von den *Annalen der Physik und Chemie* abgelehnt worden, doch den Herausgeber trifft kein Vorwurf. Mayers Artikel enthält unübersehbare Fehler in den Ausführungen zur Mechanik und ist nichts weniger als klar.

Seine philosophische Form macht ihn für jeden ungenießbar, der nicht mit dem Stil der deutschen Philosophen vertraut ist. Auch einem modernen Leser würden seine Argumente kaum klar und zwingend erscheinen. Doch das alles wird aufgewogen durch Mayers Angabe des mechanischen Äquivalents einer Kalorie. Leider erklärt er nicht, wie er zu diesem ungemein wichtigen Ergebnis kommt. Aus späteren Schriften läßt sich entnehmen, daß er den Unterschied zwischen den spezifischen Wärmen eines idealen Gases bei konstantem Druck und konstantem Volumen berechnete. Betrachten wir den Kern seiner Überlegungen in moderner Sprache:

Wir wollen den Unterschied der molaren Wärmekapazität eines Gases bei konstantem Druck und konstantem Volumen in Kalorien messen. C_p ist größer als C_v, weil sich das Gas, wenn wir es erwärmen, ausdehnt und die Arbeit $p_o \Delta V$ leistet, wobei p_o der konstante Druck und ΔV der Volumenzuwachs ist. Die entsprechende Energie wird dem Gas während des Erwärmens in Form von Wärme zugeführt. Wenn das Gas die Eigenschaft besitzt, ohne Temperaturänderung im Vakuum zu expandieren, können wir schreiben

$$C_p - C_V = p_o \Delta V$$

Das Experiment ergibt annähernd 1,99 cal/Mol·grd. Doch die Gasgesetze ergeben

$$p_o V = p_o V_o (1 + \alpha\theta)$$

und deshalb, wenn wir die Temperatur bei konstantem Druck um ein Grad verändern

$$\alpha p_o V_o = p_o \Delta V.$$

Diese Größe läßt sich in mechanischen Einheiten messen, und mit $\alpha = 1/273$, $p_o = 1$ atm. und $V_o = 22{,}4\ l$ ergibt sich $p_o V_o = 8{,}31$ Joule/Mol grd. (Der Leser kann leicht überprüfen, daß $p_o V_o$ die universelle Gaskonstante ist, die gewöhnlich mit R bezeichnet wird.)

Ein Vergleich der beiden Messungen ergibt das mechanische Äquivalent der Kalorie. Durch Einsetzen der in der Literatur zugänglichen Zahlen erhielt Mayer im Jahr 1842 als mechanisches Äquivalent einer Kalorie: 1 cal = 3,72 j (Joules Messungen 1847 ergaben 4,39; der richtige Wert beträgt 4,18).

Von Mayer erschienen noch zwei weitere wichtige Schriften. Im Privatdruck veröffentlichte er 1845 das Buch *Die organische Bewegung in ihrem Zusammenhange mit dem Stoffwechsel*, in dem er die Rolle der Energie im tierischen Leben untersuchte und nicht mit polemischen Untertönen gegen Liebig geizte. 1846 schrieb er die *Beiträge zur Dynamik des Himmels*, worin er sich mit dem Ursprung der Sonnenenergie beschäftigte und als mögliche Ursache den Sturz von Meteoriten in Betracht zog.

Mayer hatte 1842 geheiratet und sich in Heilbronn niedergelassen. Seine eher konservative Einstellung führte, vor allem in den politisch explosiven Jahren um 1848, zu einer Abkühlung im Verhältnis zu seinem liberalen Bruder. 1850 versuchte er, sich durch einen Sprung aus dem Fenster das Leben zu nehmen, und von diesem Zeitpunkt an suchten ihn immer wieder Anfälle von Geisteskrankheit heim, die wiederholte Anstaltsaufenthalte erforderlich machten.

Obwohl die Bedeutung von Mayers Arbeit zur Zeit ihres Erscheinens nicht gebührend gewürdigt wurde, fand sie später weithin Anerkennung. Helmholtz, der Mayers Schriften erst um 1852 las, lobte sie in höchsten Tönen. Clausius und Tyndall standen in Briefwechsel mit ihm. 1870 wurde er korrespondierendes Mitglied der Französischen Akademie, und 1871 erhielt er die Copley Medal der Royal Society. 1878 starb er an Tuberkulose.

Ich kann einfach nicht glauben, daß Mayer großen Einfluß auf die Physik gehabt haben soll. Etwas überspitzt ausgedrückt, er war und blieb ein Dilettant. Auch ohne ihn hätte der Satz von der Erhaltung der Energie nicht länger auf sich warten lassen, und nach meiner Auffassung sind seine verschwommenen und unscharfen Begriffe einfach nicht mit den nachfolgenden Arbeiten von Helmholtz und den hervorragenden experimentellen Erkenntnissen von Joule zu vergleichen, der die quantitativen Beziehungen zwischen Wärme und mechanischer Arbeit nachwies. Als ein kleines Beispiel für Mayers Stil soll der folgende Auszug genügen:

»*Ex nihilio nil fit.* [Aus Nichts wird nichts.]

Ein Objekt, das, indem es aufgewendet wird, Bewegung hervorbringt, nennen wir *Kraft* . . .

Was die Chemie in Beziehung auf Materie, das hat die Physik in Beziehung auf Kraft zu leisten. Die Kraft in ihren verschiedenen Formen kennen zu lernen, die Bedingungen ihrer Metamorphosen zu erforschen, dies ist die einzige Aufgabe der Physik, denn die Erschaffung oder die Vernichtung einer Kraft liegt außer dem Bereiche menschlichen Denkens und Wirkens.« (Robert Mayer, *Die Mechanik der Wärme*, Ostwalds Klassiker Nr. 180, Leipzig 1911, S. 11/12.)

Bereits Jahre zuvor, 1839, hatte Marc Seguin (1786–1875) gesagt: »Es muß eine Wesensgleichheit von Wärme und Bewegung geben, dergestalt daß diese beiden Erscheinungen verschiedenartige Manifestationen ein und derselben Ursache sind. Diese Gedanken habe ich von meinem Onkel Montgolfier« (der es mit seinem Ballon zu großem Ruhm gebracht hatte). Auch Ludvig August Colding (1815–1888), technischer Direktor der Stadt Kopenhagen, dachte an die Erhaltung der Energie und versuchte, das mechanische Äquivalent der Kalorie zu bestimmen. Sie waren nicht die einzigen, und ein Großteil ihrer Arbeit vollzog sich unabhängig voneinander, ein Hinweis darauf, daß das Konzept in der Luft lag. Sie alle waren verdienstvolle Vorläufer. Andererseits war ein Forscher von der Bedeutung Thomsons nicht in der Lage, das Prinzip zu entwickeln, und mußte erst von Joule darauf gebracht werden, sogar dann dauerte es noch eine Zeitlang, bis ihm seine Bedeutung klar wurde.

Erst Joule hat für das neue Konzept eine solide experimentelle Basis gefunden und Werte ermittelt, die auch der späteren Forschung standhielten.

James Prescott Joule wurde am Weihnachtsabend 1818 in Salford bei Manchester als Sohn eines wohlhabenden Brauers geboren. Sein Bruder und er wurden von Privatlehrern unterrichtet, zu denen auch der damals ungefähr siebzigjährige John Dalton zählte, ein Naturforscher, dessen Name mit der Begründung der modernen Atomtheorie verbunden ist. James war von angegriffener Gesundheit und litt unter einer leichten Mißbildung. Er spielte gern mit mechanischem Spielzeug, eine Vorliebe, die sich zu ernsthafter wissenschaftlicher Forschung auswuchs. Zu Beginn seiner Arbeit, er war etwa 18 Jahre alt, hoffte er, mit Hilfe elektrischer Batterien ein Perpetuum mobile bauen zu können. Bald erkannte er seinen Irrtum und beschäftigte sich statt dessen mit der Wärme, die durch elektrische Ströme erzeugt wird. 1840 stellte er fest, daß die pro Zeiteinheit in einem Draht erzeugte Wärme dem Quadrat des Stroms im Draht proportional ist. Er untersuchte auch den Fall, in dem der Strom nicht von einer Batterie, sondern durch elektromagnetische Induktion erzeugt wird. Zu diesem Zweck baute er einen Motorgenerator, maß den Arbeits- und Wärmehaushalt auf sehr einfallsreiche Weise und kam zu folgendem Schluß: »Wir haben daher in der Magnetoelektrizität eine Wirkkraft, die in der Lage ist, durch einfache mechanische Mittel Wärme zu vernichten oder zu erzeugen.« Anschließend stellte er fest, die Umwandlung von Wärme in Arbeit und umgekehrt vollziehe sich immer im selben Verhältnis.

Um eine Vorstellung von den Problemen zu gewinnen, mit denen er sich herumzuschlagen hatte, muß man in seinen Schriften nachlesen, wie schwierig es war, einen Strom zu messen oder auch nur eine geeignete Stromeinheit zu bestimmen. Die allen elektrischen Messungen zugrunde liegenden Probleme waren sowohl technischer wie begrifflicher Art. Einen eher populärwissenschaftlichen, aber sehr wichtigen Bericht über seine Arbeit gab Joule 1847 in einem Vortrag im Lesesaal der Saint-Ann's Kirche in Manchester. Durch Vermittlung seines Bruders, der Musikkritiker des *Manchester Courier* war, wurde der Vortrag in dieser Zeitung abgedruckt. Hören wir einen Auszug daraus:

> »Daher lautet die allgemeine Regel, daß, wann immer lebendige Kraft *scheinbar* vernichtet wird, sei es durch Schlag, Reibung oder auf ähnliche Art, ein exaktes Äquivalent an Wärme erzeugt wird. Die Umkehrung dieser Feststellung ist ebenfalls richtig, namentlich, daß Wärme weder vermindert noch absorbiert werden kann, ohne daß dabei lebendige Kraft oder die ihr entsprechende Anziehung im Raum produziert würde. So wird man zum Beispiel im Falle der Dampfmaschine finden, daß die gewonnene Leistung auf Kosten der Feuerungsenergie geht,

d. h., die bei der Verbrennung der Kohle anfallende Wärmemenge wäre größer, würde nicht ein Teil davon in der Erzeugung und Erhaltung der lebendigen Kraft der Maschine absorbiert werden. Es ist indes richtig anzumerken, daß dies bisher nicht experimentell nachgewiesen worden ist. Außer Zweifel aber steht, daß das Experiment die Richtigkeit des von mir Gesagten beweisen würde; denn ich selbst habe den Beweis für die Umwandlung von Wärme in lebendige Kraft bei der Expansion von Luft erbracht, was analog zu der Expansion des Dampfes im Zylinder der Dampfmaschine ist. Der überzeugendste Beweis für die Umwandlung von Wärme in lebendige Kraft rührt jedoch von meinen Experimenten mit dem elektromagnetischen Motor her, einer aus Magneten und Eisenstäben bestehenden Maschine, die von einer elektrischen Batterie angetrieben wird. In einem wirklichen Experiment habe ich gezeigt, wie im exakten Verhältnis zu derjenigen Kraft, mit der diese Maschine arbeitet, Wärme von der elektrischen Batterie abgezogen wird. Sie sehen also, daß elektrische Kraft in Wärme und Wärme in lebendige Kraft oder die ihr äquivalente Anziehung im Raum umgewandelt werden kann. ›Alle drei, nämlich Wärme, lebendige Kraft und Anziehungskraft durch den Raum hindurch (wozu ich auch noch das *Licht* zählen würde, wenn es in den Rahmen dieses Vortrages passen würde), sind daher wechselseitig ineinander umwandelbar. Bei diesen Umwandlungen geht niemals etwas verloren. Die gleiche Wärmemenge wird immer in die gleiche Menge lebendiger Kraft umgewandelt. Wir können somit die Äquivalenz in fest bestimmten Worten ausdrükken, die zu allen Zeiten und unter allen Umständen gültig sind. So ist die Anziehungskraft, die auf 817 lb über eine Entfernung von einem Fuß wirkt, äquivalent zu der lebendigen Kraft und in diese umwandelbar, die ein Körper mit dem gleichen Gewicht von 817 lb besitzt, wenn er sich mit der Geschwindigkeit von 8 Fuß pro Sekunde bewegt, und diese lebendige Kraft läßt sich wiederum in eine Wärmemenge umwandeln, die die Temperatur von 1 lb Wasser um 1°F erhöhen kann. Die Kenntnis der Äquivalenz von Wärme und mechanischer Kraft ist bei der Lösung einer großen Zahl von interessanten und wichtigen Fragen von hohem Wert. Im Falle der Dampfmaschine können wir, wenn wir die Wärmemenge ermitteln, die bei der Verbrennung der Kohle erzeugt wird, feststellen, wieviel von dieser in mechanische Kraft umgewandelt wird, und auf diese Weise schließen, wie weit die Dampfmaschine noch verbessert werden kann. In diesem Sinne durchgeführte Rechnungen haben ergeben, daß mindestens zehnmal so viel Kraft erzeugt werden könnte, wie jetzt durch die Verbrennung der Kohle erhalten wird. Eine andere interessante Schlußfolgerung ist die, daß der tierische Körper, obwohl er bestimmt ist, einen so völlig anderen Zweck zu erfüllen, eine Maschine darstellt, die vollkommener ist als die bestersonnene Dampfmaschine, d. h., er ist bei gleichem Aufwand an Brennstoffen fähig zu mehr Arbeit.‹« (Der mit › ‹ gekennzeichnete Text ist zit. nach S. G. Brush, *Kinetische Theorie*, Bd. 1, Die Natur der Gase und der Wärme, Braunschweig 1970, S. 126f.)

Mit großer Erfindungsgabe entwarf Joule verschiedenartige Experimente. Die Untersuchung der Erzeugung von Wärme durch Reibung beim Paddeln in einer Flüssigkeit, die wir in allen Lehrbüchern finden können, ist nur ein Beispiel dafür. Er beschäftigte sich mit der Kompression von Gasen, dem unelastischen Zusammenstoß fester Körper und anderen Problemen. Seine experimentelle Technik war überragend. Dabei mußte er oft geringste Temperaturunterschiede messen, doch er beherrschte die Kunst solcher Messungen, und seine Werte haben sich auch in späterer Zeit bewährt. Von seiner Begegnung mit Thomson habe ich bereits berichtet. Ein wichtiges gemeinsames Forschungsprojekt folgte, in dem genauer, als es Gay-Lussac gelungen war, der thermische Effekt der Ausdehnung eines Gases in einem Vakuum bestimmt werden sollte. Schon damals ließ sich dies als die Abhängigkeit der inneren Energie des Gases vom Volumen deuten.

Joule konnte eine schlüssige quantitative Argumentation vorlegen, obwohl er kein großer Mathematiker war. 1848 untersuchte er das kinetische Modell eines Gases und fand Bernoullis Ergebnis bestätigt, das die Zustandsgleichung und darüber hinaus den absoluten Wert der Molekulargeschwindigkeit erklärt. Es folgt ein kurzer Auszug aus seiner Abhandlung, in der er noch nicht einmal Formeln verwendet:

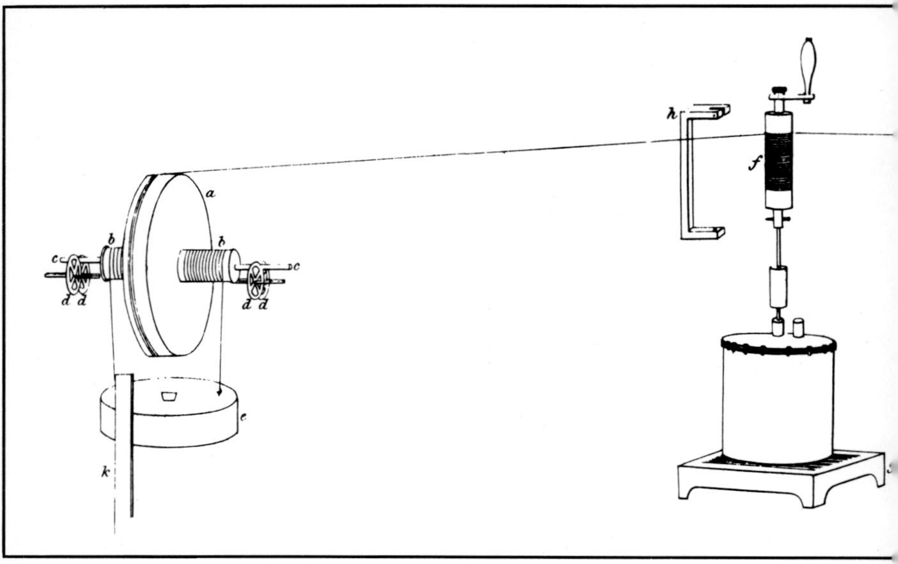

Joules ursprüngliches Wasserreibungsexperiment zur Bestimmung des mechanischen Wärmeäquivalents. (Science Museum, London)

»Denken wir uns ein Gefäß von der Größe und Gestalt eines Würfels von einem Fuß Seite mit Wasserstoffgas gefüllt, welches bei 60° Temperatur und 30 Zoll Barometerdruck 36,927 Gran wiegen wird. Denken wir uns ferner obige Gasmenge in drei gleiche und beliebig kleine elastische Theilchen getheilt, deren jedes 12,309 Gran wiegt; und ferner, daß jedes dieser Theilchen zwischen den gegenüberliegenden Seiten des Würfels schwinge, und zwar immer mit derselben Geschwindigkeit, außer in dem Momente des Anprallens; es soll nun die Geschwindigkeit ermittelt werden, mit der jedes Theilchen sich bewegen muß, um einen dem Atmosphärendruck von 14.831,712 Gran gleichen Druck auf jede Seite des Würfels auszuüben. Nun ist erstlich bekannt, daß ein Körper, der sich mit einer Geschwindigkeit von 32⅙ Fuß per Secunde bewegt, wenn man ihm eine Secunde lang einen Druck gleich seinem eigenen Gewichte entgegensetzt, zur Ruhe gelangt, und daß er, wenn der Druck noch eine Secunde länger anhält, eine Geschwindigkeit von 32⅙ Fuß per

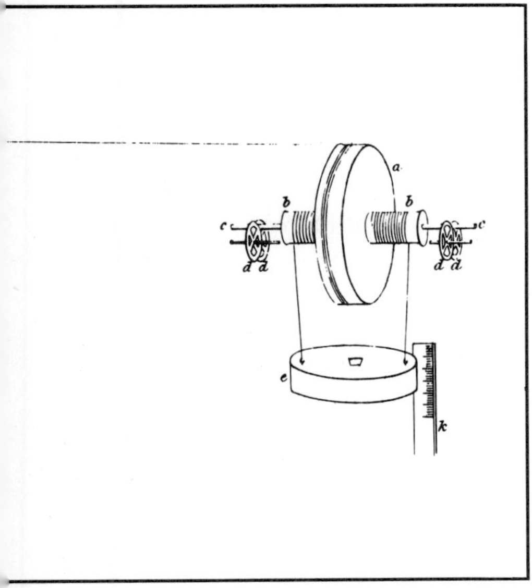

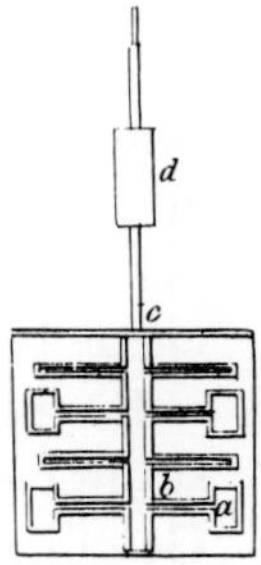

Secunde in entgegengesetzter Richtung annimmt. Bei dieser Geschwindigkeit wird jedes Theilchen von 12,309 Gran in je zwei Secunden 32⅙mal gegen jede Seite des kubischen Gefäßes anprallen; der dadurch ausgeübte Druck beträgt 12,309 × 32⅙ = 395,938 Gran. Folglich erhalten wir, da bekanntlich der Druck dem Quadrate der Geschwindigkeit der Theilchen proportional ist, um einen Druck von 14.831,712 Gran auf jede Seite des kubischen Gefäßes auszuüben, die Geschwindigkeit

$$v = \sqrt{\left(\frac{14.831{,}712}{395{,}938}\right) 32\tfrac{1}{6}} = 6225 \text{ Fuß per Secunde.}$$

Obige Geschwindigkeit bringt jedesmal den Atmosphärendruck hervor, einerlei ob die Theilchen an einander stoßen, ehe sie die Wände des kubischen Gefäßes berühren, oder ob sie die Wände schräg treffen, oder drittens, in wie viele Theile die 36,927 Gran Wasserstoff getheilt werden.

Wenn nur die Hälfte des Wasserstoffgases oder 18,4635 Gran in das kubische Gefäß eingeschlossen werden, und die Geschwindigkeit der Theilchen wie vorher 6225 Fuß per Secunde beträgt, so ist offenbar der Druck auch nur die Hälfte des vorhergehenden; dies zeigt, daß sich das Boyle-Mariotte'sche Gesetz ganz natürlich aus dieser Hypothese ergiebt.

Obige Zahl giebt die Geschwindigkeit für Wasserstoff bei 60° Temperatur, aber wir wissen, daß der Druck einer elastischen Flüssigkeit bei 60° zu dem bei 32° sich verhält wie 519 zu 491. Mithin verhält sich die Geschwindigkeit der Theilchen bei 60° zu der bei 32° wie $\sqrt{519}$ zu $\sqrt{491}$; dies zeigt, daß die Geschwindigkeit bei dem Gefrierpunkt des Wassers 6055 Fuß per Secunde beträgt.

In obiger Rechnung wurde angenommen, daß die Wasserstofftheilchen keine merkliche Größe hatten; sonst würde die Geschwindigkeit, die demselben Druck entspricht, geringer sein.

Da der Druck eines Gases mit seiner Temperatur in arithmetischer Progression wächst, und da der Druck dem Quadrate der Geschwindigkeit der Theilchen, mit anderen Worten, ihrer lebendigen Kraft proportional ist, so folgt, daß absolute Temperatur, Druck und lebendige Kraft einander proportional sind, und daß der Nullpunkt der Temperatur 491° unter dem Gefrierpunkt des Wassers liegt. Ferner wird die absolute Wärme der Gase, mit anderen Worten die Capacität derselben, durch den ganzen Betrag der lebendigen Kraft bei einer gegebenen Temperatur dargestellt werden. Die specifische Wärme läßt sich daher in folgender einfacher Weise bestimmen:

Die Geschwindigkeit der Wasserstofftheilchen bei der Temperatur von 60° ist auf 6225 Fuß per Secunde bestimmt, eine Geschwindigkeit, welche einem Falle aus einer senkrechten Höhe von 602.342 Fuß äquivalent ist. Die Geschwindigkeit bei 61° wird $6225\sqrt{\frac{520}{519}} = 6230{,}93$ Fuß per Secunde betragen; dies ist einer Fallhöhe von 603.502 Fuß äquivalent. Die Differenz zwischen beiden Fallhöhen beträgt 1160 Fuß; dies ist mithin der Raum, durch den ein Druck von 1 Pfund auf jedes Pfund Wasserstoff ausgeübt werden muß, um seine Temperatur um einen Grad zu steigern. Nun zeigt aber unser mechanisches Wärmeäquivalent, daß 770 Fuß die Höhe ist, welche die zur Steigerung der Temperatur des Wassers um einen Grad erforderliche Kraft repräsentirt; folglich wird die specifische Wärme des Wasserstoffs $\frac{1160}{778} = 1{,}506$ betragen, wenn wir Wasser als Einheit annehmen.

Die specifische Wärme der Gase läßt sich leicht aus der des Wasserstoffs berechnen; denn die ganze lebendige Kraft und Capacität gleicher Mengen der verschiedenen Gase sind einander gleich; und die Geschwindigkeit der Theilchen wird sich umgekehrt verhalten wie die Quadratwurzel aus dem specifischen Gewicht. Mithin wird die specifische Wärme dem specifischen Gewichte umgekehrt proportional sein, ein Gesetz, zu dem *De la Rive* und *Marcet* auf experimentellem Wege gelangt sind.«* (James Prescott Joule, *Das mechanische Wärmeäquivalent*, Gesammelte Abhandlungen von James Prescott Joule, ins Deutsche übers. von J. W. Spengel, Braunschweig 1872, S. 124–126.)

Dieser Aufsatz zeigt, wie schlüssig Joule seine Argumente vortrug, und auch, wie bescheiden seine mathematischen Fähigkeiten waren, er unterschlägt aber Joules größte Begabung, nämlich die, sehr genaue Experimente durchführen zu können und Fehlerquellen mit außergewöhnlichem Scharfsinn und unermüdlicher Zähigkeit aufzuspüren. Den Abstecher in die kinetische Theorie machte Joule 1848, als er nach wie vor mit der experimentellen Bestimmung des mechanischen Wärmeäquivalents, seinem wissenschaftlichen Hauptanliegen, beschäftigt war.

1850, im Alter von 32 Jahren, wurde Joule in die Royal Society gewählt und zwei Jahre darauf von dieser Gesellschaft mit der Royal Medal ausgezeichnet. Öffentliche Anerkennung wurde ihm auch durch viele ausländische Akademien zuteil. Bedauerlicherweise ließ seine wissenschaftliche Produktivität schon in relativ jungen Jahren, vor allem auf theoretischem Gebiet, nach, während

---

* Die Einheiten sind: 1 Gran = 0,0648 Gramm, 1 Fuß = 30,48 cm. Die Temperaturen sind in Fahrenheit angegeben.

Hermann von Helmholtz (1821–1894) verdanken wir große Entdeckungen in der Mathematik, Physik und Physiologie. Diese Fotografie stammt etwa aus der Zeit, da er eine epochemachende Abhandlung über die Erhaltung der Kraft (Energie) schrieb. (Bibliothek der University of California, Berkeley)

er mit seinen Messungen noch fortfuhr. 1875 beauftragte ihn die British Association mit der genauen Bestimmung des mechanischen Äquivalents einer Kalorie, woraufhin er den Wert 4,15 ermittelte, der sich nicht schlecht neben dem heutigen Wert von 1 cal = 4,183 Joule ausnimmt.

1875 erlitt er ernsthafte wirtschaftliche Rückschläge, und plötzlich befand sich der reiche Amateurwissenschaftler in finanziellen Schwierigkeiten. Freunde brachten eine Pension von 200 Pfund pro Jahr auf, die ihm ein bescheidenes, aber sorgenfreies Auskommen sicherte. Mitte der Fünfzig verschlechterte sich seine Gesundheit, und seine Arbeitskraft ließ nach. Sein letzter Aufsatz stammt aus dem Jahre 1878, da war er sechzig Jahre alt; gestorben ist er aber erst 71jährig. Zwei Jahre vor seinem Tode sagte er zu seinem Bruder: »Ich habe zwei oder drei kleine Dinge geleistet, aber nichts, wovon sich irgendein Aufhebens machen ließe.« Ich glaube, die meisten Physiker wären glücklich, wenn nur eines dieser kleinen Dinge auf ihr Konto ginge. Seine Bescheidenheit war ganz und gar ehrlich, und vielleicht wäre er erstaunt darüber gewesen (wir sind es nicht), daß in der Westminster Abbey eine Gedenktafel an ihn erinnert und daß die Energieeinheit mit seinem Namen bezeichnet wird.

Der dritte berühmte Pate des Satzes von der Erhaltung der

Energie war Hermann von Helmholtz, dessen Abhandlung »Über die Erhaltung der Kraft« erschien 1847, als der Autor 26 Jahre alt war. Er war damals gerade frischgebackener Arzt, und der Aufsatz war sein erster Versuch in der Physik. Der Artikel wurde vom Herausgeber der *Annalen der Physik*, Johann Poggendorff (1796–1877), abgelehnt, weil er ihn zu lang, zu theoretisch und experimentell nicht hinreichend begründet fand. In einer Antwort an Heinrich Gustav Magnus (1802–1870), der das Manuskript eingereicht hatte, empfahl Poggendorff jedoch, es gesondert als Broschüre zu veröffentlichen, was Helmholtz dann auch tat.

Die Arbeit weist eine gewisse Ähnlichkeit mit Mayers früher datierenden Veröffentlichungen auf, die Helmholtz damals aber noch nicht kannte. Sie besitzt jedoch eine sehr viel solidere Grundlage und enthält weit weniger philosophische Spekulationen. Sie führt unzählige Beispiele aus der Mechanik, der Wärmelehre, der Elektrizität und der Chemie an. Seine Werte übernahm Helmholtz aus den zuverlässigen Messungen von Joule. Als Zeuge für die Bedeutung dieses Aufsatzes will ich Maxwell anführen. »Um den wissenschaftlichen Wert von Helmholtz' kleiner Arbeit über diesen Gegenstand voll würdigen zu können, sollten wir jene, denen wir die größten Entdeckungen in der Thermodynamik und in anderen Gebieten der modernen Physik verdanken, fragen, wie oft sie die Arbeit immer wieder gelesen haben und wie häufig sie bei ihren Forschungen die gewichtigen Aussagen von Helmholtz wie eine unausweichliche treibende Kraft auf ihren Geist einwirken fühlten.«

Helmholtz kam 1821 in Potsdam als Sohn eines Gymnasialprofessors und als ältester von vier Brüdern zur Welt. An seinem siebzigsten Geburtstag gab es eine große Feier zu seinen Ehren. Zu diesem Anlaß hielt er eine autobiographische Rede, aus der einige Auszüge folgen sollen, weil sie uns einen ungewöhnlichen Einblick in die inneren Beweggründe und Empfindungen eines großen Physikers geben. Zudem zeichnet sich die Rede durch hohe literarische Qualität aus.

»In meinen ersten sieben Lebensjahren war ich ein kränklicher Knabe, lange an das Zimmer, oft genug an das Bett gefesselt, aber mit lebhaftem Triebe nach Unterhaltung und nach Thätigkeit. Die Eltern haben sich viel mit mir beschäftigt; Bilderbücher und Spiel hauptsächlich mit Bauhölzchen halfen mir sonst die Zeit ausfüllen. Dazu kam ziemlich früh auch das Lesen, was natürlich den Kreis meiner Unterhaltungsmittel sehr erweiterte. Aber wohl ebenso früh zeigte sich auch ein Mangel meiner geistigen Anlage darin, daß ich ein schwaches Gedächtnis für unzusammenhängende Dinge hatte. Als erstes Zeichen davon betrachte ich die Schwierigkeit, deren ich mich noch deutlich entsinne, rechts und links zu unterscheiden; später, als ich in der Schule an die Sprachen kam, wurde es mir schwerer als Anderen, mir die Vocabeln, die unregelmäßigen Formen der Grammatik, die eigenthümlichen Redewendungen mir einzuprägen. Der Geschichte vollends, wie sie uns damals gelehrt wurde, wußte ich kaum Herr zu werden. Stücke in Prosa auswendig zu lernen, war mir eine Marter. Dieser Mangel ist natürlich nur gewachsen und eine Plage meines Alters geworden . . .

Das vollkommenste mnemotechnische Hilfsmittel, was es giebt, ist aber die Kenntnis des Gesetzes der Erscheinungen. Dies lernte ich zuerst in der Geometrie kennen. Von meinen Kinderspielen mit Bauhölzern her waren mir die Beziehungen der räumlichen Verhältnisse zu einander durch Anschauung wohl bekannt. Wie sich Körper von regelmäßiger Form an einander legen und zusammenpassen würden, wenn ich sie so oder so wendete, das wußte ich sehr gut, ohne vieles Nachdenken. Als ich zur wissenschaftlichen Lehre der Geometrie kam, waren mir eigentlich alle Thatsachen, die ich lernen sollte, zur Überraschung meiner Lehrer ganz wohlbekannt und geläufig. Soweit meine Rückerinnerung reicht, kam das schon in der Volksschule des Potsdamer Schullehrerseminars, die ich bis zu meinem achten Lebensjahr besuchte, gelegentlich zum Vorschein. Neu war mir dagegen die strenge Methode der Wissenschaft, und unter ihrer Hülfe fühlte ich die Schwierigkeiten schwinden, die mich in anderen Gebieten gehemmt hatten.

Der Geometrie fehlte nur Eines; sie behandelte ausschließlich abstrakte Raumformen, und ich hatte doch große Freude an der vollen Wirklichkeit. Größer und kräftiger geworden, bewegte ich mich viel mit meinem Vater oder mit Schulgenossen in der schönen Umgebung meiner Vaterstadt Potsdam umher, und gewann große Liebe zur Natur. So kam es wohl, daß mich die ersten Bruchstücke der Physik, die ich im Gymnasium kennen lernte, bald viel intensiver fesselten, als die rein geometrischen und algebraischen Studien ...

Ich stürzte mich mit Freude und großem Eifer auf das Studium aller physikalischen Lehrbücher, die ich in der Bibliothek meines Vaters fand. Es waren sehr altmodische, in denen noch das Phlogiston sein Wesen trieb und der Galvanismus noch nicht über die Voltaische Säule hinausgewachsen war. Auch suchte ich mit einem Jugendfreunde allerlei Versuche, von denen wir gelesen, mit unseren kleinen Hülfsmitteln nachzumachen. Die Wirkung von Säuren auf Leinwandvorräthe unserer Mütter haben wir gründlich kennen gelernt; sonst gelang wenig; am besten noch der Bau von optischen Instrumenten mit Brillengläsern, die auch in Potsdam zu haben waren, und mit einer kleinen botanischen Loupe meines Vaters. Die Beschränkung der äußeren Mittel hatte in jenem frühen Stadium für mich den Nutzen, daß ich die Pläne für die anzustellenden Versuche immer wieder umzuwenden lernte, bis ich eine für mich ausführbare Form derselben gefunden hatte. Ich muß gestehen, daß ich manches Mal, wo die Klasse Cicero oder Virgil las, welche beide mich höchlichst langweilten, unter dem Tische den Gang der Strahlenbündel durch Teleskope berechnete und dabei schon einige optische Sätze fand, von denen in den Lehrbüchern nichts zu stehen pflegte, die mir aber nachher bei der Construction des Augenspiegels nützlich wurden ...

Nun sollte ich zur Universität übergehen. Die Physik galt damals noch für eine brodlose Kunst. Meine Eltern waren zu großer Sparsamkeit gezwungen; also erklärte mir der Vater, er wisse mir nicht anders zum Studium der Physik zu helfen, als wenn ich das der Medicin mit in den Kauf nähme ...«

Dann berichtet der Autor von seinem Medizinstudium und fährt fort:

»Endlich, in meinem letzten Studienjahr, fand ich, daß *Stahl's* Theorie jedem lebenden Körper die Natur eines Perpetuum mobile beilegte. Mit den Streitigkeiten über das letztere war ich ziemlich bekannt. Ich hatte sie in meiner Schulzeit von meinem Vater und unserem Mathematiker oft besprechen hören. Dann hatte ich als Eleve des Friedrich-Wilhelm-Instituts in der Bibliothek desselben Assistenz geleistet, und in unbeschäftigten Minuten die Werke von *Daniel Bernoulli, d'Alembert* und anderen Mathematikern des vorigen Jahrhunderts mir herausgesucht und durchgemustert. So stieß ich auf die Frage: ›Welche Beziehungen müssen zwischen den verschiedenartigen Naturkräften bestehen, wenn allgemein kein Perpetuum mobile möglich sein soll?‹ und die weitere: ›Bestehen nun thatsächlich alle diese Beziehungen?‹ Meiner Absicht nach wollte ich in meinem Büchlein über die Erhaltung der Kraft nur eine kritische Untersuchung und Ordnung der Thatsachen im Interesse der Physiologen geben.

Ich wäre vollkommen darauf gefaßt gewesen, wenn mir die Sachverständigen schließlich gesagt hätten: ›Das ist uns ja Alles wohlbekannt. Was denkt sich der junge Mediciner, daß er meint, uns dies so ausführlich auseinandersetzen zu müssen?‹ Zu meinem Erstaunen nahmen aber die physikalischen Autoritäten, mit denen ich in Berührung kam, die Sache ganz anders auf. Sie waren geneigt, die Richtigkeit des Gesetzes zu leugnen und in dem eifrigen Kampfe gegen *Hegel's* Naturphilosophie, den sie führten, auch meine Arbeit für eine phantastische Speculation zu erklären. Nur der Mathematiker *Jacobi* erkannte den Zusammenhang meines Gedankenganges mit dem der Mathematiker des vorigen Jahrhunderts, interessirte sich für meinen Versuch und schützte mich vor Mißdeutung. Dagegen fand ich enthusiastischen Beifall und praktische Hülfe bei meinen jüngeren Freunden, namentlich bei *Emil du Bois-Reymond*. Bald zogen diese auch die Mitglieder der jüngsten physikalischen Gesellschaft von Berlin auf meine Seite herüber. Von *Joule's* Arbeiten über dasselbe Thema wußte ich damals nur wenig, von *Robert Mayer* noch nichts.«

Helmholtz berichtet, wie ihm einige Arbeiten über Fäulnis und Gärung den Lehrstuhl für allgemeine Pathologie und Physiologie in Königsberg eintrugen, wo er den Augenspiegel erfand, und fährt fort:

»Für meine äußere Stellung vor der Welt war die Construction des Augenspiegels sehr entscheidend. Ich fand nun bei Behörden und Fachgenossen bereitwilligste Anerkennung und Geneigtheit für meine Wünsche, so daß ich fortan viel freier den inneren Antrieben meiner Wißbegier folgen durfte. Übrigens erklärte ich mir selbst meine guten Erfolge wesentlich aus dem Umstande, daß ich durch ein günstiges Geschick als ein mit einigem geometrischen Verstande und mit physikalischen Kenntnissen ausgestatteter Mann unter die Mediciner geworfen war, wo ich in der Physiologie auf jungfräulichen Boden von großer Fruchtbarkeit stieß, und daß ich andererseits durch die Kenntnisse der Lebenserscheinungen auf Fragen und Gesichtspunkte geführt worden war, die gewöhnlich den reinen Mathematikern und Physikern fern liegen. Meine mathematischen Anlagen hatte ich bis dahin doch nur mit denen meiner Mitschüler und denen meiner medicinischen Commilitonen vergleichen können; daß ich diesen hierin meist überlegen war, wollte nicht gerade viel sagen. Außerdem war in der Schule die Mathematik immer nur als Fach zweiten Ranges betrachtet worden. Im lateinischen Aufsatze dagegen, der damals noch wesentlich die Siegespalme bestimmte, war mir immer eine Hälfte meiner Mitschüler voraus gewesen.

Meine Arbeiten waren nach meinem eigenen Bewußtsein einfach folgerichtige Anwendungen der in der Wissenschaft entwickelten experimentellen und mathematischen Methoden gewesen, die durch leicht gefundene Modificationen dem jedesmaligen besonderen Zwecke angepaßt werden konnten. Meine Commilitonen und Freunde, die sich, wie ich selbst, der physikalischen Seite der Physiologie gewidmet hatten, leisteten nicht minder überraschende Dinge.

Aber allerdings konnte es im weiteren Verlaufe dabei nicht bleiben. Ich mußte die nach bekannten Methoden zu lösenden Aufgaben allmählich meinen Schülern im Laboratorium überlassen und mich selbst schwereren Arbeiten von unsicherem Erfolge zuwenden, wo die allgemeinen Methoden den Forscher im Stich ließen, oder wo die Methode selbst noch erst weiter zu bilden war.

Auch in diesen Gebieten, die den Grenzen unseres Wissens näher kommen, ist mir ja noch mancherlei gelungen, Experimentelles und Mathematisches. Ich weiß nicht, ob ich das Philosophische hinzurechnen darf. In ersterer Beziehung war ich allmählich wie Jeder, der viel experimentelle Aufgaben angegriffen hat, ein erfahrener Mann geworden, kannte viele Wege und Hülfsmittel und hatte meine Jugendanlage der geometrischen Anschauung zu einer Art mechanischer Anschauung entwickelt; ich fühlte gleichsam, wie sich die Drucke und Züge in einer mechanischen Vorrichtung vertheilen, was man übrigens bei erfahrenen Mechanikern und Maschinenbauern auch findet. Vor solchen hatte ich dann immer noch einigen Vorsprung dadurch, daß ich mir verwickeltere und besonders wichtige Verhältnisse durch theoretische Analyse durchsichtig machen konnte.

Auch bin ich im Stande gewesen, einige mathematisch-physikalische Probleme zu lösen, und darunter sogar solche, an welchen die großen Mathematiker seit *Euler* sich vergebens bemüht hatten, z. B. die Fragen über die Wirbelbewegungen und der Discontinuität der Bewegung in Flüssigkeiten, die Frage über die Schallbewegung an den offenen Enden der Orgelpfeifen u.s.w. Aber der Stolz, den ich über das Endresultat in diesen Fällen hätte empfinden können, wurde beträchtlich herabgesetzt dadurch, daß ich wohl wußte, wie mir die Lösungen solcher Probleme fast immer nur durch allmählich wachsende Generalisationen von günstigen Beispielen, durch eine Reihe glücklicher Einfälle nach mancherlei Irrfahrten gelungen waren. Ich mußte mich vergleichen einem Bergsteiger, der, ohne den Weg zu kennen, langsam und mühselig hinaufklimmt, oft umkehren muß, weil er nicht weiter kann, der bald durch Überlegung, bald durch Zufall neue Wegspuren entdeckt, die ihn wieder ein Stück vorwärts leiten, und endlich, wenn er sein Ziel erreicht, zu seiner Beschämung einen königlichen Weg findet, auf dem er hätte herauffahren können, wenn er gescheidt genug gewesen wäre, den richtigen Anfang zu finden . . .

Da ich aber ziemlich oft in die unbehagliche Lage kam, auf günstige Einfälle harren zu müssen, habe ich darüber, wann und wo sie mir kamen, einige Erfahrungen gewonnen, die vielleicht Anderen noch nützlich werden können. Sie schleichen oft genug still in den Gedankenkreis ein, ohne daß man gleich von Anfang ihre Bedeutung erkennt; später hilft dann zuweilen nur noch ein zufälliger Umstand, um zu erkennen, wann und unter welchen Umständen sie gekommen sind; sonst sind sie da, ohne daß man weiß woher. In anderen Fällen aber treten sie plötzlich ein, ohne Anstrengung, wie eine Inspiration. So weit meine Erfahrung geht, kamen sie nie dem ermüdenden Gehirne und nicht am Schreibtisch. Ich mußte immer erst mein Problem nach allen Seiten so viel hin- und hergewendet haben, daß ich alle seine Wendungen und Verwickelungen im Kopfe überschaute und sie frei, ohne zu schreiben, durchlaufen konnte. Es dahin zu bringen, ist ohne längere vorausgehende Arbeit meistens nicht möglich. Dann mußte, nachdem die davon herrührende Ermüdung vorübergegangen war, eine Stunde vollkommener körperlicher Frische und ruhigen Wohlgefühls eintreten, ehe die guten Einfälle kamen. Oft waren sie . . . des Morgens beim Aufwachen da, wie auch *Gauß* angemerkt hat. Besonders gern aber kamen sie, wie ich schon in Heidelberg berichtet, bei gemächlichem Steigen über waldige Berge in sonnigem Wetter. Die kleinsten Mengen alkoholischen Getränks aber schienen sie zu verscheuchen . . .

Ein anderes Gebiet habe ich noch betreten, auf welches mich die Untersuchungen über die Sinnesempfindungen und Sinneswahrnehmungen führten, nämlich das der Erkenntnistheorie. Wie ein Physiker das Fernrohr und Galvanometer untersuchen muß, mit denen er arbeiten will, sich klar machen, was er damit erreichen, wo sie ihn täuschen können, so schien es mir geboten, auch die Leistungsfähigkeit unseres Denkvermögens zu untersuchen. Es handelte sich dabei auch nur um eine Reihe thatsächlicher Fragen, über die bestimmte Antworten gegeben werden konnten und mußten. Wir haben bestimmte Sinneseindrücke; wir wissen in Folge dessen zu handeln. Der Erfolg der Handlung stimmt der Regel nach mit dem überein, was wir als beobachtbare Folge erwarten, zuweilen, bei sogenannten Sinnestäuschungen, auch nicht. Das sind alles objective Thatsachen, deren gesetzliches Verhalten wird gefunden werden können. Mein wesentlichstes Ergebnis war, daß die Sinnesempfindungen nur Zeichen für die Beschaffenheit der Außenwelt sind, deren Deutung durch Erfahrung gelernt werden muß . . .

Ich wollte Ihnen auseinandersetzen, wie, von meinem Standpunkte aus gesehen, die Geschichte meiner wissenschaftlichen Bestrebungen und Erfolge, so weit solche da sind, aussieht; vielleicht verstehen Sie nun, daß ich überrascht bin durch die ungewöhnliche Fülle des Lobes, das Sie über mich ausgießen. Meine Erfolge sind mir zunächst für mein Urtheil über mich selbst von Werth gewesen, weil sie mir den Maasstab abgaben für das, was ich weiter versuchen durfte; sie haben mich aber, hoffe ich, nicht zur Selbstbewunderung verleitet. Wie verderblich übrigens der Größenwahn für einen Gelehrten werden kann, habe ich oft genug gesehen, und habe mich deshalb stets davor zu hüten gesucht, daß ich diesem Feinde nicht verfiele. Ich wußte, daß strenge Selbstkritik an eigenen Arbeiten und Fähigkeiten das schützende Palladium gegen dieses Verhängnis ist. Aber man braucht nur die Augen offen zu halten für das, was andere können, und was man selbst nicht kann, dann, finde ich, ist die Gefahr nicht groß. Was meine eigenen Arbeiten betrifft, so glaube ich, daß ich niemals die letzte Correctur einer Abhandlung beendet hatte, ohne 24 Stunden später wieder einige Punkte gefunden zu haben, die ich besser oder vollständiger hätte machen können ...

Ich will nicht sagen, daß in der ersten Hälfte meines Lebens, als ich noch für meine äußere Stellung zu arbeiten hatte, nicht höhere ethische Beweggründe mitgewirkt hätten neben der Wißbegier und meinem Pflichtgefühl als Beamter des Staates; aber es war schwerer, ihres wirklichen Bestehens sicher zu werden, so lange noch egoistische Motive zur Arbeit trieben. Es wird ja wohl den meisten Forschern ebenso gehen. Aber später, bei gesicherter Stellung, wenn diejenigen, welche keinen inneren Drang zur Wissenschaft haben, ganz aufhören zu arbeiten, tritt für Andere, welche weiter arbeiten, eine höhere Auffassung ihres Verhältnisses zur Menschheit in den Vordergrund. Sie gewinnen allmählich aus eigener Erfahrung eine Anschauung davon, wie die Gedanken, die von ihnen ausgegangen sind, sei es durch die Literatur, sei es durch mündliche Belehrung ihrer Schüler, in den Zeitgenossen fortwirken und gleichsam ein unabhängiges Leben weiter führen; ...« (Hermann von Helmholtz, *Vorträge und Reden*, Braunschweig 1896, S. 6–19.)

Helmholtz' Rede gibt uns einen interessanten Einblick in die Psychologie eines großen Physikers. Dieser offensichtlich mit großer Aufrichtigkeit verfaßte Bericht stammt von einem Mann, der da-

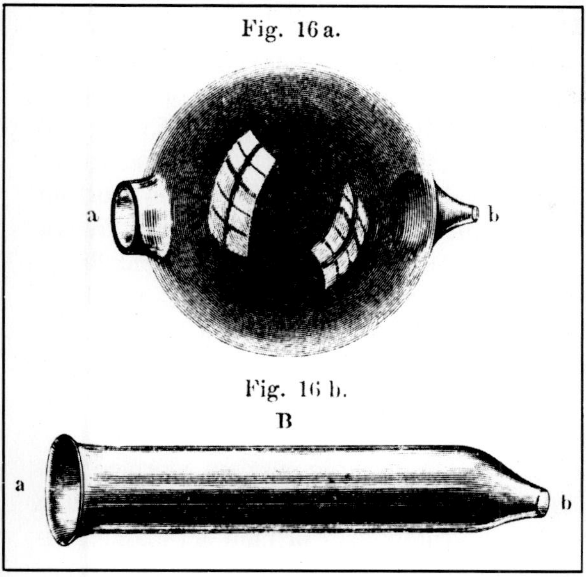

Fig. 16 a.

Fig. 16 b.

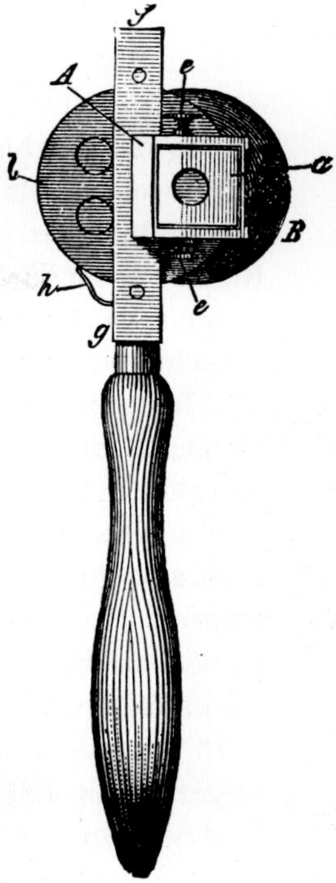

Einen schlagenden Beweis für seine Vielseitigkeit lieferte Helmholtz mit seinen Beiträgen zur physiologischen Optik und Akustik. Auf beiden Fachgebieten gelten seine Schriften heute als Klassiker und sind vielfach aufgelegt und übersetzt worden. Die Abbildungen stammen aus einem seiner Bücher. Mit Hilfe des Resonators läßt sich eine bestimmte Frequenz aus einem Laut oder Geräusch herausfiltern, während der Augenspiegel eine Netzhautuntersuchung am lebenden Objekt ermöglicht. Letzteres Instrument wird in seinen vielen Spielarten noch heute von allen Ärzten benutzt. (Aus Helmholtz' *Handbuch der physiologischen Optik,* 1856–1867. Bibliothek der University of California, Berkeley)

mals (1885) eine große wissenschaftliche Laufbahn hinter sich hatte und in Deutschland eine Stellung bekleidete, die der zu jener Zeit in Berlin studierende Michael Pupin (1858–1935) folgendermaßen kennzeichnete: »Gleich nach Bismarck und dem alten Kaiser war er damals der berühmteste Mann im Deutschen Reich.«

Helmholtzens Schilderung seiner Laufbahn können wir eine Reihe Fakten hinzufügen. 1855 ging er als Professor für Physiologie und Anatomie nach Bonn. Unterdessen hatte er 1853 England besucht und sich dort mit zahlreichen Wissenschaftlern angefreundet. In einem Brief an seine Frau nannte er Berlin ein Dorf im Vergleich zu London, was die Größe und die kulturelle Vielfalt betreffe. 1858 – er war bereits berühmt – ging er nach Heidelberg. Dort untersuchte er mit ganz neuen Methoden Gesichts- und Hörsinn, eine Arbeit, die zu zwei großen Abhandlungen über die Tonempfindungen und die physiologische Optik führte. Diese beiden klassischen Bücher übten einen gewaltigen Einfluß auf den gesamten Bereich der Sinnesphysiologie aus.

1870 wurde er Physikprofessor in Berlin mit dem enormen Jahresgehalt von 4000 Talern – ungefähr das Vierfache eines üblichen Professorengehaltes. Dort beschäftigte er sich mit der mathematischen Hydrodynamik und erzielte fundamentale Ergebnisse zur Wirbeltheorie. Er begann auch mit einer kritischen Prüfung der gängigen Theorien der Elektrodynamik, wobei er diejenigen von Wilhelm Weber, Carl Neumann und anderen mit Maxwells Theorie verglich. Er untersuchte, inwieweit alle diese Theorien in sich schlüssig waren, sich mit dem Satz von der Erhaltung der Energie vereinbaren ließen, ob sie zu unterschiedlichen Vorhersagen führten und wie sich schließlich diese Vorhersagen experimentell überprüfen ließen. Dieses bedeutende Forschungsprogramm nahm sich Hertz zum Vorbild, der es dann auch zum Abschluß brachte.

Dagegen waren Helmholtz' offizielle Vorlesungen alles andere als gut. Er bereitete sich nicht genügend vor und verstand es nicht zu improvisieren. So kam es, daß ausgerechnet in Berlin, dem Hort der deutschen Physik, die beiden führenden Professoren höchst mittelmäßige Vorlesungen hielten. Kirchhoff schläferte seine Hörerschaft ein, und Helmholtz war kaum zu verstehen!

1885 wurde Helmholtz Direktor der neugeschaffenen Reichsanstalt, zu deren Finanzierung der Elektrotechniker und Industrielle Siemens mit 50 000 Mark einen großzügigen Beitrag leistete. Sie war sowohl eine Forschungseinrichtung als auch eine Behörde für das Meß- und Eichwesen. Auf dem Forschungssektor beschäftigte man sich mit der reinen und mit der angewandten Physik. Als Symbol für die Einheit des neugegründeten Deutschen Reiches diente die Anstalt auch patriotischen Zwecken. Helmholtz nahm sich seiner neuen Aufgabe mit der ihm eigenen Tatkraft und Intelligenz an, aber er ließ die Verbindung zur Universität nicht ganz abreißen, denn er hielt dort noch hin und wieder Vorlesungen.

Im Laufe der Zeit hatte er sich mehr theoretischen Fragen zugewandt. Er bemühte sich um die mechanische Grundlage der Thermodynamik und versuchte – in der Hoffnung, ein Fundament von hohem Allgemeinheitsgrad für die gesamte Physik zu entdecken –, ein Minimalprinzip in Verallgemeinerung des Prinzips der kleinsten Wirkung aufzustellen. In der Laudatio zu seinem 67. Geburtstag äußerte der Mathematiker Leopold Kronecker (1823–1891) die Hoffnung, er werde sich ganz der Mathematik verschreiben. Tatsächlich haben wohl einige seiner Arbeiten, in denen er seine physiologischen Studien mit Untersuchungen über die Grundlagen der Mathematik verband, in diese Richtung gewiesen.

Bemerkenswert waren auch Helmholtz' Studenten. Menschen aus aller Herren Länder arbeiteten in seinem Institut. Einige von ihnen wurden selbst zu tragenden Gestalten der Physikgeschichte – Heinrich Rudolf Hertz, Henry Augustus Rowland (1848–1901), Albert Abraham Michelson und Michael (Mihajlo) Pupin sind nur einige der berühmtesten. Groß ist auch die Zahl derer, die zwar nicht solchen Ruhm erlangt, aber den Helmholtzschen Geist in viele Länder getragen haben. In vielerlei Hinsicht war er das deutsche Gegenstück zu seinem Freund Lord Kelvin, sogar was die öffentliche Anerkennung betrifft: Der Kaiser adelte Helmholtz und verlieh ihm den Titel »Geheimrat mit dem Prädikat Exzellenz«.

Helmholtz muß auch über außergewöhnliche menschliche Qualitäten verfügt haben, von denen die Schönrednerei seiner offiziellen Biographen allerdings keinen rechten Eindruck vermittelt. Doch in den Briefen von Hertz und in den Zeugnissen von Max Planck und von Pupin (sicherlich sehr unterschiedlichen Charakteren) kommt übereinstimmend ein hohes Maß an persönlicher Zuneigung in Verbindung mit unendlicher Hochachtung zum Ausdruck.

Planck, der 1889 Professor für theoretische Physik in Berlin wurde, sagt:

> »Denn nun kam ich zum erstenmal in nähere Berührung mit den Männern, welche damals die Führung in der wissenschaftlichen Forschung der Welt inne hatten. Vor allem mit *Helmholtz*. Ich lernte ihn aber auch von seiner menschlichen Seite kennen und ebenso hoch verehren, wie ich es in wissenschaftlicher Hinsicht von jeher getan hatte. Denn in seiner ganzen Persönlichkeit, seinem unbestechlichen Urteil, seinem schlichten Wesen verkörperte sich die Würde und die Wahrhaftigkeit seiner Wissenschaft. Dazu gesellte sich eine menschliche Güte, die mir tief zu Herzen ging. Wenn er im Gespräch mich mit seinem ruhigen, eindringlich forschenden und doch im Grunde wohlwollenden Auge anschaute, dann überkam mich ein Gefühl grenzenloser kindlicher Hingabe, ich hätte ihm ohne Rückhalt alles, was mir am Herzen lag, anvertrauen können, in der gewissen Zuversicht, daß ich in ihm einen gerechten und milden Richter finden würde; und ein anerkennendes oder gar lobendes Wort aus seinem Munde konnte mich mehr beglücken als jeder äußere Erfolg.« (Max Planck, *Physikalische Abhandlungen*, Bd. 3, Braunschweig 1958, S. 382.)

All das widerspricht nicht dem Eindruck anderer Zeitgenossen, daß es in Helmholtz' Institut sehr formell und steif zugegangen ist, wie es im damaligen Preußen üblich war. Ludwig Boltzmann stand dieser Frage offensichtlich mit gemischten Gefühlen gegenüber. Einerseits erklärte er, Helmholtz sei der einzige, der ihn verstanden und zu würdigen gewußt habe (eine große Übertreibung, denn viele hatten dasselbe getan), andererseits änderte er nach einem Abendessen bei Frau Helmholtz seine ursprüngliche Auffassung und lehnte eine Stellung in Berlin ab. Sie hatte Boltzmann ungeschminkt erklärt, Berlin sei nichts für ihn, und ihm damit möglicherweise einen großen Gefallen getan.

Carnot hatte durch methodologische Grundsteinlegung und Entdeckung des zweiten Hauptsatzes die Thermodynamik aus der Taufe gehoben. Mayer, Joule und Helmholtz hatten den ersten Hauptsatz formuliert. Die Synthese beider verdanken wir Clausius und später Thomson. Unter Nichtphysikern ist Clausius lange nicht so bekannt wie Kelvin oder Helmholtz, ihm gebührt jedoch ein wahrhaft bedeutender Platz in der Physik des 20. Jahrhunderts, gehört er doch zu den Gründervätern der Thermodynamik und der kinetischen Theorie. Seine zentrale Stellung in der Thermodynamik wird sehr deutlich von Josiah Willard Gibbs (1839–1903) umrissen, dem wir die letzte und vollkommenste Zusammenfassung der klassischen Thermodynamik und statistischen Mechanik verdanken: »Wenn wir, wie Maxwell vor einigen Jahren, sagen, daß ›die Thermodynamik eine Wissenschaft mit gesicherten Grundlagen, eindeutigen Definitionen und klaren Grenzen‹ ist, und fragen, wann diese Grundlagen gelegt, diese Definitionen gefunden und diese Grenzen gezogen wurden, so kann es darauf nur eine Antwort geben. Gewiß nicht vor dem Erscheinen dieser Abhandlung.« Gemeint ist eine Abhandlung von Clausius: »Über die bewegende Kraft der Wärme und die Gesetze, welche sich daraus für die Wärmelehre selbst ableiten lassen«, die 1850 in Band 79 von Poggendorffs *Annalen der Physik* erschien.

Der Charakterisierung der Thermodynamik durch Maxwell möchten wir hinzufügen, daß in den kommenden physikalischen Revolutionen des 20. Jahrhunderts die Thermodynamik wie ein Fels in der Brandung stand und daß hier die großen Erneuerer, wie etwa Planck und Einstein, Halt fanden, als alles ins Wanken zu geraten schien.

Clausius war der erste, der die scheinbaren Widersprüche in den damals vorherrschenden Wärmetheorien auflöste und der neuen Wissenschaft ein systematisches Gerüst gab. Seine Aufsätze und später seine große Abhandlung verliehen der Thermodynamik die Gestalt, in der sie noch heute oft gelehrt wird.

Rudolf Clausius wurde 1822 im preußischen Köslin als Sohn eines Schulinspektors und evangelischen Pfarrers geboren, der auch der Direktor einer kleinen Schule war, die sein Sohn besuchte. In Stettin absolvierte der Sohn das Gymnasium und ging dann nach Berlin auf die Universität, wo er zunächst ein Geschichtsstudium begann, sich aber schon bald den Naturwissenschaften zuwandte. Zu seinen Professoren zählten Georg Simon Ohm (1789–1854), der Entdecker des Ohmschen Gesetzes, die Mathematiker Gustav Peter Dirichlet (1805–1859) und Jakob Steiner (1796–1863). Clausius hatte sein Studium 1840 auf-

Rudolf Clausius (1822–1888), Professor an verschiedenen deutschen Universitäten, zuletzt in Bonn, war einer der Begründer der Thermodynamik. Er verband Carnots Ideen mit dem Satz von der Erhaltung der Energie und führte den Begriff der Entropie als Maß für die Reversibilität einer Erscheinung ein. Er lieferte auch grundlegende Beiträge zur kinetischen Theorie der Gase. (Deutsches Museum, München)

genommen, konnte es jedoch aus finanziellen Gründen nicht beenden, so daß er gezwungen war, von 1843 bis 1850 an einem Berliner Gymnasium zu unterrichten, während er gleichzeitig seine Studien an der Universität fortsetzte und 1848 promovierte. In der Folgezeit schrieb er einige Aufsätze über optische Erscheinungen in der Atmosphäre, nahm eine Stellung in der königlichen Artillerieschule an und wurde gleichzeitig Privatdozent an der Berliner Universität. 1850 hielt er vor der Preußischen Akademie der Wissenschaften seinen ersten größeren Vortrag über das, was wir heute Thermodynamik nennen. In dieser Arbeit brachte er

Carnots Überlegungen mit dem Satz von der Erhaltung der Energie in Einklang. Clausius war damals 28 Jahre alt. Im Jahr darauf begegnete er Tyndall, Faradays Nachfolger an der Royal Institution, der sich nicht nur als Wissenschaftler, sondern auch als Verbreiter wissenschaftlicher Erkenntnisse Verdienste erwarb. Clausius schloß enge Freundschaft mit ihm, und Tyndall wurde Patenonkel von Clausius' ältestem Kind, Übersetzer mehrerer seiner Arbeiten und sein Verteidiger in dem Prioritätsstreit, der die Zeitschriften einige Zeit lang beschäftigte.

Ein paar Jahre später wurde Clausius an die Universität Zürich berufen und kurz darauf an die dortige Technische Hochschule. Anschließend lehrte er zwei Jahre in Würzburg, bis er sich 1869 in Bonn niederließ, wo er für den Rest seines Lebens blieb. 1859 hatte er A. Himpan geheiratet, mit der er eine außerordentlich glückliche Ehe führte. Zu seinem großen Kummer starb sie 1875 bei der Geburt des sechsten Kindes. Für Clausius, der mit den kleinen Kindern zurückblieb, war es ein schwerer Schlag. Er ließ ihnen große Sorgfalt angedeihen, konnte sich aber wohl nicht mehr so intensiv wie früher um seine Arbeit kümmern, so daß seine Produktivität deutlich nachließ. Dazu hatte Claudius im Krieg von 1870/71 bei der Sanitätstruppe eine schwere Knieverletzung davongetragen, durch die er bleibend behindert war. 1886, als das jüngste Kind elf Jahre alt war, verheiratete er sich wieder. Die Braut, S. Sack, war erheblich jünger als er. Trotzdem war auch diese Ehe glücklich, obwohl sie nicht lange währte, denn 1888 erkrankte Clausius an perniziöser Anämie und starb. Die üblichen akademischen Ehren waren Clausius in seinem Geburtsland Deutschland und im übrigen Europa in reichlichem Maße zuteil geworden. In späteren Lebensjahren schrieb er auch theoretische Arbeiten über die Elektrizitätslehre, doch sein Ruhm gründet sich auf seine Arbeiten über die Thermodynamik und die kinetische Theorie der Gase.

Zur Systematisierung der Thermodynamik drückte Clausius den ersten Hauptsatz der Thermodynamik durch die Gleichung

$$dQ = dU + dW$$

aus, wobei U die innere Energie des Systems ist, was der kinetischen und potentiellen Energie seiner Moleküle entspricht. Die innere Energie ist eine Funktion der makroskopischen Zustandsgrößen, zum Beispiel von p und V. Das Differential dW ist die äußere Arbeit, die durch die Wärmezufuhr dQ geleistet wird. Im Falle eines Gases oder einer Flüssigkeit gilt $dW = pdV$. In dieser Gleichung wird die Wärmemenge der Energie gleichgesetzt. So wird impliziert, daß es ein mechanisches Wärmeäquivalent gibt – das wichtigste Ergebnis von Joules Arbeit. In Clausius Worten besagt der erste Hauptsatz: »daß in allen Fällen, wo durch Wärme Arbeit entstehe, eine der erzeugten Arbeit proportionale Wärmemenge verbraucht werde, und daß umgekehrt durch Verbrauch einer ebenso großen Arbeit dieselbe Wärmemenge erzeugt werden könne«.* Oder anders ausgedrückt: »Es läßt sich Arbeit in Wärme und umgekehrt Wärme in Arbeit verwandeln, wobei stets die Größe der einen der der anderen proportional ist.«

Für den zweiten Hauptsatz liegt die Situation komplizierter. Hier ist der zentrale Begriff die Reversibilität, deshalb werde ich zunächst nur reversible Prozesse betrachten. Bringen wir also unser Gas oder unsere Flüssigkeit reversibel von einem Zustand in den anderen. In einem (p,V)Diagramm läßt sich diese Operation durch eine Linie wiedergeben, was bei einer irreversiblen Umwandlung nicht möglich ist, weil etwa der Druck möglicherweise nicht überall im System gleich ist.

Wir wollen jetzt das Gas oder die Flüssigkeit einem Carnotschen Kreisprozeß unterwerfen, wie auf Seite 314 beschrieben. Der Kreisprozeß setzt sich zusammen aus einer isothermen Ausdehnung bei der Temperatur T_1 (gemessen mit einem beliebigen Thermometer), bei der die Wärmemenge Q_1 zugeführt wird. Auf diese Ausdehnung folgt eine adiabatische Ausdehnung, in deren Verlauf, wiederum auf einer willkürlichen Skala, die Temperatur T_2 erreicht wird. Der dritte Schritt ist eine isotherme Kompression bei der Temperatur T_2, bei der die Wärmemenge Q_2 vom System abgegeben wird. Der vierte Schritt, eine adiabatische Kompression, beschließt den Kreisprozeß, indem er das System zur Ausgangstemperatur T_1 zurückführt. Der Kreisprozeß ist *reversibel*, und wenn *»Wärme nicht von selbst aus einem kälteren in einen wärmeren*

* (Rudolf Clausius, *Über die bewegende Kraft der Wärme*, Leipzig 1921, S. 7)

*Körper übergehen kann«**, gelangen wir durch eine ähnliche Schlußfolgerung wie auf Seite 329 zu der Relation $Q_1/T_1 = Q_2/T_2$. Diese Relation definiert das Verhältnis der Temperaturen T_1/T_2, das von der in dem Kreisprozeß verwendeten Substanz unabhängig und deshalb absolut ist. Die oben kursiv gesetzten Worte sind die Formulierung, die Clausius für den zweiten Hauptsatz der Thermodynamik fand. Dabei ist die Wendung »von selbst« von höchster Bedeutung. Im Kern bedeutet sie, daß die *einzige* vorkommende Erscheinung der Wärmetransport ist, ohne daß es eine Kompensation dafür gäbe. Den Gegenstand zu vertiefen, würde den Rahmen der vorliegenden Darstellung sprengen. Der interessierte Leser sei auf eines der vielen Bücher über Thermodynamik verwiesen.

Der nächste Schritt ist die Verallgemeinerung der Relation $Q/T_1 = Q_2/T_2$ für beliebige Transformationen. Die zugeführte Wärme und die abgegebene Wärme müssen mit den richtigen Vorzeichen versehen werden. Zusätzlich muß jeder beliebige reversible Kreisprozeß in eine unendliche Zahl Carnotscher Kreisprozesse zerlegt werden. Dann erhält man die Gleichung

$$\oint \frac{dQ}{T} = 0$$

wobei der Kreis auf dem Integralzeichen bedeutet, daß die Gleichung für jeden reversiblen Kreisprozeß gilt. Daraus folgt, daß das Integral, starten wir an einem Punkt A der (p,V)Ebene und gehen zu einem Punkt B derselben Ebene, nicht von dem zurückgelegten Weg abhängt.

Wir können deshalb eine Zustandsfunktion S_B (von Clausius »Entropie« genannt) wie folgt definieren

$$S_B - S_A = \int_A^B \frac{dQ}{T}$$

* (Rudolf Clausius, »Ueber die Zurückführung des 2. Hauptsatzes der mechanischen Wärmetheorie auf allgemeine mechanische Principien«, vorgetragen in der Niederrheinischen Gesellschaft für Natur- und Heilkunde am 7. November 1870, Sonderdruck o. O., o. J., S. 22/23)

wobei sich der Übergang von A zu B reversibel vollzieht. Da der als Bezugspunkt dienende Ausgangszustand S_A willkürlich ist, kann die Entropie nur bis auf eine beliebige Konstante genau bestimmt werden. Diese Konstante kann durch weiterführende Überlegungen festgelegt werden, die die Grenzen der klassischen Thermodynamik überschreiten und sich auf die Quantentheorie gründen. Der Nernstsche Wärmesatz, zu Anfang des 20. Jahrhunderts entwickelt, besagt, daß die Entropie jedes Systems am absoluten Nullpunkt stets gleich Null gesetzt werden kann. Natürlich ist es nicht notwendig, p und V als Zustandsgrößen zu verwenden. Zwei beliebige Variablen, die den Zustand bestimmen – etwa T und V –, erfüllen denselben Zweck.

Die Gleichung, die die Entropie definiert, läßt sich wie folgt schreiben

$$dS = \frac{dQ}{T},$$

woraus sich in Verbindung mit dem ersten Hauptsatz die unten stehende Formel ergibt:

$$dS = \frac{dU + pdV}{T}.$$

Für einen irreversiblen Prozeß ist die Entropiezunahme größer als $\int_A^B dQ/T$:

$$S_B - S_A \geq \int_A^B \frac{dQ}{T}.$$

Bei einem völlig isolierten System wird keine Wärme zugeführt, und es gilt $S_B \geq S_A$.

Clausius prägte das Wort *Entropie* nach dem griechischen τϱοπὴ (Umwandlung) und führte es 1865 ein. Das Konzept hatte er allerdings schon 1851 entwickelt. Dank der Einführung der Entropie können wir uns der Thermodynamik gewissermaßen halbautomatisch bedienen. Begrifflich fügt sie zu Carnots grundlegenden, auf Kreisprozesse sich gründende Gedanken zwar nichts hinzu, sie erlaubt uns aber einfache und rasche Berechnungen unter Verzicht auf langwierige, sich an Kreisprozesse anlehende Schlußfolgerungen. Andererseits deckt sich die umständlichere Methode, wenn auch in idealisierter Form, besser mit den experimentellen Fakten.

Das Verständnis der Entropie in ihrem ganzen Bedeutungsumfang wurde zu einer der Hauptaufgaben für Clausius' Zeitgenossen. Vor allem ein Punkt machte Schwierigkeiten: Die klassische Mechanik betrachtet nur reversible Erscheinungen, während in der Thermodynamik die Entropie mit der Zeit irreversibel zunimmt. Die Auflösung dieses vermeintlichen Widerspruches gelang, wie wir sehen werden, erst in den folgenden Jahren durch die Einführung der Wahrscheinlichkeit und Statistik in die Physik.

Clausius hat die grundlegenden empirischen Fakten der Thermodynamik durch die oben wiedergegebenen Axiome ausgedrückt. William Thomson entschied sich für zwei andere Axiome. Für den ersten Hauptsatz fand er die Formulierung: »Wenn gleiche Mengen mechanischer Arbeit auf irgendeine Weise durch rein thermische Ursachen hervorgebracht oder für rein thermische Effekte verbraucht sind, so werden gleiche Mengen Wärme vernich-

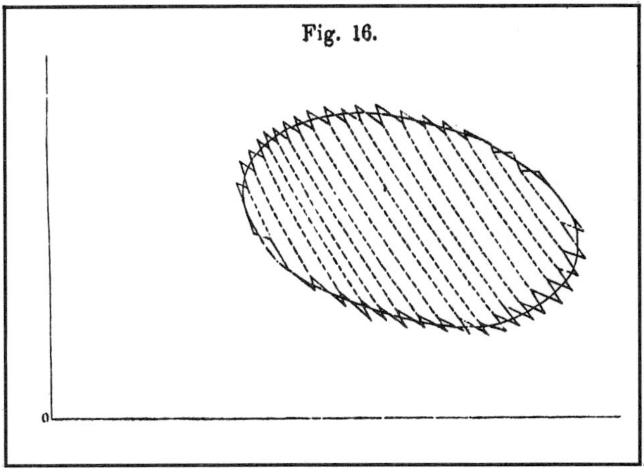

Die Zerlegung eines beliebigen reversiblen Kreisprozesses in eine Gesamtheit von Carnotschen Kreisprozessen, wie sie von Clausius in die *Mechanische Theorie der Wärme*, 1865–1867, eingeführt wurde. (Zeichnung aus R. Clausius, *Mechanische Wärmetheorie*)

tet oder erzeugt.«* Den Beweis für diesen Satz schrieb er Joule zu. Dem zweiten Axiom gab er die Form: »Es ist unmöglich, mittels unbelebter Stoffe mechanische Arbeit aus einem Material zu erhalten, wenn man es unter die Temperatur des kältesten ihn umgebenden Körpers abkühlt.«* Thomsons und Clausius' Axiome sind äquivalent.

Der zweite Hauptsatz setzt der Energieumwandlung Grenzen. In einem homogenen System, in dem überall die gleiche Temperatur herrscht, kann die Energie in keine andere Form umgewandelt werden. Dieser Umstand ließ die Vermutung aufkommen, daß das Universum einen thermischen Tod erleiden könnte.

Clausius brachte die beiden Hauptsätze auch auf zwei eindrucksvoll knappe Formulierungen, die allerdings nicht gegen jeden Einwand gefeit sind. Erster Satz: »Die Energie der Welt ist constant.« Zweiter Satz: »Die Entropie der Welt strebt einem Maximum zu.«**

Auf die Formulierung der Hauptsätze der Thermodynamik folgten unzählige Anwendungen – auf reale Gase, elektrische Erscheinungen, in der Elektrochemie, Zustandsänderungen, Dämpfe, Kapillarität, Elektrizität und viele andere Erscheinungen. Es gibt kein Gebiet der Physik, auf das sich die Thermodynamik nicht anwenden ließe. Diese umfangreiche Arbeit wurde in der zweiten Hälfte des 19. Jahrhunderts begonnen und wird noch heute fortgesetzt. Die vielleicht wichtigste Anwendung ergab sich in der Chemie und der industriellen Chemie. Empirismus wurde in einem gewissen Umfang ersetzt durch ein wissenschaftliches Verständnis für das chemische Gleichgewicht und für die Grenzen des Machbaren. Einige der großen Synthesen, etwa die des Ammoniaks und der Salpetersäure, sind zum großen Teil der Thermodynamik zu verdanken.

---

* (William Thomson, *Über die dynamische Theorie der Wärme*, Ostwalds Klassiker Nr. 193, Leipzig 1914, S. 7 und S. 8/9)

** (Rudolf Clausius, »Ueber verschiedene für die Anwendung bequeme Formen der Hauptgleichungen der mechanischen Wärmetheorie«, vorgetragen in der naturforschenden Gesellschaft am 24. April 1865, Zürich 1865, S. 59)

Kapitel 6

Kinetische Theorie: Erste Erkenntnisse über die Struktur der Materie

Unglückliche Vorläufer

Die Thermodynamik ist ein Gebiet der Physik, das sich, wie die Mathematik, axiomatisch formulieren läßt und Schlußfolgerungen liefert, die so gewiß sind wie die Prämissen, ohne uns aber etwas über die Einzelheiten oder Modelle der betrachteten Erscheinungen mitzuteilen. Manch ein Forscher fühlt sich von dieser Methode, Schlußfolgerungen zu ziehen, angezogen, doch viele Physiker sind anders veranlagt und haben lange Zeit nach einer eher intuitiven Methode gesucht.

Die Untersuchung des Verhaltens von Gasen hat eine sehr wichtige Rolle in der Entwicklung unserer Vorstellungen von der Materie und der Wärme gespielt. Wir müssen uns etwas näher mit den betreffenden Gedankengängen beschäftigen, um die Bedeutung des anderen großen, im 19. Jahrhundert entwickelten Gebietes der Physik – der statistischen Physik – würdigen zu können.

Ein Gas wurde oft als kontinuierliche Flüssigkeit betrachtet, und der Grundbegriff des Druckes verträgt sich ausgezeichnet mit einer solchen Auffassung. Pumpen, Barometer und ähnliche Instrumente geben keinerlei Aufschluß über die innere Beschaffenheit eines Gases. Als Robert Boyle in Verbindung mit seinen Vorläufern und Nachfolgern die Vorstellung der »Luftfeder« entwickelte, wußte niemand, worauf die Erscheinung zurückzuführen war. Der Spekulation war Tür und Tor geöffnet, und halbstatische Modelle, die sich am Federprinzip orientierten, erschienen plausibel. Andererseits gab es auch Vertreter der Auffassung, daß sich ein Gas aus sehr kleinen Teilchen zusammensetze, die in ungeordneter Weise umherfliegen, sich vielleicht anziehen und abstoßen und gegen die Wände prallen würden. Natürlich hatte niemand eine Vorstellung von der Größe und Masse dieser Teilchen.

Einen ersten Beitrag zum Verständnis des kinetischen Druckmechanismus lieferte 1738 Daniel Bernoulli.

Mittels eines einfachen Arguments konnte Bernoulli beweisen, daß der Druck eines aus frei herumfliegenden Molekülen bestehenden Gases der Gleichung

$$pV = \tfrac{1}{3}Nm\langle v^2\rangle$$

folgt, wobei p der Druck, V das Volumen, N die Zahl der Moleküle, m die Masse und $\langle v^2\rangle$ die mittlere quadratische Geschwindigkeit ist. Die Beziehung zwischen der Geschwindigkeit der Moleküle und der Temperatur eines Gases konnte er allerdings nicht angeben. Später, zu Beginn des 19. Jahrhunderts, als man die Wärmeausdehnungskoeffizienten von Gasen maß und feststellte, daß sie alle gleich waren, entstand das empirische Konzept von der »absoluten« Temperatur [$T = 273 + t$ (Zentigrad)]. Damit wurde es möglich, die Temperatur mit der Molekulargeschwindigkeit in Zusammenhang zu bringen. Dieser Weg wurde allerdings in zahlreichen Etappen zurückgelegt und führte in manche Sackgasse.

Ein anderes wichtiges Element der kinetischen Theorie stammt von Amedeo Avogadro, Conte di Quaregna. In seinem langen Leben schrieb er viele Bücher, die längst vergessen sind, doch verdanken wir ihm einen wichtigen Beitrag, der von grundlegender Bedeutung für die Chemie und die Physik ist. 1811 stellte er den Grundsatz auf, daß gleiche Volumina von Gasen bei gleicher Temperatur und gleichem Druck die gleiche Anzahl von Molekülen enthalten. Mit dieser Regel, Bernoullis Gleichung und der absoluten Temperaturskala kann man schreiben

$$pV_o = \tfrac{1}{3}Am\langle v^2\rangle = RT,$$

wobei A die Zahl der Moleküle in einem Mol und V_o das Volumen eines Gasmols (22,4 Liter bei 0 °C und 1 Atmosphäre Druck) ist. Daraus folgt

$$\frac{3}{2}kT = \frac{m\langle v^2\rangle}{2}$$

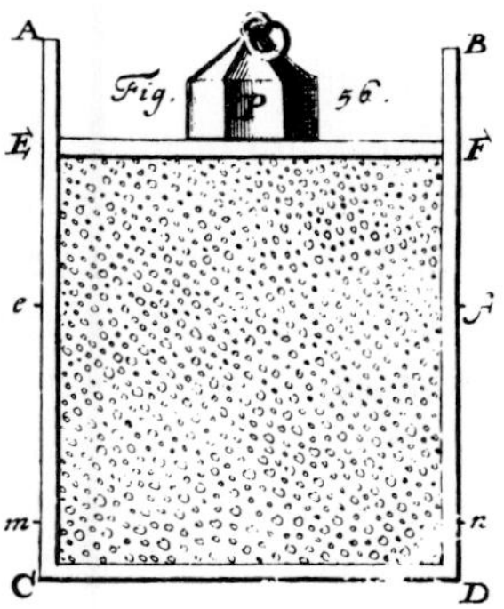

Eine Abbildung aus den *Hydrodynamica* (1738) von Daniel Bernoulli (1700 bis 1782), in der er sein Verfahren zur Berechnung des Gasdrucks erläutert. Interessant ist, daß in einem Realgas bei Normaldruck und Zimmertemperatur der durchschnittliche Abstand zwischen den Molekülen ungefähr das Zehnfache ihrer Durchmesser beträgt. (Bibliothek der University of California, Berkeley)

mit $k = A/R$ als universeller Konstante. Die durchschnittliche kinetische Energie eines Moleküls ist der absoluten Temperatur proportional, und die Proportionalitätskonstante ist universell! All das läßt sich in Joules Abhandlung (vgl. S. 350 ff.) nachlesen.

Die Elemente für einen Teil des Fundaments der kinetischen Theorie lagen also schon 1811 bereit, doch es sollten noch Jahre vergehen, bis man sie zusammensetzte.

Zwei Forscher, die sich schon früh mit der kinetischen Theorie beschäftigten, John Herapath (1790–1868) und John James Waterston (1811–1883), hatten die richtigen Ideen, waren aber ausgesprochen glücklos bei dem Versuch, sie der wissenschaftlichen Gemeinschaft mitzuteilen.

Herapath wurde im englischen Bristol als Sohn eines Mälzers geboren. Obwohl im väterlichen Geschäft angestellt, zeigte sich schon früh seine mathematische Begabung. 1815 heiratete er, gab seine bisherige Beschäftigung auf und eröffnete eine Mathematikschule. Um 1820 schrieb er seine Aufsätze über die kinetische Theorie, konnte sie aber nicht in den Sitzungsberichten der Royal Society unterbringen. Eine wichtige Abhandlung veröffentlichte er 1821 in den *Annals of Philosophy*, doch leider enthielt sie einen schwerwiegenden Fehler, denn er hatte die Temperatur proportional der Molekülgeschwindigkeit gesetzt und nicht ihrem Quadrat. Später interessierte er sich mehr für das Eisenbahnwesen, gab eine einschlägige Zeitschrift heraus und schrieb viele Artikel für sie. Er war von schwierigem Charakter und lebt vor allem im Gedächtnis der Nachwelt, weil er einen gewissen Einfluß auf seine Nachfolger gehabt hat. James Prescott Joule, James Clerk Maxwell und andere zitieren ihn in ihren bahnbrechenden Werken.

Waterston war der Sohn eines Siegelwachsfabrikanten in Edinburgh und mit Robert Sandeman verwandt, dem Gründer der Sandemaniansekte, der Michael Faraday angehörte. Er wuchs in begüterten Verhältnissen auf und studierte an der Universität Edinburgh. Als ihm 1839 ein Lehrauftrag in Indien angeboten wurde, arbeitete er in London für eine Eisenbahngesellschaft. In Bombay gewann er die ersehnte Muße und nutzte sie für wissenschaftliche Studien, die veröffentlicht wurden, aber keine Beachtung fanden. 1845 reichte er eine wahrhaft bedeutende Arbeit über die kinetische Theorie bei der Royal Society ein und erfuhr eine Ablehnung. Auszüge wurden von der British Association publiziert, die Bedeutung seiner Forschungsergebnisse jedoch nicht verstanden. Vor allem ein *Abstract*, das er 1851 aus Kalkutta an die British Association schickte, hätte, wäre es verstanden worden, die Physiker aufhorchen lassen. 1857 kehrte er nach England zurück und litt fortan unter einem angegriffenen Gesundheitszustand. 1891 stolperte Lord Rayleigh, der damalige Sekretär der Royal Society, in einem Artikel von Waterston, in dem es um den Schall ging, über einen Literaturhinweis, grub im Archiv sein Manuskript aus und brachte es in den *Philosophical Transactions* von 1892; fast zehn Jahre nach Waterstons Tod. Waterston hatte den Gleichverteilungssatz und den absoluten Wert der mittleren Molekulargeschwindigkeit entdeckt. Wäre seine Abhandlung 1845 bekannt geworden, hätte sie sicherlich die Entwicklung der kinetischen Theorie von Gasen beeinflußt. Verständlicherweise war Waterston zeitlebens ziemlich verbittert, und er hegte keine hohe Meinung von wissenschaftlichen Gesellschaften.

Die Abhandlungen von Herapath und Waterston verstaubten seit ungefähr einem Jahrzehnt in den Archiven der Royal Society, als August Karl Krönig (1822–1879) im wesentlichen die gleichen Ergebnisse veröffentlichte. Krönig gelang es jedoch weit besser, auf die kinetische Theorie aufmerksam zu machen. Er war wohlbestallter Professor an der Realschule in Berlin und außerdem Herausgeber der *Fortschritte der Physik*, einer jährlich erscheinenden und bei Fachleuten anerkannten Zeitschrift, die über neueste Erkenntnisse auf physikalischen Gebieten berichtete. Seinen Artikel veröffentlichte er in Poggendorffs *Annalen der Physik*, der angesehensten physikalischen Zeitschrift. Im wesentlichen behandelte er die kinetische Erklärung des Boyle-Mariotteschen Gesetzes, des Gay-Lussacschen Gesetzes und andere Themen, bei denen ihm Waterston bereits zuvorgekommen war.

Noch einmal Clausius und Maxwell

Eine neue Phase in der Entwicklung der kinetischen Theorie leitete Rudolf Clausius mit einem Aufsatz aus dem Jahre 1857 ein, als er seine wichtigste thermodynamische Arbeit abgeschlossen hatte. Der Titel der Schrift lautete »Über die Art der Bewegung, welche wir Wärme nennen«. Teilweise wiederholt er darin bekannte Dinge, jedoch mit weit größerer Klarheit als bisher und unter Berücksichtigung vieler unklarer Punkte. Wenn zum Beispiel Moleküle komplexe Teilchen sind, die innere Schwingungen der sie aufbauenden Atome haben können und außerdem als ganze Moleküle Rotationen beschreiben, wie tragen dann diese Bewegungen zum Druck und zur spezifischen Wärme bei?

In einem Artikel aus dem folgenden Jahr antwortet Clausius auf einen Einwand des holländischen Meteorologen Christoph Hendrik Buys-Ballot (1817–1890), besser bekannt wegen seiner Arbeiten über die atmosphärische Zirkulation. Buys-Ballot hatte gefragt: Wenn die Geschwindigkeit der Moleküle tatsächlich so hoch ist, wie nach der kinetischen Theorie zu errechnen, wie kommt es dann, daß der Schwefelwasserstoff, den man in einer Zimmerecke anmischt, erst nach ein paar Minuten in einer anderen Ecke zu riechen ist? Oder warum verharrt Tabakrauch so lange in unbeweglichen Schichten? Zur Widerlegung dieser Einwände verwies Clausius auf den Diffusionsmechanismus von Gasen und mußte zu diesem Zweck die Begriffe Wirkungssphäre, Stoßquerschnitt σ und mittlere freie Weglänge l einführen.

Die Wirkungssphäre erhält man, indem man zwei Moleküle als kleine Kugeln mit dem Radius r ansieht. Wenn sich die Mittelpunkte der beiden Moleküle so sehr nähern, daß die Entfernung $s = 2r$ unterschritten wird, prallen sie zusammen und werden von

Ludwig Boltzmann (1844 bis 1906). (Mit freundlicher Genehmigung von D. Flamm)

ihren Bahnen abgelenkt. Diesen Umstand bringen wir durch die Aussage zum Ausdruck, daß jedes Molekül von einer Wirkungssphäre mit dem Radius s umgeben ist. Der Stoßquerschnitt σ beträgt πs^2, und die mittlere freie Weglänge l ist, abgesehen von einem numerischen Faktor in der Größenordnung von eins,

$$l = 1/n\sigma$$

wobei n die Zahl der Moleküle pro Volumeneinheit ist.

Clausius merkte an, daß zu jener Zeit noch niemand eine Vorstellung von der Größenordnung von s hatte, außer der, daß es sehr klein im Vergleich zu einem Zentimeter sein mußte. Ausgehend von der Annahme, daß sich die Moleküle in einem festen Körper berühren, eröffnete die Bestimmung der mittleren freien Weglänge und ähnlicher Größen (Diffusionskoeffizient) die Möglichkeit, die absolute Größe eines Moleküls festzulegen. Die Bedeutung solcher Daten liegt auf der Hand.

Bei allen diesen Untersuchungen verwendete Clausius Mittelwerte für das Quadrat der Geschwindigkeit und ähnliche Durchschnittszahlen. Er hat sich nie um die Geschwindigkeitsverteilung gekümmert, die die Resultate natürlich auch beeinflußt. Dennoch waren Clausius' Abhandlungen der Beginn einer moderneren kinetischen Theorie: Von nun an erübrigte es sich, frühere Arbeiten zu lesen.

Zu Clausius' Lesern zählte auch Maxwell, der auf diesem Forschungsgebiet ein spektakuläres Debüt hatte. In einem Vortrag, den er das erste Mal im September 1859 vor der British Association hielt, gab er die Geschwindigkeitsverteilung der Moleküle in einem Gas an (vgl. Anhang 10 und S. 271). Außerdem errechnete er den Viskositätskoeffizienten eines Gases aus Molekülgrößen. Die mittlere freie Weglänge findet Eingang in die Gleichungen und kann so dem Experiment unterworfen werden. Der Bericht ist in drei Teile untergliedert, von denen einer fehlerhaft ist, wie Clausius nachwies und Maxwell zugab. Doch die beiden anderen räumten gründlich mit allen bislang bekannten Tatsachen dieses Gebietes auf. Im Schlußteil kommt auch Maxwell zu dem Ergebnis, daß die kinetische Energie pro Freiheitsgrad für alle Teilchen im thermischen Gleichgewicht gleich ist. Dies ist der Gleichverteilungssatz, einer der Grundpfeiler der klassischen statistischen Mechanik. Angesichts dieser theoretischen Voraussetzungen wurde die Messung der Gasviskosität zu einem Experiment von höchster Bedeutung. Wir haben bereits erfahren, wie Maxwell es mit Hilfe seiner Frau durchführte.

Ludwig Boltzmann

Es galt noch ein weiteres Problem von grundsätzlicher Natur zu bewältigen. Die meisten Forscher, die sich mit der kinetischen Theorie beschäftigten, waren auch auf dem Gebiet der Thermodynamik tätig. Es war offensichtlich, daß die beiden Wissensgebiete miteinander zusammenhingen. Doch hier ergab sich eine grundlegende Schwierigkeit. Die zentrale Aussage der Thermodynamik lautete, daß die Entropie eines abgeschlossenen Systems mit der Zeit zunimmt, bis sie ihr Maximum im Gleichgewichtszustand annimmt. Die empirische Basis dieses Faktums ist die Unmöglichkeit eines *Perpetuum mobile* zweiter Art oder die Existenz eines Zeitpfeils, wie aus der Wärmeleitung deutlich wird. Andererseits sind alle mechanischen Erscheinungen zeitinvariant – das heißt, wenn wir zu einem gegebenen Zeitpunkt alle Geschwindigkeiten eines Massenpunktsystems umkehren, dreht sich die Bewegung um, so, als ließen wir einen Film rückwärts laufen. Ist es also möglich, von einem rein mechanischen Standpunkt aus die Irreversibilität der Naturerscheinungen zu erklären? Läßt sich die Entropiezunahme aus der Mechanik ableiten? Diese fundamentalen Fragen beschäftigten viele der besten Köpfe in der zweiten Hälfte des 19. Jahrhunderts.

Natürlich mußte man über kurz oder lang versuchen, ein so grundlegendes Gesetz wie den zweiten Hauptsatz der Thermodynamik auf die Mechanik zurückzuführen – ein Versuch, den als erster Ludwig Boltzmann unternahm. Er war Österreicher, Sohn eines Steuereinnehmers und wurde 1844 in den Glanz der Hauptstadt Wien hineingeboren, wo bald darauf Kaiser Franz Joseph den Thron besteigen sollte. Bereits 1848 war das Habsburger Reich an der Nationalitätenfrage (die mit Ausgang des Ersten Weltkriegs das Ende der Donaumonarchie besiegeln sollte) fast zerbrochen, doch Franz Joseph gelang es, den Zusammenhalt noch einmal zu wahren und die Risse zu übertünchen. Die große Wiener Musiktradition wurde von Bruckner, Brahms, Mahler und der Straußdynastie fortgesetzt. Die Stadt bot ein geistiges Klima, in dem die Naturwissenschaften und die Medizin einen blühenden Aufschwung nahmen. Vor allem aber forderte Wien durch seine kultivierte Lebensweise zum Vergleich mit Paris heraus. Wien betrachtete sich selbst als das Paris Osteuropas, und das übrige Europa eiferte ihm nach.

Boltzmann verbrachte Kindheit und Jugend in den kleinen Provinzstädten Wels und Linz, besuchte aber die Universität Wien, wo er einen Mentor hatte, Josef Stefan (1835–1893), der durch seine Strahlungsstudien berühmt werden sollte, und einen älteren Freund, Johann Joseph Loschmidt, dem wir als erstem zuverlässige Zahlen über molekulare Größen verdanken.

Nachdem Boltzmann 1864 sein Studium abgeschlossen hatte, wurde er 1867 Privatdozent. 1869 bekam er seinen ersten Lehrstuhl für mathematische Physik in Graz, doch hielt es ihn dort zunächst nicht lang. In den Jahren 1869 und 1871 verbrachte er einige Zeit in Heidelberg und Berlin bei Kirchhoff und Helmholtz. Von 1873 bis 1876 lehrte er Mathematik in Wien, kehrte dann aber als Professor für experimentelle Physik nach Graz zurück. Er war jetzt sehr bekannt, und begabte junge Physiker kamen nach Graz, um bei ihm zu studieren, unter ihnen vor allem Walther Hermann Nernst (1864–1941) und Svante August Arrhenius (1859–1927), die führende Köpfe in der physikalischen Chemie werden sollten. 1890 ging Boltzmann nach München, einer bedeutend größeren Stadt, aber es sollte nicht sein letzter Umzug sein. 1894 wurde er Stefans Nachfolger in Wien. Dann begab er sich für zwei Jahre nach Leipzig, um schließlich wieder nach Wien zurückzukehren, wo er bis zu seinem Tode blieb. Obwohl im Herzen ein theoretischer Physiker, hatte Boltzmann doch wichtige Messungen zur Dielektrizitätskonstanten und dem Brechungsindex von Gasen und Festkörpern durchgeführt, um Maxwells Theorie zu bestätigen (1874). Er war ein tüchtiger Experimentator, aber durch starke Kurzsichtigkeit behindert. Als er älter wurde, verschlechterte sich sein Gesundheitszustand. Er litt an schwerem Asthma und an Kopfschmerzen, während gleichzeitig seine Sehfähigkeit so sehr nachließ, daß er einen Vorleser beschäftigten mußte. Bereits in Leipzig hatte er versucht, sich das Leben zu nehmen, jedoch überlebt. Am 5. September 1906 beging er in seinem Urlaubsort Duino bei Triest Selbstmord.

Der fortwährende Wechsel seiner Aufenthaltsorte läßt etwas von Boltzmanns Persönlichkeit ahnen. Er war Stimmungen unterworfen, die sich zu regelrechten Depressionen verdüstern konnten. Obwohl er als einer der größten Physiker seiner Zeit galt, fühlte er sich zuweilen isoliert und geistig im Stich gelassen – Empfindungen, die jeder konkreten Grundlage entbehrten. Er war Ehrendoktor vieler Universitäten, unter anderem auch von Oxford, er war Mitglied der größten Akademien, und zu seinem sechzigsten Geburtstag wurde er mit einer Festschrift geehrt, deren Beiträge von den berühmtesten Physikern der Zeit stammten – S. Arrhenius, J. H. van't Hoff, H. A. Lorentz, E. Mach, W. Nernst, M. Planck, A. Sommerfeld, J. D. van der Waals, W. Wien und vielen anderen Wissenschaftlern aus England, Frankreich, USA, Rußland, Japan, Italien und anderen Ländern.

Als Boltzmann von einer Reise durch Kalifornien nach Wien zurückkehrte, fertigte einer seiner Schüler, K. Pzibram, diese Karikatur von seinem Professor an. (Mit freundlicher Genehmigung von D. Flamm)

Boltzmann reagierte sehr empfindlich auf intellektuelle Angriffe, was ihn jedoch nicht daran hinderte, sich in heftige Auseinandersetzungen zu verstricken und eine scharfe Feder gegen seine Gegner zu führen. Unbarmherzig stellte er Wilhelm Ostwald (1853–1932) bloß, einen bekannten Chemiker, der sich eine Zeitlang gegen die Atomtheorie wandte und statt dessen eine schlecht durchdachte Energetiklehre verkündete. Dabei hatte schon 1905 Einstein seine Theorie der Brownschen Bewegung veröffentlicht, die, in Verbindung mit den vorangegangenen Experimenten über Radioaktivität, eindeutige Beweise für die Atomstruktur der Materie lieferte. 1910, nach Boltzmanns Tod, waren seine Hauptwidersacher, unter ihnen Ostwald und Mach, entweder überzeugt oder stark in die Defensive gedrängt. In jedem Falle wurde Boltzmann, auch in der wissenschaftlichen Auseinandersetzung, von seinen Gegnern geachtet.

Boltzmann besaß eine künstlerische Ader und hatte Talent zum Schreiben. In der Literatur gehörte seine besondere Liebe Schiller, und er behauptete, ohne diesen wäre ihm eine geistige Existenz

Boltzmann-Denkmal in Wien, das als Inschrift seine berühmte Formel $S = k \log W$ trägt. (Mit freundlicher Genehmigung von D. Flamm)

überhaupt nicht möglich gewesen. Er war auch ein guter Pianist, und in seiner Wiener Wohnung traf man sich regelmäßig zur Hausmusik. Außerdem hatte die ganze Familie ein festes Abonnement für die Wiener Staatsoper.

Boltzmann war bekannt für seine brillanten Vorlesungen, denen gelegentlich ebenso viele Gasthörer wie reguläre Studenten beiwohnten. Er unternahm ausgedehnte Reisen und hinterließ die Beschreibung einer Kalifornienreise aus dem Jahr 1905, die sehr lebendig und humorvoll ist. Es war bereits sein dritter Besuch in den Vereinigten Staaten, ungewöhnlich für die damalige Zeit.

Boltzmann schrieb viele Abhandlungen, manchmal drei oder vier pro Jahr, die alle lang und voll komplizierter Berechnungen waren. Das schreckte seine Leser ab. So schrieb beispielsweise Maxwell an seinen Freund P. G. Tait: »Ich habe Boltzmann durchgearbeitet und konnte ihn einfach nicht verstehen. So, wie ich ihm aufgrund meiner Kürze unverständlich blieb, ist seine Länge kein geringeres Hindernis. Ich hätte deshalb nicht übel Lust, mich der stattlichen Schar der Epigonen anzuschließen und den ganzen Kram in knapp sechs Zeilen auszudrücken.« Andererseits hegte Boltzmann eine fast religiöse Verehrung für Maxwell, seit sein Wiener Professor Stefan ihm Maxwells Aufsätze über die Elektrizität und eine englische Grammatik als Lesehilfe in die Hand gedrückt hatte. In diesem Zusammenhang berichtet Boltzmann, daß er sich außerdem noch ein Wörterbuch von seinem Vater besorgt habe. Seine Bewunderung für Maxwell hat Boltzmann wiederholt in lyrischem Überschwang geäußert. Er hatte entscheidenden Anteil an der Verbreitung der Maxwellschen Elektrizitätslehre, da er eine der ersten Gesamtdarstellungen von Maxwells elektromagnetischer Theorie schrieb (1891–1893). Die Stadt Wien setzte Boltzmann ein Denkmal, das als Inschrift seine berühmte Formel:

$$S = k \log W$$

trägt, die den Zauber der statistischen Mechanik einschließt, wie Maxwells Gleichungen den Zauber der Elektrizität enthalten (vgl. Anhang 6).

Statistik und Wahrscheinlichkeit erobern die Physik

Wie wir gesehen haben, läßt sich der erste Hauptsatz der Thermodynamik, vorausgesetzt, wir verfügen über ein geeignetes Molekülmodell, auf die Gesetze des elastischen Stoßes zurückführen – mit anderen Worten, auf die klassische Mechanik. Der Gedanke, etwas Ähnliches für den zweiten Hauptsatz zu versuchen, bot sich geradezu an. Das führte am Ende zu der Erkenntnis, daß ein solcher Versuch nur unter Berücksichtigung statistischer Gesichtspunkte, die der Mechanik fremd sind, gelingen könnte. Der Weg zu dieser Erkenntnis war jedoch lang und verschlungen.

Einen ersten Versuch unternahm Boltzmann 1866. Er meinte, ein gültiges Resultat gefunden zu haben, doch es war auf reversible Prozesse beschränkt, für die der zweite Hauptsatz, obzwar gültig, weniger interessant ist als für den allgemeinen Fall. Clausius entdeckte 1871 den gleichen Ansatz, ohne Boltzmanns frühere Arbeit gelesen zu haben. 1867 hatte Maxwell jedoch versucht, einen besseren Beweis für die bereits 1859 vorgelegte Entdeckung der Geschwindigkeitsverteilung der Moleküle in einem Gas zu liefern. In einem sehr wichtigen Aufsatz untersuchte er die Zusammenstöße zwischen Molekülen und wies nach, daß Stöße nichts an der Wahrscheinlichkeitsverteilung der Geschwindigkeiten ändern. Er zeigte nicht, daß sie die einzige Verteilung mit dieser Eigenschaft war, aber er lieferte Argumente für die Annahme, daß jede Verteilung mit der Zeit zur Maxwellschen Form tendieren würde. Mit Hilfe der Geschwindigkeitsverteilung gelangen ihm auch genauere Berechnungen des Viskositätskoeffizienten und anderer Transportkoeffizienten. Zu diesem Zeitpunkt waren ihm auch die Probleme der Gleichverteilung bekannt, und er hatte obendrein die Paradoxa formuliert, auf die man stößt, wenn man sich ein »Wesen mit so geschärften Wahrnehmungsfähigkeiten« vorstellt, »daß es dem Lauf eines jeden Moleküls zu folgen vermag«.

Der nächste entscheidende Schritt gelang Boltzmann 1871, als er zwischen dem zeitlichen Mittelwert eines einzigen Moleküls und dem augenblicklichen Mittel über viele Moleküle zu unterscheiden begann. Beide sind gleich, doch der Beweis ist gespickt mit Schwierigkeiten, die auch heute noch nicht ganz überwunden sind. Boltzmann vermochte Maxwells Gesetz für den Fall zu verallgemeinern, wo Kräfte (etwa Gravitation) auf die Moleküle einwirken, und er erhielt (in moderner Schreibweise) seine berühmte Formel für die »Boltzmannverteilung«:

$$dW = \frac{\exp(-\,E/kT)\;d\omega}{\int \exp(-\,E/kT)\;d\omega}$$

wobei dW die Wahrscheinlichkeit (in beiden oben genannten Bedeutungen) ist, einen Punkt zu finden, der ein System von Freiheitsgraden in einem Phasenvolumen $d\omega = dq_1, \ldots dq_n dp_1 \ldots dp_n$ repräsentiert. Hier sind $q_1 \ldots q_n$ die Koordinaten des Systems und $p_1 \ldots p_n$ ihre konjugierten Impulse, während $E(q,p)$ die Energie ist.

In der Zwischenzeit war Maxwell zu dem Schluß gekommen, daß der zweite Hauptsatz der Thermodynamik von ganz neuer, in der Physik bisher unbekannter Art sei. Es handelte sich um ein statistisches Gesetz, das sich nur mit Wahrscheinlichkeitsargumenten beweisen ließ. Insofern war es nicht absolut gültig wie zum Beispiel der Satz von der Erhaltung der Energie, sondern nur so wahrscheinlich, daß es für die Dauer der Geschichte, ja für den gesamten Zeitraum seit Entstehung der Erde, weitestgehend jede Wahrscheinlichkeit für eine Beobachtung seiner Verletzung in einem makroskopischen System ausschloß. Im Prinzip ist eine Verletzung jedoch möglich, und Maxwell ersann einen »Dämon« (von Thomson so bezeichnet), der das besorgte. Erstmals erwähnt er diesen Gedanken 1867. In einem Brief an seinen Freund Lord Rayleigh schreibt er später:

Glenlair, 6. Dezember 1870

Lieber Strutt,

wenn die Welt ein rein dynamisches System ist und wenn man die Bewegung eines jeden seiner Teilchen im selben Augenblick genau umkehrt, so werden alle Ereignisse rückwärts bis zum Anfang aller Dinge ablaufen, die Regentropfen werden sich auf dem Erdboden versammeln und zu den Wolken emporfliegen usw. usw., und die Menschen werden das Leben ihrer Freunde vom Grab bis zur Wiege verstreichen sehen, bis wir die Umkehrung unserer Geburt erleben, was immer das sein mag. Es wird dann heißen, es sei unmöglich, etwas über die Vergangenheit zu erfahren, es sei denn durch Analogien mit der Zukunft. Es erscheint zweifelhaft, daß sich ein solches Experiment durchführen läßt, doch ich glaube auch nicht, daß es eines solchen Kunststücks bedarf, um den zweiten Hauptsatz der Thermodynamik umzustoßen.

Denn wenn der dynamischen Theorie der Gase irgendwelche Wahrheit innewohnt, dann bewegen sich die verschiedenen Moleküle in einem Gas von gleichförmiger Temperatur mit sehr unterschiedlichen Geschwindigkeiten. Man schließe solch ein Gas in einen Behälter mit zwei Kammern ein und versehe die Wand zwischen A und B mit einem Loch von genau der Größe, um ein Molekül hindurchzulassen. Man fertige einen Deckel oder Verschluß für dieses Loch an und bestelle einen sehr intelligenten und überaus flinken Türhüter, der mit mikroskopisch genauem Auge begabt, doch immer noch im wesentlichen ein endliches Wesen ist. Wann immer er ein Molekül mit hoher Geschwindigkeit auf das

Tor von A nach B zukommen sieht, ist er gehalten, es durchzulassen, doch sollte sich das Molekül langsam bewegen, möge er das Tor geschlossen halten. Umgekehrt hat er den Auftrag, langsame Moleküle von B nach A passieren zu lassen, aber keine schnellen. (Dies kann, wenn erforderlich, auch von einem zweiten Torhüter und einem anderen Tor besorgt werden.) Natürlich muß er flink sein, denn die Moleküle verändern ständig ihre Bahnen und Geschwindigkeiten.

Auf diese Weise kann ohne den geringsten Arbeitsaufwand die Temperatur von B gehoben und von A gesenkt werden, allerdings nur dank des Eingreifens eines intelligenten Wesens mit reiner Steuerfunktion (wie die eines Weichenstellers bei der Eisenbahn, der mit perfekt funktionierenden Weichen den D-Zug auf das eine Gleis und den Güterzug auf das andere lenken muß). Ich sehe nicht ein, warum nicht auch die Intelligenz entbehrlich und das Ding automatisch funktionieren soll.

Moral: Der zweite Hauptsatz der Thermodynamik hat den gleichen Wahrheitsgehalt wie die Feststellung, daß man, schüttet man ein Glas Wasser ins Meer, nicht dasselbe Glas Wasser wieder herausholen kann.«

Ähnliche Gedanken haben Loschmidt und Boltzmann im Gespräch erörtert.

Boltzmann schrieb 1872 einen grundlegenden Aufsatz, der immer noch zu den klassischen Abhandlungen der statistischen Mechanik gehört. Darin betrachtet er eine beliebige Verteilung in Raum und Geschwindigkeit für einatomige Moleküle und entwikkelte die Gleichung, nach der sich die Verteilung im Laufe der Zeit unter Einwirkung der Zusammenstöße verändern würde. Anhand der Verteilungsfunktion gelangte er auch zu einem Ausdruck, den er E und später H nannte (daher die Bezeichnung H-Theorem) und zeigte, daß H mit der Zeit nur abnehmen oder gleichbleiben kann. Boltzmann gelangte zu diesem Ergebnis durch eine eingehende Analyse der möglichen Zusammenstöße, die Untersuchung ihrer Symmetrieeigenschaften und langwierige Berechnungen. Für die Maxwellverteilung ist H stationär, in allen anderen Fällen nimmt H ab. Letztlich wies Boltzmann nach, daß H das Negative der Entropie ist. So hatte er die Verbindung zwischen Thermodynamik und Mechanik hergestellt, aber nur auf dem Umweg über das H-Theorem.

Es gab jedoch problematische Punkte, die einer längeren Erörterung bedurften. Unter anderem ist der Beweis auf die sogenannte Ergodenhypothese angewiesen, über die ganze Bücher geschrieben worden sind. Heute hat sich durch die Quantenmecha-

genommen wird dann allerdings auch der wahrscheinlichste Zustand am häufigsten vorkommen (wenigstens bei einer sehr grossen Zahl von Molekülen). Die Ordinaten dieser Curve sind fast ausnahmslos sehr klein und diese kleinen Ordinaten sind natürlich nicht mit Vorliebe Maxima. Lediglich die Ordinaten von ganz ungewöhnlicher Grösse sind es meist und zwar um so wahrscheinlicher, je grösser sie sind. Dass eine sehr grosse Ordinate H_0 öfter einem Maximum als dem Durchschnittspunkte der Geraden $y = H_0$ mit einem noch grösseren Buckel entspricht (l. c. p. 797), kommt von der enormen Zunahme der Seltenheit der Buckel mit wachsender Höhe. Vgl. die nebenstehende Figur, die freilich sehr cum grano zu nehmen ist. Eine richtige Figur hätte der Zinkograph nicht herstellen können, da das, was

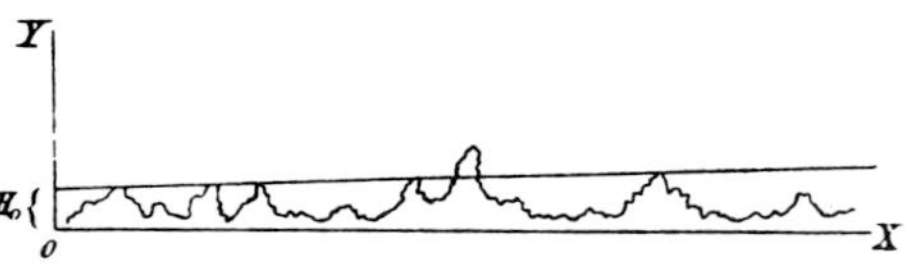

Die Änderung der Größe *H* mit der Zeit in einer Darstellung von Boltzmann. Der Graph hat nur symbolischen Wert, weil »die Zinkographie die Details eines Realfalls« nicht genau wiedergeben könne. Der Abstieg von jedem Maximum ähnelt einem invertierten Baum. Je tiefer wir kommen, desto mehr Wege eröffnen sich. (Aus: *Annalen der Physik und Chemie*, 1897. Bibliothek der University of California, Berkeley)

nik ein Teil dieser Diskussionen erübrigt oder radikal verändert. Die physikalische Lösung dieser Schwierigkeiten muß unter Berücksichtigung der Identität der Moleküle im Rahmen der Quantenmechanik formuliert werden. Deshalb ist Boltzmanns polemische Auseinandersetzung mit Ernst Friedrich Zermelo (1871–1953), einem Mathematiker, der sich später besonders auf dem Gebiet der Logik und der Mengenlehre einen Namen machte und damals als Plancks Assistent Boltzmann mit spitzfindigen Argumenten kritisierte, hauptsächlich von mathematischem Interesse.

Boltzmann lieferte 1877 schließlich eine Formulierung und einen Beweis seines Verteilungsgesetzes, der weitgehend auf statistischen Argumenten beruhte und fast ohne Dynamik auskam. Dieser Beweis wird meistens in Grundkursen gelehrt und enthält ein Postulat, das die Schwierigkeiten in gewissem Umfange verdeckt. Dennoch hat sich dieses Verfahren in allen späteren Entwicklungen der statistischen Mechanik bewährt, auch in ihrer Erweiterung zur Quantenstatistik, in der die Moleküle voneinander ununterscheidbar sind.

Bei dieser Art von Beweisführung betrachtet man die Verteilung nicht nach Geschwindigkeiten und Koordinaten, sondern nach Impuls und Koordinaten im sogenannten Phasenraum, der 1876 erstmals von Hewett Cottrell Watson (1804–1881) in die statistische Mechanik eingeführt wurde. Die Bedeutung des Phasenraums geht auf ein von Joseph Liouville entdecktes Theorem zurück, das besagt, daß das mehrdimensionale Volumen, das von einer bestimmten Anzahl repräsentativer Phasenpunkte erfüllt ist, sich mit der Zeit nicht verändert. Mit anderen Worten, die repräsentativen Punkte bewegen sich im Phasenraum wie eine inkompressible Flüssigkeit. Überdies sind die repräsentativen Punkte auf eine Hyperfläche konstanter Energie beschränkt, weil die Energie erhalten bleibt. Die grundlegende Hypothese lautet, daß alle Volumenelemente des Phasenraums gleich wahrscheinlich sind.

Möglicherweise hat Maxwell die Lektüre von Boltzmanns Abhandlungen aufgegeben, weil sie ihm zu mühsam war. Jedenfalls scheint er nicht viel über sie nachgedacht zu haben, denn in einem Brief an Tait schreibt er:

»Es ist ein seltenes Vergnügen, mit anzusehen, wie sich diese gelehrten Deutschen darüber streiten, wem das Prioritätsrecht an der Entdeckung zukomme, daß der zweite Hauptsatz der $\Theta\Delta cs$ [Thermodynamik] das Hamiltonsche Prinzip ist, wenn sie die ganze Zeit *annehmen*, daß die Temperatur eines Körpers nur ein anderer Name für die vis viva eines seiner Moleküle ist, ein Faktum, das durch die Arbeiten von Gay Lussac, Dulong u. a. nahegelegt wurde, erstmals aber aus dynamisch-statistischen Überlegungen von *dp/dt* [d. h. von Maxwell] abgeleitet worden ist. Derweil schwebt das Hamiltonsche Prinzip in von keinerlei statistischen Erwägungen getrübten Gefilden, während die deutschen Ikari mit ihren wächsernen Schwingen in Nephelococcygia [Wolkenkuckucksheim] umherflattern zwischen all den nebulösen Gestalten, welche die Unzulänglichkeit und Begrenztheit menschlichen Wissens mit den unbeschreiblichen Eigenschaften der Himmelskönigin ausgestattet hat.«

Doch Boltzmanns komplizierter Weg über das H-Theorem lieferte als Nebenprodukt die Boltzmannsche Transportgleichung, die die zeitliche Änderung der Verteilungsfunktion angibt. Diese Gleichung erwies sich als der richtige Weg, die Probleme der Viskosität, Diffusion und Wärmeleitung zu lösen, die dem Experiment zugänglich sind und bei denen sogar Maxwell Schwierigkeiten bekommen und Fehler begangen hat. Nach und nach gewann Boltzmann immer tieferen Einblick in diese Probleme, so daß er 1877 das Wesen der zeitlichen Änderung der *H*-Funktion und ihre Beziehung zur Wahrscheinlichkeit weitgehend verstand. Zu dieser Klärung seiner Gedanken hatte Loschmidts Kritik wesentlich beigetragen. Noch zu der Zeit, als Boltzmann starb, hatte die statistische Mechanik mit Schwierigkeiten zu kämpfen, etwa mit den scheinbaren Ausnahmen vom Gleichverteilungssatz, wie sie die spezifischen Wärmen darstellten. Das Problem läßt sich nur im Rahmen der Quantentheorie lösen und überstieg deshalb die Möglichkeiten der damaligen Physik.

Natürlich vorkommende reale Gase

Ideale Gase waren die geeigneten Versuchsobjekte für die theoretische Arbeit auf dem Gebiet der Thermodynamik und der kinetischen Theorie. Sie haben nur einen kleinen Nachteil: Es gibt sie nicht. Jahrelange Präzisionsmessungen mit realen Gasen haben ihre Abweichung vom Idealzustand erbracht. Dies zeigten sowohl die Präzisionsmessungen von Henri Victor Regnault wie auch die von vielen Forschern geleistete Verflüssigung von Gasen. Letztere Erscheinung wies bemerkenswerte Besonderheiten auf. Im allgemeinen führten hohe Drücke und niedrige Temperatur zur Kondensation der Gase. Charles Cagniard de la Tour (1777–1859), ein Mann, der in vielen Sätteln gerecht, vor allem aber Staatsdiener, ein Freund Gay-Lussacs und Mitglied der höchsten französischen Kreise war, entdeckte 1822, daß es eine kritische Temperatur gibt, oberhalb derer ein Gas nicht mehr kondensiert, ganz gleich, welchem Druck man es unterwirft. Weiterentwickelt wurde der Begriff der kritischen Temperatur von Thomas Andrews (1813–1885), einem bemerkenswerten Wissenschaftler aus dem Viktorianischen England. In Belfast als Sohn eines Tuchhändlers geboren, studierte er zunächst in Glasgow, dann in Paris Chemie und machte außerdem seinen Doktor der Medizin in Edinburgh. In Belfast ließ er sich als Arzt nieder und lehrte Chemie am Queen's College. Außerdem stand er in lebhafter Verbindung mit deutschen und französischen Kollegen, etwa Jean-Baptiste-André Dumas, Friedrich Wöhler (1800–1882), Jöns Jacob Berzelius (1779–1848) und Justus von Liebig. In England war er mit Faraday, Maxwell und Tait befreundet. Viele von Andrews Untersuchungen, die wir heute der physikalischen Chemie zurechnen würden, haben inzwischen ihre Bedeutung verloren. Im Gedächtnis geblieben ist er, weil er, teilweise in Zusammenarbeit mit Tait, den Aufbau des Ozons geklärt hat, und vor allem, weil er die Zustandsgleichung des Kohlendioxids untersucht hat. Für diesen Stoff ermittelte er präzise Kurven für die Abhängigkeit des Drucks vom spezifischen Volumen (vgl. die Abbildung unten).

Wie gewöhnlich führten zwei verschiedene Wege zum Verständnis realer Flüssigkeiten und Gase. Das Experiment lieferte die konkreten Erscheinungen, die es zu beschreiben und zu erklären galt, die Molekulartheorie das theoretische Werkzeug, mit dem man dies zu bewerkstelligen hoffte.

Auf experimentellem Gebiet erwies sich das Problem der Verflüssigung von Gasen als fruchtbarer Boden für die Entdeckung der wissenschaftlichen phänomenologischen Aspekte. Die Verflüssigung der Gase machte in der ersten Hälfte des 19. Jahrhunderts große Fortschritte, doch einige Gase, wie zum Beispiel Sauerstoff, Stickstoff und Wasserstoff, widersetzten sich, ganz gleich, welcher Kompression sie unterworfen wurden, jedem Versuch der Verflüssigung. Sie wurden Permanentgase genannt, weil man es für un-

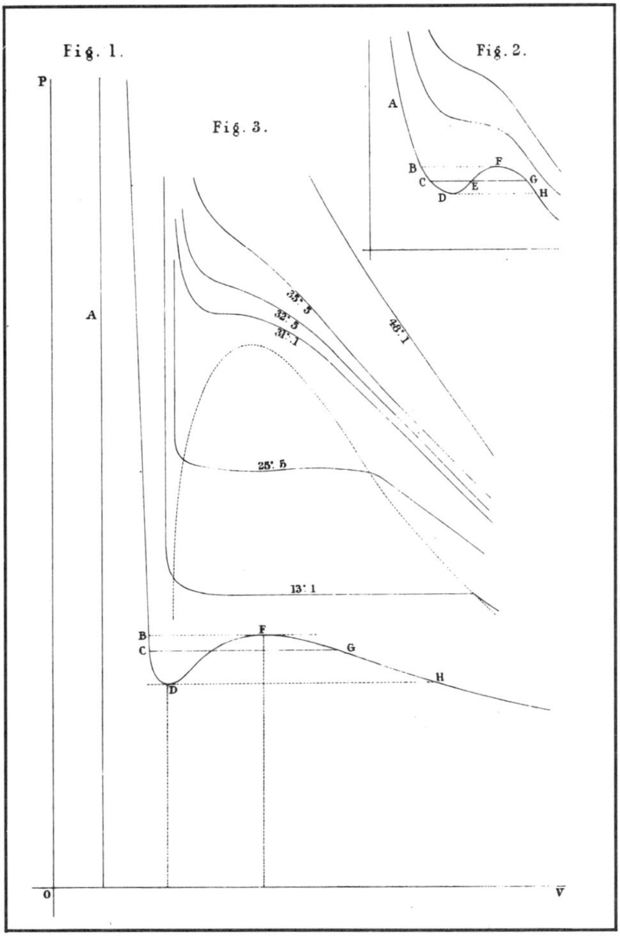

möglich hielt, sie zu verflüssigen. Die Entdeckung der kritischen Temperatur machte ihr Verhalten plausibel und zeigte die Notwendigkeit, sie vor Anwendung des Druckes vorzukühlen. Flüssiges Kohlendioxid ließ sich nur bei einer Temperatur unter 31 °C erhalten, erwärmte man es jedoch über diese Temperatur hinaus, wurde es gasförmig, und der Übergang war kontinuierlich; oberhalb der kritischen Temperatur ließen sich flüssiger und gasförmiger Zustand nicht unterscheiden.

1877 hatte man die Kunst der Gasverflüssigung so vervoll-

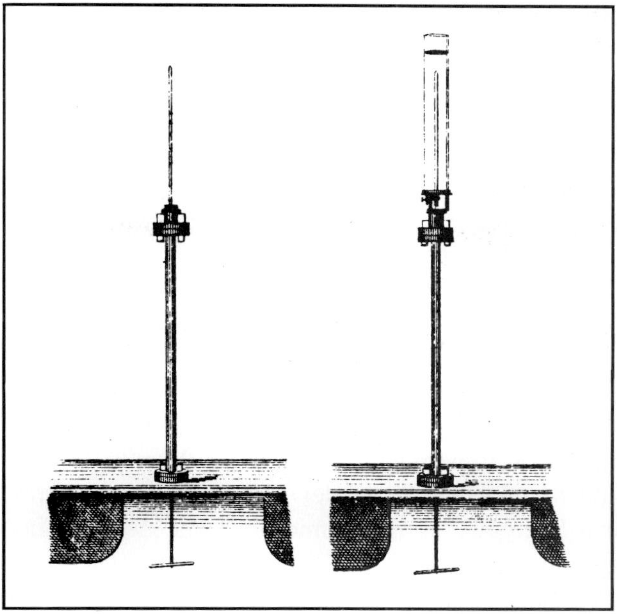

Isothermen des Kohlendioxids (*Abbildung links*) nach den Meßergebnissen von Thomas Andrews nebst einer Illustration der van der Waalsschen Gleichung und Maxwells Kurve der stabilen Koexistenz von Flüssigkeit und Gas. Diese berühmte Abbildung taucht in vielen physikalischen Lehrbüchern auf. Unsere Abbildung stammt aus dem Nachdruck von van der Waals Dissertation in *Physical Memoirs* (Physical Society of London), 1 (1890), 3. Die *Abbildung oben* zeigt den Apparat, mit dem Andrews seine Messungen vornahm. (Aus: *Philosophical Transactions*, 2 (1869), 575. (Bibliothek der University of California, Berkeley)

kommnet, daß man sogar Sauerstoff in eine Flüssigkeit verwandeln konnte. In einem dramatischen Wettlauf um die Priorität hatte Louis Paul Cailletet (1832–1913), ein Bergbauingenieur aus Châtillon-sur-Seine, der Académie des Sciences seinen Erfolg mitgeteilt. Zuvor hatte er Acetylen komprimiert, weil er hoffte, es ließe sich leichter als Luft verflüssigen. Plötzlich wurde das Gerät undicht, und das Gas verlor seinen Druck adiabatisch. Es bildete sich Nebel, und Cailletet verstand sogleich, daß die adiabatische Abkühlung die Kondensation des Gases bewirkt hatte. Mit vollem

Erfolg benutzte er dann diese Methode zur Verflüssigung des Sauerstoffs. Dies hatte sich Anfang Dezember zugetragen, doch setzte er die Akademie erst am 24. davon in Kenntnis, weil er fürchtete, man würde ihm, der für die Akademie kandidierte, die Meldung der Entdeckung vor dem Wahldatum als schlechten Stil ankreiden und von seiner Wahl Abstand nehmen, die am 17. Dezember stattfand. Zu seinem Pech mußte ihm der Sekretär der Akademie als erstes mitteilen, daß er am 22. Dezember ein Telegramm von Raoul-Pierre Pictet (1846–1929) aus Genf erhalten habe, in dem dieser die Verflüssigung des Sauerstoffs vom gleichen Tage gemeldet habe. Cailletet schien geschlagen. Doch nein: Am dritten des Monats hatte Cailletet einen Brief an den berühmten Chemiker Henri Etienne Sainte-Claire Deville (1818–1881) abgeschickt und ihm von seinem Experiment berichtet. Cailletet hatte es ihm auch vorgeführt. Unter dem Siegel der Verschwiegenheit vertraute Deville dem Sekretär der Akademie noch am gleichen Tag diesen Brief an und rettete damit Cailletets Priorität.

Der Wettlauf um die Verflüssigung der Gase ging weiter, und ein bedeutender Fortschritt wurde von den beiden Polen Zygmunt Florenty von Wróblewski (1845–1888) und Karol Stanislaw Olszewski (1846–1915) in Krakau erzielt. Der erste hatte in Paris studiert und einen Cailletet-Apparat mitgebracht. Nach Polen zurückgekehrt, arbeitete er mit dem Chemiker Olszewski zusammen und entwickelte wichtige Verbesserungen, dank derer er relativ große Sauerstoffmengen verflüssigen konnte. Die Zusammenarbeit war jedoch nur von kurzer Dauer. Als die Polen jeder für sich versuchten, Wasserstoff zu verflüssigen, hatten sie keinen Erfolg. Wróblewski kam 1888 bei einem Feuer in seinem Labor um. Ein neuer Konkurrent erwuchs in der Person von James Dewar (1842–1923), Faradays Nachfolger als Direktor der Royal Institution. Er erfand das Dewar-Gefäß – die bekannte Thermosflasche –, das war ein wichtiger Fortschritt in der Kryotechnik. Nach mancherlei Anstrengung gelang es Dewar schließlich 1898, Wasserstoff zu verflüssigen. Nun widersetzte sich nur noch Helium Dewars Bemühungen. Dewar war ein schwieriger Mann, der heftige Auseinandersetzungen mit Olszewski und englischen Kollegen geführt hatte. Er arbeitete praktisch allein, in einem relativ begrenzten Rahmen und mit handwerklichen Methoden. Dagegen führte der holländische Physiker Heike Kamerlingh-Onnes ausgefeilte technische Verfahren und eine rein wissenschaftliche Methode in den gesamten Bereich der Tieftemperaturphysik ein. Den Lohn für seine Mühen erntete er 1908, als er das Helium in seinem Gerät sieden sah. Auch diese Entdeckung verlief dramatisch, weil der Heliummeniskus schwer zu erkennen war. Es dauerte Stunden, bis ein Besucher den verzweifelten Kamerlingh-Onnes, der überzeugt war, daß das Experiment fehlgeschlagen sei, auf seinen triumphalen Erfolg aufmerksam machte.

Van der Waals' wunderbare Gleichung

Die Theorie half den Experimenten entscheidend auf die Sprünge, weil sie eine umfassende Beschreibung der Aggregatzustände der Materie lieferte. Der holländische Physiker Johann Diderik van der Waals gelangte anhand empirischer Daten, Molekülmodelle, der Thermodynamik und der kinetischen Theorie zu einer Zustandsgleichung, die sehr einfach und genau war und auf der Grundlage der Molekulartheorie verständlich ist.

Van der Waals stammte aus einer relativ armen Familie, und erst 1862, mit 25 Jahren, begann er ein Universitätsstudium. Er verdiente seinen Lebensunterhalt als Gymnasiallehrer und konnte endlich 1873 seine Dissertation der Leidener Fakultät vorlegen. Holländische Dissertationen zeichnen sich im allgemeinen durch ein anspruchsvolles Niveau aus, doch van der Waals' Doktorarbeit erwies sich als wissenschaftliche Arbeit ersten Ranges. Er verbesserte die Zustandsgleichung eines Gases, indem er eine zwischen den Molekülen wirksame Kraft und die endliche Größe der Moleküle einführte. Er vertrat die Ansicht, daß über große Entfernungen eine Anziehungskraft zwischen den Molekülen zusätzlich zum Druck der Gefäßwände wirksam werden müsse. Ferner lieferte er Gründe für die Hypothese, daß dieser Zusatzdruck dem Quadrat des spezifischen Volumens des Gases umgekehrt proportional ist. Außerdem muß der den Molekülen zur Verfügung stehende Raum um den von ihnen in Anspruch genommenen Raum vermindert werden, genauer: um einen Betrag, welcher dem Volumen proportional ist, das die Moleküle erfüllen würden, wenn sie miteinander in Berührung wären. Damit lautet die Zustandsgleichung für ein Mol eines realen Gases:

$$\left(p + \frac{a}{V^2}\right)(V - b) = RT$$

Diese einfache Gleichung enthält zwei Konstanten, a und b, die sich für jeden Stoff experimentell bestimmen lassen. R ist die universelle Gaskonstante.

Kurven konstanter Temperatur, die Isothermen, sind in der Abbildung auf Seite 394 für einen Sonderfall wiedergegeben. Es gibt zwei Arten von Isothermen: die der ersten Art (bei hohen Temperaturen) werden von einer Linie p = konstant nur in einem Punkt geschnitten; die der zweiten Art (bei niedrigen Temperaturen) werden in drei Punkten geschnitten. Die Isotherme, welche beide Kurvenfamilien trennt, hat einen Wendepunkt mit einer horizontalen Tangente. Sie wird als kritische Isotherme bezeichnet, und der Wendepunkt ist der kritische Punkt. Im Bereich hoher Temperaturen decken sich die Isothermen mit denen idealer Gase. Die Isothermen niedriger Temperatur werden in Wirklichkeit für ein bestimmtes Volumenintervall durch eine Gerade ersetzt, die dem gleichzeitigen Vorhandensein von Flüssigkeit und Gas entspricht. Tatsächlich kann ohne Änderung von Temperatur oder Druck eine reale Substanz als gesättigter Dampf ganz flüssig, ganz gasförmig oder teils flüssig, teils gasförmig sein. Diese Situation wird durch einen horizontalen Teil der Isotherme wiedergegeben. Wo ist dieser zu lokalisieren? Durch Anwendung der Thermodynamik fand Maxwell als Kriterium, daß die beiden Schleifen, die von der Horizontalen und von der van-der-Waals-Isotherme eingegrenzt werden, die gleiche Fläche haben müssen.

Es ist verblüffend, mit welch guter Annäherung van der Waals Gleichung durch lediglich zwei empirische Konstanten eine Fülle von Daten reproduziert.

Am kritischen Punkt ergibt sich: $V_c = 3b$, $p_c = a/27b^2$ und $T_c = 8a/27bR$. So lassen sich die Konstanten aus der Gleichung eliminieren, indem man folgende Variablen verwendet: $p/p_c = \pi$, $V/V_c = \phi$ und $T/T_c = \theta$. Dann nimmt van der Waals' Gleichung folgende Form an

$$\left(\pi + \frac{3}{\phi^2}\right)(3\phi - 1) = 8\theta$$

Diese Form bringt das Gesetz der korrespondierenden Zustände zum Ausdruck, welches ein großes experimentelles Anwendungsfeld fand, vor allem in dem großen Leidener Laboratorium. Es sei noch vermerkt, daß die van-der-Waals-Gleichung $RT_c/p_cV_c = 8/3 = 2{,}67$ verlangt. Experimentell findet man etwas größere Werte, was die Grenzen der Theorie aufzeigt.

Die Bedeutung der Arbeit von van der Waals läßt sich heute kaum angemessen würdigen. Wir haben mittlerweile so viel über Moleküle gelernt, daß seine Ergebnisse primitiv und vielleicht sogar naiv erscheinen, aber damals zeigten sich Männer wie Maxwell und Boltzmann zutiefst beeindruckt von ihnen. Boltzmann räumte van der Waals viel Raum in seinem Buch über die kinetische Theorie ein und nannte ihn den »Newton der Abweichung der Gase vom Boyleschen Gesetz«, so, wie Maxwell Ampère den »Newton der Elektrizität« getauft hatte. Van der Waals verbrachte den Rest seines Lebens damit, seine Dissertation zu verbessern; ich stelle das ohne Ironie fest, denn diese Dissertation enthielt genügend neue und wichtige Gedanken.

Der Yankee-Physiker Gibbs

Wollen wir unseren Überblick über Thermodynamik und statistische Mechanik des 19. Jahrhunderts zu einem angemessenen Ende bringen, dürfen wir Josiah Willard Gibbs nicht vergessen. Diese einzigartige Gestalt signalisiert den Eintritt der Vereinigten Staaten in die theoretische Physik. Die amerikanische Republik hatte namhafte Physiker: Joseph Henry (1797–1878) und Henry Augustus Rowland sind im 19. Jahrhundert neben Gibbs die wahrscheinlich bedeutendsten. Ihr Beitrag war ansehnlich, aber nicht entscheidend, und ihr Einfluß auf die Physik relativ bescheiden. Henry war ein Zeitgenosse Faradays und arbeitete mit Erfolg auf dem Gebiet der elektromagnetischen Induktion, der Elektromotoren und in anderen Grenzbereichen zwischen Elektrotechnik

Josiah Willard Gibbs (1839–1903), Professor für mathematische Physik an der Yale University, war in Amerika der bedeutendste theoretische Physiker seiner Zeit. (Historical Picture Service, Chicago)

und Physik. Außerdem war er ein ausgezeichneter Wissenschaftsorganisator. Rowlands größte Leistung oder zumindest diejenige mit dem größten Widerhall, war der Bau von Beugungsgittern mit vorzüglichen Eigenschaften. Sie waren viele Jahre lang unübertroffen und brachten erkennbare Fortschritte in der Optik und Spektroskopie. Aus verschiedenen Gründen galt das Interesse in den Vereinigten Staaten eher experimentellen oder sogar technischen Fragen. (A. A. Michelson, dessen Arbeit für die Relativitätstheorie und andere Bereiche der Physik von weitreichender Bedeutung war, lasse ich hier unerwähnt, weil er einer späteren Epoche angehört.) Gibbs ist die große Ausnahme, seine abstrakte Arbeit ist »reine Theorie«.

Gibbs war der Sohn eines Theologieprofessors in Yale. Er stammte aus einer alten neuenglischen Familie. Vater und Mutter starben 1855 beziehungsweise 1861 und ließen Josiah mit vier Schwestern zurück. Obwohl in gesicherten finanziellen Verhältnissen, forderte die ungewöhnliche Familiensituation ihren Tribut –

zwei der Schwestern starben schon in jungen Jahren. Josiah studierte Maschinenbau und erwarb den zweiten Doktortitel, der in den Vereinigten Staaten verliehen wurde. Seine Lehrtätigkeit begann er in Yale und ließ sich einige technische Erfahrungen patentieren. 1866 ging er mit seinen beiden überlebenden Schwestern nach Europa. Obwohl sein schlechter Gesundheitszustand ihn beeinträchtigte, hielt er sich einige Zeit in Frankreich, Heidelberg und Berlin auf. Er lernte viel aus den Vorlesungen, die er besuchte, doch ein persönliches Zusammentreffen mit Clausius oder mit Maxwell, das von besonderem Interesse für ihn gewesen wäre, blieb ihm versagt.

Bei seiner Rückkehr nach Yale wurde er zum Professor für mathematische Physik berufen, allerdings ohne Gehalt, weil er es vermeintlich nicht brauche. Dieses merkwürdige Verfahren konnte ihm Yale nicht verleiden. Erst als die Johns Hopkins University, an der Rowland die beste physikalische Fakultät der Vereinigten Staaten aufbaute, Gibbs einen Lehrstuhl anbot, bequemte sich Yale dazu, ihm ein Gehalt zu zahlen. In der Zwischenzeit schrieb Gibbs eine umfangreiche Abhandlung über Thermodynamik mit dem Titel »On the Equilibrium of Heterogeneous Substances« (Über das Gleichgewicht heterogener Stoffe), die in den *Transactions of the Connecticut Academy of Sciences* erschien. Die lange Arbeit enthielt ganz neue Ideen, ging äußerst sparsam mit Worten um und war recht abstrakt gehalten. Damit war sie aus zwei Gründen unzugänglich: erstens wegen des ungewöhnlichen Publikationsorgans, zweitens wegen der ihr innewohnenden Schwierigkeiten. Gibbs schickte den bekanntesten zeitgenössischen Physikern Sonderdrucke und fand den Beifall von Maxwell und van der Waals. Ich denke, daß ihn außer diesen beiden, ihren Schülern und ihren Freunden kaum jemand zu würdigen wußte. Deshalb dauerte es viele Jahre, bis die europäischen Physiker Gibbs Ergebnisse wiederentdeckten. Neben anderen mußten das auch Helmholtz, Planck und Einstein voller Enttäuschung feststellen.

Gibbs zweiter wichtiger Beitrag galt der statistischen Mechanik. In einem schmalen Bändchen – *Elementary Principles of Statistical Mechanics* (1901) – bringt er die Theorie in eine sehr allgemeine und elegante Form. Zwar wurde das Buch sogar von Poincaré als schwierige Lektüre empfunden, doch es war von überdauerndem

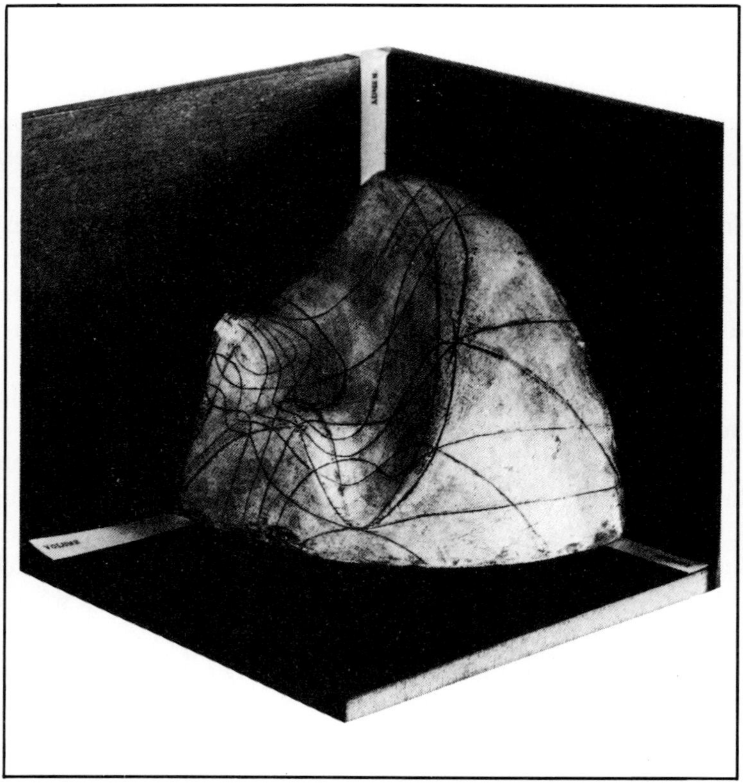

Die thermodynamische Fläche von Wasser mit z = Energie, y = Entropie und x = Volumen. Aus ihrer Geometrie lassen sich alle Eigenschaften der Substanz Wasser ableiten. Das Modell wurde von Maxwell nach einem Aufsatz von Gibbs angefertigt und diesem dann von Maxwell geschenkt. Man hat es poetisch »die Statue des Wassers« genannt. (Cavendish Laboratory, Cambridge University)

Einfluß auf die statistische Mechanik und wird noch immer gelesen.

Heute ist die statistische Komponente in der Physik ausgewuchert. Die reine Mathematik hat große Fortschritte gemacht bei der Untersuchung komplizierter Systeme im Rahmen der klassischen Mechanik und der nichtlinearen Gleichungen. Informationstheorie und elektronische Datenverarbeitung haben eine Fülle von Berührungspunkten entdeckt und üben einen mächtigen Einfluß aufeinander aus. Boltzmann wäre erstaunt und erfreut, könnte er diese Entwicklungen miterleben. Selbst die Biologie ist stark davon betroffen. Es ist noch zu früh vorherzusagen, was aus dieser brodelnden Mixtur von Ideen entstehen wird, von denen einige noch äußerst unklar, andere weitreichend, aber erst teilweise erforscht sind. Es ist durchaus möglich, daß wir in ihnen die Lösungen zu den Schlüsselfragen der Arbeitsweise unseres Gehirns und der Evolution finden.

Schluß

Ich möchte diesen Bericht über die klassischen Physiker und ihre Entdeckungen mit einigen allgemeinen Bemerkungen beschließen.

Am Anfang unseres Buches begegneten wir den Gründervätern, allen voran Galilei, dem wir die moderne Betrachtungsweise von Naturerscheinungen verdanken. An ihre Verfahren und Lehren gewöhnt, sind wir uns heute ihrer Bedeutung und ihrer Grenzen nicht immer bewußt. Wenn wir ein Kind beobachten, wie es sich mit seiner Umgebung vertraut macht, können wir uns eine Vorstellung von den vielfältigen, oft animistischen und ausgefahrenen Methoden machen, mit denen der Verstand Sinneswahrnehmungen zu deuten vermag. Daran können wir ermessen, welchen langen Weg die Menschheit zurücklegen mußte, um das heutige Stadium des wissenschaftlichen Denkens zu erreichen. Die Tatsache, daß die Welt durch den Verstand erkennbar ist, bezeichnete Einstein als die größte Entdeckung der Menschheit. Sie ist aber auch ein Glaubensakt. Ich habe diese Fragen ebensowenig berührt wie die Zeit vor Galilei. Obwohl von größter Bedeutung, übersteigen diese Themen den Rahmen dieses Buches.

Ende des 19. Jahrhunderts hatte die Physik glänzende Erfolge erzielt, auf die ihre Vertreter zu Recht stolz waren. Sie hatten experimentelle Forschungsmethoden und Denkmuster entwickelt, mit denen sich zahllose Probleme der makroskopischen Welt bewältigen ließen. Es gab Theorien verschiedener Art. Die wichtigsten waren die Mechanik in ihrer höchsten, Langrangeschen Form, mit der sich so verschiedene Themen wie Himmelsmechanik und Schwingungen von Gasen und Flüssigkeiten angehen ließen, die Feldtheorien, wie in Maxwells Elektromagnetismus demonstriert, das unabhängige Meisterstück der Thermodynamik und schließlich die statistischen Theorien (etwa die kinetische Theorie der Gase), die die Wahrscheinlichkeit in die Physik einführten, die Grundlagen der Thermodynamik berührten und einen ersten Einblick in die Welt der Moleküle gewährten.

All dies waren im wesentlichen Teile einer Physik der makroskopischen Welt, von Gegenständen, die auf menschliche Größenordnungen zugeschnitten waren. Die Analyse der atomaren Welt oder des Aufbaus der Materie blieb unberücksichtigt. Zahllose experimentell bestimmte Koeffizienten wie Dichte, spezifische Wärme, elektrischer Widerstand, Kompressibilität, Brechungsindex, elektrische und magnetische Permeabilität und so weiter mußten gemessen und in die Gleichungen eingebracht werden, die makroskopische Erscheinungen beschreiben. Die Bestimmung solcher Konstanten gehörte zu den Hauptbeschäftigungen der Physiker und verlangte sowohl ausgeklügelte, denen der besten Kunsthandwerker vergleichbare Techniken, als auch die geistige Einstellung des Botanikers oder (wie Rutherford etwas abschätzig sagte) des Briefmarkensammlers.

Eine Vorstellung vom Stand der Physik um das Jahr 1890 vermittelt ein Blick in die großen Gesamtdarstellungen der Zeit oder in das Inhaltsverzeichnis einer der wichtigen Zeitschriften, etwa der *Annalen der Physik* oder des *Philosophical Magazine*. Blättern wir eines der großen deutschen Handbücher durch, stoßen wir auf zahllose detaillierte Abbildungen von Geräten und Beschreibungen von Meßverfahren. Die Verwendung mathematischer Verfahren ist relativ begrenzt. Die elektromagnetische Theorie des Lichts wird kaum erwähnt, und der Name Regnault wird weit häufiger genannt als der Maxwells. Solche Darstellungen stehen natürlich nicht für das Physikverständnis eines Lorentz, Poincaré oder Lord Rayleigh, aber sie vermitteln einen Eindruck von dem, was ein guter Universitätsprofessor wußte und wohl gelehrt haben dürfte.

Es hat auch den Anschein, als hätte es in der Physik weniger allgemeine Vorstellungen und Richtlinien gegeben als heute. Das Skelett war schwächer und das Fleisch üppiger. Das geschieht natürlich in allen wissenschaftlichen Disziplinen: sie werden schlanker. Der Grund dafür liegt darin, daß wir, da die menschliche Lernfähigkeit mehr oder weniger gleichbleibt, der Wissensstoff aber infolge der kumulativen Natur einer jeden Wissenschaft im Laufe der Zeit immer umfangreicher wird, in eine Sackgasse geraten. Ein Ausweg aus dem Dilemma ist eine ständig zunehmende Spezialisierung, die jedoch schwerwiegende Nachteile hat. Eine andere Lösung sind Beschreibungen und Lehrmethoden von größerem Allgemeinheitsgrad und zusammenfassenderer Art. Die zweite Lösung dürfte den Studenten rascher ermöglichen, jene Grenzen ihrer Wissenschaft zu erreichen, an denen Neuland erobert wird. Diese Entwicklung in Lehre und Lernen bedeutet zweifellos einen Fortschritt, wenngleich sie dazu führt, daß viele Themen als überflüssig ausgesondert oder an andere Disziplinen abgegeben werden. Der Baum der Wissenschaft muß wie ein echter Baum beschnitten werden. Dies hat zur Folge, daß viele der Wunder, die früher stolz in Physikbüchern zur Schau gestellt wurden – Telefon, Telegraf, elektrisches Licht, Fotoobjektive –, aus der Physik in technische Disziplinen abgewandert sind. Trotz allem war ein deutsches Standardwerk, das 1890 drei oder vier Bände umfaßte, in der Auflage von 1925 zehnmal so umfangreich.

In den physikalischen Handbüchern läßt sich auch eine Spur von berechtigtem Stolz auf die technischen Fortschritte entdecken, die sich aus den wissenschaftlichen Entdeckungen ergaben. Zur Zeit Napoleons (das heißt um 1800) waren die Fortbewegungsmittel, das Verkehrswesen, Nachtbeleuchtung, Primärkräfte und andere Hilfsmittel des Alltags praktisch noch ungefähr die gleichen wie zur Zeit des alten Roms. Nur hundert Jahre später verfügte die Menschheit über Eisenbahnen, Telegrafenapparate, elektrisches Licht, Elektromotoren und Generatoren. Kein Wunder, daß solche Errungenschaften jene Welle des Optimismus auslösten, von der um die Jahrhundertwende die Populisatoren wissenschaftlicher Entdeckungen getragen wurden.

In der Physik selbst sprachen einige ihrer vorausschauendsten Vertreter wie zum Beispiel Lord Kelvin von »kleinen Wölkchen am Horizont«. Eines war das Scheitern des Gleichverteilungssatzes der Energie, ein Vorbote der Quantentheorie, ein anderes das Ergebnis des Michelson-Morley-Versuchs über die Lichtgeschwindigkeit, ein Vorbote der Relativitätstheorie. Obwohl Einstein von diesem Ergebnis anscheinend erst nach 1905 erfahren hat, sahen sich die Anhänger des Äthermodells durch dieses Experiment vor erhebliche Probleme gestellt. In jedem Falle wußten Hertz und Lorentz schon seit geraumer Zeit, daß die Elektrodynamik bewegter Körper voller Schwierigkeiten steckte, wenn sie auch nicht ahnten, daß ihre Lösung so radikale Maßnahmen verlangen würde, wie sie Einstein in seiner neuartigen Analyse von Raum und Zeit unterbreitete.

Alle diese Widersprüche betrafen die makroskopische Physik, doch die Zeit war reif für eine ernsthafte Untersuchung des Atoms, die nichts zu tun hatte mit den simplen phantastischen Spekulationen der Vergangenheit. Es hatte zahlreiche Versuche gegeben, die Atomstruktur zu erraten. Die kinetische Theorie hatte zumindest die Größenordnung der Masse und die Abmessungen von Molekülen geliefert. Helmholtz hatte festgestellt, daß die Gesetze der Elektrolyse fast notwendig auf eine Atomstruktur der Elektrizität (das Elektron) schließen ließen. Maxwells Aufmerksamkeit war nicht entgangen, daß die Identität der Atome eine merkwürdige Erscheinung war, die nach einer Erklärung verlangte. Faraday hatte mit seinem lebhaften Vorstellungsvermögen herauszufinden versucht, wie ein äußeres Magnetfeld das Licht verändert, das durch ein in dem Feld befindliches Atom emittiert wird, ein Effekt, der 1896 von Zeeman entdeckt wurde. Die Untersuchung von Vakuumentladungen, zu der viele Physiker des 19. Jahrhunderts beigetragen haben, zum Beispiel Faraday, Plükker, Crookes, Lenard und viele andere, machte in dem Maße Fortschritte, wie sich die Vakuumtechnik verbesserte, und führte am Ende des Jahrhunderts zu zwei wichtigen Ergebnissen: der Erzeugung freier Kathodenstrahlen (das heißt der Elektronenstrahlen) und der Entdeckung der Röntgenstrahlen. In einer dramatischen Kette von Ereignissen, der völlig unerwarteten Entdeckung der Radioaktivität in Verbindung mit den obengenannten Entdeckungen, eröffnete sich plötzlich der Zugang zur atomaren Welt.

Die Fortsetzung der Geschichte, vor allem die Entdeckung des Atoms und seines Kerns sowie die heute noch nicht endende Folge von Entdeckungen im subnuklearen Bereich habe ich in *Die großen Physiker und ihre Entdeckungen. Von den Röntgenstrahlen zu den Quarks* erzählt. Die dort berichteten Ereignisse fanden großenteils zu meinen Lebzeiten statt, und ich habe viele ihrer Hauptakteure kennengelernt.

Von den im vorliegenden Buch behandelten Wissenschaftlern starben Maxwell und Hertz schon in jungen Jahren, sonst hätten sie die Entdeckung der Relativitätstheorie und des Wirkungsquantums noch erlebt. Boltzmann und Lord Kelvin waren imstande die Anfänge beider Theorien ebenso wie die Entdeckung der Radioaktivität zu sehen.

Newtons mathematische Prinzipien (Abschnitt II) Die Bestimmung der Zentripetalkräfte

»*Proposition I. Lehrsatz I*

Wenn Körper sich in Bahnen bewegen, deren Radien stets nach dem unbeweglichen Mittelpunkt der Kräfte gerichtet sind, so liegen die von ihnen beschriebenen Flächen in festen Ebenen und sind den Zeiten proportional, in denen sie überstrichen werden.

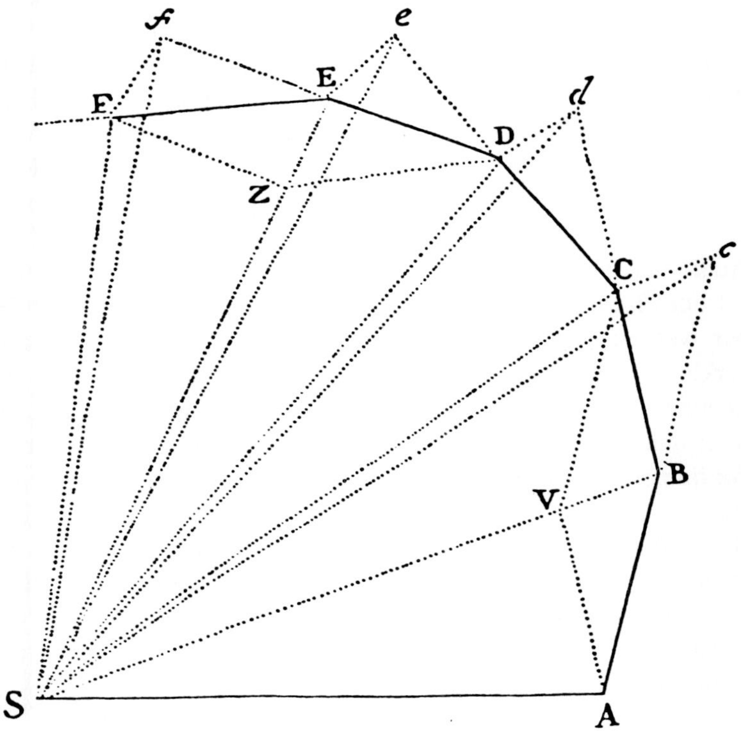

Man teile die Zeit in gleiche Abschnitte, und es beschreibe der Körper, vermöge der ihm beigebrachten Kraft, in dem ersten Zeitabschnitt die gerade Linie AB. Derselbe würde alsodann, wenn nichts ihn verhinderte, (nach Lehrsatz 1) in dem zweiten Zeitabschnitt geradlinig nach *c* fortgehen, dergestalt, daß B*c* = AB, so daß die nach dem Mittelpunkt hin gezeichneten Radien AS, BS, *c*S die gleichen Flächen ASB, BS*c* beschreiben würden. Ist der Körper aber nach B gekommen, so wollen wir eine Zentripetalkraft mit einem starken Impuls plötzlich auf ihn einwirken lassen, so daß er von der geraden Linie B*c* abgelenkt wird und im Anschluß daran seine Bewegung entlang der Geraden BC fortsetzt. Nun ziehen wir *c*C parallel zu BS, bis *c*C die Linie BC in C schneidet; dann befindet sich der Körper am Ende des zweiten Zeitabschnitts (nach Cor. I der Gesetze) in C, das heißt in derselben Ebene mit dem Dreieck ASB. Zeichnet man nun SC, so ist, weil BS und C*c* parallel sind, das Dreieck SBC gleich dem Dreieck SB*c*, daher also auch gleich dem Dreieck SAB. Nach dem gleichen Argument folgt, daß, wenn die Zentripetalkraft nacheinander in den Punkten C, D, E usw. angreift und den Körper in jedem einzelnen Zeitpunkt zwingt, die geraden Linien CD, DE, EF usw. zu beschreiben, diese alle in derselben Ebene liegen; das Dreieck SCD wird gleich dem Dreieck SBC sein und SDE gleich SCD und SEF gleich SDE. Und daher werden in gleichen Zeiten gleiche Flächen in ein und derselben unbewegten Ebene beschrieben: und wegen der Additivität verhalten sich alle beliebigen Summen SACS, SAFS solcher Flächen zueinander wie die Zeiten, in denen sie beschrieben werden. Vermehrt man nun die Zahl solcher Dreiecke und verkleinert ihre Grundlinien ad infinitum, so wird (nach Cor. IV, Lemma 3) der Umfang ADE schließlich eine gekrümmte Linie sein: daher wirkt die Zentripetalkraft, durch welche der Körper kontinuierlich von der Tangente an diese Kurve abgedrängt wird, gleichfalls kontinuierlich; und irgendwelche überstrichenen Flächen SADS, SAFS, die immer proportional zu den Überstreichungszeiten sind, werden auch in diesem Falle zu diesen Zeiten proportional bleiben. Q. E. D.«

Zum Vergleich der Beweis desselben Lehrsatzes in moderner Schreibweise: Das Grundgesetz der Mechanik lautet

$$\mathbf{F} = m\ddot{\mathbf{r}},$$

wobei $\mathbf{F}$ die Kraft ist, die am Massenpunkt m und in der Koordinate $\mathbf{r}$ angreift. $\mathbf{F}$ und $\mathbf{r}$ sind Vektoren, und die Punkte bezeichnen die Zeitableitungen. Nehmen wir an, $\mathbf{F}$ hat nach der Hypothese die Form $f(r)\mathbf{r}$, wobei $f(r)$ eine beliebige Funktion von r ist.

Definitionsgemäß ist der Drehimpuls $m\dot{\mathbf{r}} \times \mathbf{r}$, und seine Zeitableitung lautet

$$\frac{d}{dt} m\dot{\mathbf{r}} \times \mathbf{r} = m\ddot{\mathbf{r}} \times \mathbf{r} + m\dot{\mathbf{r}} \times \dot{\mathbf{r}}$$

$$= f(r)\mathbf{r} \times \mathbf{r} + m\dot{\mathbf{r}} \times \dot{\mathbf{r}} = 0,$$

weil für jeden beliebigen Vektor $\mathbf{v}$ gilt $\mathbf{v} \times \mathbf{v} = 0$. Folglich ist

$$m\dot{\mathbf{r}} \times \mathbf{r} = \text{const. Q. E. D.}$$

Newtons mathematische Prinzipien (Abschnitt III) Von der Bewegung der Körper in exzentrischen Kegelschnitten

»*Proposition XI. Aufgabe VI*

Ein Körper bewege sich auf einer Ellipse; gesucht wird das Gesetz der nach dem Brennpunkt der Ellipse gerichteten Zentripetalkraft.

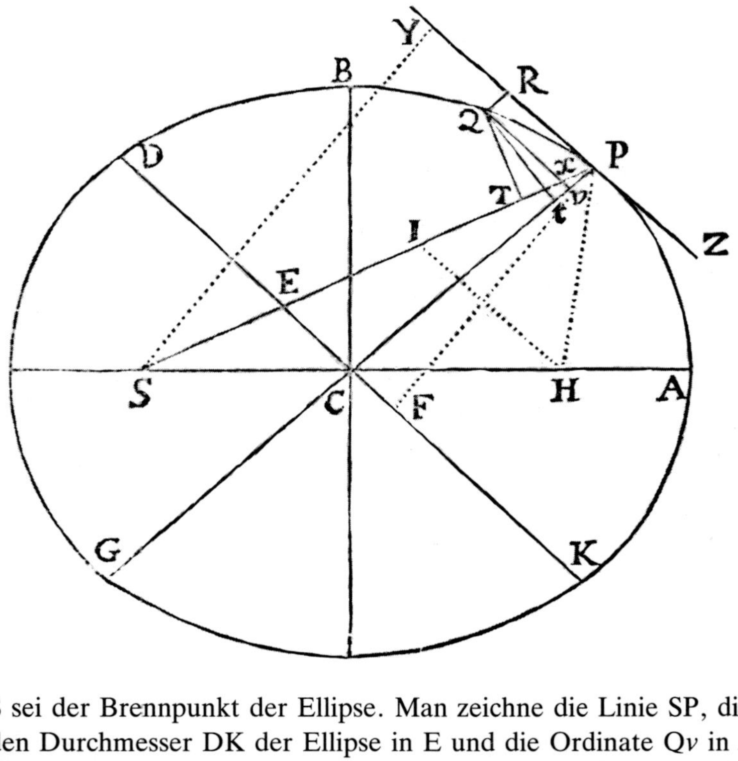

S sei der Brennpunkt der Ellipse. Man zeichne die Linie SP, die den Durchmesser DK der Ellipse in E und die Ordinate Qv in x schneidet, und vervollständige das Parallelogramm QxPR. Es ist klar, daß EP gleich der großen Halbachse AC ist; denn zeichnet man HI vom anderen Brennpunkt der Ellipse parallel zu EC, so werden, weil CS und CH gleich sind, auch ES und EI gleich sein. Daher ist EP die Halbsumme von PS und PI, das heißt (wegen der Parallelität von HI und PR und der Gleichheit der Winkel IPR, HPZ) auch diejenige von PS, PH, welche zusammengenommen gleich der gesamten Achse 2AC sind. Nun zeichne man QT senkrecht zu SP und schreibe das Symbol L für den *principal latus rectum,* den Hauptparameter der Ellipse (d. h. für $2BC^2/AC$), so erhält man

$$L \cdot QR : L \cdot Pv = QR : Pv = PE : PC = AC : PC,$$
$$\text{sowie } L \cdot Pv : Gv \cdot Pv = L : Gv \text{ und } Gv \cdot Pv : Qv^2 = PC^2 : CD^2.$$

Wegen Cor. II, Lem. VII gilt, daß, wenn die Punkte P und Q zusammenfallen, $Qv^2 = Qx^2$ sowie Qx^2 oder $Qv^2 : QT^2 = EP^2 : PF^2 = CA^2 : PF^2$, deshalb (wegen Lem. XII) $= CD^2 : CB^2$. Multiplizieren wir die entsprechenden Terme der vier Propositionen und vereinfachen, so erhalten wir

$$L \cdot QR : QT^2 = AC \cdot L \cdot PC^2 \cdot CD^2 : PC \cdot Gv \cdot CD^2 \cdot CB^2 = 2PC : Gv,$$

weil nämlich $AC \cdot L = 2BC^2$. Die Punkte Q und P fallen aber zusammen, und 2PC und Gv sind gleich. Und deshalb sind die zu ihnen proportionalen Größen $L \cdot QR$ und QT^2 ebenfalls gleich. Nun multipliziere man diese beiden gleichen Größen mit SP^2/QR, und LP^2 wird gleich $SP^2 \cdot QT^2/QR$ werden. Und daher ist (nach Cor. I und V, Prop. VI) die Zentripetalkraft invers zu $L \cdot SP^2$, das heißt, sie verhält sich invers zum Quadrat des Abstandes SP. Q. E. I.

Dasselbe auf andere Art

Da die nach dem Mittelpunkt der Ellipse gerichtete Kraft, welche den Körper P befähigt, auf der Ellipse umzulaufen, sich (nach Cor.

I, Prop. X) wie der Abstand CP des Körpers vom Zentrum C der Ellipse verhält, so zeichne man CE parallel zur Tangente PR der Ellipse. Dann wird die Kraft, vermöge derer derselbe Körper P nun irgendeinen anderen Punkt S der Ellipse umläuft, sich wie PE^3/SP^2 (wegen Cor. III, Prop. VII) verhalten, falls CE und PS sich in E schneiden, das heißt, wenn S der Brennpunkt der Ellipse ist; daher ist PE zu SP^2 reziprok gegeben. Q. E. I.

Mit der gleichen Kürze, mit der wir das fünfte Problem auf die Parabel und auf die Hyperbel zurückgeführt haben, könnten wir auch hier verfahren; aber wegen der Bedeutung des Problems und seiner Verwendung im Folgenden werde ich die anderen Fälle gesondert beweisen.«

Anhang 3

Die Keplerschen Gesetze in moderner Standardableitung

Die Keplerschen Gesetze und ihre Newtonsche Erklärung in moderner Ausdrucksweise lassen sich wie folgt zusammenfassen: Die Masse der Sonne sei M, die Masse eines Planeten m. Der Abstand zwischen der Sonne und dem Planeten sei r, der Winkel zwischen r und einer in der Bewegungsebene festliegenden Richtung sei θ. Auf den einfachen Beweis, daß sich die Bewegung in einer Ebene vollzieht, verzichten wir. Ferner nehmen wir an, $\frac{m}{M}$ sei so klein, daß die Sonne für uns im Raum fest steht.

Die Kraft zwischen der Sonne und dem Planeten ist eine Anziehungskraft von der Größe

$$F = f\frac{mM}{r^2} \tag{1}$$

mit $f = 6.6720 \times 10^{-8}$ dyn $\cdot$ cm^2 g^{-2}.

Die Bewegung des Planeten um die Sonne gehorcht dem Satz von der Erhaltung der Energie

$$\frac{m}{2}(\dot{r}^2 + r^2\dot{\theta}^2) - f\frac{mM}{r} = E \tag{2}$$

und dem Satz von der Erhaltung des Drehimpulses

$$mr^2\dot{\theta} = L, \tag{3}$$

wobei E die Energie und L der Drehimpuls ist.

Durch Einführung der Abkürzungen $c = L/m$, $k = fM$ und $E' = E/m$ und Verwendung der Identitäten

$$\dot{r} = \frac{dr}{d\theta}\dot{\theta}, \qquad \dot{\theta} = \frac{c}{r^2} \qquad \dot{r} = \frac{c}{r^2}\frac{dr}{d\theta}, \tag{4}$$

erhalten wir aus den Gleichungen (2) und (3)

$$\left(\frac{d\frac{1}{r}}{d\theta}\right)^2 = \frac{2E'}{c^2} + \frac{2k}{c^2 r} - \frac{1}{r^2}, \tag{5}$$

welches die Differentialgleichung der Umlaufbahn ist. Setzen wir $1/r = u$, so geht diese Gleichung über in

$$\left(\frac{du}{d\theta}\right)^2 = \frac{2E'}{c^2} + \frac{2k}{c^2}\, u - u^2. \tag{6}$$

Wir addieren und subtrahieren k^2/c^4 auf der rechten Seite und erhalten

$$\left(\frac{du}{d\theta}\right)^2 = \frac{2E'}{c^2} + \frac{k^2}{c^4} - \left(u - \frac{k}{c^2}\right)^2 = q^2 - \left(u - \frac{k}{c^2}\right)^2 \tag{7}$$

mit

$$q^2 = \frac{2E'}{c^2} + \frac{k^2}{c^4}\,.$$

Diese Gleichung ergibt

$$\frac{du}{d\theta} = \sqrt{q^2 - \left(u - \frac{k}{c}\right)^2} \quad \text{oder} \quad \frac{du}{\sqrt{1 - \frac{1}{q^2}\left(u - \frac{k}{c}\right)^2}} = q\,d\theta, \tag{8}$$

und nach Integration

$$u = \frac{1}{r} = \frac{k}{c^2} + q\cos(\theta - \theta_0). \tag{9}$$

Durch geeignete Wahl der Achsen kann die Integrationskonstante θ_0 zu Null gemacht werden, so daß Gleichung (9) nach r aufgelöst ergibt

$$r = \frac{c^2/k}{1 + \frac{c^2 q}{k}\cos\theta}\,. \tag{10}$$

Das ist die Gleichung eines Kegelschnitts in Polarkoordinaten mit der Exzentrizität $e = c^2q/k$. Bekanntlich lautet die Definition der Exzentrizität $e = \sqrt{1 - b^2/a^2}$, wobei a und b die großen und kleinen Halbachsen des Kegelschnitts sind. Der Parameter des Kegelschnitts ist $p = b^2/a = c^2/k$. Für $E < 0$ ist der Kegelschnitt eine Ellipse. Die Polarachse fällt mit der großen Achse des Kegelschnitts zusammen, und der Pol liegt in einem Brennpunkt des Kegelschnitts. Gleichung (10) zeigt, daß die Umlaufbahn eine Ellipse mit der Sonne in einem Brennpunkt ist (erstes Keplersches Gesetz); Gleichung (3) ist im wesentlichen das zweite Keplersche Gesetz. Das dritte Keplersche Gesetz erhalten wir durch Berechnung der Periode T der Umlaufbewegung. Aus Gleichung (3) ergibt sich $2\pi ab/T = c$. Durch Quadrieren dieses Ausdrucks und Division durch p ergibt sich das dritte Keplersche Gesetz in der Form

$$\frac{4\pi^2 a^3}{T^2} = \frac{c^2}{p} = fM = \text{konstant.} \tag{11}$$

Für das Erde-Sonne-System gilt: $M = 1{,}991 \times 10^{30}$ kg; $m = 5{,}979 \times 10^{24}$ kg; $e = 0{,}00167$; große Halbachse der Umlaufbahn $= 149{,}57 \times 10^6$ km; Umlaufzeit $= 3{,}1558150 \times 10^7$ sec.

Das Kirchhoffsche Strahlungsgesetz (Gesetz über den Wärmeaustausch)

Eine Oberfläche s mit der Temperatur T emittiert Energie in Form elektromagnetischer Strahlung der Leistung $e(\nu,T)d\nu$ im Frequenzintervall $d\nu$ und pro Flächeneinheit. Die Funktion $e(\nu,T)$ hängt von der Natur des strahlenden Körpers ab. So wird zum Beispiel eine Natriumflamme ein scharfes Maximum bei der Frequenz der gelben D-Linien aufweisen. Eine rotglühende Eisenoberfläche dagegen wird eine kontinuierliche Verteilung von $e(\nu,T)$ besitzen und bei 1000 K ihr Maximum nahe der Wellenlänge von ungefähr einem Mikron erreichen. Zunehmendes T wird bei konstantem ν stets zu einer Zunahme von $e(\nu,T)$ führen. Die Dimension von $e(\nu,T)$ ist Leistung × Zeit/Fläche oder m/t^2.

Dieselbe Oberfläche absorbiert zumindest einen Teil der elektromagnetischen Energie, die im Frequenzintervall $d\nu$ auf sie auftrifft. Der Bruchteil der absorbierten Leistung sei $a(\nu,T)$. Es ist klar, daß $a(\nu,T)$ eine (reine) Zahl zwischen 0 und 1 ist.

Betrachten wir nun zwei Oberflächen, die die gleiche Temperatur besitzen, einander zugewandt sind und nur von den einander zugewandten Oberflächen Strahlung emittieren. Oberfläche 1 strahlt auf Oberfläche 2 eine Leistung der Dichte $e_1(\nu,T)d\nu S_1$ ab, von der der Bruchteil $a_2(\nu,T)d\nu S_2$ absorbiert wird. Entsprechend strahlt Oberfläche 2 die Leistung $e_2(\nu,T)d\nu S_2$ an Oberfläche 1 ab, von der der Bruchteil $a_1(\nu,T)S_1$ absorbiert wird. Nehmen wir an, es sei $S_1 = S_2$. Die Produkte $e_1(\nu,T)a_2(\nu,T)$ und $e_2(\nu,T)a_1(\nu,T)$ müssen gleich sein, da die Temperaturen der beiden Oberflächen gleich sind und die eine nicht wärmer als die andere werden kann, ohne gegen den zweiten Hauptsatz der Thermodynamik zu verstoßen, wie ihn Kelvin formuliert hat. Daraus folgt für das Verhältnis von Emissions- und Absorptionskoeffizienten

$$\frac{e_1(\nu, T)}{a_1(\nu, T)} = \frac{e_2(\nu, T)}{a_2(\nu, T)} = u(\nu, T), \tag{1}$$

wo $u(\nu,T)$ eine universelle Funktion von ν und T ist, die von den betrachteten Substanzen unabhängig ist.

Das Kirchhoffsche Gesetz, das heißt die Gleichung (1), erklärt solche Erscheinungen wie zum Beispiel die Inversion von Spektrallinien. Gleichzeitig stellt es uns vor das Problem, $u(\nu,T)$ zu ermitteln. Experimentell läßt sich $u(\nu,T)$ über die Untersuchung des Emissionsspektrums eines Körpers mit $a(\nu,T) = 1$, eines schwarzen Körpers, bestimmen. Das läßt sich praktisch verwirklichen mit Hilfe eines Hohlraums, dessen Wände die Temperatur T haben und der ein kleines Loch besitzt, aus dem die Strahlung austritt.

Die Untersuchung von $u(\nu,T)$ führte zur Entdeckung der Planckschen Konstante h und zum Beginn der Quantenphysik, dem Tor zur modernen Physik.

Die elektromagnetische Wechselwirkung nach dem »Newton der Elektrizität«

In dem Versuch, es Newton gleichzutun, suchte Ampère nach einem Gesetz für die Wechselwirkung zwischen zwei stromdurchflossenen Leiterelementen $i_1 d\mathbf{l}_1$ und $i_2 d\mathbf{l}_2$. Die Stromstärken in den beiden Stromkreisen sind i_1 beziehungsweise i_2, gemessen in beliebigen Einheiten. Ampère war sich durchaus bewußt, daß sich die Wechselwirkung stromdurchflossener Leiterelemente nicht beobachten läßt, da nur geschlossene Stromkreise dem Experiment zugänglich sind. Trotzdem suchte er nach einem elementaren Gesetz, das die richtige Antwort für alle beobachtbaren Fälle liefern könnte. Außerdem hielt er es für höchst wünschenswert, daß die zwischen den Leiterelementen wirkende Kraft auf einer die beiden Leiter verbindenden Geraden lag. Dies hielt er für eine Voraussetzung, die automatisch dem Grundsatz von der Gleichheit der Wirkung und Gegenwirkung genügte. Anhand der Ergebnisse aus seinen vier grundlegenden Experimenten versuchte er, diese Elementarkraft zu entdecken. Das erste und zweite Experiment zeigt, daß die Kraft von $d\mathbf{l}_1$ auf $d\mathbf{l}_2$ gleich der Vektorsumme der Kräfte ist, die $d\mathbf{l}_1$ auf die Teile von $d\mathbf{l}_2$ ausübt, und daß die Beziehung zwischen $d\mathbf{l}_1$ und $d\mathbf{l}_2$ symmetrisch sein muß. Um diesen Bedingungen zu genügen, müssen die Ausdrücke in den Komponenten von $d\mathbf{l}_1$ und $d\mathbf{l}_2$ linear sein. Die einzig möglichen erhält man aus $d\mathbf{l}_1 \cdot d\mathbf{l}_2$ und aus $(d\mathbf{l}_1 \cdot \hat{\mathbf{r}}_{12})(d\mathbf{l}_2 \cdot \hat{\mathbf{r}}_{12})$, wobei $\hat{\mathbf{r}}_{12}$ ein Einheitsvektor in Richtung $\mathbf{r}_2 - \mathbf{r}_1$ ist. Das erste Experiment zeigt, daß die Kraft linear von i_1 und i_2 abhängt. Daher lautet die Gleichung in allgemeinster Form

$$d\mathbf{F} = i_1 i_2 \hat{\mathbf{r}}_{12}[f_1(r_{12})d\mathbf{l}_1 \cdot d\mathbf{l}_2 + f_2(r_{12})(d\mathbf{l}_1 \cdot \hat{\mathbf{r}}_{12})(d\mathbf{l}_2 \cdot \hat{\mathbf{r}}_{12})] \quad (1)$$

wobei $f_1(r_{12})$ und $f_2(r_{12})$ willkürliche Funktionen von $r_{12} = |\mathbf{r}_1 - \mathbf{r}_2|$ sind.

Das vierte Experiment zeigt, daß die Kraft sich nicht verändert, wenn alle Längen mit dem gleichen Faktor μ multipliziert und die Ströme konstant gehalten werden. Dann wird die rechte Seite wegen der Faktoren $d\mathbf{l}_1$ und $d\mathbf{l}_2$ mit μ^2 multipliziert, und f_1 muß, um die Kraft konstant zu halten, gleich A/r_{12}^2, f_2 gleich B/r_{12}^2 sein.

Daß damit die Kraft dem Quadrat des Abstandes zwischen den Leiterelementen umgekehrt proportional ist, kann das Herz eines jeden Newtonianers nur erfreuen. Das dritte Experiment widerlegt, daß durch irgendeinen geschlossenen Stromkreis l eine zu $d\mathbf{l}_2$ parallele Kraft erzeugt werden kann. Diese Forderung verlangt eine Beziehung zwischen A und B. Zum Beispiel zeigt eine detaillierte Berechnung für einen zu $d\mathbf{l}_2$ koplanaren Stromkreis, der aus zwei in $d\mathbf{l}_2$ zentrierten Kreisbögen und aus zwei auf $d\mathbf{l}_2$ konvergierenden Radien besteht, daß $A = -(2/3)B$ sein muß. Diese Bedingung ist auch hinreichend.

Dadurch wird aus der Gleichung (1)

$$d\mathbf{F} = i_1 i_2 \frac{\hat{\mathbf{r}}_{12}}{r_{12}^2} A \left[(d\mathbf{l}_1 \cdot d\mathbf{l}_2) - \frac{3}{2}(d\mathbf{l}_1 \cdot \hat{\mathbf{r}}_{12})(d\mathbf{l}_2 \cdot \hat{\mathbf{r}}_{12})\right], \qquad (2)$$

wo die Konstante A von der Wahl der Einheiten abhängt.

Gleichung (2) ist Ampères Formel, eine völlig akzeptable Darstellung der elementaren Kraft.

Dies ist nicht die einzige Form, weil, wie gesagt, jede andere Form, die die gleiche Kraft zwischen geschlossenen Stromkreisen angibt, genauso akzeptabel wäre. Folglich können wir jede Größe hinzufügen, die bei Integration auf geschlossenen Stromkreisen verschwindet. In Ausnützung dieser Beliebigkeit ist Gleichung (2) vielfach umgeformt worden. Das war um 1850 ein beliebter Zeitvertreib, der zu einigen wichtigen Verallgemeinerungen führte.

Eine besonders symmetrische Darstellung ist

$$d\mathbf{F} = \frac{i_1 i_2}{r_{12}^2}\left[(d\mathbf{l}_1 \cdot \hat{\mathbf{r}}_{12})d\mathbf{l}_2 + (d\mathbf{l}_2 \cdot \hat{\mathbf{r}}_{12})d\mathbf{l}_1 - (d\mathbf{l}_1 \cdot d\mathbf{l}_2)\hat{\mathbf{r}}_{12}\right]. \qquad (3)$$

Dem Leser wird auffallen, daß hier die Kraft nicht entlang der Geraden gerichtet ist, welche $d\mathbf{l}_1$ und $d\mathbf{l}_2$ verbindet, eine willkürliche Annahme, die in Gleichung (2) Eingang fand.

In Gleichung (3) trägt der erste Term nicht zum Integral bei, weil er als $\oint \operatorname{grad} \frac{1}{r_{12}} \, d\mathbf{l}_1$ geschrieben werden kann und damit infolge der Eigenschaften des Integrals eines Gradienten auf einer geschlossenen Bahn Null ist. Die anderen Terme lassen sich bei Integration unter Verwendung der Vektoridentität $\mathbf{a} \times (\mathbf{b} \times \mathbf{c}) = (\mathbf{a} \cdot \mathbf{c})\mathbf{b} - (\mathbf{a} \cdot \mathbf{b})\mathbf{c}$ umwandeln in die Form

$$F = \oint_2 i_2 \oint_1 i_1 \frac{d\mathbf{l}_2 \times (d\mathbf{l}_1 \times \hat{r}_{12})}{r_{12}^2} . \qquad (4)$$

Diese Formel hätte Faraday gefallen, wenn er ihren mathematischen Inhalt verstanden hätte. Er hätte die Gleichung sogleich gelesen als das von dem einen Strom, sagen wir Stromkreis 1, erzeugte Magnetfeld **B**, und statt das Integral zu berechnen, hätte er die Kraftlinien gesehen und ihre Existenz mit Hilfe von Eisenfeilspänen bewiesen. Natürlich wirkt ein Magnetfeld auf ein Leiterelement mit einer Kraft, die sowohl senkrecht zum Strom als auch zum Feld gerichtet ist. Gleichung (4) läßt sich infolgedessen interpretieren als Erzeugung des Feldes **B** entsprechend

$$\mathbf{B} = i_1 \oint_{1_1} \frac{d\mathbf{l}_1 \times \hat{r}_{12}}{r_{12}^2} ; \qquad (5a)$$

und die Wirkung von **B** auf das Stromelement $d\mathbf{l}_2$ entsprechend

$$d\mathbf{F} = i_2 d\mathbf{l}_2 \times \mathbf{B}. \qquad (5b)$$

Wir sind groß geworden in Faradays Tradition, die leistungsfähiger und einfacher als Ampères Verfahren ist. In diesem Anhang sollten die Beziehungen zwischen beiden Ansichtsweisen erläutert werden.

Die Messung des Verhältnisses zwischen elektrostatischen und elektromagnetischen Ladungseinheiten und die Lichtgeschwindigkeit

Auf Seite 265 f. wurden die elektrostatischen und elektromagnetischen Einheiten mit Maxwells Worten definiert. Es folgt die Erfüllung seines programmatischen Entwurfs. Wir verwenden CGS-Einheiten der Länge, der Masse und der Zeit.

Das grundlegende Gesetz, das die elektrostatischen Einheiten definiert, besagt, daß zwei gleiche Punktladungen q in dem Abstand r einander mit der Kraft $F = q_{es}^2/r^2$ abstoßen oder daß eine Ladung ein Feld $\mathbf{E} = q_{es}/r^2$ erzeugt. Diese Gleichungen liefern die Dimensionen von $q_{es} = l^{3/2}m^{1/2}t^{-1}$ und von $\mathbf{E} = l^{-1/2}m^{1/2}t^{-1}$.

Das fundamentale Gesetz zur Definition der elektromagnetischen Einheiten ist das Ampèresche Gesetz, Gleichung (2) in Anhang 5, mit A = 1. Für die Kraft pro Längeneinheit zweier geradlinig paralleler Stromkreise mit dem Abstand r gibt das Gesetz $F/l = 2\, i^2/r$ oder für das Magnetfeld im Mittelpunkt einer kreisförmigen Leiterschleife vom Radius r: $\mathbf{B} = 2\pi i/r$. Die Dimension von i ist demnach $l^{1/2}m^{1/2}/t$ und infolgedessen diejenige von $q_{em} = l^{1/2}m^{1/2}$. Die Dimensionen von $\mathbf{B}$ in elektromagnetischen Einheiten sind die gleichen wie die von $\mathbf{E}$ in elektrostatischen Einheiten. Das Verhältnis q_{es}/q_{em} hat die Dimensionen einer Geschwindigkeit.

Um dieses Verhältnis zu bestimmen, maßen W. Weber und R. Kohlrausch 1856 eine Ladung in den zwei Systemen. Sie nahmen einen Kondensator und verglichen seine Kapazität mit der einer Kugel vom Radius R. Die Kapazität der Kugel ist R, die des Kondensators C, beide in cm gemessen. Die Spannung des Kondensators läßt sich mit einem absoluten Elektrometer messen – das ist im wesentlichen eine Waage, mit der man die Kraft F zwischen zwei Platten mit der Fläche S und dem Abstand d bestimmt. Man findet $V = \sqrt{8\pi \frac{Fd^2}{S}}$. Die Ladung auf dem Kondensator beträgt $Q = CV$, und nach Durchführung der beschriebenen Operationen wird sie in elektrostatischen Einheiten gemessen.

Der Kondensator wird nun mittels einer Leiterschleife entladen, deren Radius ϱ ist und die in der erdmagnetischen Meridianebene liegt. Im Mittelpunkt der Schleife befindet sich eine Magnetnadel mit dem magnetischen Moment μ und dem Trägheitsmoment I. Wenn die Leiterschleife nicht von Strom durchflossen wird, schwingt die Nadel um ihre Gleichgewichtsposition herum. Der als klein angenommene Schwingungswinkel θ genügt der homogenen Differentialgleichung

$$\ddot{\theta} + \frac{B_0 \mu}{I} \theta = 0, \tag{1}$$

und die Schwingungsfrequenz beträgt $\nu = \frac{1}{2\pi} \sqrt{\frac{B_0 \mu}{I}}$, wobei B_0 die horizontale Komponente des Magnetfeldes der Erde ist. Wir messen ν, und da wir den Wert von B_0 brauchen, müssen wir ihn mit einem gesonderten Experiment bestimmen.

Wenn der Kondensator durch die Leiterschleife entladen wird, wobei sich die Nadel ursprünglich im Ruhezustand befindet, können wir davon ausgehen, daß sich die Entladung in einem Zeitintervall τ vollzieht, das verglichen mit der Schwingungsdauer außerordentlich kurz ist, und daß sich die Nadel während dieser Zeit nicht merklich aus ihrer Gleichgewichtsposition entfernt (ballistisches Galvanometer). Nach der Entladung und praktisch noch immer zum Zeitpunkt Null hat die Nadel den Drehimpuls $B\mu\tau = \frac{2\pi}{\varrho} i\mu\tau = \frac{2\pi}{\varrho} Q\mu = I\dot{\theta}(0)$ erhalten, wobei B der Mittelwert des magnetischen Feldes während τ ist. Das Integral der Gleichung (1) mit $\theta(0) = 0$ und $\dot{\theta}(0) = \frac{2\pi Q\mu}{\varrho I}$ ist

$$\theta = \frac{Q\mu}{\varrho I \nu} \sin 2\pi\nu t. \tag{2}$$

Wir messen die Schwingungsamplitude A und erhalten unter Verwendung des Wertes für die Frequenz ν zur Eliminierung von **I**:

$$A = \frac{Q\mu}{\varrho I \nu} = \frac{4\pi^2 \nu Q}{\varrho B_0} \quad \text{oder} \quad Q = \frac{B_0 \varrho}{4\pi^2 \nu} A. \tag{3}$$

Die Hilfsmessung von B_0 läßt sich mittels der Gaußschen Methode vornehmen. Ein Stabmagnet mit dem Trägheitsmoment G, das aus seinem Gewicht und seinen Abmessungen ermittelt wird, wird dazu gebracht, um seine Gleichgewichtsposition in Nord-Süd-Richtung zu schwingen. Die Schwingungsfrequenz ist

$$\nu_0 = \frac{1}{2\pi} \sqrt{\frac{B_0 M}{G}}, \tag{4}$$

wobei M das unbekannte magnetische Moment des Stabmagneten ist. Derselbe Magnet ruft in einem Punkt mit dem Abstand r zum Mittelpunkt und auf einer Linie, die senkrecht zur Richtung des Magneten verläuft, ein Feld der Stärke $B' = 2M/r^3$ hervor. Das Feld ist parallel zum Stabmagneten gerichtet. Wird der Stabmagnet nun in Ost-West-Richtung gebracht, liegt dieses Feld senkrecht zu B_0 und dem daraus resultierenden Feld, während B_0 den Winkel α mit dem magnetischen Meridian bildet, der gegeben ist durch

$$\tan \alpha = 2M/r^3 B_0. \tag{5}$$

Durch Messung dieses Winkels und Verwendung der Gleichungen (4) und (5) erhalten wir den Wert von

$$B_0 = \left(\frac{8\pi^2 \nu_0{}^2 G}{r^3 \tan \alpha} \right)^{1/2}.$$

Damit ist alles auf Längen, Massen und Zeitmaße zurückgeführt, und wir erhalten Q in elektromagnetischen Einheiten.

Zur Ausführung dieser Messungen bedarf es vieler Finessen, auf die wir hier nicht eingehen wollen. Doch bereits 1856 lautete das Ergebnis von Weber und Kohlrausch $q_{em}/q_{es} = 3{,}107 \times 10^{10}$, cm/sec ein Ergebnis, das gut mit Fizeaus Messung von $c = 3{,}14 \times 10^{10}$ cm/sec übereinstimmt.

Ebene Wellen aus Maxwells Gleichungen

Maxwells Gleichungen für ein isolierendes isotropes Medium mit der Dielektrizitätskonstante ε und der Permeabilität μ in Abwesenheit von Ladungen und Strömen lauten

$$\operatorname{div} \mathbf{E} = 0 \qquad (1) \qquad\qquad \operatorname{div} \mathbf{H} = 0 \qquad (2)$$

$$\operatorname{curl} \mathbf{E} = -\frac{\mu}{c}\frac{\partial H}{\partial t} \qquad (3) \qquad\qquad \operatorname{curl} \mathbf{H} = \frac{\varepsilon}{c}\frac{\partial E}{\partial t}, \qquad (4)$$

wobei **E** beziehungsweise **H** in absoluten elektrostatischen und elektromagnetischen Einheiten gemessen werden. Der Faktor c hat die Dimensionen einer Geschwindigkeit und kann so bestimmt werden, wie es in Anhang 6 beschrieben wird. Der Faktor c ist wegen der Wahl der Einheiten erforderlich. In denselben Einheiten sind ε und μ reine Zahlen. Ihr Wert im Vakuum beträgt 1.

Die einfachste wellenförmige Lösung der Maxwellschen Gleichungen erhält man, wenn **E** und **H** nur von x und t abhängen, nicht aber von y und z. In diesem Falle erhält man für die Komponenten von **E** und **H** aus den Gleichungen (1) bis (4):

$$\frac{\partial E_x}{\partial x} = \frac{\partial H_x}{\partial x} = \frac{\partial H_x}{\partial t} = \frac{\partial E_x}{\partial t} = 0 \qquad (5)$$

$$-\frac{\partial E_z}{\partial x} = -\frac{\mu}{c}\frac{\partial H_y}{\partial t} \qquad (6) \qquad\qquad -\frac{\partial H_z}{\partial x} = \frac{\varepsilon}{c}\frac{\partial E_y}{\partial t} \qquad (7)$$

$$\frac{\partial E_y}{\partial x} = -\frac{\mu}{c}\frac{\partial H_z}{\partial t} \qquad (8) \qquad\qquad \frac{\partial H_y}{\partial x} = \frac{\varepsilon}{c}\frac{\partial E_z}{\partial t} \qquad (9)$$

Aus Gleichung (5) folgt, daß E_x und H_x Konstanten sind, und wir können ohne Verlust an Allgemeingültigkeit annehmen, daß sie gleich Null sind. Wenn wir von Gleichung (6) die Ableitung nach x und von Gleichung (9) die Ableitung nach t bilden und $\partial^2 H_y/\partial t \partial x$ eliminieren, erhalten wir

$$\frac{\partial^2 E_z}{\partial x^2} = \frac{\varepsilon \mu}{c^2} \frac{\partial^2 E_z}{\partial t^2} . \tag{10}$$

Auf die gleiche Weise erhalten wir Gleichungen für E_y, E_z und H_z.

Gleichung (10) hat die spezielle Lösung:

$$E_z = A \cos \left(\nu t \pm \frac{x}{\lambda} \right), \tag{11}$$

vorausgesetzt, die Konstanten ν, λ erfüllen die Beziehung

$$\lambda \nu = c/\sqrt{\varepsilon \mu}.$$

Das läßt sich durch direkte Berechnung verifizieren. Gleichung (11) ist die Gleichung einer ebenen Welle, die sich in Richtung x mit der Geschwindigkeit $\lambda \nu$ ausbreitet, da der Cosinus zum Zeitpunkt t_0 und an der Stelle x_0 den gleichen Wert besitzt wie zum Zeitpunkt t und an der Stelle x, vorausgesetzt $\nu t_0 \pm \frac{x_0}{\lambda} = \nu t \pm \frac{x}{\lambda}$ oder $x - x_0 = \pm \lambda \nu (t - t_0)$, was bedeutet, daß die Welle sich mit der Geschwindigkeit

$$V = \lambda \nu = c/\sqrt{\varepsilon \mu}$$

ausbreitet.

Wenn wir annehmen, daß die Welle in z-Richtung polarisiert ist, das heißt, der elektrische Vektor weist in Richtung z, dann ergibt sich aus Gleichung (8), daß H_z konstant ist und gleich Null gesetzt werden kann. Andererseits kann man H_y direkt aus den Gleichungen (6) und (9) ableiten und findet den Wert

$$H_y = A \sqrt{\frac{\varepsilon}{\mu}} \cos \left(\nu t \pm \frac{x}{\lambda} \right) = \sqrt{\frac{\varepsilon}{\mu}}\, E_z.$$

Dies zeigt, daß in einer ebenen Welle die elektrischen und magnetischen Vektoren senkrecht zueinander sind und senkrecht auf der Ausbreitungsrichtung der Welle stehen.

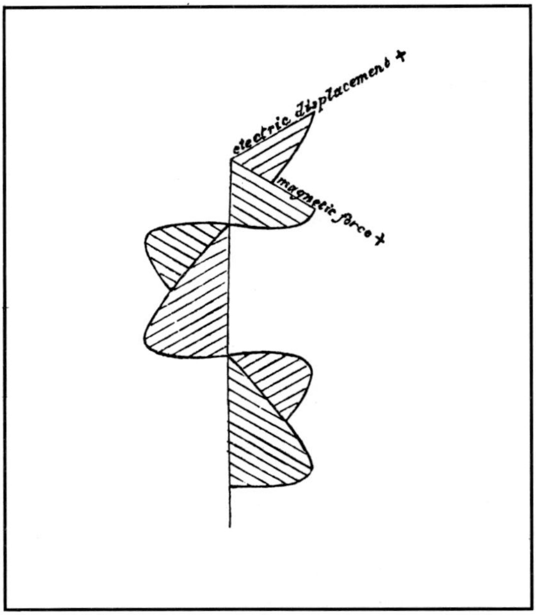

Maxwells Zeichnung veranschaulicht »Die Stärke der magnetischen Kraft und der elektromotorischen Intensität zu einem gegebenen Zeitpunkt in verschiedenen Punkten des Strahls im Falle einer einfachen harmonischen Störung an einem Ort.« (Aus *Treatise on Electricity and Magnetism*, 1873)

Im Vakuum haben die elektrischen und magnetischen Wellen die gleiche Amplitude und breiten sich mit der Geschwindigkeit c aus, auf diese Weise stellen sie den Zusammenhang zwischen dem Verhältnis der elektromagnetischen und elektrostatischen Einheiten für die Elektrizitätsmenge und der Lichtgeschwindigkeit her. In einem Medium mit der Dielektrizitätskonstante ε und der Permeabilität μ hat der durch $c/V = n$ definierte Brechungsindex n den Wert

$$n = \sqrt{\varepsilon\mu}.$$

Anhang 8

Der Einfluß des Drucks auf den Schmelzpunkt des Eises

Eine der frühesten Anwendungen der Thermodynamik geht zurück auf Clapeyron und James Thomson und betrifft den Einfluß des Drucks auf den Schmelzpunkt des Eises.

Von Carnots ursprünglichem Gedankengang ausgehend, läßt sich folgendermaßen argumentieren: Wir stellen eine Carnotmaschine her, in der 1 Gramm eines Festkörpers am Schmelzpunkt bei der Temperatur T und dem Druck p schmilzt. Um den Festkörper zum Schmelzen zu bringen, müssen wir die Schmelzwärme r zuführen. Der schmelzende Festkörper verändert sein Volumen, und zwar vermindert es sich von v_s auf v_l, wobei v_s und v_l die spezifischen Volumina von Festkörpern und Flüssigkeiten sind. Der Schmelzvorgang verläuft isotherm. Nun senken wir den Druck adiabatisch auf $p - dp$ ab, und entsprechend verändert sich die Temperatur T auf $T - dT$. Dann kühlen wir die Flüssigkeit bei dieser Temperatur wiederum isotherm ab und kehren adiabatisch zu den Ausgangsbedingungen zurück.

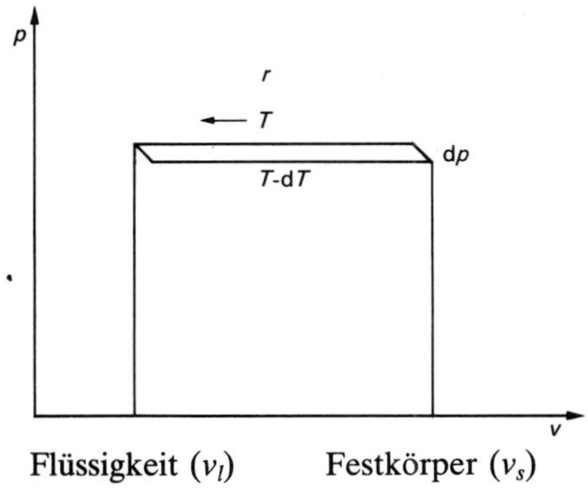

Die beim ersten Schmelzvorgang zugeführte Wärme multipliziert mit dem Wirkungsgrad des Kreisprozesses (der nach Carnot dT/T ist), gibt die geleistete Arbeit an. Entsprechend der Abbildung ist diese Arbeit $dp(v_s - v_l)$. Daraus ergibt sich

$$\frac{dp}{dT} = \frac{1}{T}\frac{r}{v_l - v_s}.$$

Diese Formel heißt Clapeyronsche Gleichung. Interessant ist in diesem Zusammenhang, daß das Vorzeichen von dp/dT das gleiche wie das von v_l-v_s ist; im Falle von Wasser ist, da Eis auf Wasser schwimmt, v_l-v_s negativ.

Für schmelzendes Wasser gilt $r = 79{,}71$ cal/g, was sich mittels der Beziehung 4,184 Joules = 1 cal in Joules umrechnen läßt. Das spezifische Volumen des Wassers ist 1,00016, das des Eises 1,0905 in cm^3/g. Die Schmelztemperatur bei Normaldruck beträgt 273,16 K. Durch Einsetzen dieser Zahlen in die Gleichung erhält man $dp/dT = -1{,}351 \times 10^8$ dyn cm^{-1} oder 133,36 at/Grad. Bei hohem Druck sinkt der Schmelzpunkt. Unter einem Gletscher schmilzt der Boden unter dem Druck der lastenden Masse, und der Gletscher »fließt«.

Beispielsweise läßt sich Clapeyrons Formel auch durch ein Standardverfahren ableiten, bei dem dS als vollständiges Differential ausgedrückt wird. Zunächst, was ist ein vollständiges Differential? Wenn wir einen Ausdruck der Art

$$dz = A(x,y)dx + B(x,y)dy$$

haben, so bezeichnen wir ihn als vollständiges Differential, wenn es eine Funktion $z(x,y)$ gibt, deren Differential dz ist. Eine notwendige und hinreichende Bedingung dafür ist, daß

$$\frac{\partial A(x, y)}{\partial y} = \frac{\partial B(x, y)}{\partial x}$$

Wenn diese Bedingung erfüllt ist, so ist es auch möglich, dz entlang einer beliebigen Kurve in der Ebene x,y zu integrieren. Nun ist das Integral über einen geschlossenen Weg Null, woraus folgt, daß das Integral von einem Punkt P zu einem Punkt Q nicht vom Integrationsweg abhängt. Auch die Umkehrung der letzten Eigenschaft ist wahr.

All das läßt sich direkt auf die Thermodynamik anwenden. Wir können den zweiten Hauptsatz gewinnen, wenn wir annehmen, daß es eine Zustandsfunktion S gibt, derart, daß $dS = dQ/T$ ein vollständiges Differential ist. Man beachte, daß dQ KEIN vollständiges Differential ist.

In unserem speziellen Falle wählen wir T und V als Variable und schreiben den ersten und den zweiten Hauptsatz zusammengefaßt wie folgt

$$dS = \frac{dU + pdV}{T} = \frac{1}{T}\left(\frac{\partial U}{\partial T}\right)_V dT + \frac{1}{T}\left[\left(\frac{\partial U}{\partial V}\right)_T + p\right] dV. \qquad (1)$$

Wegen der Eigenschaft der vollständigen Differentiale gilt

$$\frac{\partial^2 S}{\partial V \partial T} = \frac{\partial}{\partial V}\frac{1}{T}\left(\frac{\partial U}{\partial T}\right)_V = \frac{\partial}{\partial T}\left[\frac{1}{T}\left(\frac{\partial U}{\partial V}\right)_T + p\right], \qquad (2)$$

und führt man die Ableitungen aus und vereinfacht, so erhält man die allgemeine Gleichung

$$\frac{1}{T}\left(\frac{\partial U}{\partial V}\right)_T - \left(\frac{\partial p}{\partial T}\right)_V + \frac{p}{T} = 0. \qquad (3)$$

Wenn eine Masseneinheit Eis bei konstanter Temperatur schmilzt, beträgt die zugeführte Wärme

$$r = u_w - u_e + p(v_w - v_e).$$

Der größte Teil wird für die Änderung der inneren Energie $u_w - u_e$ verwendet, der Rest geht in die äußere Arbeit $p(v_w - v_e)$ über, wobei $v_w - v_e$ die Volumenänderung ist, die den Schmelzvorgang begleitet.

Damit haben wir

$$\left(\frac{\partial U}{\partial V}\right)_T = \frac{u_w - u_e}{v_w - d_e} = \frac{r - p(v_w - v_e)}{v_w - v_e}$$

was nach Einsetzen in die allgemeine Gleichung (3) zu Clapeyrons Ergebnis

$$\frac{r}{v_w - v_e} = T\frac{dp}{dT}$$

führt.

Die absolute Temperaturskala und das Gasthermometer

Der erste Hauptsatz der Thermodynamik besagt für ein Gas

$$dQ = dU + pdV. \tag{1}$$

Das Gay-Lussacsche Experiment (Expansion eines Gases im Vakuum) betrachtet eine Situation, in der die äußere Arbeit entfällt, weil im Vakuum kein Gegendruck die Ausdehnung des Gases beeinträchtigt. Das Experiment findet in einem isolierten System statt, dem keine Wärme zugeführt wird, so daß $dQ = 0$ ist. Das Experiment zeigt, daß die Temperatur durch die Ausdehnung nicht verändert wird.

Wenn V und T als Variable gewählt werden, ergibt Gleichung (1)

$$dQ = \left(\frac{\partial U}{\partial V}\right)_T dV + \left(\frac{\partial U}{\partial T}\right)_V dT + pdV = 0, \tag{2}$$

und da dT in diesem Experiment Null ist (genauso wie dQ und pdV), erhalten wir

$$\left(\frac{\partial U}{\partial V}\right)_T = 0. \tag{3}$$

Diese Beziehung und die Zustandsgleichung $pV = RT$ definieren ein ideales Gas.

Bei Anwendung der allgemeinen Gleichung (3) aus Anhang 8, die den zweiten Hauptsatz der Thermodynamik verkörpert, gilt bei konstantem Volumen

$$dp/p = dT/T. \tag{4}$$

Andererseits wird in einem herkömmlichen Gasthermometer bei konstantem α die Temperatur θ durch folgende Zustandsgleichung definiert:

$$pV = p_0V_0(1 + \alpha\theta) \tag{5}$$

$$\left(\frac{\partial U}{\partial V}\right)_\theta = 0. \tag{6}$$

Bei konstantem Volumen erhalten wir aus Gleichung (5)

$$\frac{dp}{p} = \frac{d\theta}{1/\alpha + \theta}, \tag{7}$$

woraus durch Vergleich mit dem früheren Ausdruck für dp/p aus Gleichung (4)

$$T = 1/\alpha + \theta$$

folgt. Folglich zeigt das Gasthermometer absolute Temperaturen an.

Maxwells Geschwindigkeitsverteilung der Moleküle in seinen eigenen Worten

Im September 1859 hielt Maxwell auf der Tagung der British Association Aberdeen einen Vortrag, der 1860 im *Philosophical Magazine* veröffentlicht wurde und die folgende heuristische Ableitung der Geschwindigkeitsverteilung enthält.

»Wenn sich in einem vollkommenen elastischen Gefäß eine große Zahl gleicher kugelförmiger Teilchen bewegten, so käme es zwischen diesen Teilchen zu Zusammenstößen, und bei jedem Zusammenstoß änderten sich ihre Geschwindigkeiten. Daher wäre nach einer gewissen Zeit die *vis viva* nach einem regelmäßigen Gesetz unter die Teilchen aufgeteilt, und man könnte die mittlere Zahl der Teilchen ermitteln, deren Geschwindigkeit innerhalb bestimmter Grenzen läge, obwohl sich die Geschwindigkeit eines jeden Teilchens mit jedem Zusammenstoß ändert.

Behauptung IV. Zur Ermittlung der mittleren Zahl von Teilchen, deren Geschwindigkeit nach einer großen Zahl von Zusammenstößen zwischen einer großen Zahl von gleichen Teilchen innerhalb gegebener Grenzen liegt.

N sei die Gesamtzahl der Teilchen, x, y, z seien die Geschwindigkeitskomponenten jedes Teilchens in drei rechtwinkligen Richtungen, und die Zahl der Teilchen, für die x zwischen x und $x + dx$ liegt, sei $Nf(x)dx$, wobei $f(x)$ eine noch zu bestimmende Funktion von x ist.

Die Anzahl der Teilchen, für die y zwischen y und $y + dy$ liegt, sei $Nf(y)dy$, und die Anzahl, für die z zwischen z und $z + dz$ liegt, sei $Nf(z)dz$, wobei f in allen Fällen für dieselbe Funktion steht.

Nun wirkt sich das Vorhandensein der Geschwindigkeit x in keiner Weise auf die Geschwindigkeiten y oder z aus, da diese sämtlich rechtwinklig zueinander und unabhängig voneinander sind, so daß die Zahl der Teilchen, deren Geschwindigkeit zwischen x und $x + dx$, zwischen y und $y + dy$ sowie zwischen z und $z + dz$ liegen, gleich

$$Nf(x)f(y)f(z)dxdydz$$

ist. Wenn wir annehmen, daß N Teilchen im gleichen Augenblick im Ursprung starten, dann ist dies nach einer Zeiteinheit die Zahl in dem Volumenelement ($dxdydz$), während die Anzahl in bezug auf eine Volumeneinheit

$$Nf(x)f(y)f(z)$$

sein wird. Doch da die Richtungen der Koordinaten völlig beliebig sind, muß diese Anzahl allein vom Abstand vom Ursprung abhängen, so daß

$$f(x)f(y)f(z) = \phi(x^2 + y^2 + z^2).$$

Wenn wir diese Funktionsgleichung lösen, finden wir

$$f(x) = Ce^{Ax^2}, \qquad \phi(r^2) = C^3e^{Ar^2}.$$

Wenn A positiv ist, nimmt die Zahl der Teilchen mit der Geschwindigkeit zu, so daß wir auf eine unendliche Gesamtzahl von Teilchen kommen müssen. Wir nehmen deshalb A negativ und setzen es gleich $-\frac{1}{\alpha^2}$, so daß die Zahl zwischen x und $x + dx$

$$NCe^{-x^2/\alpha^2}dx$$

beträgt. Wenn wir von $x = -\infty$ bis $x = +\infty$ integrieren, ergibt sich als Gesamtzahl der Teilchen

$$NC\sqrt{\pi}\alpha = N, \therefore C = \frac{1}{\alpha\sqrt{\pi}}.$$

Folglich ist $f(x)$

$$\frac{1}{\alpha\sqrt{\pi}} e^{-x^2/\alpha^2}$$

Daraus ziehen wir die folgenden Schlußfolgerungen:

1. Die Zahl der Teilchen, deren Geschwindigkeit in einer bestimmten Richtung zwischen x und $x + dx$ liegt, ist

$$N \frac{1}{\alpha\sqrt{\pi}} e^{-x^2/\alpha^2} dx \tag{1}$$

2. Die Zahlder Teilchen, deren tatsächliche Geschwindigkeit zwischen v und $v + dv$ liegt, beträgt

$$N \frac{4}{\alpha^3\sqrt{\pi}} v^2 e^{-v^2/\alpha^2} dv \tag{2}$$

3. Um den Mittelwert von v zu finden, addieren wir die Geschwindigkeiten aller Teilchen und teilen sie durch die Zahl der Teilchen. Das Ergebnis lautet

$$\text{mittlere Geschwindigkeit } = \frac{2\alpha}{\sqrt{\pi}} \tag{3}$$

4. Um den Mittelwert von v^2 zu finden, müssen wir alle Werte addieren und durch N teilen:

$$\text{Mittelwert von } v^2 = \tfrac{3}{2}\alpha^2. \tag{4}$$

Dieser Wert ist, wie zu erwarten, größer als das Quadrat der mittleren Geschwindigkeit.«

Anhang 11

Boltzmanns Epitaph

Wenn wir alle Vorbehalte und Schwierigkeiten außer acht lassen, die einer Definition von W, der Wahrscheinlichkeit eines Zustandes, im Wege stehen, können wir eine interessante Eigenschaft der Beziehung zwischen Wahrscheinlichkeit und Entropie angeben, wobei wir annehmen, daß es eine funktionale Beziehung gibt:

$$S = f(W). \qquad (1)$$

Betrachten wir zwei getrennte, unabhängige Systeme mit den Entropien S_1 und S_2 sowie den Wahrscheinlichkeiten W_1 und W_2.

Kombinieren wir beide Systeme, so addieren sich die Entropien. Das zusammengesetzte System hat die Entropie

$$S = S_1 + S_2. \qquad (2)$$

Andererseits ist die Wahrscheinlichkeit das Produkt der Wahrscheinlichkeiten W_1 und W_2.

Die Funktion S der Gleichung (1) besitzt folglich die Eigenschaft

$$f(W_1) + f(W_2) = f(W_1 W_2), \qquad (3)$$

die erfüllt wird durch

$$f(W) = k \cdot \log W,$$

wobei k konstant ist.

Damit ergibt sich Boltzmanns Epitaph

$$S = k \cdot \log W.$$

Die Essenz des Boltzmannschen H-Theorems

$f(\mathbf{r},\mathbf{v},t)d\mathbf{r}d\mathbf{v}$ sei die Wahrscheinlichkeit dafür, daß zum Zeitpunkt t ein einatomiges Molekül sich in einem Raum-Volumenelement und in einem Geschwindigkeits-Volumenelement um $\mathbf{r}$ und $\mathbf{v}$ in einem sechsdimensionalen Darstellungsraum befindet. Die Verteilungsfunktion ändert sich aus zwei Gründen mit der Zeit. Erstens erzeugt die Bewegung der Teilchen, unabhängig von Zusammenstößen, einen Fluß $\left(\frac{\partial f}{\partial t}\right)_{\text{Fluß}}$ im sechsdimensionalen Raum. Aus der analytischen Mechanik ergibt sich unter Verwendung des Liouvilleschen Satzes dafür in Abwesenheit von Kräften $-\mathbf{v} \cdot \text{grad}_r f$, wozu wegen möglicher Potentialfelder der Term $-\mathbf{a} \cdot \text{grad}_v f$ addiert wird. Die andere Ursache für Änderungen sind Stöße; sie liefern den Zusatzterm $\left(\frac{\partial f}{\partial t}\right)_{\text{Stoß}}$. Zusammenstöße können bestimmte Moleküle aus dem Volumenelement hinauswerfen und andere hineinbringen, die aus dem ganzen sechsdimensionalen Raum stammen können.

Im ersten Fall nimmt $f(\mathbf{v},\mathbf{r},t)$ ab, weil ein Molekül mit der Geschwindigkeit $\mathbf{v}$ mit einem anderen mit der Geschwindigkeit $\mathbf{v}_1$ zusammenstößt und nach dem Stoß die beiden Moleküle die Geschwindigkeiten $\mathbf{v}'$ und $\mathbf{v}'_1$ besitzen. Im zweiten Fall, in dem $f(\mathbf{v},\mathbf{r},t)$ zunimmt, haben die zusammenstoßenden Moleküle vor dem Zusammenstoß die Geschwindigkeiten $\mathbf{v}'$ und $\mathbf{v}'_1$ und nach dem Zusammenstoß die Geschwindigkeiten $\mathbf{v}$ und $\mathbf{v}_1$. Die Stoßhäufigkeit der ersten Art ist proportional zu ff_1, die Stoßhäufigkeit der zweiten Art ist proportional zu f'_1f'. Hier und im Integral der Gleichung (1) steht f'_1 für $f(\mathbf{v}'_1,\mathbf{r},t)$ und so weiter.

Der Stoßterm wurde von Boltzmann errechnet und ist das Integral in Gleichung (1), der berühmten Boltzmannschen Transportgleichung:

$$\frac{\partial f}{\partial t} + \mathbf{v} \cdot \text{grad}_r f + \mathbf{a} \cdot \text{grad}_v f = \int d\mathbf{v}_1 \int d\Omega g I(g, \theta) [f' f_1' - f f_1]. \quad (1)$$

Hier ist **a** die Beschleunigung infolge eines äußeren Potentials $U(\mathbf{r})$, das vorhanden sein kann. Wie leicht zu erkennen, gilt für ein Molekül der Masse m: $\mathbf{a} = -\text{grad}_r U/m$. Die Indizes an den Gradienten geben an, nach welchen Variablen abgeleitet werden muß.

Im Integral gibt g die Größe der relativen Geschwindigkeit der stoßenden Moleküle vor dem Zusammenstoß an. $I(g,\theta)$ ist der entsprechende differentielle Stoßquerschnitt für Zusammenstöße, die eine Ablenkung θ hervorrufen und deren Endgeschwindigkeit in dem Raumwinkelelement $d\Omega$ enthalten ist.

Boltzmann bewies, daß sich für ein allgemeines $U(\mathbf{r})$ jede Anfangsverteilung $f(\mathbf{r},\mathbf{v},0)$ mit der Zeit in die stationäre Maxwell-Boltzmann-Verteilung verwandelt, die zeitunabhängig ist:

$$f(\mathbf{r},\mathbf{v}) = Ae^{-\beta[mv^2/2+U(\mathbf{r})]}, \quad (2)$$

wobei A eine Normierungskonstante ist, die durch die Gesamtzahl der Moleküle bestimmt ist, und $\beta = 1/kT$. Die Gleichung, die β bestimmt, erhält man aus der Betrachtung der Gesamtenergie.

Boltzmanns Beweis gründet sich auf den Nachweis, daß es eine positive Größe H gibt, die unter dem Einfluß der Stöße abnimmt oder stationär ist

$$\frac{dH}{dt} \leq 0. \quad (3)$$

Diese berühmte Größe H, nach der das Theorem seinen Namen hat, ist

$$H(t) = \int d\mathbf{r} \int d\mathbf{v} f(\mathbf{r}, \mathbf{v}, t) \log f(\mathbf{r}, \mathbf{v}, t). \quad (4)$$

Letztlich wird H bis auf eine beliebige Konstante der Entropie mit verändertem Vorzeichen gleichgesetzt. Folglich ist die Abnahme von H die durch Stöße hervorgerufene Zunahme der Entropie.

Boltzmann bewies, daß H nur konstant ist, wenn für alle Stöße gilt:

$$ff_1 = f'\,f'_1. \tag{5}$$

Infolge von Gleichung (1) genügt der stationäre Zustand auch der Gleichung

$$\frac{\partial f}{\partial t} + \mathbf{v} \cdot \mathrm{grad}_r f + \mathbf{a} \cdot \mathrm{grad}_v f = 0.$$

Die Gleichungen (1) und (3) definieren die Maxwell-Boltzmann-Verteilung im Normalfall.

Die Boltzmann-Gleichung (1) ist seit ihrer Formulierung im Jahre 1872 unablässig untersucht worden und besitzt sogar praktische Bedeutung, etwa im Falle der Isotopentrennung. Anläßlich ihres hundertjährigen Jubiläums fand in Wien eine Tagung statt, auf der ihre Bedeutung und ihre Konsequenzen gewürdigt wurden. Die Protokolle dieser Veranstaltung legen beredtes Zeugnis für die bleibende Bedeutung der Boltzmann-Gleichung ab.

Schwierigkeiten mit der Gleichverteilung der Energie

Hier ist ein Beispiel der Paradoxa, die der Gleichverteilungssatz der Energie in die Welt bringt. Betrachten wir ein einatomiges oder mehratomiges ideales Gas. Für die Molwärme bei konstantem Volumen liefert die Thermodynamik $C_V = \left(\frac{dQ}{dT}\right)_V = \left(\frac{dU}{dT}\right)_V$ und für die Molwärme bei konstantem Druck $C_p = \left(\frac{dQ}{dT}\right)_p = \left(\frac{dU}{dT}\right)_V + p\left(\frac{dV}{dT}\right)_p$. Der letzte Term ist infolge der Zustandsgleichung gleich R.

Daraus folgt

$$C_p - C_V = R. \tag{1}$$

Wenn Moleküle n Freiheitsgrade besitzen, verlangt der Gleichverteilungssatz

$$C_V = nR/2$$

und infolge Gleichung (1)

$$C_p/C_V = (n + 2)/n.$$

Das Verhältnis C_p/C_V läßt sich beispielsweise anhand der Schallgeschwindigkeit exakt messen.

Nehmen wir für ein einatomiges Gas – in Übereinstimmung mit der Bewegung eines Massenpunktes – drei Freiheitsgrade an, so ist das Verhältnis $C_p/C_V = \frac{5}{3} = 1{,}667$. Experimente an Edelgasen bestätigen dieses Ergebnis. Allerdings läßt sich nach den Freiheitsgraden fragen, die den Elektronenbewegungen im Atom entsprechen. Diese Schwierigkeit konnte von der klassischen Physik nicht gelöst werden. Ferner können wir annehmen, daß sich ein zweiatomiges Molekül wie ein fester Körper von der Gestalt einer Hantel verhält. Dann besitzt es sechs Freiheitsgrade und C_p/C_V müßte den Wert $\frac{8}{6}$ = 1,3333 annehmen. Experimentell ergibt sich C_p/C_V = $\frac{7}{5}$ = 1,40. Vom Hantelmodell ausgehend können wir weder die drei Freiheitsgrade in Abrede stellen, die den Koordinaten des Massenzentrums entsprechen, noch die beiden Koordinaten, die für die Orientierung der Hantel im Raum sorgen. Fraglicher erscheint der sechste Freiheitsgrad, der der Rotation entlang jener Linie entspricht, welche die beiden das Hantelmolekül bildenden Atome verbindet. Nach klassischen Gesichtspunkten müßte er natürlich mitgezählt werden, tatsächlich aber bleibt er verborgen, eingefroren, ebenso wie die inneren Freiheitsgrade im Atom. Der Grund dafür kann in der Quantentheorie gefunden werden.

Van der Waals wunderbare Gleichung und der Virialsatz von Clausius

Van der Waals Gleichung für N Moleküle einer realen Substanz lautet

$$\left(p + \frac{aN^2}{v^2}\right)(v - bN) = NkT \tag{1}$$

und kann qualitativ aus der Zustandsgleichung für ideale Gase

$$pv = NkT \tag{2}$$

unter Berücksichtigung der Tatsache abgeleitet werden, daß das den Molekülen zugängliche Volumen nicht v ist, sondern nur das um jenen Teil verringerte Volumen Nb, das die Moleküle selbst einnehmen, wenn sie in Kontakt sind. Außerdem müssen wir zu dem Druck, der auf die Wände des Gasbehälters ausgeübt wird, einen Druck hinzurechnen, der infolge der Anziehungskräfte zwischen den Molekülen auftreten kann. Dieser zusätzliche Druck ist N^2/v^2 proportional, weil wir uns vorstellen können, er gehe auf die Kraft zurück, die von den Molekülen der Gasmasse auf eine dünne Oberflächenschicht des Gases ausgeübt und nicht von den Wänden ausgeglichen wird. Die Zahl der Moleküle in der Oberflächenschicht ist N/v proportional, und die Zahl der die Anziehungskraft ausübenden Moleküle ist ebenfalls N/v proportional. Daher ist der zusätzliche Druck aN^2/v^2.

Dieses grobe qualitative Argument können wir verbessern, indem wir uns eines Satzes von Clausius (1870) bedienen, des sogenannten Virialsatzes.

Sind N Massenpunkte der Masse m gegeben, so nennen wir das Virial des Systems die Größe

$$V = -\frac{1}{2}\sum m_i \mathbf{r}_i \cdot \mathbf{F}_i, \tag{3}$$

wobei $\mathbf{F}_i$ die Kraft ist, die am Punkt i mit den Koordinaten $\mathbf{r}_i$ einwirkt. Unter Verwendung der Gleichung $\mathbf{F}_i = m_i\ddot{\mathbf{r}}_i$ und der Identität

$$\ddot{\mathbf{r}} \cdot \mathbf{r} = \frac{d}{dt}(\dot{\mathbf{r}} \cdot \mathbf{r}) - \dot{\mathbf{r}}^2,$$

erhalten wir

$$V = -\frac{1}{2}\frac{d}{dt}\sum m_i \dot{\mathbf{r}}_i \cdot \mathbf{r}_i + \frac{1}{2}\sum m_i \dot{\mathbf{r}}^2.$$

Wenn wir das Zeitmittel des Virials über einen hinreichend langen Zeitraum τ nehmen, so ergibt sich

$$\langle V \rangle = -\frac{1}{2\tau}\sum m_i \dot{\mathbf{r}}_i \cdot \mathbf{r}_i \Big|_0^\tau + \frac{1}{2}\left\langle \sum m_i \dot{\mathbf{r}}^2 \right\rangle$$

Der erste Term rechts entfällt, weil die Differenz zwischen den Anfangs- und Endwerten von $\Sigma m_i \mathbf{r}_i \cdot \dot{\mathbf{r}}_i$ endlich bleibt, während τ unendlich anwächst. Damit erhalten wir den »Virialsatz«

$$\langle V \rangle = \langle E_{\text{kin}} \rangle = \tfrac{3}{2}NkT \tag{4}$$

wobei die letzte Gleichung auf den Gleichverteilungssatz zurückgeht.

Wir wenden den Virialsatz auf ein Gas an, das sich in einem Würfel mit der Seitenlänge L befindet, der im ersten Oktanten eines Koordinatensystems liegt, wobei die Seiten auf den Koordinatenachsen und eine Ecke im Ursprung des Koordinatensystems liegen. Bei der Berechnung des Virials empfiehlt es sich, zwischen dem Teil V_e, der auf äußere Kräfte zurückgeht, und dem aus intermolekularen Kräften resultierenden Teil V_i zu unterscheiden. Das Virial ist die Summe beider. Berechnen wir zunächst V_e. Die äußeren Kräfte bewirken einen Druck auf die Wände. Für die Wände senkrecht zur x-Achse haben wir an der Abszisse L: $\Sigma\ F_i L = -pL^3$, während die Wand, die den Ursprung enthält, nicht zum Virial beiträgt, da $x = 0$. Wenn wir dieses Argument auf alle Wände übertragen und die Ergebnisse aufsummieren, erhalten wir

$$\langle V_e \rangle = \tfrac{3}{2} pL^3 = \tfrac{3}{2} pv \tag{5}$$

wobei v das Gasvolumen ist.

Aus den Gleichungen (4) und (5) folgt

$$\tfrac{3}{2} NkT = \tfrac{3}{2} pv + \langle V_i \rangle . \tag{6}$$

Wenn keine intermolekularen Kräfte vorliegen, so gilt $\langle V_i \rangle = 0$, und wir erhalten die Zustandsgleichung der idealen Gase.

Wir geben jetzt eine kurze Berechnung von $\langle V_i \rangle$, die sich auf ein plausibles Modell gründet und zu van der Waals Gleichung führt. Dazu nehmen wir an, daß die Kraft zwischen den Molekülen eine stark abstoßende Zone von kurzer Reichweite enthält, für die ein harter Kern verantwortlich ist, sowie eine Anziehungszone mit großer Reichweite, in der die Kraft r^{-n} proportional ist, wobei n in der Praxis bei ungefähr 6 liegt.

Deshalb liegt es nahe, V_i aufzuteilen in V_{ik}, hervorgerufen vom harten Kern, und in V_{ia}, hervorgerufen von der Anziehungskraft.

Zur Berechnung des Virialteils, der vom harten Kern kommt, betrachten wir die Impulsänderung infolge von Stößen. Die entsprechenden Kräfte mit kurzer Reichweite und kurzer Dauer tragen zum Virial bei, wenn sich die Mittelpunkte der Moleküle in einem Abstand $2r_0$ befinden, und wirken entsprechend der Häufigkeit der Stöße. Die Berechnung liefert als Endergebnis

$$\langle V_{ik} \rangle = -\, 4(\tfrac{4}{3}\pi r_0{}^3 N)p = -\, \tfrac{2}{3} pbN \tag{7}$$

wobei b, manchmal Kovolumen genannt, das Vierfache des Volumens umfaßt, das die Moleküle einnehmen (dies ist die van der Waalssche Konstante b).

Der Beitrag der weitreichenden Anziehungskräfte $f(r)$ zum Virial beträgt $-f(r) \cdot r$ für jedes Molekülpaar, dessen Mittelpunkte sich in einem Abstand $> 2r_0$ befinden. Wenn wir diese Größe mit der Anzahl $4\pi r^2 dr \cdot (N/v) \cdot \tfrac{1}{2}N$ solcher Paare multiplizieren und integrieren, ergibt sich

$$V_{ia} = 2\pi \frac{N^2}{v} \int_{2r_0}^{\infty} f(r) r^3 dr \tag{8}$$

Aus den Gleichungen (6), (7) und (8) folgt

$$NkT = pv - pbN + \frac{N^2}{v}\frac{2\pi}{3}\int_{2r_0}^{\infty} f(r)r^3\,dr \qquad (9)$$

Nennen wir

$$a = \frac{2\pi}{3}\int_{2r_0}^{\infty} f(r)r^3\,dr$$

und vernachlässigen alle kleinen Terme, die *ab* enthalten, dann kann Gleichung (9) in die van der Waalssche Form gebracht werden:

$$NkT = (v - bN)\left(p + \frac{aN^2}{v^2}\right)$$

Wenn wir als Einheiten Atmosphären, Liter und Grad Kelvin nehmen und uns auf ein Mol beziehen, so erhalten wir für CO_2: $N = 6{,}022 \cdot 10^{23}$; $Nk = R = 0{,}08206$; $N^2a = 3{,}592$; $Nb = 0{,}04267$.

In der Zone der *pv*-Ebene, in der Flüssigkeit und Gas nebeneinander vorkommen, werden die van der Waals-Isothermen durch waagerechte Geraden ersetzt, die dem Druck des gesättigten Dampfes entsprechen. Diese Geraden schneiden die van der Waals-Isothermen an drei Punkten und bilden zwei Schleifen mit ihnen. Wo sind diese Geraden anzusiedeln? Maxwell lieferte das Kriterium, daß die beiden Schleifen die gleiche Fläche haben müssen. Dieses thermodynamische Argument geht von der Überlegung aus, daß von der waagerechten Geraden und der van der Waals-Isotherme ein Kreisprozeß gebildet wird. Wenn wir diesem Kreisprozeß folgen, durchlaufen wir die Schleifen, die eine links, die andere rechts liegenlassend. Die Schleifen müssen entgegengesetzte Vorzeichen haben. Betrachten wir nun den oben geschilderten Kreisprozeß. Er ist vollständig isotherm. Deshalb ist sein Wirkungsgrad gleich Null. Es kann keine mechanische Arbeit geleistet werden. Die mechanische Arbeit wird durch die Fläche des Kreisprozesses angegeben, die also Null sein muß. Folglich müssen die beiden Schleifen gleiche Flächen haben.

BIBLIOGRAPHIE

(Zitate im Text stammen aus Büchern der Bibliographie.)

Die folgenden allgemeinen Literaturangaben sind auf die wichtigsten Werke beschränkt. In vielen der genannten Bücher sind umfangreiche Literaturlisten sowie auch Angaben über Originalschriften.

Zu Lexika und Enzyklopädien vgl. C. C. Gillispie (Hg.), *Dictionary of Scientific Biography*, 16 Bde., Scribners, New York 1970–1978.

H. Buckley, *A Short History of Physics*, Methuen, London 1929, hält, was der Titel verspricht. Ich habe es mit Vergnügen gelesen. Die Reihe von E. Mach – *Die Mechanik in ihrer Entwicklung*, Leipzig ^{9}1933, *Die Prinzipien der physikalischen Optik*, Leipzig 1921, und *Die Principien der Wärmelehre, historisch-kritisch entwikkelt*, Barth, Leipzig 1896 – enthält viel aus des Verfassers persönlicher Sicht dargestelltes Originalmaterial. Die Bücher wurden vor ungefähr einem Jahrhundert geschrieben; vgl. ferner Ferdinand Rosenberger, *Die Geschichte der Physik in Grundzügen*, 3 Bde., Vieweg, Braunschweig, 1882, 1884, 1887–90.

H. A. Boorse und L. Motz (Hg.), *The World of the Atom*, Basic Books, New York 1966; eine gute Anthologie mit ausführlichen biographischen Anmerkungen. Gewöhnlich bezieht sie sich auf das 20. Jahrhundert, enthält aber auch wertvolle Verweise auf frühere Zeiten. E. Whittaker, *A History of the Theories of Aether and Electricity*, Harper & Row, New York 1960; eine fundierte Arbeit mit ausgezeichneten mathematischen Entwicklungen. F. W. Ostwald, *Klassiker der exacten Naturwissenschaften*; eine Sammlung von Nachdrucken grundlegender Schriften.

Ein lebhaftes Porträt der französischen Naturwissenschaften zur Zeit Napoleons und später findet der Leser in den Biographien von F. Arago, *Œuvres*, T. Margand, Paris 1865, dt.: *Franz Arago's sämmtliche Werke*, hg. von Dr. W. G. Hankel, 16 Bde., Wigand, Leipzig 1854–60, und bei M. Crosland, *The Society of Arcueil*, Harvard University Press, Cambridge, Mass., 1967.

J. G. Crowther, *British Scientists of the Nineteenth Century*, Routledge, London 1962, eine ausgezeichnete populärwissenschaftliche Darstellung. P. M. Harman, *Energy, Force, and Matter: The Conceptual Development of Nineteenth-century Physics*, Cambridge University Press, Cambridge 1982, eine sehr gedrängte Zusammenfassung des Themas mit einem ausgezeichneten bibliographischen Essay.

Kapitel 1: Die Gründerväter: Galilei und Huygens

Die Literatur über Galilei ist ungeheuer umfangreich. Ich nenne hier nur ein paar Bücher. In den genannten Werken ist allerdings eine Vielzahl von Literaturhinweisen zu finden.

Grundlegend ist: A. Favaro (Hg.), *Le opere di Galileo Galilei*, 20 Bde., Barbera, Florenz 1890–1909, mit Ergänzungen. Alle Bücher und Artikel von Favaro zeichnen sich durch ein hohes Niveau aus.

Eine gelungene englische Übersetzung ist: *Dialogue Concerning the Two Chief World Systems. Ptolemaic and Copernican*, von S. Drake, University of California Press, Berkeley 1967, dt.: *Dialog über die beiden hauptsächlichsten Weltsysteme*, übers. und erl. von E. Strauss, mit einem Beitrag von A. Einstein und einem Vorwort sowie weiteren Erl. von S. Drake. Nach der Ausgabe von 1891 hg. von R. Sexl und K. v. Meyenn, Teubner, Stuttgart 1982; *Sidereus Nuncius*, Nachricht von neuen Sternen, hg. von Hans Blumenberg, Suhrkamp, Frankfurt 1980; *Unterredungen und mathematische Demonstrationen über zwei Wissenszweige, die Mechanik und die Fallgesetze betreffend*, übers. und hg. von A. v. Oettingen, Leipzig 1890–91, 3 Tle., Nachdr. Wissenschaftliche Buchgesellschaft, Darmstadt 1973. Eine Anthologie von Galileis Werken in englischer Übersetzung ist: S. Drake, *Discoveries and Opinions of Galileo*, Doubleday, New York 1957.

Biographien sind enthalten in: L. Geymonat, *Galileo Galilei*, übers. von S. Drake, McGraw-Hill, New York 1965; S. Drake, *Galileo at Work, His Scientific Biography*, University of Chicago Press, Chicago 1978, und A. Fölsing, *Galileo Galilei – Prozeß ohne Ende*, Piper, München 1983. Eine moderne Darstellung aus katholischer Sicht ist: P. Paschini, *Vita e opere di Galileo*, Päpstliche Akademie der Wissenschaften, Rom 1965.

Œuvres complètes de Christiaan Huygens, 22 Bde., M. Nijhoff, Den Haag 1888–1950; die grundlegende Quelle für Huygens Werk.

Vgl. auch *Studies on Christiaan Huygens (A Symposium)*, Swets & Zeitlinger, Lisse 1980; A. E. Bell, *Christiaan Huygens and the Development of Science in the Seventeenth Century*, Longmans, Gren, London 1947; Christiaan Huygens, *Die Pendeluhr*, Ostwalds Klassiker Nr. 192, Engelmann, Leipzig 1913; und ders., *Abhandlung über das Licht*, Ostwalds Klassiker Nr. 20, Engelmann, Leipzig 1913.

Kapitel 2: Der Zauberberg: Newton

Eine moderne englische Ausgabe der *Principia* ist *Sir I. Newton's Mathematical Principles of Natural Philosophy and His System of the World*, übers. von A. Motte (1729) und hg. von F. Cajori, University of California Press, Berkeley 1934, dt.: *Mathematische Principien der Naturlehre*, hg. von J. P. Wolfers, Oppenheim, Berlin 1872, Nachdr. Wissenschaftliche Buchgesellschaft, Darmstadt 1963. Vgl. auch Newton's *Opticks*, Neudr., Dover, New York 1952, dt.: *Optik*. Abhandlung über Spiegelungen, Brechungen, Beugungen und Farben des Lichts. Übertr. und hg. von William Abendroth, Edition Vieweg, Buch I, II, III, Leipzig 1898, Nachdr. Edition Vieweg, mit einer Einleitung von M. Fierz, Wiesbaden 1983.

Die klassische Biographie ist: D. Brewster, *Memoirs of the Life, Writings and Discoveries of Isaac Newton*, 2 Bde., Constable, Edinburgh 1855, dt.: *Sir Isaak Newton's Leben nebst einer Darstellung seiner Entdeckungen*, Göschen, Leipzig 1833. Vgl. auch Ferdinand Rosenberger, *Isaac Newton und seine physikalischen Principien*. Ein Hauptstück aus der Entwicklungsgeschichte der modernen Physik, Barth (Arthur Meiner), Leipzig 1895. Eine moderne Biographie ist L. T. More, *Isaac Newton, A Biography*, Scribners, New York 1934. R. S. Westfall, *Never at Rest*, Cambridge University Press, Cambridge 1980, die neueste wissenschaftliche Biographie mit vielen neuen Informationen und bibliographischen Zusätzen. F. E.

Manuel, *A Portrait of I. Newton*, New Republic Books, Washington 1980; ein psychoanalytischer Essay über Newton. Biographien in dt. Sprache: Johannes Wikkert, *Isaac Newton*, Piper, München ²1985, eine Betrachtung des *ganzen* Newton, des Zusammenhangs von Lebensgeschichte und Forschungsinteresse; Hans Wussing, *Isaac Newton*, Teubner, Leipzig 1977, sowie F. Dessauer, *Weltfahrt der Erkenntnis. Leben und Werk Isaac Newtons*, Zürich 1945.

I. B. Cohen, »Newton in the Light of Recent Scholarship«, *Isis*, 51 (1960), S. 489–514, der Artikel gibt eine Zusammenfassung neuerer Arbeiten über Newton. Vgl. auch D. T. Whiteside, »The Expanding World of Newtonian Research«, *History of Science*, 1 (1962), S. 16–29.

Kapitel 3: Was ist Licht?

Zu Thomas Young vgl. A. Wood, *Thomas Young, Natural Philosopher, 1773–1829*, Cambridge University Press, Cambridge 1954, sowie G. Peacock und J. Leitch (Hg.), *Miscellaneous Works of the Late Thomas Young*, 3 Bde., Murray, London 1855.

Zu Fresnel vgl. H. de Sénarmont, S. D. Poisson, E. Verdet, L. Fresnel (Hg.), *Œuvres complètes d'Augustin Fresnel*, 3 Bde., Imprimerie Impériale, Paris 1866–1870, die grundlegende Quelle, die außerdem Briefe und biographisches Material enthält; Augustin Jean Fresnel, *Abhandlung über die Beugung des Lichts (1815 bis 1818)*, hg. von Dr. F. Ritter, Ostwalds Klassiker Nr. 215, Akadem. Verlagsgesellschaft, Leipzig 1926.

Vgl. auch M. Métivier, P. Costabel, P. Dugac (Hg.), *Poisson et la science de son temps*, Ecole Polytechnique, Palaiseau 1981, und M. v. Laue, *Geschichte der Physik*, Ullstein TB, Frankfurt 1959.

Zu Fraunhofer vgl. E. C. J. Lommel (Hg.), *Joseph von Fraunhofers gesammelte Schriften*, Verlag der Königlichen Akademie, München 1888, sowie M. v. Rohr, *Joseph Fraunhofers Leben, Leistungen und Wirksamkeit*, Reihe: Große Männer, Bd. 10, hg. von W. Ostwald, Akadem. Verlagsgesellschaft, Leipzig 1929; G. D. Roth, *Joseph von Fraunhofer. Handwerker – Forscher – Akademiemitglied*, Reihe: Große Naturforscher, Bd. 39, hg. von H. Degen, Wissenschaftliche Verlagsanstalt, Stuttgart 1976.

Kapitel 4: Elektrizität: Vom Gewitter zu Motor und Wellen

Zu frühen Untersuchungen über Elektrizität vgl. J. L. Heilbron, *Electricity in the Seventeenth and Eighteenth Centuries*, University of California Press, Berkeley 1979, und R. A. R. Tricker, *Frühe Elektrodynamik*, Braunschweig 1964.

Zu Volta gibt es die Gesamtausgabe *Le opere di Alessandro Volta*, 7 Bde., Mailand 1918–1929. Eine gute Biographie ist: G. Polvani, *Alessandro Volta*, Domus Galilaeana, Pisa 1942.

Franklins *Autobiographie*, Insel, Frankfurt 1969, gibt wenig Aufschluß über seine wissenschaftliche Arbeit, ist aber höchst interessant in anderer Hinsicht; siehe aber B. Franklin, *Briefe von der Elektrizität,* Edition Vieweg,, Wiesbaden 1983. Vgl. auch C. Van Doren, *Benjamin Franklin*, Greenwood, New York 1938, sowie I. B. Cohen, *Benjamin Franklin, Scientist and Statesman*, Scribners, New York 1975.

Zu Benjamin Thompson (Graf Rumford) siehe Egon Larsen, *Graf Rumford. Ein Amerikaner in München*, Prestel, München 1962; S. C. Brown, *Benjamin Thompson, Count Rumford*, MIT Press, Cambridge, Mass. 1981. Vgl. ferner H. Hartley, *Humphry Davy*, London 1967.

Zu Faraday siehe seine *Experimental Researches in Electricity*, 3 Bde., Taylor, London 1839–1855, dt.: *Experimental-Untersuchungen über Elektricität*, hg. von A. J. v. Oettingen, Engelmann, Leipzig 1898–1903. Vgl. auch T. Martin (Hg.) *Faraday's Diary*, 7 Bde., Bell, London 1932–1936. M. Faraday, *The Chemical History of a Candle*, Chicago Review Press, Chicago 1980; der Neudruck einer klassischen Abhandlung und ein anschauliches Beispiel für Faradays Vortragsstil; dt.: *Naturgeschichte einer Kerze*, übers. und mit Anm. versehen von Dr. G. Bugge, Reclam, Leipzig 1951. R. A. R. Tricker, *Die Beiträge von Faraday und Maxwell zur Elektrodynamik*, Vieweg, Braunschweig 1974, enthält Originalarbeiten, Kurzbiographien und Werkkommentare. An Biographien sind unter anderem zu nennen: H. Bence Jones, *Life and Letters of Faraday*, 2 Bde., Longmans, Green, London 1870; der Verfasser war zu Faradays Zeit Sekretär der Royal Institution. Außerdem L. P. Williams, *Michael Faraday, A Biography*, London/New York 1965, und Wilhelm Schütz, *Michael Faraday*, Teubner, Leipzig [4]1982.

Zu Maxwell vgl. W. D. Niven (Hg.) *The Scientific Papers of James Clerk Maxwell*, 2 Bde., Neudr. Dover, New York 1952; J. C. Maxwell, *A Treatise on Electricity and Magnetism*, 2 Bde., Clarendon Press, Oxford 1891, dt.: *Lehrbuch der Electricität und des Magnetismus*, Berlin 1883; J. C. Maxwell, *Theory of Heat*, Longmans, Green, London 1870, sowie L. Campbell und W. Garnett, *The Life of James Clerk Maxwell*, Macmillan, London 1882. C. W. F. Everitt, *James Clerk Maxwell, Physicist and Natural Philosopher*, Scribners, New York 1975; eine knappe, ausgezeichnete Darstellung mit einer ausführlichen Bibliographie. Vgl. auch L. Rosenfeld, »The Velocity of Light and the Evolution of Electrodynamics«, *Suppl. Nuovo Cimento*, 4 (1956), S. 1630.

Zu Hertz siehe *Gesammelte Werke in drei Bänden*, Teubner, Leipzig 1894/95, Band 1: Schriften vermischten Inhalts. Band 2: Untersuchungen über die Ausbreitung der elektrischen Kraft. Band 3: Die Prinzipien der Mechanik. In neuem Zusammenhang dargestellt. Ferner *Heinrich Hertz, Erinnerungen, Briefe, Tagebücher*, hg. von J. Hertz, Akadem. Verlagsgesellschaft, Leipzig 1927, ein sehr schöner, lebendiger Bericht aus erster Hand, sowie Josef Kuczera, *Heinrich Hertz, Entdekker der Radiowellen*, Teubner, Leipzig 1975.

R. McCormmach, *Night Thoughts of a Classical Physicist*, Harvard University Press, Cambridge, Mass., 1982, eine lesenswerte, amüsante Fiktion.

Zu Althoff vgl. A. Sachse, *Friedrich Althoff und sein Werk*, E. S. Müller, Berlin 1928.

Zu Lorentz vgl. G. L. Haas-Lorentz (Hg.), *H. A. Lorentz: Impressions of His Life and Work*, North-Holland, Amsterdam 1957.

Kapitel 5: Wärme: Substanz, Schwingung und Bewegung

Zu Sadi Carnot vgl. seine *Betrachtungen über die bewegende Kraft des Feuers*, Ostwalds Klassiker Nr. 37, Engelmann, Leipzig 1892, Neuausgabe hg. von R. U. Sexl und K. v. Meyenn erscheint bei Edition Vieweg, Wiesbaden 1986. E. Mendozas Ausgabe *Reflections on the Motive Power of Fire*, Neudr. Dover, New York 1960, dort sind auch grundlegende Aufsätze von Clapeyron und Clausius aufgenommen. *Sadi Carnot et l'éssor de la thermodynamique*, Ecole Polytechnique, Paris 1967, ein Symposion über verschiedene Aspekte von Carnots Leben und Werk.

Zu Lord Kelvins Arbeiten vgl. *Mathematical and Physical Papers*, 6 Bde., Cambridge University Press, Cambridge 1882–1911. An Biographien ist unter anderen zu erwähnen: S. P. Thompson, *The Life of Lord Kelvin*, Macmillan, London 1901; A. Gray, *Lord Kelvin*, J. M. Dent, London 1908, und H. I. Sharlin, *Lord Kelvin: The Dynamic Victorian*, Pennsylvania State University Press, University Park 1979. Vgl. auch J. Larmor, »Obituary Notice of Lord Kelvin«, *Proceedings of the Royal Society*, 81 (1908). G. Green und J. T. Lloyd, *Kelvin's Instruments and the Kelvin Museum*, University of Glasgow, Glasgow 1970, eine graphische Darstellung der Instrumente, die unter Kelvins Anleitung gebaut wurden und die die Stärken und Schwächen der experimentellen Techniken seiner Zeit demonstrieren.

Zu Mayers Arbeiten siehe seine *Die Mechanik der Wärme*. Sämtliche Schriften, hg. von H. P. Münzenmayer in Zusammenarbeit mit dem Stadtarchiv Heilbronn, Heilbronn 1978; J. Weyrauch (Hg.), *Kleinere Schriften und Briefe von Robert Mayer. Nebst Mitteilungen aus seinem Leben*, Cotta, Stuttgart 1893; eine gute Biographie ist: S. Friedländer, *Julius Robert Mayer*, Thomas, Leipzig 1905, sowie Wilhelm Schütz, *Robert Mayer*, Biographien hervorragender Naturwissenschaftler und Techniker, Teubner, Leipzig 1969; vgl. auch Helmut Schmolz/Hubert Weckbach, *Robert Mayer. Sein Leben und Werk in Dokumenten*, Veröffentlichungen des Archivs der Stadt Heilbronn, 12, Konrad, Weißenborn 1964.

Zu Joule siehe *Gesammelte Abhandlungen von James Prescott Joule*, übers. von J. W. Spengel, Vieweg, Braunschweig 1872.

Zu Helmholtz' Schriften vgl. *Wissenschaftliche Abhandlungen von Hermann Helmholtz*, 3 Bde., Barth, Leipzig 1882–1895. Leo Koenigsberger, *Hermann von Helmholtz*, Vieweg, Braunschweig 1911.

Zu Clausius siehe seine *Abhandlungen über mechanische Wärmetheorie*, Vieweg, Braunschweig 1864; ferner F. Folie, »R. Clausius. Sa vie, ses travaux et leur portée métaphysique«, *Revue des questions scientifiques* (Brüssel), 27 (1890, S. 419). M. J. Klein, »Gibbs on Clausius«, *Historical Studies in the Physical Sciences*, 1 (1969), S. 127.

Erhellend für den Zeithintergrund sind: Werner von Siemens, *Lebenserinnerungen*, mit einem Geleitwort von E. Diesel, Reclam, Leipzig 1943 (17. veränderte Auflage, Prestel, München 1966); vgl. auch Sigfrid v. Weiher, *Werner von Siemens*. Ein Leben für Wissenschaft, Technik und Wirtschaft, Musterschmidt, Göttingen 1970. R. L. Stevenson, »Memoir of Fleeming Jenkin«, in: *Papers of Fleeming Jenkin*, Longmans, Green, London 1887.

Kapitel 6: Kinetische Theorie: Erste Erkenntnisse über die Struktur der Materie

S. G. Brush, *The Kind of Motion We Call Heat*, 2 Bde., North-Holland, Amsterdam 1976, eine ausgezeichnete, moderne und wissenschaftlich fundierte Geschichte des Gegenstandsbereiches. Vgl. auch S. G. Brush, *Kinetic Theory*, 2 Bde., Pergamon Press, New York 1966, dt.: *Kinetische Theorie*, Braunschweig 1970, enthält eine Sammlung ausgewählter Schriften mit sehr brauchbaren Kommentaren.

Zu Boltzmann siehe die noch nicht abgeschlossene *Gesamtausgabe*, hg. von R. U. Sexl, Vieweg, Braunschweig/Wiesbaden, erschienen sind 1. Vorlesungen über Gastheorie, photomechan. Nachdruck – 1981, 2. Vorlesungen über Maxwells Theorie der Electricität und des Lichtes, photomechan. Nachdruck – 1982, und 8.

Internationale Tagung anläßlich des 75. Jahrestages seines Todes 5.–8. September 1981, ausgewählte Abhandlungen – 1982. Ferner F. Hasenöhrl (Hg.) *Wissenschaftliche Abhandlungen*. Leipzig 1909; *Populäre Schriften*, Barth, Leipzig 1905, enthält Vorträge und Artikel. Vgl. auch E. Broda, *Ludwig Boltzmann: Mensch, Physiker, Philosoph*, F. Deuticke, Wien 1955. *International Symposium, 100 Years of Boltzmann's Equation, Vienna, 1972*, Springer, Wien/New York 1973.

Zu van der Waals vgl. J. D. van der Waals, *Lehrbuch der Thermostatik, das heißt des thermischen Gleichgewichts materieller Systeme*, nach Vorlesungen bearbeitet von Th. Kohnstamm, T. 1. 2., Leipzig 1927, und M. J. Klein, »The Historical Origins of the van der Waals Equation«, *Physics*, 73 (1974), 28.

Zu Gibbs vgl. H. A. Bumstead und R. G. Van Name (Hg.), *The Scientific Papers of J. Willard Gibbs*, 2 Bde., Dover, New York 1961, sowie L. P. Wheeler, *Josiah Willard Gibbs, The History of a Great Mind*, Yale University Press, New Haven 1951.

Zu Maxwell und Thomson vgl. die Literaturangaben zu den Kapiteln 4 und 5.

Personenregister

Sachregister